Discovery CHANNEL

GUIAS OCEANO

Marruecos

OCEANO

ACERCA DE ESTE LIBRO

Equipo editorial

Para la versión original:
Edición
Jeffery Pike
Director del proyecto
Brian Bell

Para la versión en lengua española:
Dirección
Carlos Gispert
Edición
Joaquín Navarro
Traducción
María Barberà
Diseño de cubierta
idee

OCEANO GRUPO EDITORIAL, S.A.
Milanesat, 21-23
EDIFICIO OCEANO
08017 Barcelona (España)
Teléfono: 93 280 20 20*
Fax: 93 203 17 91
www.oceano.com

ISBN: 84-95199-90-4 (OCEANO Langenscheidt Ediciones, S.L.)
ISBN: 84-494-2056-3 (OCEANO GRUPO EDITORIAL, S.A.)
ISBN: 987-9361-45-8 (EDICIONES OCEANO ARGENTINA, S.A., firma integrante de la presente coedición)

Impreso por *Insight Print Services Pte. Ltd. Singapur*
Printed by *Insight Print Services Pte. Ltd. Singapore*

Océano y Discovery Channel aúnan su dilatada experiencia y gran profesionalidad para introducir en el mercado esta nueva serie de Guías Océano. Calidad y máxima actualización configuran nuestros principales objetivos para el Nuevo Milenio.

Cómo utilizar esta guía

Este libro ha sido cuidadosamente estructurado para dar a conocer Marruecos y su cultura, así como para guiar a sus lectores por las diferentes provincias y ciudades:

◆ Para entender el Marruecos de hoy en día es necesario saber algo de su pasado. La sección *Rasgos*, señalada con una franja amarilla en la parte superior de cada página, describe la historia y la cultura del país.

◆ La sección *Lugares*, indicada con una franja azul, constituye una guía completa de todas las visitas obligadas. Los lugares de especial interés van acompañados de un número que ayuda a situarlos en el mapa.

◆ La sección *Guía práctica*, con una franja anaranjada, ofrece una útil información sobre viajes, hoteles, restaurantes, comercios, fiestas y transportes, entre otras cosas. La información puede consultarse rápidamente sirviéndose del índice de la solapa de la contraportada. Además, las solapas están pensadas para que puedan utilizarse como marcadores.

Los colaboradores

Esta edición de *Marruecos* ha sido revisada por la editora del proyecto de la versión original, **Dorothy Stannard**, para lo que solicitó la colaboración del escritor y fotógrafo residente en Marrakech **Alan Keohane**, quien participó en la elaboración de los capítulos «Marrakech», «El Rif», «El sur», «La costa sur», «El sur de Casablanca«, «El Atlas», «Agadir», «El lejano sur» y «Casablanca», una ciudad que ha experimentado un profundo cambio en los últimos años, y contribuyó con el capítulo sobre las montañas del Atlas Medio, una zona que llegó a conocer muy bien cuando trabajaba como guía de grupos de aventura. Para la sección *Rasgos*, aportó texto e imágenes para los artículos sobre el estilo de vida de los marroquíes, los beréberes y los diferentes pueblos indígenas marroquíes con los que el autor tuvo la oportunidad de convivir mientras recopilaba información para su libro *The Berbers of Morocco* (Los beréberes de Marruecos). Los capítulos restantes sobre lugares («Tánger», «Fez», «El noroeste», «La provincia de Meknés») fueron revisados por Dorothy Stannard, quien también añadió cuadros informativos sobre deportes, las bodas y el ramadán, y los artículos acerca de santuarios, arte y artesanía (este último con la colaboración de Alan Keohane). El capítulo «Rumbo a Marruecos», respecto a escritores y artistas que acudieron en tropel a Tánger a mediados del siglo XX, ha sido escrito por **Barry Miles**, que actualmente trabaja en una biografía de Paul Bowles, la figura literaria más importante de la ciudad, y el cuadro informativo de «Matisse en Tánger» es obra de la escritora y periodista **Rosemary Bailey**.

Otros colaboradores han sido **Stephen Ormsby Hugues** (historia), **Anne Lambton** (comida), **David Herbert**, **Reg Veale** y **Tiina Britten** (que escribieron en colaboración el capítulo dedicado a Rabat), **Polly Philimore** («Fez» y la «Provincia de Meknés»), **Nicholas Shakespeare** («Enclaves españoles»), **Robin Collomb** (las montañas del Atlas), **John Offen** (arquitectura), **Dave Muddyman** (música) y **David Dickinson** («El profundo sur»).

Alan Keohane y **Phil Wood** han aportado gran parte de las ilustraciones y **Penny Phenix** realizó las correcciones de los textos y confeccionó los índices.

Leyendas de los mapas

— · —	Frontera internacional
— • —	Parque nacional/Reserva
- - - -	Ruta de transbordadores
✈ ✈	Aeropuerto internacional/regional
🚌	Estación de autobús
ℹ	Información turística
✉	Oficina de Correos
✝ ✝	Iglesia/Ruinas
✝	Monasterio
☪	Mezquita
✡	Sinagoga
♜	Castillo/Ruinas
∴	Yacimiento arqueológico
∩	Cueva
⫯	Estatua/Monumento
★	Lugar de interés

Los principales puntos de interés que aparecen en la sección *Lugares* tienen una correspondencia alfanumérica con un mapa a todo color (por ejemplo, ❶). En la parte superior de las páginas impares, un segmento del mapa indica dónde encontrarlo.

MARRUECOS
GUIAS OCEANO

SUMARIO

Planos y mapas

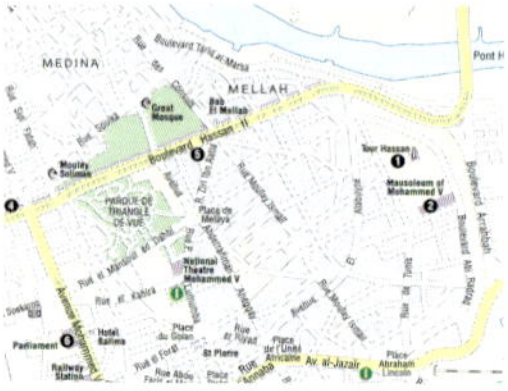

En el interior de la cubierta anterior hay un mapa de Marruecos, y en el de la cubierta posterior un plano de Rabat y Marrakech.

Introducción

Historia

Rasgos

El desierto en Merzouga.

Una mirada a...

Cuadros informativos

Guía práctica

◆ **El índice completo de la Guía práctica está en la página 321.**

Lugares

A LAS PUERTAS DE ÁFRICA

Cruzar el estrecho de Gibraltar hacia Marruecos es uno de los viajes cortos más espectaculares que un viajero puede realizar

Antes de que los árabes se extendieran hacia el oeste en el siglo VII, Marruecos se caracterizaba por los pequeños y numerosos asentamientos beréberes y los escasos puestos comerciales. Hasta la época romana no empezaron a tener estructura de ciudad. Sin embargo, los árabes –un pueblo urbano cuya religión enfatiza los beneficios comunales de la ciudad, ejemplificados en la medina– construyeron con gran celeridad comunidades centralizadas para desarrollar el comercio, afianzar el Islam y gobernar desde ellas el resto del país.

Pero hasta el siglo XX no todo el país estuvo supeditado a la autoridad de la ciudad. Hasta aquel momento, gran parte de la zona rural de Marruecos se conocía como *bled es siba* (la tierra sin ley), donde las tribus beréberes, encabezadas por los jeques del lugar, luchaban con uñas y dientes; mientras que la ciudad, más fácil de controlar, y las zonas costeras recibían el nombre de *bled el makhzan* (la tierra del gobierno). Como dijo Walter Harris, corresponsal de *The Times* londinense a finales del siglo XIX: «La vida entera en esas casbahs fortificadas del Atlas era guerra y tristeza. Todas las tribus tenían sus enemigos, todas las familias sus peleas y todos los hombres aspiraban a ser asesinos».

No es de extrañar que cinco de las siete dinastías de Marruecos fueran de origen beréber. Cada una de ellas se dispersó por el desierto, cual tormenta de arena, desde las profundidades del Atlas y la aspereza del Sahara. La culpa del declive de las dinastías en el poder debe atribuirse al contacto con la gloriosa decadencia de las ciudades influidas por al-Andalus.

En la actualidad, hasta la más remota ciudad acoge turistas. Pero la antigua *bled es siba* todavía conserva algo de su carácter ácrata, aunque bajo formas más sutiles de subterfugio y evasión. Por este motivo Marruecos no es siempre un país donde resulte fácil comerciar y puede decepcionar a quienes lo visitan por primera vez. ¿El mejor consejo? Sea paciente y siga el curso de los acontecimientos en lugar de intentar adelantarse a ellos. De esta manera se verá recompensado por la cultura, las relaciones humanas y la asombrosa belleza de este país.

PÁGINAS ANTERIORES: pieles puestas a secar en una ladera junto a las tumbas mariníes en Fez; invierno en el valle del Dades; cruzando el patio de la mezquita Kairouyine, en Fez; vendedores de dátiles en el valle del Ziz.
IZQUIERDA: mujer beréber con sus hijas en el valle del Dades.

Fechas decisivas

8000 a.C. Las culturas neolíticas se extienden por toda la región, y dejan pinturas rupestres de animales: panteras, leones y elefantes.

Siglo XII a.C. Los marineros fenicios establecen enclaves comerciales donde asentarse a lo largo de toda la costa de Marruecos.

146 a.C. Cartago cae ante Roma, y la influencia romana se extiende hacia el oeste a través de África del Norte. Volubilis, próxima a la actual Meknés, se convierte en la capital de la provincia romana de Mauritania Tingitana, gobernada por reyes beréberes, el más importante de los cuales es Juba II (25 a.C- 23 d.C).

24 d.C. Gobierno directo de Roma bajo el emperador Calígula.

253 Los romanos se retiran del noroeste de África. Los vándalos invaden la costa septentrional; les siguen en 535 los bizantinos, que introducen el cristianismo.

682 Primeras incursiones árabes, al mando de Uqba ibn Nafi.

714 Nuevas incursiones árabes en Marruecos y España. Los beréberes adoptan el islamismo e invaden España bajo mando árabe.

Dinastía idrisí

788 Idris I, exiliado de Bagdad, es acogido por las tribus beréberes que viven en Volubilis y establece la primera dinastía islámica y árabe de Marruecos.

807 Idris II funda Fez. Poco después, refugiados musulmanes procedentes de Córdoba, en al-Andalus, y de Kairuán, en Túnez, fundan la Universidad de Kairouyine, uno de los centros de enseñanza más importantes del mundo.

Siglos X-XI La tribu Banu Hilal se mueve en dirección oeste desde el medio este y destruye a su paso la infraestructura del lugar y arrasa la agricultura.

Dinastía almorávide

1060-1147 La dinastía beréber almorávide llega desde el sur. Yusuf ibn Tasfin convierte a Marrakech en la capital. Entre los escasos monumentos que se conservan de esta dinastía cabe destacar la Koubba en Marrakech, que ejerció una influencia decisiva en la evolución de la arquitectura árabe.

1090 Invasión almorávide en España.

Dinastía almohade

1120 El cruzado beréber Ibn Tumart esparce las semillas de la dinastía almohade construyendo un *ribat* (monasterio fortificado) en el Tinmal, en el Atlas.

1147-1248 La dinastía almohade nace en Tinmal. En su apogeo, el imperio almohade se extiende desde España hasta Trípoli. Destacan, de entre sus construcciones, la Giralda en Sevilla, la Kutubiyya en Marrakech y la Torre de Hasán en Rabat.

Dinastía mariní

1248-1465 Los benimerines expulsan a los almohades y establecen la dinastía mariní. Funda una serie de colegios superiores islámicos o madrasas, como la Abu Inan en Fez y la necrópolis de Chellah en Rabat. Se les unen refugiados musulmanes y judíos huidos de la Inquisición española. Los ejércitos portugueses y españoles invaden las ciudades situadas en la costa.

Los wattasíes

1465-1549 Los wattasíes, visires por herencia de los benimerines, usurpan el poder a los mariníes. Finalmente cae el gobierno y Marruecos queda bajo control del *marabout* (hermandades religiosas) local.

1492 Caída de la España musulmana. Entrada de refugiados llegados de España.

Dinastía sadí

1554-1669 Los sadíes, la primera dinastía árabe desde los idrisíes, expulsan a los cristianos de sus posiciones. Entre los principales monumentos que ha dejado esta dinastía se encuentran las tumbas sadíes y el palacio al-Badi en Marrakech. Ahmad al-Mansur (Almanzor) encabeza una conquista en busca de oro en Tombuctú.

Siglo XVII Piratería en la costa de Berbería. Los moriscos expulsados de España se refugian en Salé y fundan una república que vive de la piratería.

DINASTÍA ALAWÍ

1669 La actual dinastía alawí es fundada por Muley Rashid.

1672-1727 Brutal pero efectivo gobierno de Muley Ismail, hermano de Muley Rashid, en Meknés.

1873-1894 Reinado de Muley al-Hassan, el último de los sultanes precoloniales notables.

1894- 1908 El sultán Abd al-Aziz deja Marruecos en la bancarrota, se endeuda con el extranjero y deja el país expuesto al dominio europeo.

1906 La conferencia de Algeciras reconoce una «posición privilegiada» de Francia en Marruecos.

1912 Tratado de Fez. Marruecos se reparte entre los vencedores: Francia y España. Tánger pasa a ser territorio internacional libre.

1975 Se organiza la Marcha Verde sobre el Sahara español: 350 000 marroquíes desarmados reivindican la soberanía marroquí del Sahara Occidental.

1976 El Frente Polisario, con ayuda argelina, se opone a las pretensiones de Marruecos sobre el Sahara Occidental. Las relaciones con Argelia experimentan un fuerte deterioro.

1988 Se promete la convocatoria de un referéndum para decidir el destino del Sahara Occidental. Sin embargo, dicho referéndum se pospone en repetidas ocasiones durante la década de 1990.

1993 Se inaugura la mezquita de Hasán II en la ciudad de Casablanca.

1995-1996 Concluyen cinco años de sequía con unas lluvias torrenciales, de consecuencias nefastas.

Década de 1920 Tami al-Glawi se une a los franceses para pacificar a las tribus rebeldes a cambio de poder.

Décadas de 1930 y 1940 Surge en Fez un movimiento independentista avivado por el partido al-Istiqlal. La represión afronta los crecientes disturbios. La posición internacional de Tánger sufre altibajos.

1956 Francia garantiza la independencia. Muhammad V cambia su título de sultán por el de rey.

1961 Sube al trono Hasán II, hijo de Muhammad V.

1963-1977 El rey Hasán sobrevive a las cinco conspiraciones tramadas contra su persona.

PÁGINAS ANTERIORES: *Fantasía frente a Meknés*, de Eugène Delacroix.

IZQUIERDA: Marruecos bajo el protectorado francés.

ARRIBA: aflicción por la muerte de Muhammad V (1961).

1997 La creciente democratización conduce a las elecciones legislativas y a que una estrecha mayoría esté a favor de la Unión Socialista de las Fuerzas Populares (USAP). Abderrahman Yusuf es elegido primer ministro.

1999 Muere el rey Hasán II. Su hijo, Muhammad ben al-Hassan, es investido como el rey Muhammad VI. El nuevo monarca abre una nueva era de apertura. Destituye al poderoso ministro del interior Driss Basri. Se permite el regreso a Marruecos de muchos de los disidentes exiliados.

2000 Unas 40 000 mujeres toman las calles de Rabat en una manifestación de apoyo a los derechos de la mujer. Los islamistas organizan una contramanifestación en Casablanca, apoyada por 500 000 personas.

2001 Tiene lugar la cumbre del clima en Marrakesh.

2002 Se celebran elecciones generales.

ANTES DEL ISLAM

Poco se sabe acerca de los primeros beréberes antes de que sus tierras formaran parte del Imperio Romano y fueran cristianizadas y latinizadas

Hace unos 50 000 años en Marruecos vivía el hombre de Neanderthal; los restos de uno de ellos se encontraron en 1933 en las cuevas de la playa de Tamara, cerca de Rabat. El «hombre de Rabat» fue, según parece, un joven de unos 16 años que vivió en la región cuando ésta era físicamente muy distinta de como es en la actualidad. Los grabados realizados sobre grandes bloques de piedra, algunos de los cuales pueden apreciarse cerca de Tafraoute, al sudeste de Agadir, atestiguan que la zona estaba cubierta de bosques y habitada por leones, panteras, jirafas, avestruces, elefantes y antílopes, además del hombre prehistórico.

No se descarta que hace unos 5 000 años existiese algún tipo de civilización, como lo sugiere el hallazgo de esculturas rupestres que representan un carnero con un disco solar colocado entre sus cuernos, muy parecido al dios Amón Ra de Tebas, en Egipto.

Los griegos dieron forma a algunas de sus leyendas en Marruecos. Se dice que el titán Atlas se hundió en el mar en algún punto entre el oeste de España y de Marruecos. También cuenta la leyenda que Hércules separó Europa y África para crear el estrecho de Gibraltar, proeza que conmemoran las Cuevas de Hércules cerca de Tánger y las Columnas de Hércules (los peñones de Gibraltar y de Ceuta). Hay quien dice que el Jardín de las Hespérides estaba situado en Marruecos, y que las manzanas doradas que Hércules encontró eran, de hecho, naranjas. Una historia inverosímil, puesto que esta fruta procede de Asia y no fue introducida en Marruecos hasta mucho más tarde.

Los comerciantes fenicios

Tenemos algo más de información a partir del siglo XII a.C. gracias a los fenicios, que establecieron enclaves comerciales a lo largo de la costa. Se han hallado restos púnicos en Russadir (Melilla), Tamuda (Tetuán), Ceuta, Tingis (Tánger), Lixis (Larache), Thymiaterion (Mehdia, cerca de Kenitra), Sala (Rabat) y Karikon Telichos (Essaouira). Probablemente, estos asentamientos no eran permanentes, aunque se han encontrado varias tumbas púnicas cerca de Tánger y Rabat.

Prácticamente no sabemos nada sobre los hombres que habitaron Marruecos desde la época fenicia hasta la caída de Cartago en el año 146 a.C. No hay ninguna prueba de que los marineros o los comerciantes cartagineses se adentraran en tierra firme, quizás porque no estaban interesados en la

colonización o tal vez porque no eran capaces de dominar a los beréberes.

Los romanos, que dominaron la zona durante más de cuatro siglos, hasta 429 d.C., tacharon a los beréberes, o a los bárbaros, como ellos los denominaban, de ser una raza intratable que causaba constantes problemas a sus legiones cuando intentaban fundar colonias permanentes. Entre las colonias fundadas por el Imperio Romano se encuentran Tingis, Zilis (Asilah), Lixus, Valentia Banasa (en el río Sebu, cerca de Kenitra), Sala Colonia y Volubilis.

La capital romana

En la actualidad pueden verse las ruinas de la colonia romana de *Sala Colonia* en Rabat, en Chellah.

IZQUIERDA: ruinas de la antigua ciudad romana de Volubilis.
DERECHA: busto en bronce del rey beréber Juba II (25 a.C.-23 d.C.).

El nombre pervive en Salé, la ciudad gemela de Rabat situada en la orilla opuesta del río, que aún se denomina Sala en árabe. Los restos más impresionantes se hallan en Volubilis, a 30 kilómetros al norte de Meknés, que probablemente era la capital de la provincia romana de Mauritania Tingitana, que abarcaba el norte de Marruecos.

El personaje local más destacado de la época romana fue el rey Juba II, que gobernó Mauritania Tingitana durante aproximadamente medio siglo, hasta su muerte en el año 23 d.C., a los setenta años. Juba II es famoso por tres motivos: se casó con Cleopatra Selene (la Luna), hija de Antonio y Cleopatra; fue uno de los escritores más prolíficos de su tiempo (escribió en lenguas latina, griega y púnica); y fundó unos centros de fabricación de púrpura en Essaouira.

Los romanos también explotaron las zonas dedicadas a la pesca en Marruecos para obtener *garum*, una pasta salada usada en la cocina marroquí. En Lixus, cerca de Larache, y en Tánger, junto a las Cuevas de Hércules, se encuentran los restos de dos enclaves productores de *garum*, donde los romanos, y probablemente antes los fenicios, solían sacar provecho de los molinos.

En el siglo III comenzó la evangelización cristiana de las provincias africanas de Roma. Parece ser que muchos beréberes acogieron la nueva religión, ya que existieron numerosos obispados, cuatro de ellos en Marruecos. En algunas ciudades, el modo de vida latino y cristiano sobrevivió a la caída de Bizancio. Las inscripciones latinas de Volubilis se remontan a fechas tan antiguas como el siglo VII.

A lo largo de este período también se desarrollaron en Marruecos comunidades judías, fundadas tras el éxodo de Egipto. El judaísmo es la religión más antigua que ha conseguido perdurar, sin interrupción, hasta la actualidad en este país, pese a que muchos judíos abandonaron Marruecos tras la fundación de Israel en 1948.

La era oscura

La invasión bárbara de 429 destruyó lo que quedaba de la civilización romano-cristiana. El rey vándalo Genserico, establecido en el sur de España, condujo su ejército, formado por 80 000 hombres, 15 000 de ellos a caballo, desde Tarifa a través de Marruecos, bordeando toda la costa de África del Norte, y destruyó todo lo que encontró a su paso en una orgía de saqueos e incendios que culminó con el ataque a Roma en 455.

Se cree que los estragos causados por los vándalos fueron de tal magnitud que los beréberes del norte de África se vieron obligados a practicar el nomadismo (con la ayuda del camello, que fue introducido en Marruecos hacia el siglo III). El emperador Justiniano restauró el cristianismo en África del Norte después de que los vándalos, considerados herejes, fueran derrotados por Belisario en 533. Sin embargo, en la siguiente centuria, la historia de Marruecos, y de hecho la de gran parte de África del Norte, está sumida en sombras.

Pero el horizonte se ilumina cuando, a unos 5 000 kilómetros al este de Marruecos, prende una nueva llama de fervor religioso que se extiende a lo largo de toda la costa mediterránea y abre Marruecos al islamismo.

TINTE PÚRPURA PARA EL CÉSAR

Los profundos sedimentos de caparazones que se encuentran en los islotes próximos a la costa de Essaouira podrían ser la prueba de que allí existía una industria de la tintura, que proporcionaba a los césares el color púrpura imperial de sus túnicas. Este tinte violeta tan apreciado se extraía de los crustáceos, cada uno de los cuales, según se decía, contenía una gota «cuyo tamaño no era mayor que una lágrima».

El rey Tolomeo, que sucedió a Juba II como gobernador de la provincia en el siglo I, sufrió un percance a causa del tinte púrpura. Según parece, era un hombre vanidoso y en una de sus visitas a Roma lució una túnica de púrpura imperial que desató los celos del emperador Calígula, quien ordenó asesinar al presuntuoso gobernador provinciano.

IZQUIERDA: mosaico procedente de Lixus, que se conserva en el Museo Arqueológico de Tetuán.
DERECHA: invasión de los vándalos.

Eug. Delacroix 1845

EL ISLAM Y LAS DINASTÍAS

En los siglos VII y VIII, los cruzados árabes introdujeron el Islam en Marruecos, donde fue adoptado tanto por los reyes beréberes como por los gobernantes árabes

El *Magreb El Aksa* (el «Extremo Occidente»), como se denomina a Marruecos en árabe, era considerado en Arabia la cuna del islam , como una base de infieles perdidos que necesitaban ser convertidos a la nueva fe *besiff* (por la espada). El primero de los misioneros militares en emprender esta obra de conversión fue Sidi Uqba ibn Nafi, uno de los héroes más destacados de África del Norte.

Movido por una ferviente dedicación a las enseñanzas del Corán, Uqba abandonó Arabia en 666, 34 años después de la muerte del profeta Mahoma (632), a la cabeza de un ejército de caballería árabe. Según todas las informaciones, verificadas por los historiadores árabes siglos después de este acontecimiento, la expedición ofrecía un magnífico espectáculo mientras se dirigía hacia el oeste: los corceles dibujaban curvas en su galope y sus jinetes empuñaban cimitarras mientras avanzaban a través de los desiertos y las montañas para difundir la divina revelación.

La conversión de los paganos

De hecho, Uqba realizó tres expediciones, en las que, según parece, cubrió más de 8 000 kilómetros a caballo para convertir a los paganos, tanto cristianos como judíos. Al llegar a la ciudad de Kairuán, en Tunicia, se detuvo un tiempo y, finalmente, alcanzó Marruecos en su tercera intrusión hacia el oeste en el año 684. Los cronistas árabes afirman que en el valle de Sous, cerca de Tarudant, Uqba derrotó a un ejército beréber tan numeroso que «Alá no podría contarlo sin ayuda» (hipérbole oriental utilizada a menudo para describir las hazañas de los invasores árabes). Posteriormente, quizás en las ondulantes arenas de la bahía de Agadir, Uqba cabalgó con su corcel por entre las dunas y gritó: «¡Alá! ¡Si este mar no consigue detenerme, iré a tierras lejanas, hasta Doul Karnein (donde se pone el sol), lucharé sin tregua en nombre de tu religión y aniquilaré a todos aquellos que no creen en ti o adoren a otros dioses en vez de a ti!».

Uqba nunca intentó conquistar Marruecos; al contrario, se retiró rápidamente, pero encontró la muerte en la batalla contra los beréberes en Argelia, donde su tumba sigue siendo venerada. Treinta años más tarde, otro conquistador árabe, Musa ibn Nusair, llegó para subyugar a las tribus marroquíes que habitaban entre Tánger y los oasis del Tafilete, en nombre del califa omeya de Damasco.

El comandante del ejército de Musa era un cacique beréber, Tariq ibn Ziyad, un glorioso héroe conocido en la historia y la literatura como el

hombre que dirigió la invasión musulmana de España. Con un ejército de guerreros beréberes, en 711 empezó a vencer a los visigodos, e inició así siete siglos de brillante civilización en un período en que el resto de Europa se encontraba sumida en la barbarie.

Los celosos beréberes

El ejército de Tariq desembarcó en la bahía de Algeciras, cerca del peñón de piedra caliza que lleva su nombre, Jebel Tariq o la montaña de Tariq, conocido hoy como Gibraltar. Desde este enclave los ejércitos musulmanes avanzaron a una velocidad vertiginosa por toda España y pasaron a Francia, donde, finalmente, Carlos Martel consiguió detenerlos en la batalla de Poitiers en el año 732.

IZQUIERDA: retrato del sultán Abderrahman (1822-1859) en las afueras de Meknés, por Eugène Delacroix.
DERECHA: *Fanáticos religiosos en Tánger*, de Delacroix.

Es más que probable que estos ejércitos estuvieran formados en su mayor parte por beréberes y no por árabes, ya que los primeros habían abrazado voluntariamente la fe islámica, y, al igual que otros muchos recién convertidos, eran los defensores más fervientes de dicha fe, cuya simplicidad y espíritu de conquista encajaba a la perfección con el temperamento beréber. Se sublevaron en Marruecos contra los intentos de dominación árabe y contra las exacciones de los recaudadores de impuestos del califa de Damasco.

Los beréberes fundaron en Marruecos varios reinos musulmanes independientes pertenecientes a la secta jariyí, que surgió tras uno de los numerosos cismas a raíz de las sangrientas disputas que se producían en Oriente por la sucesión del califato después de la muerte del Profeta. Los reinos heréticos ya se habían establecido cuando en el año 788 apareció un nuevo héroe árabe, acompañado únicamente por un antiguo esclavo, para fundar lo que se convirtió en la primera dinastía musulmana ortodoxa de Marruecos.

Los idrisíes

Harum al-Rashid, califa de Bagdad y héroe de *Las mil y una noches,* propició, sin tener conciencia de ello, la fundación de la primera dinastía musulmana de Marruecos: los idrisíes. Idris ibn Abdullah, descendiente del profeta Mahoma por la línea de su hija Fátima y su yerno Alí, formaba parte de un grupo de rebeldes que reclamaban la legitimidad de los califas abasíes, de los cuales Harum era el quinto. Ésta fue sólo una de las muchas revueltas, ya que el Profeta no nombró ningún sucesor y todos sus hijos habían muerto. Como consecuencia, durante siglos, en el Islam reinó la discordia sobre la legitimidad de sus gobernantes. La falta de una tradición bien definida, como, por ejemplo, la primogenitura, que estableciese un sucesor, y el hecho de que los gobernantes eran polígamos y tenían numerosos hijos, fueron algunos de los motivos más frecuentes de la anarquía reinante en Marruecos, ya que los pretendientes rivales se enfrentaban entre sí por el trono.

Harum al-Rashid envió su ejército para eliminar a los rebeldes, pero fue derrotado cerca de La Meca en el año 786, si bien Idris consiguió huir. Después de dos años de viaje, en los que fue acompañado únicamente por su antiguo y fiel esclavo, Rashid, Idris alcanzó Marruecos y se refugió en Walili, la antigua ciudad romana de Volubilis. Los beréberes, que estaban muy poco islamizados, quedaron impresionados por su erudición y piedad y lo nombraron su líder.

Al tener conocimiento de que el rebelde había formado un reino, en 791 Harum al-Rashid mandó un enviado al estilo de Judas con la orden de asesinar a Idris con una poción venenosa. Pero dos meses después, Kenza, la concubina beréber de Idris, dio a luz un hijo. Criado por Kenza y por el fiel Rashid, el niño llegó a ser el sultán Idris II y de este modo se estableció la dinastía.

Los idrisíes fundaron la ciudad de Fez, donde se les unieron centenares de familias de rebeldes procedentes de Córdoba y de Kairuán. Estas familias de rebeldes llevaron consigo una sofisticada civilización árabe que dio lugar a la creación de la Universidad de Kairouyne, que hoy en día es la universidad más antigua del mundo.

Al morir Idris II en 828 (seguramente asesinado también por órdenes de Bagdad), su esposa dividió el pequeño Estado entre sus diez hijos. Esto llevó consigo el declive de la dinastía, que desapareció definitivamente en el año 974.

UN SÓLIDO LEGADO

Entre los pocos monumentos de los almorávides que aún se conservan se encuentran la mezquita de Tremecén, en Argelia, y las murallas que rodean Fez, las primeras murallas que se construyeron.

un fanático religioso. Levantó un *ribat*, o ermita, en el desierto, para difundir la verdadera fe. Su movimiento se conoce como El Murabetun («el pueblo del *ribat*»), que los europeos, por deformación, llamaron almorávides, la primera de las tres dinastías beréberes.

En un período de tiempo muy breve, los sultanes almorávides crearon un imperio beréber que se extendía por el noroeste de África hasta el este, hasta Algeciras, y que incluía el sur de España. Mientras el sanguinario Macbeth era rey de Escocia, los normandos invadían Inglaterra y la Primera Cruzada

tomaba la ciudad de Jerusalén, los almorávides, conducidos por Tasfin, avanzaban a través del desierto hasta alcanzar Marrakech en 1060. Ocuparon Fez en 1069 y siguieron avanzando a través del Mediterráneo hasta llegar a España.

Moulay Idriss, la ciudad más santa de Marruecos, cercana a Volubilis, guarda la tumba de Idris I, que es considerado hombre santo. El sepulcro de su hijo en Fez también es objeto de devoción. Cada año tiene lugar un *moussem* (peregrinación) a sus tumbas para honrar a los fundadores del Marruecos musulmán y de la única dinastía que no se impuso por las armas.

Los almorávides

Yusuf ibn Tasfin, un beréber de Adrar (en la actual Mauritania), donde los hombres llevaban velo, fue

La España musulmana, en tiempos de Rodrigo Díaz de Vivar, el Cid Campeador, estaba dividida en 23 taifas, o pequeños principados. Los almorávides no encontraron ninguna dificultad para dominarlos con el pretexto de ayudarlos a derrotar a los ejércitos cristianos, como hicieron en Zalaca, cerca de Badajoz, en 1086. Conquistaron Granada, Córdoba y Sevilla en el sector sur peninsular, y Badajoz, Valencia y Zaragoza, en el sector norte, aunque fueron incapaces de mantenerlas durante mucho tiempo.

IZQUIERDA: la corte de Harum al-Rashid, el califa de Bagdad que envió un emisario para asesinar a Idris I.
ARRIBA: árabes emigrando desde el este.

Alí, el hijo de Tasfin, gobernó el imperio desde 1120 hasta 1143; y, durante su reinado, los fieros y austeros almorávides abandonaron el velo para convertirse en potentados amantes del lujo en al-Andalus. La dinastía almorávide se extinguió casi con la misma rapidez con la que surgió en el desierto, pero consiguió extender la cultura andalusí por todo el Magreb.

LLEVADO A EXTREMOS

Se equiparó la xenofobia marroquí, provocada por la presencia de infieles en tierra de *Dar el Islam*, «la casa sagrada del islam », con los sangrientos excesos de la Inquisición, como reacción extrema desde la perspectiva cristiana.

Los almohades

Ibn Tumart, popularmente conocido como «la Antorcha», fue otro de los reformadores religiosos radicales que aparecieron a principios del siglo XI para predicar una doctrina unitarista (*tawhid*). Sus seguidores eran conocidos como al-muwahhid, o almohades. Cuando el ardiente Ibn Tumart murió en el año 1130, ya había congregado a numerosas tribus beréberes bajo su bandera.

La antorcha sucesora pasó a manos de Abd al-Mumin, un hábil jefe guerrero que se autoproclamó califa y Amir al-Muminin («príncipe de los creyentes»). Los historiadores orientales lo consideraban el más importante de todos los beréberes. Al-Mumin se apoderó de Marrakech y de Fez, en 1148 llegó a controlar todo Marruecos, se trasladó a España cuando fue llamado por los rebeldes antialmorávides y atravesó África del Norte con una rapidez inusitada derrotando las hordas de Hilal Arab en Sétif.

A su muerte, al-Mumin había forjado un imperio mucho mayor que el de los almorávides que se extendía hacia el este hasta Trípoli. Gran parte de la España musulmana fue reducida al vasallaje a manos de su hijo Abu Yaqub Yusuf. Su nieto, Abu Yusuf Yaqub, consolidó el poder almohade y se ganó el título de al-Mansur («el Victorioso») cuando aplastó las huestes cristianas del rey Alfonso VIII de Castilla en la batalla de Alarcos, el 18 de julio de 1195.

En el período de mayor gloria de los almohades, es decir, entre los años 1100 y 1210, se erigieron numerosas construcciones, como el Campo de la Conquista, Bab er Ruah, la incompleta Torre de Hasán en Rabat, la Giralda en Sevilla y la mezquita Kutubiyya en Marrakech. Pero, al igual que sus predecesores, los almorávides, los almohades también cayeron, tal vez de forma inevitable, en una aterciopelada decadencia: en tiempos de los almohades, Alicante se enorgullecía de poseer 8 000 telares para la fabricación de tejidos de seda y de acuñar monedas de oro de primera calidad.

Prácticamente en los últimos días de la dinastía, en 1230, el sultán al-Mamun no tuvo más remedio que aceptar 12 000 soldados de caballería cristianos enviados por el rey Fernando III el Santo de Castilla y León para poder arrebatar Marrakech a los disidentes locales. Como parte del trato, el sultán permitió la construcción de una iglesia católica en la ciudad, y hasta el siglo XIV se conservó un obispado marroquí que estaba al servicio de los mercenarios extranjeros.

LA EDAD DE ORO DE YAQUB

El reinado de Yaqub al-Mansur fue el cenit de la dinastía almohade, una era dorada de excelencia andalusí. Se rodeó de distinguidos poetas y filósofos, como el pensador judío Maimónides, el médico de la corte Ibn Tufayl e Ibn Rosch, Averroes (en cuyo honor el principal hospital de Casablanca lleva su nombre), que comentó las obras de Aristóteles y presentó al sultán a los monjes cristianos. Los diseños arquitectónicos, magníficamente proyectados, de Yaqub incluían las construcciones de Rabat al-Fath (el Campo de la Conquista), un vasto y cercado recinto utilizado para reunir a las tropas con objeto de llevar a cabo expediciones militares en España, y la monumental Bab er Rouah (la puerta de las almas) en Rabat.

Los mariníes y el sultán negro

Los benimerines eran una tribu nómada beréber procedente del Sahara, que se vio obligada a emigrar hacia el oeste ante la invasión de los hilalíes, y se estableció en el noreste de Marruecos en el período en que el rey Juan sin Tierra fue obligado por los barones ingleses a firmar la Carta Magna (1215) y la Inquisición española inició sus persecuciones contra musulmanes y judíos.

Los hombres de la tribu Banu Marin tomaron parte en la batalla de Alarcos, en 1195, por lo que ya conocían las potenciales recompensas de la *yihad* (guerra santa) que llevaron a cabo, en primer lugar, contra los almohades (con ayuda de mercenarios cristianos). Abu Yahya fundó la dinastía mariní con la toma de Fez el 20 de agosto de 1248.

Su hijo, Abu Yusuf, atravesó el estrecho de Gibraltar cuatro veces para ayudar a los musulmanes a recuperar el territorio que habían perdido. La más señalada de sus incursiones fue la del 8 de septiembre de 1275, cuando se libró una batalla en la que el ejército del héroe cristiano Nuño González de Lara fue derrotado en un día aciago para la Cruz.

Abu al-Hassan, hombre prodigiosamente poderoso y activo, hijo de una abisinia y conocido como el Sultán Negro, gobernó el imperio mariní desde 1331 hasta 1351 (cuando se dirimía en Europa la guerra de los Cien Años). Abu al-Hassan reorganizó el territorio del imperio que se extendía del Atlántico al golfo de Gabes, en Túnez, y lo gobernó con mano dura. Sin embargo, no tuvo tanto éxito en España, donde su ejército fue derrotado en la batalla del Salado, cerca de Tarifa, en octubre de 1340.

Los restos mortales de Abu al-Hassan que en sus últimos años de vida fue una persona resentida, reposan en Chellah, cerca de Rabat. Su propio hijo, Abu Inan, se opuso a su gobierno hasta 1358, cuando fue estrangulado por un visir partidario de un pretendiente de cinco años de edad. Inan había perdido el control de la actual Argelia y Túnez, los invasores árabes maaciles y también los cristianos comenzaron sus incursiones y se rompieron los lazos con España. Los mandatos de varios sultanes, que eran unos niños, hicieron que la anarquía reinara en todo el territorio.

A pesar de que sus logros políticos no son comparables a los conseguidos por los almohades, los mariníes dejaron un sustancial legado cultural en forma de *madrasas*, o escuelas, de delicado estilo hispano-morisco, que pueden apreciarse en Fez, Meknés y Salé. La madrasa Bu Inania en Fez, acabada en 1357, es una de las más destacadas, con una clepsidra situada en una de las callejuelas adyacentes al edificio.

Las invasiones cristianas

A principios del siglo XV, la piratería se había convertido en una estrategia de ataque contra los cristianos y, para éstos, en una excusa para la intervención en Marruecos. A los reyes españoles sin duda les empujaba también un espíritu de ven-

IZQUIERDA: un emir marroquí.
ARRIBA: *Boda judía en Marruecos,* pintura de Eugène Delacroix.

ganza por la dominación musulmana, que ya duraba siete siglos, y que llegaría a su fin con la caída de Granada en 1492.

Mientras los refugiados musulmanes y judíos entraban a raudales en Marruecos huyendo de la Inquisición, los reyes españoles y portugueses enviaron ejércitos y flotas para perseguirlos. Enrique III de Castilla tomó Tetuán y masacró a su población en 1399, Portugal se apoderó de Ceuta en 1415 y, tras tres intentos, finalmente conquistó Asilah y Tánger con una flota de 477 barcos y 30 000 hombres en 1471.

Después de que los Reyes Católicos, Isabel y Fernando, expulsaran a los musulmanes de Granada, España ocupó Melilla en 1497 con una flota

que en un principio estaba destinada a llevar a Colón en su segundo viaje de descubrimiento. Mientras tanto, los portugueses construyeron alcázares en la costa atlántica, en Agadir, Azemmur y Safi, y los turcos otomanos llegaron a las puertas de Marruecos, en Tremecén. Fueron, éstos, días de tinieblas para Marruecos, debilitado durante un siglo por la anarquía imperante bajo la dinastía wattasí (1465-1549); pero también el preludio de una nueva era de gloria.

El renacimiento hizo su aparición como reacción contra la intolerancia de los cristianos: el espíritu de la *yihad* (guerra santa) vivía entre los sadíes, que derrocaron al último de los wattasíes en 1557. Los sadíes asombraron a Europa tras aniquilar un ejército portugués de 20 000 hombres en la batalla de los Tres Reyes, el 4 de agosto de 1578.

Los sadíes

En el siglo XII llegaron algunos miembros de la tribu árabe banu saad y se establecieron en el valle del Draa, cerca de Zagora, y, posteriormente, se trasladaron a Sus, cerca de Taroudant. Afirmaban ser descendientes del profeta Mahoma, y fundaron la dinastía sadí con la toma de Marrakech en el año 1525. Los portugueses, tras ser expulsados en 1541 de Agadir, abandonaron también los puertos de Safi y Azemmour.

Estos cambios en la situación territorial hicieron crecer en el rey don Sebastián de Portugal, de 24 años, las ansias de venganza, y se embarcó en una cruzada contra los *bárbaros*, en contra de la opinión de sus consejeros jesuitas. Los historiadores afirman que don Sebastián era un místico fanático que anhelaba la gloria personal en nombre de Dios. A don Sebastián se le unió un miembro de la dinastía sadí, Muhammad al-Mutawakkil, que había gobernado como sultán antes de huir a España tras ser derrocado por su hermano Abd al-Malik. Mu-

LA BATALLA DE LOS TRES REYES

En 1578 se reunió la flor y nata de la nobleza portuguesa para luchar contra los musulmanes marroquíes, y se embarcó en una gran flota que amarraría en los puertos de Tánger y Asilah. Los hombres marcharon hacia el sur lenta y pesadamente, arrastrando a su paso 36 cañones de bronce. Su avance era tan moroso que el sultán Abd al-Malik tuvo el tiempo necesario para reunir un ejército de caballería formado por 50 000 hombres para enfrentarse al ejército invasor.

Finalmente, el 4 de agosto, los dos ejércitos rivales se toparon cerca de Alcazarquivir, lugar donde los portugueses se encontraron de súbito atrapados en la bifurcación del río Loukos y su afluente el uadi al-Makhazin. La corriente creció e impidió que los hombres pudieran vadear los ríos, mientras oleada tras oleada de caballería marroquí al ataque aniquiló al enemigo.

Sebastián, el rey de Portugal, y su aliado, el sultán destituido Muhammad al-Mutawakkil, fueron derrotados, y el sultán Abd al-Malik murió de enfermedad durante la contienda. El desastre se completó para Portugal cuando después de esta derrota perdió la corona y Ceuta, su posesión en África, en favor de España. Marruecos, sin embargo, encontró pronto a un nuevo héroe que les gobernara, el hermano de Abd al-Malik, Ahmad, que fue proclamado sultán en el mismo campo de batalla. Pasó a la historia como Ahmad al-Mansur al-Dehbi («el Victorioso y Dorado») tras obtener cuantiosos rescates por los nobles portugueses que habían sido hechos prisioneros.

hammad se unió a los cristianos con el propósito de recuperar el trono del que había sido desposeído.

Sin embargo, los sadíes lograron una victoria decisiva en el campo de batalla que causó un fuerte impacto en Marruecos tras las muertes de los «tres reyes»: los monarcas de Portugal y Marruecos, y el traidor sultán antes mencionado (*véase el cuadro de la página anterior*). Esto dio un gran prestigio al hermano y sucesor de Abd al-Malik, Ahmad al-Mansur (Almanzor), que se benefició de tan glorioso resultado y de las condiciones que impuso a la nación derrotada.

ENEMIGO COMÚN

Ahmad envió una carta a la reina Isabel I de Inglaterra proponiéndole una alianza anglomarroquí para hacer frente a España, después de la victoria de sir Francis Drake sobre la Armada Invencible.

la que, probablemente, sea la fiebre del oro más ardua de la historia. La oferta del emperador local, Ishaq Askia, de sobornarlos con 100 000 piezas de oro y 1 000 esclavos fue rechazada por Ahmad, que la consideró «un insulto».

El imperio Songai fue destruido y Ahmad nombró bajás para gobernarlo. Movidos por la avaricia, los bajás no mostraban ningún escrúpulo (hubo 149 bajás entre 1612 y 1750). Las insubordinadas tropas masacraban a la población o la enviaban como esclavos en las caravanas que transportaban oro a Marrakech.

Ahmad busca riquezas

Dado que España era demasiado poderosa para intentar ataque alguno a la península Ibérica, Ahmad decidió emprender la conquista de la sal y las minas de oro del imperio Songai, a orillas del río Níger. Un ejército compuesto por 3 000 plebeyos cristianos, cabilas, otomanos y africanos, dirigidos por el muladí español Juder e instruidos por los turcos, atravesó con dificultad el desierto del Sahara. Parafraseando al duque de Wellington, «era la escoria de la tierra, reclutada por mero lucro».

La mitad de los hombres murió por el camino y el resto llegó a Tombuctú tras 135 días de viaje, en

IZQUIERDA: piratería en la costa atlántica.
ARRIBA: bombardeo de Trípoli, el centro de la piratería.

Laurence Maddock, un comerciante inglés que vivía en Marrakech, afirmó que llegaban a la ciudad hasta 30 mulas cargadas de polvo de oro en un solo día. El historiador al-Ifrani detallaba que los funcionarios de la corte recibían sus honorarios en oro y que había 1 400 martillos en el palacio para partir los ducados de oro. La fama de Ahmad y de su corte se extendió por toda Europa.

Para ponerse a la altura de su desmesurada opulencia, Ahmad se hizo construir un suntuoso palacio, al-Badi, con mármol italiano llevado kilo a kilo a cambio del azúcar que producían los renegados cristianos y judíos en el valle de Sous. Los visitantes de otros lugares se maravillaban ante la magnificencia desplegada en las ceremonias de la corte celebradas al estilo turco, ya que Ahmad había pasado su juventud en Constantinopla y había desarrollado el gusto por el refinamiento otomano.

Ahmad también organizó el gobierno al-Makhzen, que sobrevivió hasta el siglo XX sin apenas sufrir cambios en su estructura. De todo lo demás se conserva muy poco; su palacio fue arrasado por la siguiente dinastía. De entre los escasos restos de valor destacan las tumbas sadíes que construyó el hijo de Ahmad, Muley Zidan, que sus sucesores cerraron con un muro y que no volvieron a abrirse hasta que los franceses llegaron a Marruecos.

Una de las consecuencias de la era sadí fue que la entrada de miles de esclavos africanos llevados de África central, de muladíes blancos y mercenarios cambió la composición racial del país. El resultado de esta mezcla puede observarse en los rostros de los actuales marroquíes, que van del blanco marfileño al negro ébano, pasando por el marrón claro.

Ahmad al-Mansur murió en agosto de 1603. Fue, sin duda, el mejor de los once sultanes sadíes, ocho de los cuales murieron asesinados. Tres de sus hijos lucharon por la sucesión durante siete años y, durante un intervalo de tiempo, Marruecos estuvo dividido en dos Estados sadíes gobernados desde Fez y Marrakech, respectivamente. El tercer estado, que se proclamó en Rabat-Salé, era más bien una república independiente liderada por los moriscos expulsados de España. Estos moriscos eran los «vagabundos de Salle» que aparecen en *Robinsón Crusoe,* de Daniel Defoe.

Los alawíes

El siguiente sultán destacable es Muley Ismail, cuyo reinado de 55 años (desde 1672 hasta 1727) fue uno de los más largos y brutales de la historia marroquí. Era cruel y libertino, y se decía que había tenido un harén de quinientas mujeres, más de setecientos hijos varones e incontables hijas.

Ismail era hijo de Muley Rashid, el fundador de la dinastía alawí y el vástago de una familia árabe que había emigrado desde Arabia hasta los oasis de Tafilete en el siglo XIII. Esta familia era descendiente de al-Hassan, hijo de Alí y Fátima, la hija del Profeta.

El reinado de Ismail está documentado tanto por los historiadores árabes como por los diplomáticos europeos, monjes y esclavos que éstos rescataron del cautiverio al que estaban sometidos por los corsarios. Unos doscientos esclavos y otros treinta mil prisioneros fueron empleados durante medio siglo de construcciones en Meknés, ciudad a la que Ismail convirtió en capital.

Se construyó una mezcolanza de gigantescas estructuras, en su mayor parte de adobe, pero también algunas en mármol conseguido como botín en Volubilis y en el palacio de Ahmad al-Mansur en Marrakech, que Ismail había arrasado hasta los cimientos. La ciudad fue ceñida con unas murallas de 25 kilómetros de longitud, y albergaba en su interior palacios de vastos patios con columnas, inmensos jardines, un zoológico, establos con capacidad para centenares de caballos, graneros, marrón claro.

Ahmad al-Mansur murió en agosto de 1603. Fue, sin duda, el mejor de los once sultanes sadíes, ocho de los cuales murieron asesinados. Tres de sus hijos lucharon por la sucesión durante siete años y, durante un intervalo de tiempo, Marruecos estuvo dividido en dos Estados sadíes gobernados desde Fez y Marrakech, respectivamente. El tercer estado, que se proclamó en Rabat-Salé, era más bien una república independiente liderada por los moriscos expulsados de España. Estos moriscos eran los «vagabundos de Salle» que aparecen en *Robinsón Crusoe,* de Daniel Defoe.

«Aliado» de EE UU

El sultán Muhammad ibn Abdullah fue el primer líder mundial que, en el siglo XVIII, reconoció a los incipientes Estados Unidos de América. El presidente Washington lo calificó de «gran y magnánimo amigo».

Los alawíes

El siguiente sultán destacable es Muley Ismail, cuyo reinado de 55 años (desde 1672 hasta 1727) fue uno de los más largos y brutales de la historia marroquí. Era cruel y libertino, y se decía que había tenido un harén de quinientas mujeres, más de setecientos hijos varones e incontables hijas.

Ismail era hijo de Muley Rashid, el fundador de la dinastía alawí y el vástago de una familia árabe que había emigrado desde Arabia hasta los oasis de Tafilete en el siglo XIII. Esta familia era descendiente de al-Hassan, hijo de Alí y Fátima, la hija del Profeta.

El reinado de Ismail está documentado tanto por los historiadores árabes como por los diplomáticos europeos, monjes y esclavos que éstos rescataron del cautiverio al que estaban sometidos por los corsarios. Unos doscientos esclavos y otros treinta mil prisioneros fueron empleados durante medio siglo de construcciones en Meknés, ciudad a la que Ismail convirtió en capital.

Se construyó una mezcolanza de gigantescas estructuras, en su mayor parte de adobe, pero también algunas en mármol conseguido como botín en Volubilis y en el palacio de Ahmad al-Mansur en Marrakech, que Ismail había arrasado hasta los cimientos. La ciudad fue ceñida con unas murallas de 25 kilómetros de longitud, y albergaba en su interior palacios de vastos patios con columnas, inmensos jardines, un zoológico, establos con capacidad para centenares de caballos, graneros, cuarteles que alojaban a un gran número de tropas y, por supuesto, un harén en el que la mujer legítima, la sultana Zidana, una gigantesca africana, descargaba su látigo sobre los centenares de concubinas. Cada vez que Ismail concedía favores a una de las mujeres perfumadas y untadas de aceite, ésta era paseada en una litera por todo el palacio, acompañada por un séquito de cantantes y bailarines.

Cuando Ismail revisaba las construcciones, hacía volar su lanza contra los esclavos si consideraba que estaban ganduleando, o les aplastaba la cabeza con ladrillos si pensaba que su trabajo no era lo bastante bueno. El diplomático francés Pidou de Saint Olon afirmó haberlo visto en una ocasión cubierto de gotas de sangre tras haber degollado a uno de sus esclavos.

Los franceses recuerdan a este déspota por sus pretensiones de matrimonio con la princesa Conti, hija natural del Rey Sol, Luis XIV; una proposición que provocó la hilaridad en el palacio de Versalles y no menos confusión en Meknés cuando Ismail fue rechazado.

El poder de Ismail se apoyaba en un ejército de soldados africanos, los abides, formado por los esclavos llevados a Marruecos por los sadíes. Se les instaló en una «caballeriza» en Meshra Er Remel, en el río Sebou; todos sus hijos varones eran llamados al servicio militar a los 15 años. A los abides, que gozaban de mayor confianza que los guerreros árabes o los beréberes, se les concentraba en casbahs edificadas en puntos estratégicos alrededor de la ciudad. También se les envió a reconquistar Larache y Asilah, a sitiar Ceuta y

Extremo izquierdo e izquierda: Muley Ismail y el amor de su vida, la princesa Conti, una de las hijas de Luis XIV. **Derecha:** un esclavo cristiano a merced de su amo.

LAS INVASIONES EUROPEAS

Después de que Francia y España se repartieron Marruecos, creció el resentimiento hacia el poder extranjero durante 40 años, hasta que se recuperó la independencia

Durante la «última disputa por África» a principios del siglo XX, el Reino Unido, Francia, Alemania y España se enfrentaron entre sí por dominar Marruecos, uno de los pocos territorios del continente que aún estaban libres del dominio de las potencias colonialistas.

Marruecos se había librado del colonialismo no porque se le considerase poco valioso, todo lo contrario, pues era y sigue siendo un importante punto estratégico, sino porque era una antigua nación independiente con una sociedad organizada capaz de resistir cualquier invasión. Esta característica la hacía diferente del resto del «oscuro continente», con sus arcaicos sistemas tribales y sus mapas que mostraban «elefantes a falta de ciudades». Además, Marruecos existía como nación musulmana desde hacía más de 1 000 años, contaba con una larga tradición de gobierno dinástico, una cultura y civilización propias, ciudades antiguas como Fez, Marrakech y Tánger, y un historial de férrea resistencia a las invasiones.

Hasta finales del siglo XIX, Marruecos había conseguido sobrevivir contraponiendo entre sí a los poderes europeos, pero los rivales fueron desapareciendo progresivamente. Francia, a cambio de tener carta blanca en Marruecos, consintió en que Italia colonizase Libia y, más tarde, como parte de la Entente Cordiale, llegó a un acuerdo similar con el Reino Unido, que, a cambio, obtuvo carta blanca para actuar en Egipto.

Esto redujo los adversarios de Francia a tan sólo dos: Alemania, cuyo Káiser Guillermo arribó a Tánger y posteriormente envió un cañonero a Agadir para expresar sus «intereses»; y España, que, gracias a que desde hacía siglos tenía en su poder los enclaves de Ceuta y Melilla en la costa norte, aducía «derechos históricos» sobre Marruecos.

Cuando los plenipotenciarios europeos se reunieron en el hotel Reina Cristina, en el puerto español de Algeciras, en enero de 1906 para decidir el futuro de Marruecos, el Reino Unido e Italia respaldaron a Francia. La conferencia de Algeciras ofreció la propuesta de un plan de reformas y reconoció la «posición privilegiada» de Francia en Marruecos.

IZQUIERDA: miembros de la conferencia en el hotel Reina Cristina, de Algeciras, en 1906.
DERECHA: turistas europeos de la década de 1920.

Alemania se retiró cuando se avecinaba la Primera Guerra Mundial, tras recibir de Francia parte del Camerún, en África occidental, como «regalo». España firmó un acuerdo secreto con Francia en el que se delimitaban sus respectivas «zonas de influencia» en Marruecos. Los pretendientes europeos al pastel marroquí quedaban ahora reducidos a dos.

El hijo pródigo

Esta situación coincidió con un período de crisis en Marruecos. El enérgico sultán Muley al-Hassan había muerto de repente en el 1894. Le sucedió su hijo Abd al-Aziz, un débil derrochador que dilapidó el tesoro real. Los desaprensivos europeos le vendieron cámaras de oro macizo, pianos que nadie en la corte sabía tocar, una lancha motora alemana con tripulante incluido y un coche dorado para uso del Estado, pese a que no había ninguna carretera en Marruecos.

Para resolver la consiguiente crisis financiera, se concertaron grandes préstamos con un consorcio de bancos franceses.

Para devolverlos, Marruecos tuvo que ceder sus derechos de aduana, lo que provocó revueltas contra la creciente influencia de los «infieles» y contra los ataques de las tropas francesas a las áreas limítrofes con Argelia. Una de estas revueltas, respaldada por los poderosos jefes de las tribus del sur, acabó con el derrocamiento de Abd al-Aziz, en 1908, por su hermano Hafid. Sin embargo, el nuevo gobernante no fue capaz de imponer su autoridad a un país agobiado por las deudas y asaltado por presiones externas y disidencias internas. Se vio obligado a firmar el tratado del Protectorado en 1912, por el que Francia se convirtió en responsable de los asuntos exteriores y la defensa, y promulgó decretos de reformas. Hafid abdicó inmediatamente en favor de su hermanastro Muley Yusuf. Como afirma el historiador norteamericano Edmund Burke III, «Marruecos entró a trancas y barrancas en la era moderna».

EVADIENDO LA CENSURA

Para quienes trabajaban por la independencia en las zonas francesa y española, las oficinas de correos de la zona internacional de Tánger eran fuente de noticias no censuradas que informaban acerca de lo que sucedía en el resto de Marruecos.

Dividiendo el país

Francia se apoderó del «Marruecos útil»: las principales ciudades en las planicies centrales y el territorio fronterizo con Argelia. España recibió las migajas: la accidentada área de la cordillera del Rif, cercana a sus enclaves y, en el sur, el enclave de Ifni, la franja del Tarfaya y el Sahara Occidental, y Río de Oro. A causa de su estratégica situación, Tánger y sus alrededores se convirtieron en una «zona internacional». Durante algún tiempo, los diplomáticos extranjeros extendieron su influencia a la ciudad: fueron los responsables de la construcción del faro del cabo Espartel e impusieron un programa de saneamiento. Creían que las buenas obras favorecerían las buenas relaciones, y nadie quería que España controlase los dos lados del estrecho de Gibraltar, en especial el Reino Unido. Cada una de las naciones que estaban presentes en la zona internacional tenía su moneda propia, sus servicios de correos y sus entidades bancarias.

EL EMIR DERROTA AL EJÉRCITO ESPAÑOL

La ocupación española de la zona norte estuvo marcada por la revuelta de 1920 del «emir» Abd el-Krim, cuyos guerreros beréberes derrotaron a un ejército español de 60 000 hombres en la batalla de Annual. Fue un logro muy importante.

Abd el-Krim estableció una república independiente en el Rif, con un programa educativo, un banco estatal y con gran parte de la infraestructura administrativa de un país moderno. Finalmente fue derrotado por un ejército formado por españoles y franceses a las órdenes del «salvador de Verdún», el mariscal Philippe Pétain. Abd el-Krim se rindió ante los franceses para evitar la segura ejecución si era capturado por los españoles. Fue desterrado a la isla francesa de Réunion, en el océano Índico, y posteriormente murió en El Cairo.

Marruecos ofreció una tenaz resistencia a la penetración de Francia y España. Tan pronto como se firmó el tratado de los Protectorados en Fez, las tribus guerreras asediaron las murallas de la ciudad, y no fue hasta 1934 cuando Francia consiguió pacificar su zona.

La estrategia de Lyautey

El mariscal Lyautey, el primer comisario general francés, era un soldado con mucha experiencia, pero también un audaz idealista. Lyautey creía que el concepto de protectorado debía ser respetado escrupulosamente: en otras palabras, que todas las acciones debían llevarse a cabo en nombre, y con el consentimiento, del sultán en cooperación con el gobierno *makhzen*, o la elite tradicional marroquí.

Desde el principio, Lyautey se dio cuenta de la importancia de preservar la cultura marroquí, y se aseguró de que las nuevas ciudades construidas por los franceses estuviesen situadas a cierta distancia de las medinas. También insistió en que la generación de jóvenes marroquíes debía tomar parte activa en todos los estadios de la modernización del país, ya que de lo contrario se sentirían frustrados y se sublevarían.

El sabio francés

Las máximas del mariscal francés Lyautey son todavía corrientes en el Marruecos independiente. He aquí algunos ejemplos de su sabiduría popular: «Ni una gota de agua debe alcanzar el océano»; y «Marruecos es un país frío con un sol caliente».

Después de que Lyautey abandonara Marruecos en 1925, los comisarios generales que le sucedieron (catorce en 44 años) convirtieron el protectorado en una colonia virtual, con una administración directa que marginaba a las tradicionales clases gobernantes y dejaba escasas salidas al talento de los jóvenes y ambiciosos marroquíes. Como subrayó un comentarista, el sultán, quedó reducido a una figura decorativa, que tenía que leer los periódicos franceses para saber lo que ocurría en su propio país.

Como Lyautey había predicho, los intelectuales formaron un movimiento nacionalista en Fez para dirigir la resistencia justo cuando se acababa de conseguir la «pacificación» (1934). Bastantes de ellos se habían educado al modo francés y estaban imbuidos por el espíritu de la *Liberté, égalité et fraternité*; otros, educados en la antigua Universidad de Kairouyine de Fez, estaban muy influidos por los políticos del Medio Este.

Este movimiento estaba alimentado en gran parte por el resentimiento a causa de dos agravios: en primer lugar, la influencia de los colonos franceses (a los que Lyautey se había opuesto), que se apoderaron de las mejores tierras de cultivo

EXTREMO IZQUIERDA: el frívolo y derrochador Abd al-Aziz.
IZQUIERDA: el mariscal francés Lyautey.
ARRIBA: la cordillera del Rif presentó una férrea resistencia a las fuerzas coloniales.

y monopolizaron la economía, y en segundo lugar, una burocracia basada en la mano dura, que se empeñaba en regularlo todo, incluso la profesión de encantador de serpientes, y mediante la cual se aseguraba de que los marroquíes sólo realizaran trabajos de escasa importancia.

La propiedad deseada

Mientras el desarrollo en las zonas españolas era mínimo a causa de la guerra civil y el escaso desarrollo de la economía bajo el régimen dictatorial de Franco, Francia proveía a Marruecos de abundantes recursos: carreteras, vías férreas y puertos; granjas modernas, minas y sistemas de educación, sanidad pública y justicia basados en el esquema

francés. En pocas palabras, el país se fue transformando. Irónicamente, desde el punto de vista nacionalista, el protectorado francés hizo que luchar por Marruecos mereciese más la pena entonces que antes de transformarlo.

Cuando el sultán Muley Yusuf murió en 1927, fue sucedido por su tercer hijo, Muhammad, que contaba 18 años de edad. Los franceses pensaron que él sería más fácil de dominar, pero se equivocaron. La publicación de los franceses del *Dahir* (decreto) beréber en 1930, que el joven e inexperto monarca selló, fue un grave error político. El decreto pretendía aplicar la ley de costumbres tribales a los beréberes en vez de la ley tradicional islámica. Este decreto los irritó, y lo acusaron de pretender convertirlos al cristianismo.

Estallaron los disturbios y los principales líderes nacionalistas, entre ellos Allal al-Fassi, Muhammad ben Hassan Wazzani, Ahmed Balafrej y Muhammad Mekki Naciri, fueron arrestados. Durante los 25 años siguientes, junto a otros muchos independentistas, entraron y salieron de la cárcel o fueron enviados al exilio.

En la zona española, mientras tanto, se toleraba a los nacionalistas más para exasperar a los franceses que por idealismo, ya que Madrid seguía indignado por haber recibido los territorios más pobres del país. El régimen franquista también fomentaba la rivalidad y las luchas internas entre cuatro grupos nacionalistas para desviar la atención del hecho de que tropas marroquíes habían sido reclutadas para la «cruzada anticomunista» en la guerra civil española.

Al-Glawi

Para refrenar la agitación nacionalista, los franceses consiguieron hacerse con el apoyo de los *grands caids*, los jefes tribales beréberes del sur, encabezados por Tami al-Glawi, el bajá o gobernador de Marrakech, cuyo nombre significa «León del Atlas».

Otros personajes, con rencor hacia el sultanato, se unieron a sus filas. Uno de ellos fue el líder religioso Abdalhay al-Kettani, cuyo hermano Muhammad había sido azotado hasta la muerte por orden del sultán Muley Hafid en 1909.

El sultán Muhammad ben Yusuf comenzó a adherirse a la causa nacionalista poco antes de que el recién formado partido al-Istiqlal («independencia») promulgara un manifiesto en enero de 1944; en él se pedía, por primera vez, no sólo reformas, sino la total y completa independencia. Se dice que el apoyo concedido por el sultán a la causa le fue sugerido por el consejo que le dio el presidente Franklin D. Roosevelt cuando se reunieron en la conferencia de Anfa, cerca de Casablanca, durante la Segunda Guerra Mundial.

Al crecer la agitación, los franceses respondieron con el arresto de los cabecillas. Pero entonces se sucedieron los disturbios y las manifestaciones y, finalmente, el sultán «se declaró en huelga» y se negó a sellar los decretos del protectorado.

Cuando el general Augustin Guillaume, el décimo comisario general francés, tomó el control en Rabat en julio de 1951, se encontró con un sultán reacio a cooperar y una hirviente conflictividad entre los nacionalistas. También heredó el aparato del protectorado preparado para desafiar al gobierno de París y aceptar las demandas de los intransigentes líderes de los colonos, que por aquel entonces habían crecido hasta llegar casi al medio millón.

En marzo de 1953, al-Glawi, Kettani y otros «colaboradores» marroquíes de la zona francesa decidieron que el sultán Muhammad ben Yusuf, a favor del movimiento independentista, debía ser sustituido. La idea recibió el apoyo de los colonos y de sus cabildos de París, donde los efímeros gobiernos franceses de la Cuarta República se constituían y desaparecían con asombrosa frecuencia.

EN DESHONRA

Después de la independencia, la familia al-Glawi fue deshonrada y despojada de todos sus bienes, y Tami al-Glawi murió de muerte natural poco después. Las ruinas de su enorme casbah en Telouet son un recuerdo de sus tiempos de gloria.

El asunto se complica

En mayo de 1953, Guillaume, acompañado por el mariscal Alphonse Juin, ex general residente nacido en Argelia, pasó revista a decenas de miles de hombres pertenecientes a tribus beréberes que estaban concentrados cerca de Azrou, en la cordillera central del Atlas. Muchos de ellos eran veteranos del ejército francés que habían servido a las órdenes de Guillaume y Juin en los últimos momentos de la Segunda Guerra Mundial. Los colonos los consideraban, por lo general, como «buenos marroquíes», a diferencia de los «malos marroquíes» encarnados por los nacionalistas de las ciudades. Estos últimos interpretaban el pase de revista de Azrou como un ensayo general de la marcha de tribus beréberes concentradas sobre Fez y Rabat para obligar al sultán a abdicar. Sin embargo, el ministro de Asuntos Exteriores francés, Georges Bidault, había informado en abril a Guillaume que «el gobierno francés no aceptará una política de hechos consumados... Le pido que se oponga abiertamente a cualquier acción que conduzca a una situación en la que no tendríamos otra opción que derrocar al sultán y usar la fuerza contra nuestros amigos».

Sin embargo, al-Glawi y trescientos de sus fieles conspiradores se reunieron en Marrakech el 13 de agosto, mientras el comisario general, el mariscal Guillaume, recibía tratamiento terapéutico con aguas minerales en Vichy por su dolencia hepática, y redactaron una propuesta para destituir al monarca reinante y proclamar en su lugar a Sidi Muhammad ben Arafa, un turbio personaje de 70 años pariente lejano del sultán reinante.

A pesar de recibir otro mensaje de aviso de Bidault sobre las «incalculables consecuencias de tal pronunciamiento», los contingentes de las tribus comenzaron su marcha hacia Fez y Rabat, muchos de ellos, sin duda alguna, pensando que se ponían en camino, como de costumbre, para acudir a las ceremonias del día de las fiestas musulmanas de Aid el-Kebir, que debía tener comienzo el 21 de agosto aquel año (fecha en que el sultán

IZQUIERDA: Tami al-Glawi, el «León del Atlas».
ARRIBA: cambio de moneda en Tánger durante la época en que era zona internacional libre.

debía llevar a cabo en público el sacrificio de un carnero). Desbordado por los hechos, el gobierno francés capituló, el sultán Muhammad ben Yusuf fue destituido y ocupó su lugar el anciano Ben Arafa.

Crisis en palacio

Un posterior mensaje de Bidault reiteraba en vano el aviso de las «incalculables consecuencias de tal pronunciamiento», ya que, tras la marcha beréber en agosto (y en un ambiente de histeria colectiva estimulada por los conspiradores y de la que la prensa francesa se hizo eco) el primer ministro francés, Joseph Laniel, dio luz verde, si bien contra su voluntad, a la destitución del sultán. Al parecer, según él, la única alternativa posible era comenzar una guerra civil en Marruecos.

RECORDADO EN EL EXILIO

Una vez exiliado, la gente juraba que podía ver el rostro de su sultán en la Luna, o afirmaban que se encontraba «chez Madame Gascar», en esa lejana isla localizada en el océano Índico.

Guillaume, con semblante preocupado, se presentó en el palacio de Rabat en la mañana del martes 20 de agosto de 1953 para pedir al sultán que abdicase en favor del más joven de sus hijos, el príncipe Muley Abdullah, del que se creía que sería un monarca más «flexible» que el hijo mayor, el príncipe Muley Hassan, que era la bestia negra, en especial de los colonos. Cuando el sultán se negó a tal pretensión, él y todos sus hijos e hijas fueron trasladados en una flota de coches negros hasta el viejo aeropuerto de Rabat, donde actualmente se levanta el hotel Hyatt Regency, y fueron obligados a volar con destino al exilio, primero en Córcega y luego en Madagascar.

Su partida fue celebrada por los conspiradores marroquíes y por sus amigos colonos miembros de la asociación Presence Française, pero la celebración de su victoria no duró mucho. Tan sólo tres semanas después, el 11 de septiembre, el sultán-títere, Ben Arafa, escapó de la muerte cuando Allal ben Abdullah (cuyo nombre reciben numerosas calles de Marruecos en la actualidad) arremetió con un coche contra la procesión real cuando ésta se dirigía hacia la mezquita de Rabat y después intentó acuchillarlo. Este hecho fue el punto de partida de violentas protestas populares en contra del exilio del sultán legítimo. Tales protestas desembocaron de forma rápida en una campaña terrorista urbana, que se unió a la aparición de un ejército de liberación en el Rif y la región central de la cordillera del Atlas.

Un final sangriento

Los miembros de la resistencia, que no siempre estaban controlados por los nacionalistas, sino que a menudo eran pequeños grupos independientes de patriotas, disparaban contra los líderes franceses y los «colaboradores» marroquíes, y hacían estallar bombas en concurridos cafés y mercados. La Nochebuena de 1953, en el mercado central de Casablanca, Muhammad Zerktouni (cuyo nombre lleva uno de los bulevares de la ciudad) colocó una bomba en una cesta de la compra que provocó la muerte de veinte personas e hirió a 28. La elección de una festividad cristiana fue simbólica: el sultán había sido partido al exilio durante un día de festividad musulmana.

Los terroristas contaban con el apoyo tácito de la población, pero los colonos franceses extremistas contraatacaron organizando sus propias campañas terroristas, disparando a veces de manera indiscriminada desde los turismos y asesinando a personas de nacionalidad francesa sospechosas de profesar simpatías pronacionalistas. Existían pruebas de que les ayudaba la policía francesa.

La campaña alcanzó el clímax durante el segundo aniversario de la marcha del sultán al exilio, el 20 de agosto de 1955, cuando los miembros de las tribus bajaron del pequeño pueblo campesino de Oued Zem, al sudeste de Casablanca, y asesinaron de manera salvaje a 49 franceses, entre ellos ocho mujeres y quince niños. Como contrapartida, se envió a la Legión Extranjera francesa en una expedición de castigo. Según afirman algunas fuentes marroquíes, fueron asesinados 1 500 miembros de las tribus, lo que aumentó la crispación hasta tal extremo que el último comisario general, el civil liberal Gilbert Grandval, fue agredido física y verbalmente por los indignados colonos franceses mientras intentaba poner solución a la crisis.

En París, el primer ministro Edgar Faure convocó una conferencia de líderes nacionalistas en la localidad de Aix-les-Bains, con el temor de que estuviese a punto de comenzar una *yihad* (guerra santa) contra Francia en Marruecos y Argelia. El temido levantamiento estalló finalmente en las montañas del Rif el 1 de octubre de 1955, cuando el Ejército de Liberación Marroquí atacó tres puestos avanzados franceses en la frontera con la zona española.

EXTREMO IZQUIERDA E IZQUIERDA: Ben Arafa es nombrado sultán por los franceses, y tres semanas más tarde escapa a duras penas de un intento de asesinato. **ARRIBA:** el regreso de Muhammad V.

Un giro de 180 grados

La conferencia de Aix-les-Bains estaba pensada para formar un gobierno marroquí provisional y elaborar con gran esfuerzo una solución para el problema dinástico en forma de un «consejo de trono». Pero la fórmula del consejo sólo fue bien recibida por el propio Tami al-Glawi, que dejó perplejo a todo el mundo cuando el 25 de octubre anunció que la solución era reponer en el trono a Muhammad ben Yusuf.

Ante aquellas circunstancias, Francia no pudo hacer otra cosa. El 16 de noviembre de 1955 el sultán legítimo regresó en avión a Rabat, donde fue recibido como un héroe. Ante una ingente multitud reunida frente al palacio, Muhammad anunció que el protectorado había llegado a su fin.

DESDE LA INDEPENDENCIA

La euforia por la independencia dio paso a rivalidades e insurrecciones, pero un fuerte liderazgo y unas hábiles estrategias consiguieron mantener el statu quo

El sultán Sidi Muhammad ben Yusuf cambió su título por el de rey Muhammad V en 1956, cuando Marruecos recuperó su independencia. Este cambio simbolizaba el prestigio adicional que había adquirido como «el Liberador» del país. Su enorme popularidad, junto con su prestigio religioso en calidad de Amir al-Muminin («príncipe de los creyentes»), le permitieron gobernar con autoridad incontestada durante el período crucial en que debía reunirse una elite para dirigir una nación moderna.

A pesar de haber sido humillado por los franceses, demostró ser un monarca moderado y magnánimo. Los extranjeros mantuvieron sus cargos para ayudar a los inexpertos oficiales marroquíes a superar la transición sin sobresaltos. Muchos colonos franceses abandonaron el país por voluntad propia, pero otros dirigieron granjas e industrias hasta finales de 1973, cuando se adoptaron las medidas de «marroquización».

Marruecos se unió a la Liga Árabe, fue uno de los miembros fundadores de la Organización para la Unidad Africana (OUA) y mantuvo relaciones cordiales con Francia y España, que colaboraron a crear las Fuerzas Armadas Reales y le proporcionaron ayuda para el desarrollo económico, lo cual se tradujo en la creación de nuevas industrias basadas en la agricultura y los fosfatos.

La escolarización pasó de algunos miles a más de tres millones en 25 años. De forma simultánea, las mejoras en las condiciones de sanidad estimularon un rápido crecimiento de la población al tiempo que emergió un intranquilo proletariado urbano. Proporcionar trabajo, viviendas y servicios sociales se convirtió en una ardua tarea.

Crisis gubernamental

En octubre de 1956 estalló una crisis cuando los franceses residentes en Argelia obligaron a aterrizar al avión que llevaba de Rabat a Túnez al líder nacionalista argelino Ahmad ben Bella y a sus compañeros. Los amotinados atacaron a los colonos franceses en una violenta protesta organizada por los nacionalistas en apoyo del Frente Argelino de Liberación Nacional. Las relaciones con Francia se volvieron más tensas, puesto que Marruecos distribuía armas entre los revolucionarios argelinos.

Las antiguas zonas del protectorado español y francés y la zona internacional de Tánger fueron suprimidas, pero se tardó varios años en conseguir que España evacuase la franja de Tarfaya y el enclave de Ifni en el sur. En el caso de este último,

la evacuación sólo se consiguió después de que las tribus locales llevasen a cabo una revuelta.

El problema nacional principal del rey Muhammad V era enfrentarse al antiguo centinela, el partido al-Istiqlal, cuyos líderes se consideraban los verdaderos artífices de la independencia marroquí y, por lo tanto, merecedores de monopolizar el poder de lo que ellos denominaban «gobiernos homogéneos».

Las aspiraciones de al-Istiqlal provocaron las revueltas de otros grupos nacionalistas que se sentían despojados de los frutos de la victoria. Una de las insurrecciones de mayor gravedad estalló en 1958, en las montañas del Rif, después de que al-Istiqlal ordenase el arresto del doctor Abd el-Krim al-Khatib y de Mahjoubi Aherdan, dos líderes del

IZQUIERDA: Muhammad V.
DERECHA: Muhammad V con el líder egipcio Gamal Abdel Nasser.

Ejército de Liberación Marroquí (ELM) que habían dirigido guerrillas contra los franceses, pero que también se opusieron al ascenso al poder del partido de al-Istiqlal.

A pesar de que el rey ordenó la liberación de Aherdan y de al-Khatib, los rebeldes se opusieron a Rabat hasta febrero de 1959. Se registró un elevado número de víctimas cuando 20 000 soldados mandados por el príncipe Muley Hasán fueron enviados para aniquilar a la resistencia. No obstante, el rey amplió las peticiones de al-Istiqlal a grandes extensiones de Argelia, el Sahara español y Mauritania.

CONTRA PRONÓSTICO

Veinticinco años después de haberse convertido en soberano, Hasán II le dijo al rey Juan Carlos I de España: «Cuando subí al trono, la gente dijo que no duraría en él más de seis meses...».

Al mismo tiempo, el rey intentó frustrar los intentos de al-Istiqlal de dominar el gobierno. Se permitió a Aherdan y a Khatib la creación de un partido rival, el Movimiento del Pueblo, que estuvo en el poder en todos los últimos gobiernos, mientras que a finales de 1962 al-Istiqlal se vio apartado del poder y se unió a la oposición.

El ascenso de Hasán

El rey Hasán II subió al trono en febrero de 1961, tras la muerte de su padre. Por entonces el partido al-Istiqlal ya se había separado. Un partido radical de izquierdas, encabezado por Mehdi ben Barka, surgió con inconfundibles inclinaciones republicanas y era visto por el palacio como una seria amenaza para el trono. La facción disidente de Ben Barka, que recibió el nombre de Unión de Fuerzas Populares (USFP), hizo una campaña en pro de la aplicación de reformas políticas y económicas, atacó el «poder personal» del soberano y acusó a la monarquía de feudal.

En 1963, la recientemente independiente Argelia rechazó las peticiones marroquíes sobre parte de su territorio y se produjo una breve guerra. Las tropas marroquíes y argelinas se disputaban los oasis de una zona en litigio, donde la frontera nunca había sido trazada formalmente. La Organización para la Unidad Africana puso fin al conflicto, pero Mehdi ben Barka fue condenado a muerte *in absentia* por traición, por haber apoyado a Argelia durante la contienda.

Justo antes de la guerra de la frontera, se promulgó la primera Constitución de Marruecos. Esta Constitución declaraba ilegal el régimen unipartidista, garantizaba las libertades democráticas básicas y estipulaba la formación de un Parlamento elegido por votación popular, pese a que el rey continuaba manteniendo poderes sustanciales. El primer Parlamento, que fue elegido en mayo de 1963, estaba integrado por cinco partidos, que pasaron la mayor parte del tiempo enfrentados.

El rey disolvió el Parlamento en junio de 1965 a causa de las «demandas contradictorias e irreconciliables de los partidos» y declaró el «estado de emergencia». Durante cinco años, el monarca gobernó por decreto con un gobierno independiente, y se nombró a sí mismo primer ministro.

Conspiraciones y golpes de Estado

Al verse enfrentados a lo que en su opinión era un gobierno autócrata del monarca, los militantes de izquierdas recurrieron a la violencia. Muchos de ellos fueron arrestados, acusados de estar relacionados con cinco conspiraciones contra la monarquía entre 1963 y 1977. En dos ocasiones, una en 1965 y otra en 1973, infiltrados armados entraron en el país desde Argelia; y en 1965, 1981 y 1984 se produjeron importantes amotinamientos en las calles, alentados por los izquierdistas.

Francia retiró a su embajador en Rabat y durante tres años rompió las relaciones, ya que el rey se negó a admitir la culpabilidad de Ufkir, y desestimó las sugerencias de destituir al general. Las relaciones con Francia se restablecieron tras la muerte de De Gaulle y se reanudó la ayuda financiera a Marruecos.

También se restablecieron en aquella época las relaciones con Argelia y Mauritania, después de que el rey abandonara las reclamaciones de al-Istiqlal sobre el territorio y convocase a los líderes musulmanes a una reunión en Casablanca, donde se creó la Organización de Conferencias Islámicas. Esto aumentó su prestigio personal y le ayudó a anticiparse a las críticas de los fundamentalistas

Las agitaciones fueron reprimidas con dureza y se celebraron juicios masivos con condenas de muerte. Mehdi ben Barka, que había vivido en el exilio y era sospechoso de haber incitado las agitaciones, desapareció en París en circunstancias extrañas el 29 de octubre de 1965. Un tribunal francés declaró culpable de planear el secuestro de Ben Barka al general Muhammad Ufkir, entonces ministro marroquí del Interior, y lo condenó a cadena perpetua mientras aquél continuase en paradero desconocido.

IZQUIERDA: mujeres marroquíes, a las que recientemente se les había concedido el derecho al voto, hacen cola para participar en el sufragio.
ARRIBA: un joven Hasán II, soberano de 1961 a 1999.

islámicos. El rey, entonces, ya tenía libertad para volver a un gobierno más democrático.

Decidió anular el estado de emergencia, y se aprobó una segunda Constitución en referéndum, aunque éste fue boicoteado por los partidos.

Los partidos también boicotearon las elecciones generales para hacer que el segundo Parlamento fuese una asamblea sin color, con más del 90 por ciento de sus miembros presuntamente independientes. La oposición alegó que la votación estaba amañada. El Parlamento, elegido por un período de seis años, resultó ser un aparato aprobado maquinalmente y minado por el absentismo.

En medio de un ambiente de inestabilidad, los oficiales de mayor antigüedad en las Fuerzas Armadas reales llevaron a cabo un fracasado golpe de Estado al asaltar el palacio real en Skhirate, situado en la playa cerca de Rabat, el 10 de julio de 1971 mientras el rey celebraba su 42 cumpleaños. Aproximadamente cien invitados fueron abatidos a tiros por 1 400 cadetes, pero el rey consiguió salvar la vida ocultándose en un cuarto de baño del laberíntico palacio.

Los motivos del ejército eran inciertos. Algunos de los líderes del golpe, como el general Muhammad Medbouh, ministro de la Guardia Militar Real, que fue asesinado durante el ataque, se sentían indignados por la corrupción.

Estos líderes creían que los ministros corruptos debían ser juzgados para que el juicio sirviera de ejemplo y no sólo ser destituidos. Otros, sin duda, menos idealistas, simplemente deseaban conseguir el poder para imponer lo que habría sido una dictadura militar de derechas.

El ministro de Defensa, el general Ufkir, consiguió acorralar a los rebeldes gracias a la ayuda de las tropas leales. Diez oficiales, entre ellos cuatro generales, fueron juzgados de forma sumaria y ejecutados. Se procesó a más de 1 000 militares, pero sólo 74 fueron condenados.

Para sorpresa de muchos, el veredicto fue indulgente, pero el argumento del rey fue que el golpe había sido obra de tan sólo una facción de las Fuerzas Armadas y que, por lo tanto, era desaconsejable ganarse la antipatía de los oficiales y las tropas leales. Si esto era en realidad lo que el rey pensaba, se equivocaba, porque, el 16 de agosto, los pilotos de tres reactores de las Fuerzas Aéreas atentaron contra la vida del rey y su séquito intentando derribar con cañones antiaéreos el avión en que éste regresaba de Francia.

Una vez más el rey salió ileso. Como él mismo contó más tarde, habló con los pilotos de caza por la radio del avión disfrazando su propia voz para comunicarles que «el tirano ha muerto», después de lo cual cesaron los ataques.

La noche posterior a los ataques, el general Ufkir se suicidó; en un primer momento, se creyó que era el acto de un oficial fiel que pensaba que no había cumplido con su deber de proteger al soberano. La versión oficial fue que el general Ufkir era un traidor que había planeado el ataque y tenía la intención de gobernar Marruecos usando al hijo mayor del rey, el príncipe Sidi Muhammad, que por aquel entonces sólo tenía nueve años, como una marioneta. En un principio, su plan era abatir el avión real cuando sobrevolase el mar y simular que había sido un accidente.

En el juicio, los oficiales de las Fuerzas Aéreas afirmaron que Ufkir los había convencido de que era necesario eliminar al rey para salvar al país del caos. Los once cabecillas fueron ejecutados, por lo que sus verdaderos motivos y la lealtad de otros oficiales siguen siendo hoy una incógnita.

En un claro esfuerzo por apaciguar el descontento fueron procesados seis ex ministros del gabinete y cuatro cómplices, acusados de corrupción. Ocho de ellos fueron condenados a prisión, con penas que oscilaban entre los cuatro y los doce años, por haber aceptado sobornos que ascendían a más de dos millones de dólares; sin embargo, tres años después, todos fueron puestos en libertad.

LA MARCHA VERDE

Cerca de 350 000 ciudadanos marroquíes desarmados fueron movilizados, y el 6 de noviembre marcharon en dirección sur a través de la frontera enarbolando banderas y ejemplares del Corán.

Protección divina

Los dos fracasados golpes militares convencieron a muchos de que la monarquía marroquí tenía los días contados. Esto puede ayudar a explicar por qué el 3 de marzo de 1973 varios centenares de hombres armados se infiltraron en el país desde Argelia con la intención de hacer estallar un «alzamiento popular» en el decimosegundo aniversario de la subida al trono de Hasán II.

El «levantamiento» también fracasó, reforzando así la creencia popular de que el rey gozaba de la baraca (protección divina). Quizás engañados por las conclusiones erróneas derivadas de su propia propaganda, que afirmaba que sólo era necesaria una chispa para prender la llama de la revolución, los activistas izquierdistas del USFP que dirigieron a los infiltrados se encontraron con que, en lugar de recibirlos como liberadores, los campesinos de las áreas fronterizas avisaron a las fuerzas de seguridad locales. A lo largo de los juicios, en los que 22 hombres fueron condenados a muerte, se reveló que los conspiradores también habían colocado bombas en las delegaciones norteamericanas de Casablanca y Rabat y en el teatro de la capital. Ninguna de ellas explotó, al parecer porque el activista miope que las había fabricado había conectado al revés los cables de las bombas.

En 1974 el gobierno independiente encabezado por el primer ministro Ahmad Osman, yerno del rey, decidió aumentar el precio de las rocas de fosfato a más del doble, a unos 64 dólares la tonelada, y pidió préstamos para financiar los proyectos de desarrollo de la capital. Pero la subida de los precios se mantuvo durante poco tiempo, ya que se produjo una recesión a escala mundial.

Tomando posesión

Un repentino aumento en el precio del crudo, cuando Marruecos necesitaba importar como mínimo el 75 % de su energía, junto a sustanciales aumentos en el valor del dólar y de las tasas de interés y, más tarde, una serie de sequías que obligaron a importar millones de toneladas de grano, dejaron al país en una precaria situación. No obstante, estos problemas fueron eclipsados por el conflicto del Sahara Occidental. España hizo pública su decisión de conceder la autonomía a su entonces colonia del desierto y celebrar un referéndum, el rey volvió a resucitar las históricas demandas sobre la zona y organizó una gran campaña para anexionarla a la «madre patria».

Al pedírsele que confirmase si la zona era una *terra nullius* antes de que España la colonizase, el Tribunal Internacional de La Haya descubrió que las tribus del Sahara Occidental habían jurado fidelidad a los monarcas marroquíes, pero dictaminó que eso no constituía soberanía, y que debía ser decidida por voluntad propia. El rey lo interpretó como una justificación de sus demandas. Con gran celeridad y eficacia, se organizó la Marcha Verde, formada por unos 350 000 marroquíes, hacia esta región del Sahara. Su acampada duró tres días en la línea de fuego de la Legión española. Ésta se retiró pacíficamente.

La Marcha Verde debió su éxito, principalmente, al hecho de que Franco estaba gravemente

IZQUIERDA: la Marcha Verde en el desierto del Sahara.
ARRIBA: los soldados marroquíes defienden la zona fronteriza contra la guerilla del Frente Polisario.

enfermo. Sumidos en la confusión ante las perspectivas de la inminente muerte del dictador, los líderes españoles querían evitar una guerra colonial. Por este motivo, el 14 de noviembre trasladaron la administración del tan disputado territorio a Marruecos y a Mauritania.

El presidente argelino, el coronel Huari Bumedián, que hasta entonces había apoyado las reclamaciones marroquíes y mauritanas sobre sus derechos en el Sahara Occidental, de repente mostró un abierto apoyo al Frente Polisario, un grupo de guerrillas de izquierda lideradas por un antiguo miembro del partido comunista marroquí, Mustafá el-Ouali, que empezó la campaña por la independencia de la colonia española.

Argelia instruyó, armó, financió y dio refugio a las guerrillas, que proclamaron la República Árabe Saharaui Democrática (RASD) justo en el momento en que las últimas tropas españolas se retiraban a finales de febrero de 1976.

La guerra continuó durante más de diez años y supuso una pesada carga para la economía marroquí, mientras que Bumedián podía financiarla mejor gracias a sus recursos petrolíferos. La enérgica diplomacia argelina hizo posible que la RASD fuese reconocida oficialmente por más de 70 estados, muchos de ellos no alineados, entre los cuales se encontraban Libia y los regímenes comunistas de Corea del Norte, Vietnam y Cuba, e hizo que los partidarios del rey se vieran empujados a afirmar que existía una «conspiración comunista mundial contra Marruecos».

Tal como era de esperar, en ciertos aspectos, la guerra asumió algunas de las características de un conflicto entre países del Este contra países del Oeste: el Frente Polisario combatía con armas soviéticas, mientras que Marruecos recibía ayuda militar de Francia y Estados Unidos.

El punto de vista marroquí era que Argelia estaba decidida a crear un Estado satélite en el Sahara Occidental, que le proporcionaría acceso a la costa atlántica, y que el Polisario pensaba que su guerra de guerrillas haría rendirse a Marruecos en sus pretensiones de domino. Argelia, por otra parte, afirmaba que actuaba bajo «el sagrado principio» de la autodeterminación y comparó la lucha del Polisario con la guerra que el país sostenía con Francia por la independencia.

Sin embargo, una diferencia importante fue que mientras la lejana guerra de Argelia cada vez era más impopular entre los franceses, y que, en última instancia, obligó a tomar soluciones de carácter político, la cercana guerra del Sahara, ligada a fuertes intereses territoriales y económicos, pro-

EL REINADO DEL MONARCA HASÁN II

Cuando Hasán II murió a causa de una neumonía en julio de 1999, tras un reinado de 38 años, la nación cayó en un pozo de aflicción. Dos millones de marroquíes se concentraron en las calles de Rabat para rendir el último homenaje al fallecido monarca, mientras el vehículo militar que conducía el féretro avanzaba ante ellos. Miembros de la realeza y jefes de Estado de todo el mundo asistieron al funeral.

Hasán fue uno de los líderes moderados con que contó el mundo árabe. Pese a ser autócrata, poseía una gran inteligencia y nunca postergó sus ideas ante nada. Uno de sus grandes logros fue el mantener a raya el fundamentalismo. Aunque realmente lo consiguió recurriendo al exilio y el encarcelamiento, su arma más poderosa fue su entronque con en el linaje del profeta Mahoma por parte de Alí (la dinastía alawí), que le permitió alejar a sus oponentes por herejes.

En los últimos años de su reinado, Hasán comprendió que si quería evitar una crisis social necesitaba embarcarse en un programa de democratización gradual, que, finalmente, conduciría a una monarquía constitucional. Después de realizar algunos cambios constitucionales que permitieron a los partidos de la oposición formar un gobierno, las elecciones parlamentarias de 1998 dieron el triunfo restringido al *kutla*, la oposición integrada por cuatro partidos. También se permitió participar, por primera vez, a los islamistas. No obstante, el rey Hasán seguía conservando el poder de nombrar y destituir a los ministros.

vocó una cohesión sin precedentes en Marruecos. De hecho, esta guerra propició la unidad de todos los partidos políticos, que se unieron para formar un frente común en su defensa. En este ambiente, el rey celebró unas nuevas elecciones en 1984, que dieron como resultado un Parlamento verosímil.

El pequeño pero ruidoso Partido para el Progreso y el Socialismo, con sede en Casablanca, se convirtió en el único partido comunista en todo el mundo que se opuso al Polisario; los líderes del socialista USPF fueron incluso encarcelados durante un breve tiempo por criticar la decisión del rey de aceptar un referéndum de autodeterminación en una cumbre de la OUA en 1981. El partido al-Istiqlal no sólo aprobó la toma de posesión del Sahara Occidental, sino que reprimió la insistencia de las demandas marroquíes sobre diversas zonas de Argelia y toda Mauritania.

Por último, el rey tuvo que moderar a sus Fuerzas Armadas, ya que muchos de los oficiales de mayor graduación creían que la manera más rápida de poner fin a la guerra era asestar un golpe contundente a Argelia y atacar las bases de la retaguardia del Polisario. El rey advirtió varias veces que ejercería el «derecho de persecución armada» a través de la frontera de Argelia mientras las guerrillas se retiraban, pero nunca cumplió su amenaza dado el riesgo existente de provocar una guerra devastadora.

El momento decisivo se produjo en 1981, cuando Marruecos comenzó a levantar líneas de defensa construidas con barricadas de arena y roca, cubiertas por sensores electrónicos para prevenir los ataques de la guerrilla. De forma gradual, las líneas fueron extendiéndose hacia el este y llegaron a alcanzar una longitud de 1 610 kilómetros a lo largo de las fronteras. El ejército se hizo con el control del 80 por ciento del territorio y forzó una paralización militar. Con anterioridad, Argelia había decidido que la guerra no podía ganarse y que ya era hora de un alto al fuego.

IZQUIERDA: Hasán II vestido con la chilaba blanca tradicional del Parlamento.

ARRIBA: el rey Muhammad VI (a la derecha) lleva a hombros el féretro de su padre, en julio de 1999.

Con la mediación del rey Fahd de Arabia Saudita, Argelia y Marruecos reanudaron sus relaciones en mayo de 1988. Marruecos y el Frente Polisario aceptaron un plan de paz propuesto por las Naciones Unidas, que consistía en el alto al fuego, seguido de un referéndum de autodeterminación para elegir entre la independencia o formar parte de Marruecos.

La década de 1990

A finales de la década de 1980, la reconciliación con Argelia preparó el camino para la realización de un antiguo sueño de África del Norte: la unión económica, «el gran Magreb árabe», del que formarían parte Argelia, Libia, Mauritania, Marruecos y Túnez. No obstante, la mayoría de las esperanzas concebidas en la década de 1980 acabaron en agua de borrajas.

La *Union du Grand Mahgreb* fue abandonada al acercarse la guerra civil argelina, que hizo que Marruecos y Túnez se mostrasen partidarios de mantener las distancias. En el Sahara Occidental, la promesa de un referéndum aún tiene que materializarse, pese a que sigue en vigor el alto al fuego. La celebración del referéndum se pospuso en varias ocasiones durante la década de 1990, en un principio a causa de las inquietudes de Estados Unidos y de las objeciones del Frente Polisario cuando el gobierno marroquí trasladó a 37 000 marroquíes a la región porque sus familias eran originarias de esta zona. Mientras Marruecos continúa frustrando la celebración del referéndum, las fuerzas de pacificación de las Naciones Unidas cumplen su difícil cometido en el desierto, y los refugiados saharauis, que huyeron del Sahara Occidental en 1975 tras la entrada de los marroquíes, se enfrentan a la perspectiva de pasar más años en los campamentos.

EL PRECIO DE LA PAZ

Se calcula que la mediación de las Naciones Unidas (ONU) en el Sahara Occidental cuesta 3,82 millones de euros mensuales (3,43 millones de dólares), suma que muchos miembros de la ONU no quieren pagar.

En lo que respecta a los asuntos internos, Marruecos siguió adelante con un programa de privatización general que afectaba a más de 100 empresas (entre las cuales había dos fábricas de cerveza, una de vino y 11 hoteles de lujo), arriesgándose a tener que enfrentarse a la cólera de los fundamentalistas durante el proceso. Marruecos busca con insistencia la inversión extranjera e intenta aumentar su prestigio en el ámbito internacional, con Marrakech, en particular, que cada vez es un centro de conferencias internacionales más popular. La liberalización, por otra parte, no sólo alcanzaba a la esfera económica. En 1997 Marruecos celebró las elecciones más libres en la historia del país, que dieron la victoria por escasa mayoría a la Unión Socialista de Fuerzas Populares (USPF), y convirtieron a su líder, Abderrahman Yusuf, ex disidente exiliado en Francia, en primer ministro en febrero de 1998.

La muerte de un rey

El rey Hasán II murió en julio de 1999 a la edad de 70 años. Fue un momento que los marroquíes temían. La vida sin su monarca parecía inimaginable para un amplio sector de la sociedad, que consideraba que a su hijo y sucesor, Muhammad ben al-Hasán, de 36 años, le faltaba la confianza en sí mismo y el carisma que caracterizaba a su padre. Sin embargo, Muhammad VI, que recibió el juramento de fidelidad del gobierno a las pocas horas de haberse producido el óbito de su padre, en pocos meses dejó patente que tenía nuevos planes para el futuro de Marruecos, y que era partidario de desarrollar las pequeñas semillas de la reforma que Hasán había sembrado durante los últimos años de su gobierno.

Una de sus primeras y más importantes decisiones fue la de destituir al ministro del Interior Driss Basri, odiado en todo el país pero que gozaba de gran poder. Al mismo tiempo, se permitió el retorno de varios líderes disidentes exiliados en Francia, entre ellos el líder comunista Abraham Serfaty y la familia de Mehdi ben Barka, el opositor del gobierno que había desaparecido en 1965 (*véase pág. 45*). El rey también liberó a muchos de los presos políticos, entre ellos a Abdessalem Yassine, líder del Movimiento de Justicia y Espiritualidad Islámica. En el ámbito social, el progreso más importante ha sido la propuesta de reformas radicales en lo que respecta a los derechos de la mujer, que en su mayor parte provienen de la antigua ley Sharia.

A modo de poderosa señal del nuevo amanecer de Marruecos, en abril de 2000 las Naciones Unidas constituyeron el primer centro de orientación e información sobre los derechos humanos en la ciudad de Rabat.

IZQUIERDA: Muhammad VI.

Pasiones deportivas

Puede que uno no piense en Marruecos cuando se habla de grandes logros en el ámbito deportivo, pero en los últimos años los deportistas marroquíes han aparecido en los titulares de la prensa mundial. Las carreras de medio fondo han sido durante años su punto fuerte, pero también han conseguido importantes progresos en el fútbol y el tenis.

En fútbol, el equipo nacional marroquí, los Leones del Atlas, logran una y otra vez alcanzar el nivel necesario para participar en el Campeonato Mundial. A las órdenes del entrenador francés Henri Michel, en el Mundial de 1998 empataron contra Noruega y derrotaron a Escocia por 3 a 0, resultados que los podían haber llevado a los cuartos de final de no haber sido por un discutido penalti que se concedió a Noruega, su rival de grupo, en el último minuto del partido contra Brasil.

Al iniciarse el Campeonato Africano de 2000, Marruecos estaba considerado como el mejor equipo de África según la clasificación de la FIFA, aunque fue derrotado en la primera fase del torneo. Una actuación desastrosa, teniendo en cuenta que no habían perdido un solo partido contra sus rivales africanos desde 1998.

Miembros del equipo nacional de Marruecos juegan en equipos de todo el mundo, atraídos por lucrativos contratos. Entre los jugadores que se encuentran en las filas de equipos extranjeros destacan los nombres de Mustafá Hadji y Yusuf Chipo, centrocampistas del Coventry City de Inglaterra; el ariete Salaheddine Bassir y el capitán Nureddine Naybet, ambos en las filas del equipo español Deportivo de la Coruña.

Marruecos ha intentado proclamarse campeón mundial repetidas veces, y bien puede convertirse en el primer país africano en conseguirlo. Pese a ser un país pobre, según los estándares europeos, Marruecos ha hecho fuertes inversiones en el deporte, cuyo mejor ejemplo es el estadio construido en Casablanca.

Sin embargo, es en el atletismo donde sobresale Marruecos. El país ha contado con varios atletas notables en las carreras de medio fondo, el más famoso de ellos es el medallista de oro olímpico Said Aouita, que sirvió de ejemplo a una nueva generación de jóvenes corredores, entre ellos Salah Hlssou y Khalid Skah, que sorprendieron a los etíopes y a los kenianos en las carreras de 5 000 y 10 000 metros, y el plusmarquista mundial de los 1 500 metros Hicham el-Guerroudj.

Marruecos es la sede de los encuentros más importantes de la IAFF (Federación de Atletismo Amateur Internacional), y también organiza un *cross* de resistencia, el maratón Des Sables. Es considerada una de las carreras atléticas más duras del mundo; su recorrido comienza en Marrakech y continúa en dirección sur por las montañas del Atlas y por el Sahara, atravesando terreno montañoso, cauces secos de ríos y arenas impenetrables. Los participantes, que realizan entre 20 y 80 kilómetros diarios en función del terreno, van equipados con mochilas que contienen bengalas, espejos para hacer señales y antídotos contra el veneno de serpientes. Las temperaturas pueden alcanzar durante el día los 49 °C.

El último deporte que ha proporcionado a Marruecos grandes satisfacciones es el tenis. En enero de 2000 consiguió que dos de sus jugadores, Younes el-Aynaoui e Hicham Arazi, alcanzaran los cuartos de final del abierto de Australia. Aunque ambos fueron derrotados, por Yevgeny Kafelnikov y Andre Agassi respectivamente, este hecho fue un logro para el país. A pesar de que el rey Hasán era un entusiasta del tenis e invitaba con regularidad a sus palacios a los jugadores más destacados, Marruecos no dispone de instalaciones de calidad para los jugadores más jóvenes.

DERECHA: el excepcional atleta marroquí Said Aouita, corredor de medio fondo.

Hasán fue una pieza clave en la promoción del golf en Marruecos, ya que él era muy aficionado a la práctica de este deporte, lo mismo que su hijo Muhammad VI. Por todo el país se pueden encontrar campos de golf de primera clase, pero es el club de golf Royal Dar-es-Salm, en Rabat, con un campo de 18 hoyos y otro de 9, el que goza de reputación internacional. Fue diseñado por Robert Trent Jones y es la sede donde se disputa el Trofeo Hasán II, que se celebra en noviembre, y del abierto marroquí, que forma parte de la AGP Volvo, que se celebra en enero.

1KG
55,00 F

GRAMMES
500
TESTUT
TESTUT
FAUX
1KG
61,90 F

LOS MARROQUÍES

Es en Marruecos, probablemente más que en cualquier otra nación árabe, donde conviven en armonía lo moderno y lo tradicional

Durante siglos, los europeos han disfrutado explicando el carácter de los árabes. Los primeros visitantes que llegaron a Marruecos solían poner sobre aviso a los demás sobre los bronceados, vagos, falsos y polígamos infieles que vivían a las puertas de Europa.

Una imagen popular

Incluso hoy en día perviven algunos de estos prejuicios y clichés occidentales, aunque mitigados por los elogios que se dan a la hospitalidad marroquí y a los valores familiares. En la imaginación popular, los marroquíes son descritos como «chovinistas», «fatalistas» y «hedonistas», pero esto no son más que simples estereotipos cuando uno tiene en cuenta los eclécticos orígenes raciales de Marruecos.

En general, los marroquíes se pueden dividir en dos tipos de población: la urbana y la rural. Los beréberes, la raza indígena, son mucho más propensos a vivir en el montañoso *bled*, o campo, en el cual se asentaron ante el acoso de los primeros invasores árabes, mientras que los árabes viven en los pueblos y las ciudades de las llanuras. Hay tres tipos de beréberes (subdivididos en innumerables tribus): los rifeños del norte, los chleuhs del Medio y Gran Atlas, y los soussi, que viven en el sudoeste. Sus orígenes son desconocidos, y las muchas teorías que se formulan incluyen la posibilidad de que sean descendientes de europeos, posiblemente basada en el hecho, normal por otra parte, de los tonos de pelo claros y los ojos azules o verdes.

La división denominada árabe/beréber es considerada en la actualidad como un mito propagado durante el período de los protectorados francés y español para ayudar a justificar las políticas coloniales y minar la resistencia. Hoy en día, muchos marroquíes se encuadran en una descendencia de mezcla (beréberes, árabes y africanos, estos últimos descendientes de los esclavos negros que se trajeron de Malí durante la dinastía sadí), como puede observarse en la rica variedad de rostros que pueden verse, incluso dentro de una misma familia. En el campo, los grupos de árabes puros, sobre todo en las regiones beréberes, por ejemplo en Erfoud, en el Tafilete, y en Tamgroute, en el valle del Draa, son poco comunes. En estas tribus, las mujeres van cubiertas por unos *haik* negros que sólo dejan al descubierto un ojo. Esto contrasta con los vestidos de colores brillantes que lucen sus hermanas beréberes, quienes, además, no se cubren el rostro con velos.

Sin embargo, ambas razas tienen muchas cosas en común. Cuando los beréberes abrazaron la fe islámica, la adaptaron para dar cabida a sus costumbres paganas, que más tarde fueron absorbidas por la cultura marroquí. Por ello, aunque en un principio el Islam no reconoce a ningún intermediario entre Dios y el hombre, Marruecos está plagado de *koubbas*, las tumbas de cúpulas blancas de los morabitos u hombres santos, a las que realizan sus peregrinaciones los afligidos y enfermos.

De hecho, es mucho más habitual que las mujeres visiten la tumba de un morabito, o incluso un arroyo o un árbol sagrado, en lugar de ir a rezar a las mezquitas, que son dominio de los hombres. Pueden permanecer acampadas durante semanas en una *koubba* (*véase pág. 224*).

PÁGINAS ANTERIORES: fiestas de Imilchil, en el Gran Atlas; un carnicero posa ante la cámara.
IZQUIERDA: niña beréber del valle del Dades.
DERECHA: en la mezquita de Hasán II, en Casablanca.

Hechizados

La magia, por otro lado, es también una fuerza fecunda y poderosa en Marruecos. Como el autor y compositor Paul Bowles (*véase pág. 71*) escribió en su autobiografía *Sin descanso,* «la brujería está cavando túneles invisibles hacia todas direcciones, desde miles de emisores hasta miles de inesperados receptores». Cada medina posee un *shouaf*, al que no sólo acuden los crédulos y los incultos para conseguir mágicos brebajes o en busca de consejo; los farmacéuticos de los mercados comercian con pedazos de pieles de animales y reptiles conservados en formol; se cree que existen muchos *jinn* (espíritus) benevolentes o demoníacos y el poder de lo que se conoce como el «mal de ojo» –hechizos formulados contra uno por una persona celosa que le desea el mal– no es algo que los marroquíes se tomen a la ligera. Los periódicos rebosan de misteriosas historias de venganza mediante la brujería, y las madres dan a sus hijos talismanes para que los protejan (una «mano» o una bolsita de piel con fragmentos de versos del Corán o una cuenta azul) y pintan los ojos de sus recién nacidos con *kohl*. En general, se

Barreras lingüísticas

Las lenguas beréberes –el rifeño, el tishilhate y el tamsiaght– no son de la familia lingüística semítica y, por tanto, son muy distintas del árabe e incomprensibles para los hablantes de esta lengua.

Darse un baño social

Los baños públicos (*hammam*) son todavía una parte importante de la vida cotidiana de los marroquíes, en especial los de las medinas. Incluso las familias que poseen cuartos de baño privados y bien equipados visitan el *hammam* local. Estos baños tienen una doble función: social y práctica. La limpieza se encuentra también cercana a lo divino y, por este motivo, la limpieza ritual es esencial antes de los rezos.

Por lo general, los no musulmanes son bienvenidos a los baños públicos, aunque a veces no en los *hammam* cercanos a las mezquitas. Dentro de éstos encontrará una zona de vestuario que conduce a una serie de cámaras sombrías y llenas de vapor, con diferentes temperaturas, y se le entregará un cubo para echarse agua. Las mujeres, para quienes la visita al *hammam* es una ocasión para charlar y relacionarse socialmente, llevan consigo rascadores para exfoliarse el cuerpo, henna en polvo y jabón negro. A menudo, estos artículos se comparten de buena gana con las extranjeras que no van preparadas a los *hammam.*

El ambiente que reina en los *hammam* femeninos es animado, mientras que en los masculinos es más bien sobrio, donde el único sonido que se escucha es el chasquear de los huesos (una fisioterapia rigurosamente administrada por el masajista). Podrá echarse en los brazos de un asistente que le restregará con fuerza y le examinará cada poro, pero en ningún momento se quita nadie la ropa interior en el *hammam*, ya que se considera muy descortés.

cree que demasiada belleza o buena suerte provocan celos y mal de ojo. Por esta misma razón, se mantiene que el más conseguido diseño de una alfombra es aquel que no es completamente simétrico o demasiado perfecto.

Por otra parte, el Islam no aprueba el uso de la magia, pero lo tolera, una señal más de su flexibilidad. En teoría, el Islam reconoce las religiones vecinas «escritas», es decir, el judaísmo y el cristianismo, y, a pesar de los pintorescos relatos de la esclavitud cristiana del siglo XVII y de la huida de la mayoría de los judíos cuando se declaró la independencia, Marruecos afirma que profesa un respeto histórico a ambas religiones. Muchos de estos judíos emigraron a Marruecos desde España huyendo de la Inquisición. El rey Hasán II, en su autobiografía *El reto*, cuenta que se siente orgulloso de la histórica tolerancia religiosa que ostenta Marruecos: los barrios judíos, los *mellah*, siempre fueron edificados dentro de las ciudades, cerca del palacio.

El Islam es misericordioso para con los musulmanes. Son cinco los «pilares» sobre los que se sustenta la fe islámica: *Shahada* (la declaración de que no hay más dios que Alá); *Salat* (la observancia de la oración cinco veces al día); *Saum* (cumplir con el ayuno del ramadán); *Zakat* (dar limosna a los menesterosos); y *Haj* (la peregrinación a La Meca, que se debe realizar como mínimo una vez en la vida). Sin embargo, el Corán (la palabra misma de Dios dada al Profeta) y el Hadith (las pautas de comportamiento que fijó el Profeta para que fueran cumplidas por los musulmanes y que deben seguirse en la vida cotidiana) realizan amplias concesiones en lo que respecta a la debilidad de la carne. Las relaciones sexuales, siempre que se mantengan dentro del matrimonio, son consideradas como beneficiosas incluso para el más santo de los hombres.

El sufismo ha modificado el islamismo hasta que ha conseguido incorporar en él elementos místicos, como el ascetismo y la meditación. Hubo un tiempo en que quienes afirmaban que poseían la baraca, una bendición supuestamente otorgada por Alá a cualquiera de los descendientes directos del Profeta, adquirían el estatus de santos y se les consideraba capaces de obrar milagros. Algunos de los cultos que se desarrollaron en torno a estos santos llevaban a sus seguidores a realizar prácticas de éxtasis y de automutilación.

En la actualidad declaradas ilegales, estas prácticas extremas han desaparecido o se llevan a cabo clandestinamente, pero aún perviven ciertos as-

ORAR Y SANAR

Los *faikir*, que poseen en sus manos la baraca (don divino y poder religioso), recorren zonas remotas ofreciendo a los enfermos sus hierbas y oraciones a cambio de modestas cantidades de dinero.

IZQUIERDA: sexo y artes marciales en la gran pantalla.
ARRIBA: conversación entre mujeres.

pectos del espíritu que las caracteriza en la música para el hipnotismo de los *gnaoua*, los sanadores africanos por medio de la música.

Tradicionalmente, la baraca investía a su poseedor de más autoridad civil entre sus conciudadanos, lo cual, en un país minado por las constantes disputas tribales, permitía, como mínimo, cierto tipo de jurisdicción independiente. Así mismo, también ha contribuido a determinar y preservar la sucesión de los sultanes. La reclamación del trono por parte de Muhammad V en 1956 contó con el aval de su linaje, que se remontaba hasta el Profeta por parte de Alí (la dinastía alawí), pese a que el Corán se opone a toda jerarquía religiosa y a que la autoridad del rey está arraigada, en última instancia, en un sistema feudal y no en el Derecho Divino. El pueblo rinde fidelidad al sultán a cambio de su protección, simbolizada por el gigantesco paraguas que el rey lleva consigo en los actos ceremoniales.

El legado francés

En general, a pesar de los problemas causados por los terremotos y las sequías, a Marruecos le ha ido muy bien desde que consiguió la independencia. En realidad, al llegar a Rabat por primera vez, uno tiene la impresión de que se encuentra ante un lugar próspero.

Francia ha dejado su legado en la administración del país: una de las cosas que tiene en común con Europa, más que otras partes del mundo musulmán, es que el viernes es un día laborable normal y el sábado y el domingo son, como fin de semana, días festivos. En cuanto a la organización administrativa, el país está dividido en provincias (o *préfectures* en los casos de Rabat y Casablanca) y subdividido en comunas; cuando las personas cultas gestionan sus negocios, a menudo hablan entre ellas en francés, en lugar de árabe; y hasta hace relativamente poco, a los estudiantes que destacaban el gobierno les concedía becas para que estudiasen en universidades extranjeras, por lo general francesas.

Por lo tanto, a simple vista, Marruecos puede dar la impresión de ser más europeo que africano y, de hecho, aún mantiene gran parte de la variedad de caracteres que poseía antes del protectorado. Pero su europeización no es más que una fachada, incluso en las ciudades: las *bidonvilles* de Casablanca son barrios de chabolas construidos por los que emigraron a las ciudades después de la Segunda Guerra Mundial, y la rápida industrialización de Marruecos, además, se da en unas condiciones que nunca han conseguido mejorar.

INSHALLAH, BISMILLAH, EL-HAMDU LILLAH

Una muletilla que se utiliza constantemente en Marruecos, y en la mayoría de los países árabes, es la locución *Inshallah*, que acompaña a muchas frases y que tiene distintos significados: literalmente, «si Dios quiere», pero también aporta matices diversos entre «sí» y «no», «quizás», «a lo mejor», «por supuesto», «totalmente», o «¿por qué no?... «si Dios lo quiere». Hablando con propiedad, esta frase forma parte de la cultura islámica, en la que se invoca el nombre de Dios con mucha frecuencia. Antes de ponerse a comer o de emprender un viaje, un musulmán dirá *Bismillah er-rahman er-rahim* («en nombre de Dios, el clemente y piadoso»), que es el modo de dar las gracias por la comida o de rezar en petición de un viaje seguro.

El-Hamdu Lillah («alabado sea Dios») también se escucha a menudo para expresar satisfacción, placer o simplemente para dar las gracias al Todopoderoso por sus bendiciones, como la salud, la lluvia o la prosperidad. En momentos de dificultades, la frase que se usa puede ser *Allah akbar* («Dios es grande»), que implica la idea de que la deidad está por encima de todas las tribulaciones del hombre.

Cuando a principios de la década de 1970 la cadena televisiva estatal empezó a emitir las previsiones del tiempo, los ulema (doctores de la ley islámica) protestaron enérgicamente porque era un sacrilegio decir que iba a llover sin añadir la locución *Inshallah*. En la actualidad, todas las predicciones del tiempo van seguidas del preceptivo *Inshallah*.

Orgullo nacional

En la década de 1970, un efecto retardado provocado por el colonialismo de la primera mitad del siglo anunció la existencia de un sentimiento nacionalista marroquí. Varios grupos musicales, de entre los que destacan Nass el-Ghiwane y Jilala, revivieron una antigua música tradicional popular conocida como El Malhoune, a la que añadieron letras de tendencia izquierdista. Esta música degeneró en un tipo de música comercial popular antes de alcanzar cierto impacto político, pero no pasó desapercibida en las altas esferas. El rey Hasán II, sabedor de que a veces se movía en terreno peligroso, tuvo mucho cuidado cuando promovió el orgullo nacional, fomentó las relaciones provechosas con Europa y América, favoreció la afirmación popular de la fe (a la vez que se protegía del fundamentalismo) y se cubría las espaldas, todo al mismo tiempo.

La crisis del Golfo, que tuvo lugar entre 1990 y 1991, puso en bandeja al rey Hasán su oportunidad: el gobierno marroquí fue uno de los primeros en demostrar su apoyo a Kuwait y a Occidente (principales fuentes de ayuda para Marruecos) y envió 1 500 soldados a la concentración de las fuerzas aliadas en Arabia Saudita. Sin embargo, cuando estalló la guerra en enero de 1991 y la opinión pública marroquí se solidarizó con Saddam Hussein y con Irak, el rey Hasán se vio obligado a moderar su postura. Las manifestaciones proiraquíes en Rabat y Fez alcanzaron unas dimensiones que no se habían visto desde la Marcha Verde al Sahara Occidental. En el mismo discurso que estaba destinado a prohibir tales manifestaciones, el rey comenzó por referirse a Saddam con el calificativo de «hermano».

Según los estándares árabes y africanos, Hasán consiguió formar un reino liberal, al que su hijo Muhammad VI está llevando, con todo el cuidado posible, un paso más hacia adelante. No obstante, es un país en el que los contactos reales son el equivalente al éxito (pues no debe olvidarse que el nepotismo cuenta con una larga tradición en el oriente musulmán) y es, además, una monarquía en todo el sentido de la palabra: constitucionalmente, la monarquía puede anular cualquier decisión. La autoridad del rey está subrayada en todos los niveles. En todos los edificios públicos, un retrato enmarcado del rey ocupa un lugar de privilegio.

Desde que se produjeron los intentos de golpes de Estado en la década de 1970, la prensa y los medios de comunicación han sido muy controlados. Los disturbios que estallaron en Argelia en el otoño de 1988 se convirtieron en noticia de primera página en Europa. Sin embargo, en Marruecos ni siquiera se informó de ellos, en parte debido a que el país en aquellos momentos se encontraba en medio de unas delicadas negociaciones con Argelia por su apoyo al Polisario, pero también

IZQUIERDA: hora de la oración (mezquita de Kairouyine).
ARRIBA: vendedores de agua en Marruecos.

porque se temía que las revueltas se extendieran a Marruecos. A principios de la década de 1990, Marruecos sufrió disturbios en los que se registraron varias víctimas mortales.

Uno de los peligros a los que se enfrenta Marruecos es el de un proletariado culto que tiene pocas oportunidades de trabajo. El índice de ocupación a tiempo completo es bajo; un alto porcentaje del pueblo desempeña trabajos esporádicos. Mientras tanto, el país ha vivido el repentino crecimiento de la clase media, y las enormes diferencias entre los ricos y los pobres provocan el descontento social. Una población de 29 millones y una tasa de natalidad que no deja de aumentar agravan las dificultades y, al final, han sido el motivo de los tímidos intentos de control de natalidad. En los últimos años, los discursos reales han hecho frecuentes referencias a la conveniencia de aplicar métodos anticonceptivos, algo que se había tachado de antirreligioso en el pasado.

El persistente desempleo debe ser, en parte, el motivo del sorprendente número de burdeles masculinos y femeninos, en especial en Marrakech y Casablanca. Pese a que la prostitución es considerada la profesión más antigua del mundo, es aquí donde esta afirmación se demuestra más verdadera que en ningún otro lugar: proliferó en Marruecos bajo los protectorados francés y español, cuando se abrieron los burdeles para los militares.

Una mirada al interior del país

En lo que respecta a la realidad nacional, las tradiciones sociales y familiares, y las nacionales y regionales, se siguen fervientemente. Al igual que las grandes festividades religiosas, como el aniversario del Profeta, el ramadán y la fiesta del cordero, llamada Aid el Kebir (en la que se conmemora el sacrificio de una oveja por Abraham en lugar de su hijo, y que se celebra setenta días después del ramadán), los acontecimientos familiares tales como cumpleaños, circuncisiones, matrimonios, el *Haj* (peregrinación a La Meca) y los entierros, se efectúan con el correspondiente ritual. Después del nacimiento de un hijo, se sacrifica un cordero (dos en el caso de que el niño reciba dos nombres); si la familia es pobre, puede realizarse la ceremonia matando una gallina, y en el caso de que sean muy pobres, basta con un conejo. Con ocasión de la circuncisión de los niños a la edad de tres o cuatro años, hoy en día practicada con la ayuda de un anestesista local, se celebra otra fiesta en la que se viste al niño con el traje tradicional y se le ofrecen monedas en repetidos momentos. Los matrimonios concertados son bastante frecuentes, en particular entre las familias de clase baja y las de clase alta, y las bodas siguen celebrándose con todo lujo. No obstante, cada vez más novias y novios optan por una ceremonia de carácter menos lujoso, y muchas parejas empiezan a vivir juntas tras el «compromiso», una ceremonia oficial equivalente a lo que sería la boda propiamente dicha en Occidente; esta ceremonia se celebra más o menos un año antes de la boda (si la celebran, sin embargo, no hay vuelta atrás, a no ser que se produzca el divorcio o la muerte de uno de los dos). Con toda probabilidad, en Marruecos, más que en cualquier otra nación árabe, lo tradicional y lo moderno conviven sin problemas.

Retos para el futuro

Marruecos ha realizado grandes progresos en su desarrollo en los últimos años, pero aún queda mucho camino por recorrer, tal como indican las estadísticas:

- Cerca del 80 por ciento de las aldeas rurales no dispone de agua corriente ni electricidad.
- Aproximadamente 500 000 niños son obligados a trabajar.
- Aunque no existen cifras oficiales, se estima que el desempleo está entre el 20 y el 40 por ciento.
- Pese a las promesas del gobierno de acabar con la producción de hachís, Marruecos sigue siendo el mayor exportador mundial de este estupefaciente.
- Cerca del 60 por ciento de las mujeres que viven en el campo son analfabetas.

Izquierda: un niño ataviado para el ritual de la circuncisión, que suele practicarse a la edad de tres años.

El ramadán

El ramadán es el mes más importante del año en cualquier país musulmán. Es el mes del ayuno, en el que según el Corán ni una sola gota de agua puede tocar los labios de un musulmán mientras sea de día. Sólo unos pocos están exentos: las mujeres embarazadas o con el período, quienes estén realizando un largo viaje, los ancianos, los enfermos y los niños. Pero el resto de la población, tanto si son practicantes como si no, observa este «pilar de la fe».

Para los cristianos, todo un mes de contemplación puede parecer una forma un tanto pobre de celebrar la revelación del Corán, más parecido a la Cuaresma que a la Navidad. No sólo la comida y la bebida están prohibidas, sino también las relaciones sexuales y el tabaco. Si este ayuno, que no tiene una fecha fija (pues se rige por el calendario de la Hégira), cae en verano, cuando el sol sale temprano y se pone tarde, el ambiente que se respira es poco animado. El comportamiento irracional y la circulación temeraria por las carreteras y las actitudes agresivas se excusan por la falta de alimento.

Los bancos y las oficinas recortan sus horarios y los cafés permanecen cerrados, pese a que los clientes siguen congregándose en las tristes terrazas. Pero a medida que las tardes se alargan y va llegando la oscuridad, la impaciencia en las ciudades y la languidez de los pueblos se transforman en una sensación de expectación *in crescendo*. Justo antes de que se ponga el sol, las calles se vacían porque todo el mundo se dirige a su casa.

Cuando las luces de la mezquita anuncian la caída de la noche y el muecín llama al «*Allah Akbar*» para el rezo del ocaso, todos a una los marroquíes toman sus platos de *harira*, un espeso caldo de cordero con garbanzos, lentejas y tomates, que constituye la comida tradicional que rompe el ayuno. En los hogares, la cena se acompaña de dátiles, higos y *shebbakia*, pasteles fritos en abundante aceite y bañados en miel, que o bien se cocinan en las casas o bien se compran en unos puestos especiales de *shebbakia* que parecen multiplicarse en estos días especiales del año.

Cuando todos han saciado el apetito, el ambiente se torna festivo. Los cafés recuperan las pérdidas tras haber permanecido cerrados durante el día, las familias se pasean por los principales bulevares y las tiendas de ropa hacen un gran negocio, ya que la compra de nuevas prendas de vestir antes del fin del ramadán, Aid es Seghir, es una parte esencial del ritual. Al final, todos se dirigen a casa para acostarse y dormir hasta el amanecer. Aunque, en las medinas y las aldeas, los bastiones de la tradición, los rituales nocturnos aún no han concluido. Antes de que rompa el día, unos hombres recorren las calles y las callejuelas tocando los tambores y llamando a las familias para que acudan a recibir el *assohour*, unos gruesos bizcochos tradicionales bañados en miel y que se sirven acompañados de té de menta o café, un festín soñoliento que adoran especialmente los niños.

Cada anochecer es una pequeña celebración, pero el día vigesimosexto del ramadán, en el que se conmemora la primera revelación del Profeta, está marcado con una fiesta mucho más elaborada y, para el devoto, una noche que transcurre recitando el Corán en la mezquita. Pocos días después, en el anochecer del día vigesimonoveno o trigésimo, en función del aspecto de la luna nueva, concluye el ayuno. El siguiente día es el Aid es Seghir, «pequeño banquete», una fiesta pública en la que se lucen las nuevas prendas de vestir y en la que los pobres del país llaman a las puertas pidiendo limosna.

DERECHA: *shebbakia* cubierto de miel, muy apreciado durante el ramadán.

El ramadán tiene algunos inconvenientes para los visitantes: el cierre de cafés y restaurantes durante las horas de luz y la costumbre de muchos bares y restaurantes de no servir alcohol durante todo el ramadán. Sin embargo, el ambiente festivo que se respira al anochecer compensa estas privaciones. La solidaridad que aflora durante todo el ayuno del ramadán es, por otro lado, impresionante: un marroquí que no cumpla con el ayuno o una persona que sea vista en público comiendo, bebiendo o fumando a lo largo del día, puede ser juzgada con dureza por sus compatriotas.

LA VIDA Y LOS TIEMPOS DE LOS BERÉBERES

Los beréberes constituyen más de la mitad de la población de Marruecos, pero la creciente urbanización los está arabizando cada vez más

Cuando los árabes llegaron a Marruecos en el siglo VII, se encontraron con un país habitado por los amaziah, de fuerte carácter tribal, que habían vivido en el noroeste de África antes de que los fenicios construyesen sus primeros enclaves comerciales a lo largo de toda la costa en el siglo XII a.C. Los romanos designaron a estas tribus salvajes con el nombre de «barbarus», un nombre que ha llegado hasta nosotros transformado en el de «beréberes».

En la actualidad, los amaziah, como ellos prefieren que se les denomine, constituyen un numeroso grupo de tribus que habitan en el terreno comprendido entre las tierras de Libia y las islas Canarias en dirección oeste, y en dirección sur hasta el Tuareg, en Argelia.

MANTENIENDO VIVA LA LENGUA

Los beréberes se distinguen sobre todo por su lengua, que se diferencia en tres dialectos distintos: el rifeño en el norte, el tishilhate en el Atlas occidental y el tamsiaght en el este. En un tiempo fue una lengua escrita, con su propio alfabeto, que aún sigue vivo gracias a los tuaregs, pero que, hoy por hoy, se transcribe al árabe. Gracias a los esfuerzos realizados por Hasán II y a la creciente actividad de las asociaciones culturales beréberes, el lenguaje de los amaziah está empezando a conocer un leve resurgimiento y actualmente se usa con regularidad en las emisiones de la radio y la televisión y su literatura se estudia en las universidades del país.

▽ EL ARTE DE LA IMPROVISACIÓN
Un hombre cuece el pan en un horno improvisado. Para evitar que el pan se abra, se colocan piedras ardiendo sobre la pasta y, encima, se enciende un fuego hecho con ramitas.

△ EL MERCADO
Los zocos son esenciales en la vida de los beréberes, y en particular en la de los nómadas. En ellos pueden comprar lo que no pueden cultivar o fabricar y, también, por supuesto, intercambiar noticias.

▽ LOS FRUTOS DEL TELAR
El pelo de las cabras y la lana de las ovejas se utilizan para fabricar piezas textiles. Los diseños que en ellas se reproducen son representaciones geométricas inspiradas en el mundo natural.

△ VIVIR EN LA MONTAÑA
En las montañas, las casas de piedra de los beréberes se aferran a los flancos de las laderas rocosas, sobre campos terraplenados cultivados con grandes esfuerzos.

▷ A CUBIERTO
Las tiendas de techo bajo, con pelo de cabra y camello, son características de los beréberes nómadas ait atta, que viven en el Jebel Sahro y en las llanuras semiáridas del valle del Draa.

LAS NOVIAS DE IMILCHIL

La fiesta más famosa de los beréberes es la ceremonia matrimonial *moussem* de los ait haddidou, cerca de Imilchil. Cada mes de septiembre, esta numerosa tribu se reúne para celebrar el día del santo musulmán local con un banquete y para participar en el último gran mercado del año antes de la llegada del invierno. Muchos turistas y periodistas de todo el mundo se han sentido atraídos por el espectáculo que ofrecen decenas de novias, vestidas con chales azules, blancos y rojos, con las mejillas rosadas y los ojos perfilados con *kohl*, que llegan a Imilchil para firmar en el registro matrimonial del gobierno. La tribu ait haddidou permite la libre unión entre ambos sexos. Durante el festival, grupos de chicas ataviadas a la manera tradicional atraviesan el mercado atrayendo las miradas de chicos jóvenes, que ríen de manera sofocada. El ambiente que se respira en la fiesta está cargado de romanticismo.

△ **MÚSICA Y DANZA**
La música beréber es comunal: tambores, flautas y palmas acompañan las letras de las canciones.

▷ **¿TÍMIDA, YO?**
Las mujeres beréberes no tienen ningún reparo en acercarse a los extranjeros. La vida es dura y las comunidades no pueden permitirse el lujo de desperdiciar el trabajo que puede realizar una mujer encerrándola en casa.

UN LUGAR PARA LA MUJER

A pesar de regirse por estrictas normas de comportamiento, las mujeres marroquíes tienen mucha más libertad que la mayoría de sus hermanas musulmanas

La oleada de fundamentalismo que se extiende a través del mundo musulmán queda reducida a poco más que un rumor cuando llega a Marruecos. El último soberano, Hasán, a quien en el pasado le gustaba retratarse con un aspecto muy moderno, no se mostró muy partidario del hecho de avivar el entusiasmo de los *mullah* del este. Desde el comienzo de su reinado, tuvo en la mente la idea de hacer de Marruecos un Estado progresista, y siempre ha sido uno de los países musulmanes más liberales desde el punto de vista social. Se puede comprar alcohol, las revistas occidentales para mujeres se venden sin censura previa, es decir, sin suprimir las partes subidas de tono, y aquellos que eligen llevar un estilo de vida a la europea son bastante bien aceptados.

Tras el velo

La mayoría de las mujeres marroquíes que todavía llevan el *l'tam*, o velo para el rostro (la versión marroquí cubre la nariz, la boca y la barbilla), lo hacen más por tradición que por el hecho de estar influidas por el renacido islamismo que resurgió por todo el mundo árabe en la década de 1980. Sin embargo, es más habitual, y más probablemente por influencia de los principios religiosos, llevar un simple pañuelo en la cabeza.

En el norte de Marruecos, el uso del *l'tam* está reservado a las mujeres casadas de más edad y, en contadas ocasiones, llevan el *haik* negro que visten las mujeres del sur, que les cubre totalmente el rostro. Las mujeres que se visten a la manera tradicional, con una chilaba, que a veces cuenta con aberturas en los laterales, pueden verse con frecuencia acompañadas de sus hijas, que lucen ropa vaquera o minifalda.

En las zonas rurales, las mujeres beréberes cargan con una gran parte del trabajo agrícola, ya que la vida en las montañas y en el desierto es muy dura y sus comunidades no pueden permitirse el lujo de desaprovechar mano de obra encerrando a sus mujeres en casa. Como consecuencia, las mujeres beréberes no visten velos ni *haiks*, y son reconocibles por sus abigarrados vestidos y sus pañuelos de cabeza.

IZQUIERDA: preparando las granadas.
DERECHA: miradas veladas.

No obstante, aún se siguen aplicando ciertas leyes islámicas con respecto al matrimonio, escritas por el Profeta en la Arabia del siglo VII. La poligamia continúa siendo legal; de hecho, fuera del círculo real nunca se supo cuántas esposas tuvo el último rey, Hasán II. Un hombre musulmán puede incluso casarse con una judía o una cristiana, un derecho que no tienen las mujeres.

Códigos de conducta

Las mujeres aún se rigen por estrictos códigos de conducta, en especial antes del matrimonio. Mientras que se acepta que una mujer mayor tome rapé, por ejemplo, no es normal ver a una mujer joven fumando en público; la presencia de un grupo de chicas jóvenes, sin la compañía de una carabina, cuando ya está bien entrada la noche, incluso en un salón de té de clase alta, suscitará las miradas asombradas de los presentes. El lugar de la mujer, al menos una vez acabado el paseo del anochecer, está en el hogar.

Teniendo como norma tales actitudes protectoras, no es de extrañar el horror que sintieron los marroquíes cuando, en el año 1993, un comisario de la policía nacional fue acusado de violar a más de quinientas mujeres y niñas durante siete años y de grabar en vídeo su sufrimiento. El recelo social sobre la virtud de la mujer puede, quizás, ser motivo del largo silencio de las víctimas.

Hablando con franqueza

La sucesión de Muhammad VI, en 1999, trajo consigo un nuevo clima de cambios para los temas relacionados con las mujeres (*véase el cuadro de esta página*); pero los fundamentalistas islámicos se oponen con firmeza a cualquier reforma que difiera de la ley Sharia sobre las familias. En marzo de 2000, una manifestación de apoyo a la reforma atrajo a cerca de cuarenta mil mujeres que salieron a las calles de Rabat. Pero en Casablanca, cerca de quinientas mil mujeres fundamentalistas, organizadas por el Movimiento de Justicia y Espiritualidad, llevaron a cabo su propia manifestación contra la reforma.

JUSTICIA INHERENTE

De acuerdo con las leyes islámicas recibidas por tradición, las hijas de los fallecidos sólo pueden obtener como herencia la mitad del legado que reciben los hijos varones.

La economía contribuye a la aceptación del cambio. Hoy en día, la mayoría de los hombres sólo puede permitirse una mujer y, ésta, con toda probabilidad, trabaja fuera de casa. Muchas mujeres tienen que estar a la altura de su puesto de trabajo y llevar una casa; en un país donde lo normal es tener como mínimo cuatro hijos, las lavadoras siguen siendo un lujo y la comida del mediodía es algo que las mujeres que trabajan fuera corren a casa a preparar.

Los hombres no colaboran prácticamente en nada en lo que respecta al cuidado de los hijos o a las tareas domésticas, aunque a veces se encargan de la compra, que tradicionalmente era una tarea de hombres, una vez más con la finalidad de mantener a las mujeres lejos del regateo del mercado (y, posiblemente, para permitir a los hombres llevar la cuenta de los gastos). Sin embargo, en la actualidad, incluso la compra forma parte del programa diario de las ocupadas mujeres marroquíes.

ARRIBA: mujeres de Marrakech.

PROYECTOS PARA REALIZAR CAMBIOS

Los derechos de las mujeres fueron uno de los primeros asuntos que estudió Muhammad VI cuando subió al trono en 1999 y, como resultado, un gran número de reformas son objeto de debate en la actualidad:

- La prohibición de la poligamia.
- Pasar la edad legal para el matrimonio a los 18 años.
- Que las mujeres reciban la mitad de los bienes de sus maridos en caso de divorciarse.
- Encomendar a la autoridad judicial la resolución de los casos de divorcio.
- La abolición del trabajo infantil. Actualmente, los padres pueden obligar a trabajar a sus hijos cuando sólo tienen seis años de edad.

Bodas desenfrenadas

A pesar de los progresos realizados en lo que respecta a la emancipación de la mujer, cuando se pregunta a la mayoría de las niñas qué quieren ser de mayores, su respuesta es: una mujer casada. Los matrimonios acordados son todavía habituales, pero no son la norma, y muy pocas veces se celebran en contra de los deseos de la pareja. En la mayoría de los casos, una vez que el hombre se siente preparado para el matrimonio, pide a sus parientes de sexo femenino más allegadas que le ayuden a elegir una novia o les encarga que traten de hablar con la familia de la chica que ya ha elegido. Después de esto, un encuentro de las dos familias servirá para llevar a cabo las indagaciones necesarias sobre el porvenir y la respetabilidad del hombre. Si la familia de él es desconocida para la familia de ella, se realizarán las investigaciones oportunas. Es muy importante para la futura novia conseguir un buen partido. El divorcio, pese a ser normal, aún lleva la carga del estigma y puede resultar desastroso para una mujer joven.

Una vez que la pareja decide casarse, se realizan los preparativos para el «compromiso», la parte legal de la boda. Al igual que la boda propiamente dicha, se trata de una celebración que requiere una gran preparación y que, tradicionalmente, comienza cuando el novio se dirige a la casa de la novia llevando consigo borricos cargados de regalos (rollos de telas, conos de azúcar, cestas llenas de velas y especias) y un ternero bien cebado que cierra la marcha. En la actualidad, estos regalos tienen más valor simbólico que material. Para el banquete del compromiso, el novio tiene que llevar las viandas a casa de la novia ese mismo día temprano; en verdad, la familia de la novia espera su llegada con nerviosismo, intentando calcular si las cantidades que traerá serán suficientes y asegurándose de que no se haya olvidado cosas como la sal, el aceite y el carbón.

Los festejos de una boda duran dos días, en los que se celebran festines y encuentros, separados por sexos y regulados por un estricto protocolo. Durante los días anteriores a la celebración, la novia es asistida por una *negaffa*, que actúa en calidad de esteticista personal, supervisa su depilación, el peinado y la aplicación de henna, haciendo dibujos de lazos, en las manos y los pies, además de darle consejos sobre los deberes conyugales. Durante las celebraciones, la *negaffa* escolta a la novia en todo momento, anuncia cuando se dispone a entrar en una habitación y se cuida de que tenga todo lo que necesite, ya que, por tradición, la novia permanece sentada e inmóvil, y también controla el cambio de sus ropas, generalmente uno o dos vestidos tradicionales más un imponente vestido blanco de novia occidental. Hasta hace poco, el trabajo más importante de la *negaffa* era dar fe de la consumación del matrimonio y confirmar la virginidad de la novia.

La mayor parte de los banquetes de boda están divididos por sexos y se celebran en casa, aunque se está imponiendo la costumbre de celebrarlos en hoteles y sin esta división. En la primera noche, la atención se centra en el novio, cuyos invitados se reúnen a eso de las 17:00 h para tomar té y pastas y disfrutar de una pequeña orquesta; más tarde se sirve la comida, compuesta por dos o tres platos sustanciosos. Las mujeres también están presentes, pero ocupan una zona, o incluso un piso, diferente. En distintos momentos a lo largo de la noche, es «presentada» la pareja que va a casarse En la segunda noche, el foco de atención son las invitadas de la novia, que son las que bailan al son de una orquesta compuesta únicamente por mujeres y, quizás, por tamborileros y músicos *gnaou*. Más relajada y divertida que la noche dedicada a los hombres, es una oportunidad para que las mujeres luzcan sus trajes más vistosos y se suelten la melena, bailando entre ellas e interpretando canciones de amor populares. A fin de registrar en vídeo el momento, con frecuencia se contrata a cámaras profesionales. Aunque los cámaras sean mujeres, suelen hacer que las invitadas de mayor edad y las más conservadoras se sumerjan bajo sus velos y pañuelos, tratando de ocultarse de los ojos masculinos que luego puedan ver el vídeo.

DERECHA: novia beréber.

RUMBO A MARRUECOS

A lo largo de los años, un gran número de escritores, artistas y músicos occidentales han viajado a países moriscos, en especial al puerto de Tánger

La exótica imagen que aún hoy tenemos de Marruecos se debe en su mayor parte a Eugène Delacroix, el principal representante de la corriente pictórica romántica en Francia. En 1832, Delacroix acompañó al conde de Mornay, a quien Luis Felipe había enviado en calidad de embajador francés a la corte del sultán de Marruecos. Delacroix llenó cuadernillos con dibujos, a lápiz y tinta, y acuarelas que reflejaban la vida cotidiana en Tánger (el bullicio de los mercados y las misteriosas calles de las casbahs), cuyos detalles utilizó más tarde en sus famosas series de cuadros sobre temas orientales (*véanse págs. 16-17, 24 y 29*). «Soy como un hombre que sueña y ve cosas que teme que se le escapen –escribió–. Lo pintoresco es abundante aquí. Uno encuentra a cada paso cuadros pintados que traerían la riqueza y la gloria a veinte generaciones de pintores.»

Todo encaja

Esta visión romántica de Tánger perduró bastante tiempo, y el ambiente de «todo es posible» de la ciudad atrajo a varias generaciones de escritores y artistas, viajeros y bohemios. Truman Capote enumeró los atractivos de la ciudad cuando la visitó por primera vez en 1949, a los 26 años: «En realidad, cada habitante de Tánger está cómodamente instalado en esta ciudad por al menos una, cuando no todas, de estas cuatro importantes razones: la fácil adquisición de drogas, las lujuriosas prostitutas adolescentes, la evasión de impuestos o porque la persona en cuestión es tan indeseable que no hay lugar al norte de Port Said que le permita desembarcar de un avión o un barco». Ciertamente, los dos primeros motivos fueron los atractivos que llevaron a William Burroughs, que se estableció en esta ciudad tras leer *El cielo protector* del norteamericano Paul Bowles; y la facilidad con que se podían conseguir drogas fue el motivo principal por el que los *hippies* llegaron a esta ciudad en las décadas de 1960 y 1970, ya que Tánger era una parada obligatoria en lo que se llegó a denominar el «camino del hachís».

Dos figuras encabezaban el círculo de expatriados en Tánger en los años de posguerra: David Herbert controlaba la escena social, las fiestas de té y los cotilleos de la alta sociedad de la gran colonia británica; pero el eje a cuyo alrededor giraba toda la actividad artística e intelectual era el escritor Paul Bowles, que vivió en Tánger hasta su muerte a causa de un ataque cardíaco en 1999.

Bowles llegó por primera vez a Tánger en agosto de 1931 desde Francia, donde había perdido las ganas de escribir cuando Gertrude Stein lo criticó diciendo: «El único problema que veo en todo esto es que no se trata de poesía». Bowles, más tarde, publicó varios libros de poemas.

Viajaba en compañía del compositor norteamericano Aaron Copland, y juntos se trasladaron a una casa en la Vieja Montaña. No fue hasta 1947 cuando Bowles decidió fijar su residencia en Tánger, y fue como consecuencia de un sueño que había tenido en mayo de ese mismo año: «Con los últimos rayos de sol de la tarde, caminé lentamente a través de complejas y excavadas calles. Mientras lo revivía, allí tumbado, arrepentido de haber abandonado tal lugar, de repente me di cuenta de que la ciudad mágica existía de verdad. Era Tánger. Mi corazón se aceleró... la ciudad

IZQUIERDA: el fallecido Paul Bowles, de joven.
DERECHA: por lo general, la trama de los libros de Bowles se desarrollaba en lugares éxoticos.

estaba todavía allí a la mañana siguiente, fresca y revitalizada en la memoria, y un recuerdo vívido de ella seguía ahí día tras día... No tardé mucho en llegar a la conclusión de que Tánger debía de ser el lugar en que yo quería estar, más que en ninguna otra parte».

Por entonces Bowles se había casado con Jane Auer; la mayoría de sus amigos lo entendieron como un matrimonio de conveniencia entre dos buenos amigos. Fue el éxito que consiguió Jane con *Dos señoritas serias* en 1943 lo que animó a Paul a escribir historias cortas. Con el anticipo de una novela y su

Paul Bowles

Aunque hoy es conocido como escritor, hacia 1940 Bowles dedicaba su tiempo a la composición musical. Sus composiciones incluyen algunos éxitos de obras de Tennessee Williams y composiciones para ballet y el cine.

Artistas en Marruecos

Jane llegó en enero de 1948 acompañada por su último amante, llamado Cory, un bebedor de mediana edad propietario de una tienda de té en Massachusetts, y se instaló en el Hôtel Rembrandt. Cojeaba a causa de una operación de rodilla y, en broma, se refirió a sí misma como «cojita, la judía lesbiana», apelativo con el que, al mismo tiempo, satirizaba su origen judío y su lesbianismo. Paul y Jane, pese a ser dos buenos amigos, vivían en casas diferentes, a menudo en dos apartamentos en el mismo edificio.

sueño todavía fresco en la memoria, hizo planes para irse a Tánger: «Un día me subí a un autobús en la Quinta Avenida para ir a las afueras de la ciudad. Cuando habíamos llegado a Madison Square, sabía el tema de la novela y el título que le daría... El libro transcurriría en el Sahara, donde sólo existe el cielo, y, por lo tanto, se llamaría *El cielo protector*». Cuando el autobús llegó al centro de la ciudad, Bowles ya había tomado todas las decisiones importantes sobre la novela, la más aplaudida de todas.

La versión cinematográfica de Bernardo Bertolucci de *El cielo protector* se estrenó en 1989, y contó en el reparto con el mismo Paul Bowles en el papel de narrador y, como estrellas principales, con Debra Winger y John Malkovich.

Paul pasaba la mayor parte del tiempo con el pintor marroquí Ahmad Yacoubi. Juntos viajaron a Sri Lanka, Italia, España y Nueva York, aunque su amistad se vio truncada en 1957, cuando Yacoubi fue procesado por haber seducido a un joven alemán de 15 años y, entonces, comenzó a dar nombres a las autoridades interesadas en la comunidad homosexual de expatriados. Paul y Jane abandonaron discretamente el país durante un tiempo, su chófer vendió el coche y utilizó el dinero de la venta para volver a Alemania, y la amante marroquí de Jane, Cherifa, desapareció en las montañas. Finalmente, Yacoubi fue absuelto y la vida volvió a la normalidad, pero a partir de entonces, Bowles se veía cada vez más con Muhammad Mrabet, a quien Yacoubi detestaba.

Paul Bowles se dedicaba a diversos proyectos: desde la grabación de música tradicional marroquí, con el patrocinio de la Fundación Rockefeller y de la biblioteca del Congreso de Estados Unidos, hasta la realización de una serie de traducciones del dialecto magrebí. Bowles se había dedicado a la traducción desde 1930; fue el primero que tradujo al inglés la obra de Jean-Paul Sartre *Sin salida*, cuyo título en la traducción, *No exit*, tomó de una señal del metro de Nueva York. Grabó en casetes las historias que los chicos analfabetos marroquíes le contaban y las traducía al inglés. Se ha publicado una docena de libros de Muhammad Mrabet, así como historias y autobiografías de Driss ben Hamed Charhadi, Muhammad Choukri, Abdeslam Boulaich y muchos otros.

Cherifa, la amante de Jane, era una mujer pública, conocida por su magia y sus hechizos, que incluso después de que sus relaciones sexuales se terminaran continuó viviendo con Jane y ejerciendo una fuerte influencia sobre ella, cosa que preocupaba a la nueva amante de Jane, la princesa Marthe Ruspoli, con la que estaba desde principios de la década de 1960. Cuando Jane sufrió un colapso debido a una apoplejía, los árabes dijeron que Cherifa la había envenenado.

Tennessee Williams visitó Tánger en 1956. Él y Jane pasaban todas las tardes en la playa. Tennessee le preguntó qué le gustaría como regalo de despedida y ella le respondió que una pierna de cordero. Después de que Tennessee se marchara, ella visitaba al carnicero cada día y le decía: «Me gustaría ver mi pierna de cordero, por favor», hasta que estuvo preparada para cocinarla.

En 1962, Paul Bowles escribió la música para *El tren de la leche ya no volverá a parar aquí* (*The milk train doesn't stop here anymore*), de Tennessee, y éste volvió a Tánger para recuperarse de la separación de Frankie Merlo; pero Jane era la única capaz de hacerlo reír. Por desgracia, sus excentricidades la condujeron a la depresión. Se sentaba en silencio día tras día, esperando que llegase la noche, y en 1967 Paul se vio obligado a internarla en un hospital mental en Málaga. Jane murió el 4 de mayo de 1973 tras un segundo ataque de apoplejía.

Francis Bacon

A pesar de que Matisse estaba encantado con Tánger, el pintor Francis Bacon consideró que la luz era «demasiado brillante» para pintar, aunque disfrutaba del resto de atracciones que ofrecía la ciudad, como Cecil Beaton comentó de forma muy diplomática en su *Diario*: «Entonces, una charla sobre Tánger, el Tánger de Francis, una relación íntima con el mundo árabe, con la vida de los burdeles y la libertad que sólo puede hallarse en ciertos países del Mediterráneo, en los que el acceso a las mujeres es más difícil».

Bacon llegó por primera vez a Tánger en 1955, llevado por su amigo Peter Pollock en su Rolls-Royce blanco. Le gustó tanto que volvió al año siguiente, esta vez con Peter Lacey. Primero se alojaron en el Hôtel Cecil, después en el Rembrandt y más tarde se mudaron a un piso cercano al Hôtel Muniria (*véase pág. 121*). Bacon pasó la mayor parte de los tres años siguientes regresando periódicamente a Londres para pintar, dejando a

Peter Lacey tocando el piano en el bar Dean. Su vida con Lacey era tan caótica, tan llena de reyertas de borrachos, de orgías homosexuales, de innumerables ocasiones en las que era arrojado por la ventana y azotado por el demente Lacey, que fueron muy pocas las pinturas que logró terminar; de hecho, tan sólo tres lienzos sobrevivieron a este período de su vida.

Robin Cooke, más conocido como Derek Raymond, el escritor de *thrillers*, hizo un retrato detallado de Bacon en el bar Dean una tarde de 1956: «Bacon tenía una botella de champán a su lado y estaba cubierto de manchas de pintura; se apoyaba descuidadamente sobre el mostrador, de espaldas a las botellas y con las piernas cruzadas, calzadas con un par de botas de goma verde».

IZQUIERDA: Paul Bowles (centro) con el poeta Beat Gregory Corso (izquierda) y William Burroughs (derecha).
DERECHA: Tennessee Williams.

Frutos prohibidos

Bacon era un buen amigo de William Burroughs, que se trasladó a Tánger en 1954. Acerca de sus primeros días en la ciudad comenta Burroughs: «Viví en el burdel para hombres de Tony Dutch en la calle d'Arcos durante un tiempo. Tony Dutch era un neerlandés gordo, grande y fuerte, que aún tenía un acento muy marcado, y que se refería a los árabes como los arábigos. Tenía un grupo de chicos españoles. No había demasiado ruido y, obviamente, me agradaba mientras residía en Tánger, y me quedé. No diré que estaba en el cielo, pero sí que tenía toda la droga que deseaba. Los chicos eran atractivos, pero yo consumía tanta droga y tan a menudo, que no les prestaba atención. Pronto pude conseguir un contacto que me pasaba un vendedor de opio llamado Eukodol, y los chicos lo vendían en el local».

Después de su estancia en el burdel de Tony, Burroughs se trasladó a la Villa Muniria, donde se puso a trabajar en *El almuerzo al desnudo*, una novela picaresca que recoge muchas escenas de Tánger. Desde el momento en que la terminó, se convirtió en todo un clásico.

Tánger siempre ha atraído a los escritores. El novelista británico Allan Sillitoe escribió uno de sus libros más aplaudidos en Tánger: *La soledad del corredor de fondo*, publicada en 1958 y convertida en una película de gran éxito por Tony Richardson en 1962. Sillitoe la escribió en la Villa Gazebo, en el 282 de Monte Viejo, una casa de tejas rojas, de contraventanas azules y pintada de blanco, que más tarde fue ocupada por el escritor norteamericano John Hopkins, autor de *Tangier buzzless flies* (Las moscas sin zumbido de Tánger), que la describió como una casa con «una amplia terraza y un extenso jardín, más un bosque que un jardín, con una vista de ciento ochenta grados del Estrecho y de la costa de España. Una torre donde escribir. ¡El Paraíso!».

Esta misma villa fue el escenario de una película experimental de Antony Balch titulada *William buys a parrot* (William compra un loro), en la que se ve a Burroughs entrar en la casa y admirar las vistas que se pueden contemplar desde el jardín, mientras permanece de pie junto a una jaula de bambú en la que está Coco, el loro blanco de Hopkins.

Escritores menos conocidos, como Rupert Croft-Cook y Peter Mayne, también vivieron en Tánger en la década de 1950. Como recuerda William Burroughs, «Peter Mayne era más bien como una de esas antiguas manos de Tánger. Escribió *Las callejuelas de Marrakech*. Recuerdo una frase de *La sonrisa angosta*, "Hay un chico al otro lado del río con un trasero que parece un melocotón, pero, ¡ay!, no sé nadar". Supongo que muchos de los árabes que viven en el interior no saben nadar».

Otro amigo de Burroughs, Brion Gysin, llegó a Tánger en la década de 1930 y vivió en la ciudad, a intervalos, hasta su muerte en 1986. Aunque es más conocido como pintor, su novela *El proceso*, casi autobiográfica, es una recapitulación de su solitario viaje a través del Sahara. El escritor y poeta Édouard Roditi, que conocía a Paul desde la década de 1930, llegó desde París para verlos, y Jean Genet les visitó en 1969 y 1970, pero este último estaba más interesado en los chicos árabes y en reunirse con escritores marroquíes que en relacionarse con otras personas que no fuesen Paul y Brion Gysin.

Izquierda: el pintor Brion Gysin.

El verano de 1961

El hermoso Hôtel Muniria fue el inolvidable escenario del denominado «verano psicodélico» de 1961, momento en que Allen Ginsberg, su novio Peter Orlovsky, el poeta Beat Gregory Corso y el extravagante viajero Timothy Leary fueron a visitar al escritor William Burroughs. Hay que tener presente que Ginsberg ya había estado allí con anterioridad, en 1957, cuando sucedió un desagradable incidente: ofendió al pintor Francis Bacon al ofrecerle alcohol en una lata vacía que había recogido de la basura. Más tarde, Bacon lo perdonó y le ofreció realizar «una gran pintura pornográfica» de Allen y Peter juntos. Sin embargo, las distracciones que ofrecía la embriagadora ciudad hicieron que Bacon trabajase muy poco durante su estancia.

Una época salvaje

David Herbert fue uno de los principales protagonistas de lo que puede denominarse la edad de oro de Tánger: período en el que los famosos se acercaban a la ciudad para hacer su agosto mientras aún brillaba el sol y la publicidad los alumbraba con sus focos. Antes de su muerte, en 1955, Herbert escribió este relato sobre las famosas fiestas que daba Barbara Hutton, la heredera de Woolworth.

La casa de Barbara estaba situada en una de las zonas más pobladas de la medina, rodeada de pequeñas casas marroquíes. Era más un palacio que una casa, con un laberinto de escaleras, habitaciones, entresuelos y terrazas. Mientras disfrutábamos de las fiestas que se celebraban en las terrazas, podíamos contemplar, con un amplio panorama, el mundo exterior. Los marroquíes del vecindario se divertían tanto como los invitados. Adoraban las luces, la música, los maravillosos vestidos de las damas. Siempre se quedaban hasta que terminaba la fiesta.

Por regla general, Barbara recibía a los invitados sentada en un trono dorado, rodeada de cojines de seda thailandesa. Los invitados eran conducidos hasta ella como si se tratase de una dama de sangre real, y se sentaban prácticamente a sus pies, sobre los hermosos cojines, y rezaban en su altar. Tal vez parezca pretencioso, pero para Barbara esto no era más que puro teatro, la representación de uno de los cuentos de las *Noches de Arabia*.

Tan pronto como tenía un séquito lo suficientemente numeroso, se ponía de pie y bailaba toda la noche, con todos y cada uno de los invitados: artistas de cabaré, peluqueros, pianistas de los clubs nocturnos más famosos y, por supuesto, miembros de la elite de Tánger.

Sus fiestas más famosas aparecieron en los titulares de la prensa norteamericana y británica; eran aquellas en las que los invitados aparecían disfrazados del sexo contrario y se comportaban como tales. Los engalonados diplomáticos, los banqueros y los respetables hombres de negocios de Marruecos aparecían completamente maquillados y con trajes escotados, en vez de lucir sus habituales bigotes y peludos pechos. Sus esposas, las de más edad y las más jóvenes, vestían esmoquin o traje de negocios y aplastaban sus cabellos con brillantina aplicada sobre redecillas. Para contrastar con tal espectáculo, Barbara aparecía vestida de un modo exquisito, como si fuese un Robin Hood afeminado.

Había espectáculos entre los que se incluía a cantaores de flamenco y a acróbatas marroquíes. Se contrataba a las bailarinas de la danza del vientre del palacio Kutubiyya; y, en ocasiones especiales, tales como el baile de etiqueta anual –al que asistían invitados de todas partes del mundo–, los hombres azules de las montañas del Antiatlas llegaban en sus camellos armados con rifles cargados para representar sus danzas ceremoniales.

Sin embargo, aunque las fiestas de Barbara se preparaban con todo cuidado, decir que siempre eran un éxito sería exagerar. Si Barbara estaba feliz y de buen humor, era la anfitriona perfecta. Pero si estaba cansada o triste o había bebido más de la cuenta, las fiestas podían convertirse en un auténtico desastre. En estos casos no aparecía en toda la noche. Si al menos hubiera enviado mensajes diciendo «no me encuentro bien, pero, por favor, divertíos y pasad una velada maravillosa», no hubiese pasado nada; pero no lo hacía. La orquesta tocaba de forma monótona y se bailaba de una manera tediosa, pero cuando nos dábamos cuenta de que Barbara no aparecería, la fiesta decaía y, uno a uno, los invitados regresaban a sus casas.

DERECHA: Barbara Hutton.

En Tánger, Barbara continúa siendo una leyenda. Los marroquíes pobres no guardan ningún rencor ni a ella ni a su riqueza, ni tan siquiera al hecho de que poseyese varias calles en la casbah que habían sido ampliadas para que entrara su Rolls-Royce; los marroquíes sólo recuerdan su amabilidad. Los guías dicen con orgullo a los turistas de todas las nacionalidades, que probablemente no hayan oído hablar de ella y que, por lo tanto, no adviertan la diferencia en el apellido: «Si miran allí, verán el palacio de la heredera de Woolworth, Barbara Hutton».

UN FESTÍN DE SABORES

La comida marroquí ha sido reconocida por el gurú de la cocina Robert Carrier como una de las más exquisitas del mundo

La cocina marroquí combina la dieta de los nómadas del desierto, consistente en carne de cordero, verduras y productos lácteos, con especialidades más refinadas y sazonadas con exóticas especias, estas últimas de origen sirio e introducidas por Muley Idris junto a la religión musulmana. Pero la cocina marroquí también ha incorporado otras influencias con el paso de los siglos: del sur de Europa (aceitunas, aceite de oliva, fruta, tomates), del África negra y de Francia (patente, sobre todo, en los numerosos restaurantes distribuidos por todo el país). Su cocina no es ni demasiado aceitosa ni demasiado fuerte y las salsas son una mezcla entre dulce y salado. Las almendras, la miel y la fruta se unen a los platos picantes; la *pastilla* (*bisteeya*), el famoso pastel de pichón marroquí, se espolvorea con una generosa capa de azúcar glasé.

Cocina casera

Según se afirma, la mejor comida marroquí es la que se prepara en las casas. La mayor parte de los «restaurantes» son negocios humildes que sirven pollo asado con carbón o brochetas (*kebab* de hígado en escabeche o de cordero), salchichas picantes conocidas como *merguez*, y *kefta* (cordero troceado, dispuesto dentro de pequeños pastelitos, y servido con salsa de pimienta).

Existe, sin embargo, un número cada vez mayor de restaurantes que dan fe de la rica variedad de la cocina marroquí, y en los mejores es posible pedir especialidades que no se ofrecen en el menú si se solicita previamente al cocinero. Un plato como la *pastilla*, por ejemplo (capas finísimas de pasta *warkha* rellena, parecida a la lasaña, con una mezcla de pichón o pollo y almendras), es un plato complicado cuya preparación ocupa todo un día. También se hace en las casas, por lo general en ocasiones especiales como las bodas, pero la gente del pueblo, y también los visitantes, tienden cada vez más a pedir y comer este plato en los restaurantes, que han perfeccionado la receta.

El cuscús suele prepararse en casa, normalmente los viernes. Una base de sémola cocinada al vapor y cubierta con pollo, o cordero, y vegetales, que tradicionalmente se servía al final de las comidas para asegurarse de que todos los invitados habían comido lo suficiente, aunque lo más frecuente es que en la actualidad se sirva como un plato independiente. Una salsa hecha con cebollas fritas, aplastadas en los restos que han quedado de cocinar el pollo o el cordero, acompaña a menudo al cuscús, y las almendras y las uvas pasas pueden esparcirse sobre el cuscús o añadirse a la salsa. Con el cuscús se suele tomar el *liban,* un tipo de leche salada.

PÁGINAS ANTERIORES: mostrando la captura del día.
IZQUIERDA: los típicos recipientes para los *tajines*.
DERECHA: cuscús, la opción preferida de los viernes.

El *tajine*, que forma parte de todos los platos, es un simple guiso de ternera o cordero (a veces sólo de vegetales) cocido a fuego lento en un plato de barro con una tapadera cónica. Existen variaciones muy refinadas: el *barrogog bis basela*, guiso de cordero con ciruelas; el *safardjaliyya*, guiso de ternera con membrillo; el *sikbadj*, cordero con dátiles y albaricoques; y el *tajine bel hout*, guiso de pescado con tomates, jengibre, azafrán y pimienta dulce y picante. Las aceitunas negras se añaden siempre a la salsa con sabor a miel, y también pueden añadirse manzanas y peras.

Una de las recompensas de caminar por las montañas del Atlas es la posibilidad de pedir un *tajine* en un café beréber antes de emprender la marcha y luego, al volver unas horas más tarde, encontrarlo ya preparado. Los turistas extranjeros a menudo compran uno de los platos de barro barnizado que se utilizan para el *tajine* con la intención de imitar en casa los guisos, pero merece la pena que tenga en cuenta un par de detalles si pretende hacer tal cosa: en Marruecos, los *tajines* se suelen cocinar sobre unas brasas de carbón muy bajas, a veces brasas que sólo desprenden calor, de modo que, al utilizar un calor más directo, como el del gas o el eléctrico, debe usarse una esterilla para distribuir el calor; por otra parte, al igual que se templa una sartén nueva antes de utilizarla, es necesario eliminar el sabor del barro del recipiente realizando la misma operación.

El otro plato popular cotidiano es el pollo o *djej*. El *matisha mesla* es un antiguo plato marroquí de pollo cocinado con tomates, miel, jengibre y canela; el *djej bil loz* es pollo con especias y almendras; y el *djej mqualli* es un plato popular de pollo con limones en conserva y aceitunas, por lo general presentado sobre un lecho de patatas.

Especialidades de los días festivos

En Marruecos, las ocasiones especiales se celebran con comidas especiales. Durante el ramadán, Marruecos rompe el ayuno diario con dátiles frescos y un cuenco de *harira*, una sopa espesa de alubias, lentejas y cordero. Todos los cafés tienen esta sopa preparada para aquellos a los que les es

APERITIVOS SENSACIONALES

El placer que la comida representa para los marroquíes se refleja en la extraordinaria variedad de aperitivos que ofrecen los innumerables vendedores ambulantes del país. Estos aperitivos van desde el fruto del cactus ya pelado y listo para tomar (que, según se dice, alivia el dolor de estómago) hasta los garbanzos acabados de asar y los caracoles marinados en licor de comino y depositados en enormes tinajas para venderlos a los oficinistas que vuelven a casa. También podrá encontrar *sfenj* (buñuelos) esponjosos que aún conservan el calor del horno, lonchas de *tortilla* (una especialidad del norte) y crujientes patatas recién fritas con sal marina.

Uno de los placeres de conducir por Marruecos es la gran variedad de productos que pueden comprarse por el camino. En el Rif, las mujeres ofrecen platos de queso blanco fuerte y picante (que tiene un sabor exquisito con el insípido pan marroquí) presentado sobre un lecho de hojas; en otoño, en el sur, los chicos ofrecen cestas de dátiles recién recogidos. En el Atlas, según la estación, encontrará almendras, nueces, piñones, fresas y lichis; en la costa atlántica puede conseguir melones dulces al precio de 3 o 4 dirhams la pieza, así como peces recién pescados. Por un precio más alto, al viajar, una multitud de restaurantes asadores, que a menudo hacen también de carnicerías, sirven suculentas chuletas de cordero, *kebab* o hígados acompañados de pan y ensalada, y que podrá regar con Oulmes o con el agua mineral Sidi Harazam.

imposible llegar a casa a la hora señalada. Fuera del ramadán puede comer *harira* en los restaurantes modestos o comprarla a los vendedores ambulantes de comida.

El *M'choui* es el plato ceremonial que marca el Aid el Kebir, el banquete que conmemora el sacrificio de Abraham de un cordero en lugar de inmolar a su hijo. Se asa una oveja entera en un espetón y se lleva a la mesa para que todos corten trozos de ella y los mojen en pequeños platos de comino. No se desperdicia ninguna parte del cordero: después del banquete podrá observar las pieles de los corderos colgadas en las terrazas que hay sobre los tejados, junto con los intestinos, que se dejan secar al sol para preparar los guisos de invierno.

EL PAN DE LA VIDA

El pan está considerado como algo sagrado, y podrá ver a personas que lo besan a modo de reverencia. No se desperdicia nunca: al acabar una comida se juntan todos los pedazos que han sobrado para elaborar los rebozados de los dulces.

El pescado preferido

Durante la ocupación francesa y española se abrieron restaurantes de pescado por toda la costa mediterránea, hasta Ceuta, y por la costa atlántica, en dirección sur, desde Tánger. El más destacado (según las recomendaciones de la guía Michelin) es el À Ma Bretagne, en Ain Diab, un barrio de la Corniche, al oeste de Casablanca (*véase pág. 173*); aunque por un precio más razonable puede ir a Sam's en Essaouira o Garcia's en Asilah. Las gambas gigantes capturadas fuera de las costas de Agadir, los pulpos, los calamares y las sardinas sin espinas y rellenas, las rayas y los lenguados pueden saborearse hasta en el restaurante más modesto de los muelles: en especial, pruebe los puestos improvisados que se instalan, cada mañana, en los puertos de Agadir y de Essaouira. Si cena en un restaurante selecto, no deje de probar el *samak mahshi be roz*, cualquier pescado blanco y grande relleno de arroz, piñones y almendras y que se sirve con salsa de tamarindo.

Refrescos

La prohibición islámica de beber alcohol implica que tampoco pueda utilizarse en la cocina, con la excepción de los restaurantes franceses. Sin embargo, Marruecos elabora cerveza y produce vino (*véase pág. 216*). Su cerveza, ligera y de gusto parecido al continental, es bastante variada, pero las más famosas son la Stork (la más ligera de todas) y la Flag Speciale (que se presenta en botellas pequeñas de color verde).

El refrigerio más corriente, sin embargo, es el té de menta, que se prepara en teteras bulbosas de plata y se sirve en vasos. Se trata de una infusión de hojas de menta y té verde o negro. La menta puede colocarse en el vaso o en la tetera, junto con el azúcar. Cuando se vierte en los vasos, la tetera se sostiene por encima y a cierta distancia de los vasos para que el líquido se «oxigene» al caer. El té se sirve durante todo el día y después de las comidas. A veces, en vez de menta, se refuerza el té con piñones o con flores de azahar.

También se toman otras bebidas, como café, batidos de leche y zumos de frutas frescas (uvas, naranjas, moras o granadas, en función de la estación).

UNA NACIÓN AFICIONADA AL DULCE

Los marroquíes son muy aficionados al azúcar. El té y los zumos de frutas se sirven endulzados, y en cada casa hay una reserva de dulces caseros, cuya elaboración se ha convertido en todo un arte, y se han añadido nuevas recetas al repertorio tradicional. La combinación ya clásica para la elaboración de los dulces es almendras, miel y pan. Durante el ramadán, pruebe el *shebakkia*, lazos de pasta fritos, cubiertos de miel y espolvoreados con semillas de sésamo.

Por la tarde, lo más normal es terminar la jornada en una pastelería para tomar café y un trozo de pastel; en las casas, la «hora del café», entre las cinco y las siete de la tarde, es un momento especial en el que se intercambian las experiencias del día mientras se toma café, té y dulces.

IZQUIERDA: una bandeja de dulces caseros.
DERECHA: el té a la menta, un excelente digestivo.

LA ESENCIA DE LA ARQUITECTURA

En los edificios de Marruecos se perciben la huella del Estado islámico, el duro clima, las guerras intertribales y los turistas extranjeros

La arquitectura marroquí ha recibido una fuerte influencia del Islam , pero los factores característicos del país, como los recursos naturales, el clima, la historia tribal y el imperialismo europeo han alterado su sello. Las tempranas influencias del Islam ya se habían difuminado cuando llegaron al extremo occidental de África del Norte, lo cual significó que muchas de las prácticas indígenas quedaran intactas. Y, como si de una escala en las rutas comerciales de África, el Sahara y el Mediterráneo se tratase. Marruecos sufrió una continua influencia de estilos foráneos.

Las altas montañas separan las llanuras costeras de los paisajes desérticos, donde los materiales de poca calidad dictaron una arquitectura más rudimentaria. Las montañas también eran una fuente natural en la que encontrar bosques de robles, pinos y cedros, que se usaban profusamente en las decoraciones de los interiores de las grandes casas y los palacios. En el sur, las guerras intertribales y las eternas trifulcas de las dinastías dieron lugar a una arquitectura de tipo defensivo: *ksour* altos y almenados y casbahs.

La influencia islámica

La edificación de las ciudades y aldeas supuso una oportunidad única para expresar los ideales del Estado islámico. El Islam domina todos y cada uno de los aspectos de la vida de un musulmán, y la arquitectura marroquí refleja algo más que una serie de normas y costumbres depositadas en los edificios religiosos.

Al mismo tiempo, el ascetismo del Islam encuentra un modo de expresión en la simplicidad de la forma y el respeto por el espacio. Los árabes del siglo VII, que apenas contaban con una herencia arquitectónica, nunca se alejaron mucho del desierto y de su sensación de inmensidad. La sensación de espacio y la falta de aspectos o detalles que puedan distraer se ajustan a la perfección al cumplimiento de los rituales y las oraciones.

Puesto que el Islam prohíbe la representación de seres animados, la ornamentación de los edificios llegó a alcanzar un alto nivel de abstracción. Sin embargo, a pesar de que esta regla nunca se cumplió de forma estricta y de que los diseños de flores y plantas son fácilmente identificables, las muestras de bellas caligrafías constituyen la ornamentación más habitual.

Se desaprobaba así mismo el uso del oro y la plata. El estucado, que se trabajaba formando delicados diseños de lazos, llegó en el siglo XIII, mientras que el mosaico (*zellige*) de azulejos verdes, azules, negros y rojos se popularizó en el si-

IZQUIERDA: la madrasa Bu Inania, en Fez.
DERECHA: detalle de un edificio de *pisé*, típico del sur.

DEFINIR UN ESPACIO

Para los árabes, el papel estético de los edificios, que mantiene una posición tan importante en el oeste, ha ocupado un lugar de segundo plano en favor de la función práctica de definir un espacio, un propósito que se realza gracias a las enormes y espectaculares puertas, los patios amurallados y los gigantecos muros defensivos. Una pequeña puerta en un hueco de un muro puede conducir a un precioso patio, que con toda seguridad tendrá una fuente (un oasis individual lejos del calor, el polvo y el ruido de la comunidad). A menudo pavimentado o cubierto de baldosas de mosaicos, con muros y pilares sobre los que descansa una galería de estuco o madera tallados, el patio está abierto al cielo y todas las habitaciones miran a él.

glo XIV. Ambas eran técnicas del este, perfeccionadas en al-Andalus e importadas a Marruecos por los musulmanes de la Península. De manera similar a como se hacía en al-Andalus, las complejas obras de forjado, que tendían a los diseños abstractos, se utilizaban en las verjas de las puertas y ventanas y también en las farolas.

FUNDAMENTOS DE LA FE

«El creyente es para el creyente –dice el Profeta– lo que las secciones que se sustentan mutuamente son para un edificio».

Mezquitas y madrasas

La mezquita, el principal y más importante edificio religioso, aunque no es el único punto de reunión para la oración, dio origen a un vago prototipo que se extendió a toda la arquitectura islámica. Siguiendo los modelos de las grandes mezquitas de Córdoba y de Kairuán, que datan del siglo VIII y que se encuentran respectivamente en España y en Túnez (en esa época las ciudades más importantes del Islam occidental), que a su vez se basaban en los modelos damascenos, la mayoría de las mezquitas marroquíes son más bien lisas en su forma externa, pero disponen de una puerta de entrada y de un minarete muy decorados, que son los rasgos externos más notables, y el techo es, por lo general, de gran simplicidad, a menudo construido con tejas barnizadas y pintadas de color verde (el color del Islam).

VIVIR EN LA MEDINA

Todas las ciudades árabes con un mínimo de historia tienen su medina. El profeta Mahoma fundó la primera comunidad islámica en una ciudad llamada Medina, que era la segunda urbe más importante después de La Meca, y que rápidamente se convirtió en el prototipo que debían seguir otras ciudades del mundo árabe. Para un seguidor de la fe islámica, la búsqueda del ideal de una ciudad justa y ordenada es algo obligatorio. Se cree que en el Día del Juicio los hombres y las mujeres serán juzgados no sólo por sus méritos, sino también por el papel que han desempeñado como miembros de la sociedad. Así pues, el diseño de las medinas reflejaba los valores comunales, y en ellas cada barrio contribuía al beneficio de la ciudad.

Incluso durante el período de los protectorados francés y español se respetó la integridad de las medinas. El mariscal Lyautey, el primer comisario general francés, decretó que las nuevas construcciones debían realizarse fuera de éstas para conservar la forma de vida de las viejas ciudades.

A la larga, sus buenas intenciones han causado problemas. A pesar de que muchas de las medinas siguen intactas, han perdido su importancia administrativa y política frente a las nuevas ciudades. Después de la independencia, las familias más opulentas e influyentes se trasladaron a los barrios más modernos que habían abandonado los europeos , con lo cual dejaron las medinas en manos de los numerosos pobres que carecían de poder.

Las primeras mezquitas no poseían minaretes; de hecho, ni siquiera estaban oficialmente cercadas. En su origen, los creyentes eran llamados a rezar desde las azoteas próximas. El minarete de sección cuadrada del Magreb, a diferencia de los minaretes cilíndricos del Próximo Oriente, corresponde al campanario de una iglesia (por lo general, estos minaretes solían tener una altura equivalente a cuatro veces la anchura) y siguió los prototipos de las primeras torres cristianas de Damasco.

VER... DE LEJOS

En Marruecos está prohibida la entrada a las mezquitas a los no musulmanes. Sin embargo, puede tener una tentadora visión a través de las puertas.

El interior de una mezquita comprende un patio, denominado *sahn*, en el que hay una fuente o un estanque para las abluciones rituales preliminares, y una sala de plegarias situada al lado y dividida en naves transversales en las que se separan, por sexos, los fieles. El *mihrab*, dentro de esta sala, es un nicho en la pared, a menudo decorado, que indica la dirección de La Meca. A la derecha del *mihrab* hay un púlpito llamado *minbar*, desde el cual el imán lee el Corán.

Los edificios religiosos que están abiertos a los no musulmanes son las madrasas: las primeras universidades fundadas en el siglo XII para la enseñanza de la teología y de la ley coránica. A pesar de que las madrasas solían estar junto a las mezquitas, su arquitectura se desarrolló a partir de los edificios domésticos. De nuevo encontramos un patio central con una fuente, a menudo enclaustrado en la planta baja y flanqueado por un gran vestíbulo usado para la plegaria, así como para impartir clases o como biblioteca. Las habitaciones de los estudiantes estaban situadas encima, en el primer piso.

La mayoría de las madrasas fueron fundadas por los intelectuales mariníes en el siglo XIV. Estos edificios presentan una rica decoración con tallas, mosaicos de azulejos y trabajos en vidrio, escrituras cúficas y estucados. Las más importantes son la madrasa Bu Inania, en Fez, cuya construcción encargó el sultán Abu Inan en 1350, y la madrasa Ben Yusuf, reconstruida en 1565 por el sultán sadí Abdullah el-Ghallib en Marrakech.

Una sólida defensa

Hasta principios del siglo XX, viajar por Marruecos podía resultar bastante peligroso, un hecho bien ilustrado por las defensas con que contaban las ciudades, que evocan a su vez a los jefes militares del pasado. Dentro de las murallas de las ciudades se encuentran todos los edificios necesarios para la defensa: amplios establos, cuarteles, graneros, arsenales y cisternas de agua. Son impresionantes por sus dimensiones más que por su arquitectura, aunque el diseño de las *bab*, o puertas de entrada, es con frecuencia la excepción que confirma la regla. Por lo general están construidas con bloques de piedra y almenadas, y con dos torres situadas a ambos lados de una nave central en la que se encuentra la puerta. En la parte superior, el arco puede ser de piedras de colores muy labradas, como las de la puerta de los Udaya en la casbah de

Rabat, o la Bab Agnaou en Marrakech y la imponente Bab Mansour en Meknés.

Cada dinastía dejó su propia huella en las edificaciones defensivas de las ciudades; a menudo derribaban gran parte del trabajo de sus antecesores. Los almohades en Rabat (en el siglo XII) y los mariníes en Fez y Chellah (siglos XIII y XIV) se mostraron muy diligentes en este aspecto.

Pero no sólo los pueblos y las ciudades necesitaban las fortificaciones, e incluso las granjas pobres, de techos uniformes y hechas de piedra, construidas en las terrazas del Atlas Medio, que eran los hogares de los beréberes chleuhs, estaban, y aún están, muy bien defendidas. En el sur, estas granjas dieron paso al *ksour*, la arquitectura más imponente de Marruecos.

IZQUIERDA: reflejos en la Casablanca moderna.
DERECHA: detalle de los azulejos del interior de la antigua casbah de Glawi, en Taourit.

De hecho, los *ksour* son poblados fortificados que se componen de una plaza central, un granero, un pozo, una mezquita y calles y viviendas laberínticas, todo ello dentro de unas altas murallas interrumpidas por una torre de observación. Están hechos de barro crudo y cascotes, o con trozos de tronco de palmera (un material conocido con el nombre de *pisé*), son permeables al agua y pueden resistir sólo un clima muy seco. La lluvia arruina una y otra vez este tipo de arquitectura, y el sur está plagado de *ksour* abandonados.

Si hablamos con propiedad, la diferencia entre las casbahs y los *ksour* es que las primeras contienen casas de familias individuales, mientras que los últimos encierran en sus murallas a toda una comunidad. Dicho esto, en buena parte de Marruecos, la palabra *casbah* hace referencia a las plazas fortificadas que servían de defensa en una ciudad. La mayoría de las ciudades cuenta con una, aunque es en el sur donde son más frecuentes. De forma cuadrada y construidas con ladrillos sin cocer, muestran escasas aberturas al exterior. Sin embargo, su simplicidad se contrarresta por las decoraciones geométricas talladas en los ladrillos.

Aptas para un rey

Aunque pueda parecer increíble, estas vacías extensiones han albergado en su interior varios de los palacios más opulentos de Marruecos. El lujo, el color y la decoración, al igual que la calidad de vida de su interior, eclipsaron incluso a las comodidades de Europa durante muchos siglos. De nuevo, la característica principal era el patio, a cuyo alrededor se agrupaba una serie de habitaciones siguiendo un esquema simétrico. Las zonas destinadas al aseo a menudo eran construidas en partes especiales, y con frecuencia contaban con su propio patio central, según dictasen la riqueza y la necesidad.

Mientras que la estructura original de un palacio era por lo general simétrica, y se extendía desde el patio central, las anexiones posteriores se trazaban a menudo al azar. Sin embargo, se incorporaron algunos rasgos característicos: siempre había una sala de juicios y un *mechouar*, un espacio abierto en el que se celebraban las audien-

PALACIOS FABULOSOS

Conocido como «el incomparable», al-Badi, en Marrakech, fue construido por Ahmad al-Mansur en el siglo XVI para acoger sus fastuosas recepciones. Su patio constaba de cinco elaborados estanques flanqueados por baldosas de colores, cuyas aguas regaban una serie de jardines. El mármol procedía de Italia y el mobiliario, de países tan lejanos como China. Sus magníficos quioscos, pabellones, torres y galerías lo convirtieron en toda una leyenda en Europa. Por desgracia, hoy no es más que una elegante ruina.

El palacio de Dar al-Makhzen, construido en Fez en el siglo XIII, es, problablemente, el palacio más delicado de todo Marruecos; pero está cerrado al público. Su patio, de varias hectáreas, alberga una madrasa y una mezquita.

cias con un gran número de asistentes dominado por un balcón o *iwan*, en el que el sultán solía recibir el homenaje de los miembros de las tribus que estaban a sus órdenes. El área restringida del harén (las habitaciones de las mujeres) estaba situada aparte.

Para la decoración interior de estos palacios se recurría a los artistas y artesanos marroquíes más cualificados, y, aunque es cierto que el desarrollo y la calidad de este estilo degeneró en una exuberancia aparatosa en el siglo XVIII, aún se conservan muchos ejemplos de magníficas obras.

HABILIDAD ARTESANAL

Las habilidades marroquíes para la construcción son muy apreciadas en el mundo árabe. Cuando Omán restauró sus *ksour* y sus fuertes en la década de 1920, tuvo que recurrir a los expertos artesanos marroquíes.

tamaño al recorrer su perímetro o cuando uno se acerca a una ciudad desde el aire, en avión.

Contribuciones dinásticas

Comparada con otras formas de construcción, la arquitectura islámica ha permanecido relativamente estática. Tras la caída de Roma, el desarrollo urbanístico de Marruecos no volvió a desarrollarse hasta después de la conquista árabe. La dinastía idrisí (siglos VIII-X) retomó la construcción y fundó la ciudad de Fez, convirtiéndola en su capital.

En la actualidad, muchos de los pequeños palacios se han convertido en museos u hoteles (el Palais Jamai en Fez, el museo de la casbah de los Udaya en Rabat, el museo Dar el Makhzen en Tánger y el museo Dar Si Said en Marrakech), lo cual permite a los turistas verlos de cerca. Los palacios reales (hay como mínimo uno en cada una de las principales ciudades) son por lo general de construcción reciente, aunque de estilo tradicional y rodeados de extensos jardines; la entrada a estos palacios está estrictamente prohibida. Se puede entrever algo de la sensación de su

IZQUIERDA: la característica arquitectura del sur.
ARRIBA: la medina de Agadir, una casbah moderna y tradicional, diseñada por el italiano Coco Polizzi.

Durante la dinastía almorávide (siglos XI-XII), cuando muchos musulmanes fueron expulsados de España, la brillante civilización de al-Andalus arraigó en Marruecos. Se cree que Abu Bakr fundó Marrakech y que su hijo Alí ben Yusuf construyó las enormes fortificaciones de Taza, una ciudad que, situada en el camino en dirección a Fez (el paso de Taza), era una importante línea de defensa. Se reconstruyeron las mezquitas y las cúpulas, y fueron introducidos los pilares y los arcos de medio punto, junto con las esculturas de yeso.

Los almohades (siglos XII-XIII) eran unos constructores prolíficos. Se añadieron elementos a Marrakech, de los cuales los más importantes son las murallas. El impulso de la albañilería se convirtió en el símbolo de este período y la mezquita

Kutubiyya en Marrakech y la de Hasán en Rabat fueron construidas por encargo en este período.

La dinastía mariní (siglos XIII-XV) adoptó obras cada vez más sofisticadas en lugar de dedicarse a imponer construcciones. La mayor parte de las madrasas que existen en el país se deben a los mariníes.

Bajo el gobierno de los sadíes (siglos XVI-XVII), Marruecos se volvió más susceptible a las influencias del extranjero. Los portugueses se apoderaron de las ciudades costeras y construyeron fortificaciones en Asilah, Safi y El Jadida. En el arte y la arquitectura se tendía a repetir los estilos del pasado más que a innovar, pero Ahmad al-Mansur embelleció Marrakech hasta tal punto que dejó impresionada a una Europa entonces en decadencia. Sin embargo, fue la incansable industria del sultán alawí Muley Ismail, en el siglo XVII, la abanderada de lo que hoy en día es tan a menudo evidente: se dedicaba sin cesar a construir y a reconstruir. Ordenó levantar unos 25 kilómetros de murallas alrededor de la ciudad de Meknés, y logró edificar obras públicas que fueron muy populares, gracias al trabajo forzado de los esclavos y los cristianos cautivos. Para mantener la armonía con su personalidad, la escala y la grandiosidad primaron sobre las consideraciones estéticas.

SIN LLAMAR LA ATENCIÓN

En Marruecos, la tradición exige unos edificios más bien pequeños, para que desde el minarete de la mezquita sea fácil dominar todo el horizonte.

VILLAS: OBJETOS DEL DESEO

Es la ambición de cualquier persona acomodada poseer una casa construida según sus necesidades, en vez de comprar una propiedad de segunda mano; un deseo que ha introducido una práctica nada tradicional en Marruecos: las hipotecas y los créditos. El Corán prohíbe la usura, razón por la que, históricamente, los judíos poseían el monopolio del préstamo de dinero, pero las modernas presiones han conllevado un compromiso moderno. Con su ostentosa decoración exterior y sus numerosas ventanas, muchas de las villas construidas con estos préstamos no reflejan la austeridad de la arquitectura doméstica tradicional, aunque el deseo de intimidad se cumple alzando muros a su alrededor y construyendo puertas de máxima seguridad.

Arquitectura moderna

Hubo muy poco desarrollo en lo que a la arquitectura respecta hasta que llegaron los protectorados francés y español, momento en que los estilos europeos se impusieron en las ciudades del norte y las ciudades costeras. El mariscal Lyautey, el primer comisario general francés, decretó que el desarrollo de las ciudades debía realizarse fuera de las medinas para conservar la civilización tradicional. La nueva arquitectura, que combinaba la pomposidad civil francesa y los motivos musulmanes, se llamó «morisca». La década de 1920 llevó incluso unas nociones del *art déco* a Casablanca y Marrakech.

Hoy en día, la arquitectura civil más actual se inspira de nuevo en los diseños marroquíes tradicionales; pero la mezquita de Hasán II en Casablanca (abierta a los no musulmanes, *véase pág. 172*) muestra lo que son capaces de hacer los artesanos modernos marroquíes cuando cuentan con los suficientes recursos. Esta mezquita, que fue inaugurada en 1993 y costó más de 750 millones de dólares estadounidenses, es el mayor lugar de culto del mundo musulmán, aparte de La Meca. Aunque fue diseñada por un arquitecto francés, Michel Pinseau, casi en su totalidad es obra de los artesanos marroquíes y está realizada con cristales de Murano y materiales autóctonos (granito de Tafraoute, mármol de Agadir y madera de cedro del Atlas Medio). Este único proyecto, en el que trabajaron unos 10 000 artesanos y aprendices, fomentó en gran medida el resurgimiento de las artes tradicionales marroquíes.

IZQUIERDA: interior de la mezquita de Hasán II , en Casablanca.
DERECHA: la monumental entrada a la mezquita de Hasán II.

A TRAVÉS DEL ARCO DE HERRADURA

Saturación de colores, azulejos magníficamente decorados, ricas telas... Los diseños marroquíes han asaltado el mundo del interiorismo

Los diseños de interiores marroquíes se han consolidado en todo el planeta, gracias a varios diseñadores y arquitectos y a la sed de ideas nuevas de los editores de revistas y libros de todo el mundo. Hoy es una síntesis de la artesanía tradicional filtrada y adaptada, a menudo por diseñadores extranjeros, quienes empezaron decorando sus propias casas y pronto descubrieron que existía un mercado al cual exportar sus creaciones de lámparas, cojines y chimeneas con aire oriental.

El concepto del diseño marroquí es bastante reciente y no sólo es marroquí, sino que se trata de una fusión de influencias que van desde las obras de pintores como Matisse hasta las tradiciones indias, españolas y de Nuevo México. Marruecos representa tanto la encrucijada como el punto de origen de este estilo de diseño elegante ahora ya internacional.

¿DERECHOS DE PROPIEDAD? ¿QUÉ ES ESO?

Un elemento importante en el éxito del estilo marroquí es la gran adaptabilidad y lo asequibles que son sus artesanos. Haga el boceto de una idea y podrá permitirse pagar a alguien que le haga un prototipo de ella. Si funciona, puede apostar a que algún empresario marroquí inundará el mercado con copias de este ejemplar original en pocas semanas. No hay nada parecido a unos derechos de propiedad en Marruecos y son miles los expatriados y personas creativas que encargan objetos que ellos mismos diseñaron; la industria de la artesanía marroquí cuenta con uno de los mejores y más económicos servicios de investigación y desarrollo del mundo. Esto no supone, en absoluto, un inconveniente. El abundante intercambio de ideas ha permitido que miles de artesanos continúen en activo y que sus obras se adapten y desarrollen constantemente en función de los nuevos mercados. El diseño es una actividad viva: si algún día se quedase estancado y dejara de introducir nuevos materiales e ideas, desaparecería. Con el objetivo de proteger la artesanía marroquí, y al mismo tiempo promover su venta en el extranjero, el gobierno creó el Bureau des Industries d'Art Indigène.

▷ **UN PARAÍSO VISITADO**
Las fuentes de los patios aportan el refrescante sonido del agua a borbotones. Las casas de grandes dimensiones albergan jardines convencionales con palmeras imponentes que se llenan con el piar de los pájaros.

△ **ENTRE EN LA CASBAH**
Las líneas definidas y frías del interior de la casbah de Dades, en el sur de Marruecos, reflejan la desnuda austeridad tradicional de los diseños marroquíes.

◁ **CASTILLOS DE ARENA**
Los diseños geométricos de los *ksour* del sur han inspirado a esta torreta de una casa de Marrakech, donde se levantan las propiedades más selectas de la ciudad.

▷ **ORIENTE Y OCCIDENTE**
Las influencias occidentales también se dejan sentir, como en este restaurante en el Hôtel Mamounia, en Marrakech.

▽ **UN AMBIENTE CÁLIDO**
En la actualidad, los tradicionales colores brillantes, las lámparas y las telas hechas a mano se incluyen en los hogares para crear un ambiente cálido.

▷ **ALFARERÍA BERÉBER**
Los objetos de arcilla están decorados con colores intensos y mates. Mientras que la tradición urbana se especializa en la cerámica barnizada, la alfarería beréber tiene un carácter más utilitario y su decoración es más sencilla.

LA VIDA EN LOS PATIOS

Por tradición, las viviendas están distribuidas en habitaciones construidas alrededor de un patio descubierto, cuadrado o rectangular. Las paredes son increíblemente gruesas, para aislar del calor del sol, y los techos son altos para proporcionar más frescor. Dispuestos alrededor del patio se encuentran unas salas y dormitorios rectangulares de formas simples y pintados de blanco, uno a cada lado. Si hay más pisos, éstos siguen más o menos la misma estructura, con o sin una galería que los rodee, sostenida por arcos. Hay muy pocas *riads* que tengan más de dos pisos; las cocinas y los baños suelen estar situados en las esquinas. Pequeñas ventanas se asoman al patio para aislar del bullicio procedente de la medina y asegurar la intimidad. Para aportar más luz, grandes espejos cubren a menudo los muros posteriores de los salones, reflejando así la luz en los ángulos más oscuros de las habitaciones. El mobiliario es de una gran simplicidad: alfombras, bancos acolchados que van de pared a pared (*banquettes*) y mesas bajas.

CREAR MÚSICA

Es difícil alejarse del ritmo y las canciones en Marruecos, ya se trate de la llamada del muecín o las guitarras eléctricas y los sintetizadores de los modernos rai

En la década de 1960, el autor y pintor Brion Gysin pensaba que sólo escuchar la música marroquí era suficiente para convertir a cualquiera en un musulmán. The Rolling Stones, amigos de Gysin, no llegaron a tal punto, pero sí se vistieron con las chilabas y formaron equipo con los Master Musicians de Jajouka: después de que el guitarrista Brian Jones editara su disco *Brian Jones presents the Pipes of Pan at Jajouka*, que fue compuesto en 1968, los Rolling grabaron la canción «Continental Drift» con este grupo marroquí, que se incluyó en su álbum *Steel Wheels*, de 1989.

Keith Richards resumía como sigue los extraordinarios sonidos de las flautas y los tambores de Jajouka: «Se parece un poco al jazz moderno, como el que hacen John Coltrane u Ornette Coleman, aunque esto es realmente música hipnótica pagana».

Sentir el ritmo

Vaya a donde vaya en Marruecos, lo más seguro es que se sienta asaltado por maravillosos ritmos, ya sea por el fenómeno musical más común, es decir, la voz amplificada del almuédano que llama a los devotos al rezo, o por un cascado sonido, como de lata, de la grabación de música egipcia que sale del interior de una tienda. Quizás sean los redobles de tambores y los gritos de alegres mujeres que celebran una boda. Pero lo que debe esforzarse en intentar encontrar a primeras horas del atardecer son las sesiones improvisadas de los cafés con actuaciones musicales (que podrá reconocer, en la mayoría de los casos, por los instrumentos musicales que cuelgan de sus paredes). Es a estos cafés donde los músicos locales van a tomar té y donde después cantan sus canciones.

Chabbi, que significa «popular», es el tipo de música que se toca con más frecuencia en estos lugares de reunión. De manera similar a la música tradicional de Europa y de América del Norte, comenzó como un tipo de música interpretada por músicos ambulantes, que reunían y componían canciones durante el camino. En la actualidad, gracias a los medios de comunicación, el *chabbi* ha saltado de las plazas públicas a la radio y la televisión. Abdelwahhab Doukali y Hamid Zahir, dos de los cantantes populares más famosos de este tipo de música, comenzaron sus carreras, respectivamente, en Bab al-Makina, en Fez, y en el Jemma el-Fna, en Marrakech.

De forma inevitable, los diversos grupos han comenzado a añadir elementos eléctricos a los instrumentos ya tradicionales (como, por ejemplo, el *buzouk*, un laúd de mástil largo) y a usar guitarras y teclados. Sin embargo, a escala nacional, el *chabbi* aún está reservado para el *l'oud* (un laúd sin trastes y de once cuerdas), el *kamanche* (violín), el banjo y diversos instrumentos de percusión. Hacia el final de una canción *chabbi*, un corte instrumental llamado *leseb*, cuyo ritmo es el doble de rápido que el resto de la pieza, suscita los gritos, el baile y las palmadas sincopadas de la audiencia.

Raíces clásicas

Es interesante que algunas de las formas tradicionales más complejas de música marroquí, como la andalusí (en la actualidad interpretada por las orquestas de Fez, Meknés y Tánger, tres ciudades que recibieron una gran influencia de la España musulmana), y el *milhun*, una antigua forma de poesía cantada, se hayan combinado con el *chabbi* para producir una mezcla de sofisticadas piezas instrumentales y letras populares.

En la música *rai* actual, que tuvo su origen en las ciudades fronterizas del Rif y de Argelia occidental (aunque en el Magreb uno se olvida de que las fronteras son más políticas que etnográficas), el estilo y las letras han evolucionado notablemente.

Los temas que hoy en día aparecen en la música *rai* suelen ser el sexo, las drogas y los coches; los instrumentos que se usan son los platillos, los acordeones, las guitarras eléctricas y los sintetizadores. La música *rai* moderna está adquiriendo gran popularidad en Europa y entre las estrellas marroquíes destacan Chaba Zahouania y Cheb Kader.

RAI COMPROMETIDO

Con letras que rezan: «Hey mamá, tu hija me desea» y «La cerveza es árabe y el whisky, europeo», la música *rai* contemporánea todavía no ha encontrado su público en la sociedad conservadora.

Rituales rurales

La música beréber, que por lo general se escucha en las zonas rurales, difiere bastante del *chabbi* de influencias árabes o del *rai* roquero. Esta música incluye la música ritual, que mantiene fuertes lazos con el calendario agrícola y que se interpreta durante los exorcismos o las ceremonias de purificación, y la poesía cantada, llamada *tamdyazi*, que se interpreta tan sólo con tambores y flautas como acompañamiento.

En otro tiempo era habitual que las ciudades y aldeas fuesen visitadas por músicos profesionales procedentes de la región del Atlas: bandas ambulantes de cuatro miembros conocidas como *imdyazn*. Tocaban los tambores, el clarinete doble y el *rebab* (una flauta de un solo tono), y su papel consistía en dar las noticias de lo que ocurría en el mundo. Esta costumbre aún se mantiene, pero hoy en día, superados por la televisión y la radio, la función de los *imdyazn* es más entretener que informar.

Salvo en las bodas, es en las plazas de espectáculos de las ciudades y aldeas donde uno puede escuchar la música de los *gnaoua*, músicos curanderos que bailan ataviados con sus característicos sombreros y chalecos adornados con caparazones de cauri, al son de frenéticos ritmos de tambor que provocan estados de trance. La hermandad de los *gnaoua* tiene devotos por todo Marruecos, pero en especial en Marrakech. Afirman que son descendientes espirituales de Bilal, el etíope que fue el primer almuédano del Profeta. La mayor parte de las ceremonias tienen la finalidad de calmar a los espíritus (*jinn*), tanto los buenos como los malos, que se han introducido en el cuerpo de una persona o en un lugar determinado. Sin duda, los orígenes de estos ritos se encuentran en el África subsahariana, y la influencia del corazón del África negra es evidente en los ritmos de la música e incluso en el aspecto y la indumentaria de los músicos.

IZQUIERDA: música callejera.
ARRIBA: ninguna boda en la ciudad estaría completa sin su conjunto musical tradicional.

ESQUÍ

El esquí en Marruecos es un deporte exótico y estimulante, aun cuando las instalaciones y la oferta de après-ski *son todavía limitadas*

Puede pensarse que esquiar, un invento de finales del siglo XIX importado de Escandinavia y desarrollado como pasatiempo en los Alpes, podría haber pasado de largo del Atlas. De hecho, los primeros intentos de prácticas de esquí en pista en Marruecos se iniciaron en la década de 1930, antes de que se diesen a conocer los juegos deportivos de invierno de Courchevel y Val d'Isère.

Durante la Segunda Guerra Mundial los franceses expatriados instalaron rudimentarias estaciones de esquí en los claros del bosque de cedros del Antiatlas, creando así las primeras pistas de esquí para principiantes del país. Entre 1942 y 1943 se organizaron varias salidas al Gran Atlas para esquiar, encabezadas por el ahora legendario André Fougerolles. Hacia 1952 se editó una guía de 80 páginas sobre salidas para la práctica del esquí en pista y del esquí de fondo en Marruecos, que abarcaba varios proyectos muy ambiciosos que sólo en parte se hicieron realidad.

Grandes esperanzas

Por lo que respecta al clima, en Marruecos pueden producirse precipitaciones de nieve hasta los 1 000 metros de altitud. La nieve, que bien pudiera mantenerse durante más de dos meses, sobrepasa el nivel mínimo en los 1 700 o 2 000 metros. Desde sus primeros días, el esquí de alta montaña fue considerado más gratificante que ir oscilando arriba y abajo por pistas de corta distancia para principiantes, a veces mantenidas de forma artificial.

Grupos multinacionales confirmaron durante la década de 1950 que el Gran Atlas era una montaña perfecta para el esquí, y el centro de esquí de Oukaimeden, construido con este propósito, fue concebido y acabado en unos pocos años. Las pistas del Mischliffen-Jebel Hebri, en el extremo occidental del Antiatlas, al que acudían modestos grupos de esquiadores de fin de semana, apenas se han desarrollado en los últimos cuarenta años. Los esquiadores, por lo general, se dirigen a los tres telesillas desde las confortables instalaciones de Azrou e Ifrane, que están situadas a una distancia de entre 5 y 20 kilómetros. El alquiler del equipo no constituye ningún problema. Cuando no nieva mucho, la temporada es corta, quizás de sólo cinco semanas, aunque, por lo general, se alarga hasta ocho semanas, con gradientes que descienden por un modesto recorrido vertical de 100 a 200 metros. Mischliffen no es un destino de vacaciones organizadas: los esquiadores son aficionados locales de Fez, Meknés y Rabat. Por lo general, es frecuente ver grupos de jóvenes y escolares, con instructores no profesionales.

IZQUIERDA: esquí de fondo en el Gran Atlas.
DERECHA: carretera que lleva a una estación de esquí.

Para ampliar sus horizontes, los esquiadores más atrevidos persuadieron a las autoridades de abrir el Bou Iblane en el Antiatlas como una pista de gran altitud. Se abrió una carretera que atravesaba el bosque de Taffert y llegaba hasta un albergue situado al pie de la montaña, donde se construyó un telesilla rudimentario. Sin embargo, la carretera, de unos 140 kilómetros desde Fez, a menudo está cerrada porque los quitanieves no están en funcionamiento, un caso de viabilidad económica enfrentada al reducido número de participantes, hecho habitual en Marruecos. Los esquiadores duermen en el albergue, ya que no hay ningún lugar donde hospedarse ni ningún restaurante ni, de hecho, ningún otro tipo de servicio en la pista. Los *dortoirs* (pisos sin pensión) están todavía por construir.

Es posible esquiar por las laderas septentrionales, relativamente adecuadas, y por los descensos de las diversas cimas del Bou Iblane, ya que desde los 3 100 metros se encuentran gradientes en descenso de 700 metros. El principal problema es que las nevadas son cortas. La superficie deteriorada y la falta de marcas en el descenso dificulta la práctica del esquí, que puede acabar en un peligroso eslalon entre cantos rodados. De modo que, aquí también, uno debe contar con una temporada de esquí corta.

Oukaimeden

Oukaimeden, a 75 kilómetros de Marrakech, se encuentra en el primer puesto entre todos los centros de esquí del país. La carretera suele estar limpia de nieve y la temporada va desde mediados de diciembre hasta principios de abril. En la actualidad, ya cuenta con cuarenta años de servicio y se han incorporado los servicios de tipo alpino.

El telesilla que lleva hasta la cima del Jebel Oukaimeden (de 3 273 metros de altura), el teleférico más alto de toda África, se cierra hacia mediados de marzo. Tras los irreparables daños sufridos en los telesillas en 1999, se están efectuando las instalaciones de otros nuevos. Las pistas de pendiente están restringidas a no ser que uno esté preparado para usar pieles y arreglárselas por sí mismo en los circuitos de saltos.

Puede alojarse en uno de los dos hoteles, cuatro chalés para esquiadores, varios bloques de apartamentos (algunos de los cuales se pueden alquilar) y chalés privados de alquiler. Hay tiendas de comestibles para aquellos cuyo alojamiento no incluye pensión completa y servicios de alquiler de equipo, pero no talleres de reparación de automóviles.

Hay un excelente albergue del Club Alpine Français, con precios razonables, que compite con los chalés más comerciales en cuanto a nivel de comodidad, pero el *après-ski* carece de la sofisticación característica de los centros de esquí alpinos.

Se anima a los grupos de jóvenes y a las escuelas a organizar viajes en grupo y desplazarse en tren hasta Oukaimeden para celebrar competiciones de descensos y de esquí de fondo. Empresas especiales aspiran ahora a organizar viajes de esquí, con la ayuda de mulas y porteadores. En el macizo Toubqal, los grupos británicos han destacado en la creación de tácticas para experiencias únicas de larga distancia con esquís. El *skimulet* es un tipo de esquí divulgado en los folletos de vacaciones de la década de 1980.

Hay frecuentes reclamaciones espurias y erróneas sobre los ascensos con esquí en el macizo Toubqal. La mayor parte de las cumbres no son accesibles con los esquís, de los que uno debe desprenderse en algún lugar bajo para continuar a pie mediante técnicas de escalada en función de las condiciones del terreno. El macizo Toubqal representa una excepción, puesto que aunque también se han de dejar los esquíes atrás, en este lugar los grupos de esquiadores lo hacen a tan sólo 30 minutos de la cima.

Sólo para profesionales

La pendiente más famosa para las expediciones de esquí en esta área es el Tazaghärt, que también ofrece los mejores ascensos de barrancos en invierno, pero puesto que se trata de una experiencia ardua, para realizar el camino se cuenta con la ayuda de los robustos beréberes, que se puede concertar en Imlil.

Las rutas de alto nivel del verano se convierten en excursiones de esquí en invierno, abriéndose paso por los altos valles y atravesando desfiladeros para alcanzar el destino final.

VOLAR... Y ESQUIAR

Los vuelos chárter son un negocio que cada vez proporciona más beneficios a Marrakech y a Beni-Mellal y a ello han contribuido notablemente las demandas de los esquiadores.

El Gran Atlas central

Están en el tintero planes ambiciosos para transformar el valle de Bou Guemez, en el Gran Atlas central, en un paraíso para la práctica del esquí. Se ha redactado al respecto un documento consultivo.

Uno de los bocetos, apoyado por los ecologistas y los defensores del medio ambiente, haría que la zona se conservase libre de postes y cables y que permitiera que tan sólo los acaudalados heliesquiadores pudiesen desplazarse en avión desde los hoteles de Beni-Mellal y salir de las pistas del mismo modo. A todas luces, los beréberes se oponen con firmeza a esta idea. Encontrar los fondos necesarios para llevar a la práctica cualquiera de estos grandes proyectos que se han publicado hasta la fecha potenciaría el progreso, pero los albergues de Azurki y Izourar estarán dentro de poco abiertos para comenzar sus negocios.

Una gran cantidad de esquiadores realizan el duro viaje hasta la montaña de Azurki, de unos 3 677 metros. Ya en 1950, esta enorme masa de superficie lisa fue marcada como el lugar para esquiar más adecuado de todo Marruecos, junto con su igualmente voluminoso el vecino monte de Ouaoulzat. Los esquiadores se deslizan por cada una de las facetas, espolones y depresiones donde se pueden trazar caminos de 1 kilómetro. La conservación de la nieve en las montañas cercanas al Bou Guemez es buena y la práctica del esquí en los años que son favorables continúa hasta aproximadamente mediados de mayo.

Si nos disponemos a esquiar más al este, nos internaremos en el reino de las proezas en tierras vírgenes. La cantidad de horas invertidas en los preparativos, la organización y el conocimiento de la zona que son necesarios desanima a muchos aspirantes.

El Jebel Masker, cerca de Tounfite, ha sido escogido como un objetivo solitario donde practicar el noble esquí de descenso. Esta proeza se ha conseguido varias veces, pero es sólo terreno para alpinistas bien entrenados, además de ser una zona propensa a los aludes en ciertas condiciones, unas condiciones que por desgracia se dan con bastante frecuencia.

Cerca de Midelt, el gigantesco Ayyachi someterá a un esfuerzo excesivo a los exponentes más talentosos. Cuenta con media docena de rutas de descensos y ascensos que se describen en las publicaciones especializadas con una exactitud que indica que los ascensos se han realizado con éxito repetidas veces.

IZQUIERDA: caer de bruces forma parte de la diversión.
DERECHA: escuela de esquí en Oukaimeden.

UN ÚLTIMO CONSEJO

Aunque pueda parecer una idea atractiva ir a esquiar mientras se está en Marruecos, con la intención de alquilar el equipo *in situ*, recuerde que es esencial ir equipado adecuadamente. En especial, no olvide las luces de rescate individuales y transportables, pues son vitales. Pequeños aparatos radiotransmisores y receptores que funcionen con batería, del tipo utilizado por los esquiadores de fondo y de turismo en Europa, no funcionan en el Atlas, donde los servicios de rescate se encuentran a gran distancia y, de todos modos, carecen de un equipo electrónico de recepción compatible. También es indispensable contratar un seguro que cubra el rescate y la repatriación en avión si desea esquiar en las montañas del Gran Atlas.

0 150 km
Agadir
Taroudannt
Tafraoute
Tiznit
Antiatlas
Drâa
Islas Canarias
Lanzarote
Fuerteventura
La Palma
Tenerife
Gomera
Gran Canaria
Hierro
Tarfaya
Tan Tan
ARGELIA
MARRUECOS
Tindouf
El Aaiún
Lemsid
Smara
OCÉANO
ATLÁNTICO
Galtat Zemmour
MAURITANIA
Bir Anzarane
Ad Dakhla
Zouérat
Tichla
Guerguarat
N
Asilah
Larache
Souk el Arba du Rharb
RP36
P2
Beth
Kenitra
P3
Salé
Rabat
P1
Mohammedia
Casablanca
Khemisset
Ben Slimane
P22
Rommani
Azemmour
P8
El-Jadida
Berrechid
Oum er Rbia
Zaër
Zaïane
Grou
Benahmed
P13
Settat
OCÉANO
Oualidia
Sidi Smaïl
Khouribga
Oued Zem
Boujad
Cap Beddouza
Sidi Bennour
Mechra Benâbbou
ATLÁNTICO
Skhour des Rehamna
P22
Kasba Tadla
Fkih Ben Salah
Safi
Tleta de Sidi Bouguedra
P9
P7
Barrage Al Massira
Youssoufia
Benguerir
Beni Mellal
P12
P8
P24
MAR
Bahira
Tensift
Talmest
Jbilet
Azilal
Essaouira
Ounara
P10
P10
Marrakech
Demnate
Tleta Henchane
Chichaoua
P31
Irhil M'Goun
4071
A
Boumalne Dadès
Asni
Taddert
Imi n Tanoute
P32
N
Tamanar
J. Toubqal
4167
A
Ijoukak
P40
R
Dadès
J. Aoulime
3555
Tamri
Cap Rhir
G
J. Siroua
3305
Ouarzazate
Drâa
Jbel Sarhro
P8
P31
Taroudannt
Agadir
Sous
P32
Taliouine
Tazenakht
P32
Inezgane
Biougra
Zagora
Antiatlas
Foum Zguid
P30
Tiznit
Tafraoute
Tata
Jbel Bani

Marruecos
0
50 km
MAR MEDITERRÁNEO
Ceuta
Tánger
Tetuán
Bou Ahmed
Xauen
Bab Taza
Ouezzane
Al Hoceima
Cap Ras Tarf
Cap des Trois Fourches
Melilla
Nador
Cap de L'Eau
Saïdia
Ghazaouet
Beni Saf
El Amria
Aïn Témouchent
Remchi
Tremecén
Maghnia
Oujda
Berkane
Midar
Targuist
Arrif (Rif)
2448
Aknoul
Taounate
Sebou
Moulouya
Taourirt
Za
Barrage Idriss 1er
Sidi Abdallah des Rhiata
Taza
Guercif
Volubilis
Moulay Idriss
Fez
Meknés
Sefrou
Imouzzèr du Kandar
Ifrane
Azrou
J. Hebri 2104
Boulemane
Timahdite
Enjil
J. Bou Naceur 3340
Outat Oulad el Haj
Missour
Khenifra
Midelt
J. Oujjit 2781
J. Ayachi 3737
Atlas
Moyen
Talsinnt
Llanura de Tamlelt
J. Nador 1487
Meseta de Rekkam
Charef
Aïn Benimathar
Tendrara
Bouarfa
Sebdou
Ras el Ma
El Aricha
ARGELIA
Figuig
Er Rachidia
Boudenib
Goulmima
Erfoud
Taouz
Ziz
Béchar
Zousfana
Guir
Abadia
Taghit
Hamada du Guir
Grand Erg Occidental
Beni Abbès
Saoura
ARGELIA
P28
P39
P27
P1
P19
P21
P20
P24
P32
N35
N7
N22
N13
N6

LUGARES

Una detallada guía de todo el país, en la que los lugares de mayor interés llevan una referencia alfanumérica que remite a los mapas

Viajar a Marruecos ha cambiado por completo desde los tiempos en que los europeos necesitaban ocultarse tras un velo o una chilaba para poder ir más allá de Tánger. Los antiguos libros sobre Marruecos presentan fotografías de sus autores con atuendos típicos; aunque el escritor Wyndham Lewis pensó que esto tenía más que ver con el deseo de «vestir como árabes» que con el miedo de ser atacado.

De hecho, los beréberes, por naturaleza muy ingeniosos, han demostrado que son todo lo contrario de la imagen feroz que se tiene de ellos. Han acogido al turismo en el ámbito local, en particular en las montañas del Atlas, y han sabido aprovecharse de él con rapidez, a menudo sin hacer caso a los insistentes intentos del gobierno de sacar partido de los pingües beneficios que aportan los turistas.

Han ido apareciendo algunos hoteles en la costa norte, sobre todo al sur del enclave español de Ceuta, y en Agadir, al sur. Sin embargo, a pesar de ser un país soleado y con playas de arena fina cercano a Europa, Marruecos ha sabido escapar de la urbanización masiva de la costa que se ha hecho en el Mediterráneo. El gobierno marroquí, que busca con acierto una nueva y mejor oferta de vacaciones, se ha centrado en los valles del sur para el turismo con más recursos económicos y se han construido hoteles más lujosos y apartados que proliferan año tras año.

Sin embargo, a pesar de las playas doradas de horizonte azul, puertos pesqueros portugueses, exuberantes oasis en las llanuras rosadas del desierto y montañas para caminar, escalar y esquiar en invierno, el extraordinario atractivo de Marruecos son las imperiales ciudades medievales de Fez, Meknés y Marrakech. Son ciudades fundadas en la Edad Media que las diferentes dinastías hicieron que se expandieran y que conservan soberbios ejemplos de arquitectura islámica y modos de vida que apenas han cambiado desde los tiempos medievales.

La capital de Marruecos, Rabat, aunque con similares derechos históricos, parece europea por sus cafés al estilo francés, su arquitectura morisca y su imagen conservadora. En ella, más que en cualquier otro lugar, se nota el legado del antiguo gobierno francés. Si Rabat parece burguesa, Azrou e Ifrane, al sur de Fez en el Atlas Medio, con sus techos inclinados a dos aguas, no parecerían estar fuera de lugar en medio de los Alpes. Parece increíble que tan sólo a 30 kilómetros de distancia, a los pies del Atlas, descansen las extensas dunas y los oasis con palmeras del sur, un paisaje que consiguió que el clásico de David Lean, *Lawrence de Arabia*, cosechara un gran éxito.

PÁGINAS ANTERIORES: el valle del Ziz; vista de Fez desde Bab Guissa; tomando el transbordador de Rabat a Salé.
IZQUIERDA: pueblo en el Gran Atlas.

TÁNGER

Destacado por su libertinaje cuando era zona internacional, no hace mucho que Tánger logró librarse de esta equívoca imagen. Ahora es una ciudad en rápida expansión y con un brillante futuro

Mapas páginas 112 y 122

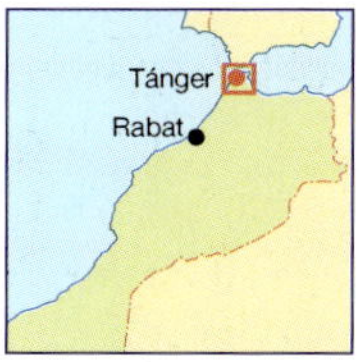

En sus días prósperos, Tánger ❶ se encontraba junto a Cannes en la agenda del escenario internacional. Personas como Tennessee Williams, Cecil Beaton, William Burroughs y Tallulah Bankhead frecuentaban la ciudad, mientras que Brion Gysin, Paul Bowles y el aristócrata británico David Herbert (hijo menor del decimosexto conde de Pembroke) hicieron de ella su hogar, y Barbara Hutton, la heredera de Woolworth, adquirió una casa en la medina. La exención de impuestos en Tánger atraía a los banqueros de todo el mundo y a los especuladores sin escrúpulos. En sus plazas, conocidas como el Grand Socco y el Petit Socco, cuyos nombres ya reflejan su carácter híbrido, se podía comprar y encontrar cualquier cosa. Era realmente una zona internacional.

Fue seis meses después de la independencia de Marruecos, en 1956, cuando se revocó el estatus internacional de Tánger y se desmanteló su infraestructura administrativa. Era de esperar que se le concedieran estos meses de gracia a una ciudad indulgente como Tánger. Sin embargo, la transición fue traumática, pues toda su prosperidad se basa en su calidad de puerto libre de impuestos. La ciudad se embarcó en un declive pronunciado del que ha ido recuperándose muy lentamente.

Aun así, todavía sobreviven algunos vestigios de su carácter anterior, a pesar de que el incondicional Paul Bowles falleciera en 1999. Los famosos bares de los que alardeaba prácticamente han cerrado todos, pero sigue siendo una ciudad de vida nocturna, por encima de Fez, Marrakech o Rabat.

Conserva algo de la meca de los homosexuales que fuera en la década de 1950. Hacia la media tarde, el Café de Paris de la Place de France atrae todavía a elegantes hombres maduros, vestidos con pantalones blancos de lino y gafas oscuras.

PÁGINAS ANTERIORES: vista de Sidi Hosni, en su día hogar de Barbara Hutton. **IZQUIERDA:** un pescador en Port du Pèche. **ABAJO:** el verano en la playa.

Envidiable belleza

Tánger cuenta con una larga historia de interés internacional; no es extraño si se tiene en cuenta su posición estratégica en la boca del Mediterráneo. Los cartagineses establecieron el puerto y lo llamaron Tingis. Después llegaron los romanos, seguidos de los vándalos, los bizantinos y los visigodos (cuando el cristianismo se afianzó). En el año 705, ya habían llegado los árabes.

La ciudad prosperó bajo el mandato de las dinastías beréberes hasta el siglo XIV, cuando se subvirtió el orden interno y las costas del norte y el noreste de Marruecos se llenaron de piratas, lo cual provocó la intervención de los portugueses. Tras conquistar Ceuta, los lusitanos se hicieron con Tánger. Destruyeron las mezquitas y, en su lugar, construyeron iglesias. Pero la resistencia beréber perduró y en 1661, después de dos siglos, los portugueses cedieron Tánger a los británicos como parte de la dote de Catalina de Braganza a su matrimonio con Carlos II.

Gran Bretaña consideraba Tánger como una ciudad poseedora de un atractivo envidiable. Incluso Samuel

Pepys, que aborrecía la ciudad, la calificó como «una excrecencia de la tierra» y presumió de que sería el lugar de ataque del monarca británico más importante en el mundo. Sin embargo, los británicos no pudieron contener los constantes ataques beréberes y en 1684 se retiraron de la ciudad, tras destrozar intencionadamente sus principales aportaciones. Desde entonces, el objetivo primordial de Gran Bretaña se convirtió en confirmar la autoridad del sultán y mantener alejada a cualquier potencia europea. Los británicos se adueñaron de Gibraltar en 1713 y era imprescindible contar cerca con una fuente de alimento y provisiones para su pequeña colonia. Otros países se mostraron igual de interesados en controlar Tánger, y en el siglo XIX había en la ciudad una notable representación diplomática.

El olor acre que desprenden las cintas de las recalentadas máquinas de escribir portátiles de los escritores más vendidos de Nueva York y Londres se infiltra en el aroma indígena de los alrededores de Tánger, con sus flores, especias, hachís y alcantarillas árabes.
KENNETH ALLSOP
Daily Mail, Londres, 1959

Control internacional

Europa reforzó su control sobre la ciudad mediante mejoras sociales: se construyó un faro en el cabo Espartel (a lo largo del Estrecho, las rocas, y no los piratas, constituían el principal peligro) y en 1872 se estableció un consejo de servicio sanitario para controlar los brotes de enfermedades. Sin embargo, no había nada de altruismo en la participación europea; se concedieron privilegios a los nativos que trabajaban en las embajadas y consulados, por ejemplo la exención de impuestos de la sultanía y de la justicia, y pronto los consulados pusieron en venta la «protección» a unos precios desorbitados.

Con la ratificación del tratado de Fez en 1912, que establecía los protectorados de España y Francia, Tánger se convirtió en zona internacional. El tratado de Algeciras lo hizo oficial y, en 1923, otro estatuto dejó la ciudad en manos de los vencedores de la Primera Guerra Mundial –Francia, España, Reino Unido, Portugal, Suecia, Holanda, Bélgica e Italia–. En los 33 años que siguieron, Tánger acogió un centro de servicios financieros no regulados, de prostitución, contrabando y espionaje.

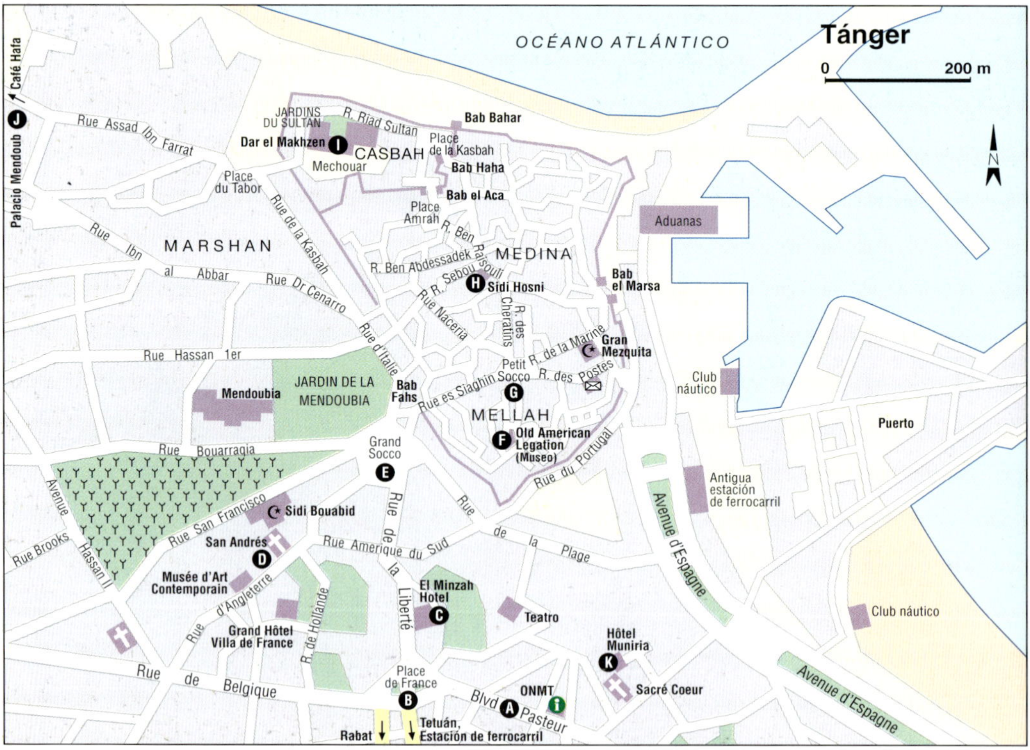

El Tánger de hoy

Tras la independencia y la caída de la dudosa economía de Tánger, la recuperación de la ciudad se dejó en las manos del gobierno marroquí. Apiñado alrededor de su paseo marítimo, la medina, el Boulevard Pasteur, Marshan y The Mountain (una zona residencial habitada por propietarios de villas), pasó a ser poco a poco una ciudad con barrios residenciales y zonas industriales en el sur. Junto a los sectores alimentario y textil y el puerto, el turismo es la mayor industria.

Incluso en el siglo XIX los europeos visitaban la ciudad por su clima, puesto que se considera una de sus principales atracciones. En verano no alcanza temperaturas extremas y el calor se mantiene hasta bien entrado el mes de octubre, e incluso cuando hace frío y llueve aparecen algunos rayos de sol (pero no olvide que las noches de invierno pueden ser muy frías, sobre todo por la falta de sistemas de calefacción). No obstante, el *chergui*, un viento de levante, aunque poco molesto en la ciudad, puede ser muy fuerte en la playa. Garantiza un negocio estable para los clubs de la línea litoral, a veces el único alivio.

Por su bajo coste de vida y su proximidad a Europa, Tánger se ha convertido en un preciado destino de los viajes organizados. La mejor prueba de ello es el gran número de hoteles de precios modestos situados cerca de los complejos turísticos y el Club Mediterranée hacia Malabata, en el lado oriental de la bahía. La ciudad atrae a numerosos británicos (se trata de uno de los pocos lugares de Marruecos donde se habla inglés), de los que algunos realizan excursiones de un día desde la Costa del Sol o Gibraltar. Sin embargo, Tánger es el destino estival por excelencia de la población marroquí. En cualquier atardecer de verano se puede ver a numerosas familias vestidas con ropas ligeras *faisant le boulevard* por las calles entre el Boulevard Pasteur y el Grand Socco. Muchos de los visitantes provienen de Fez, y buscan escaparse del sofocante calor de su ciudad de origen.

El puerto de Tánger es la puerta de entrada a África desde Europa.

ABAJO: vista general de Tánger.

NOTA

La mayoría de las empresas de alquiler de coches están situadas en la parte sur del Boulevard Pasteur y en las calles que arrancan de la vecina Muhammad V. Si ha pensado alquilar un coche, pregunte en varias empresas para comparar precios, y esté dispuesto a regatear.

Orientación

La calle principal de Tánger es el **Boulevard Pasteur** Ⓐ (también llamado Avenue Pasteur), que arranca del Boulevard Mohammed V y de la oficina de correos central. A su derecha, en el lado del mar, unas calles repletas de pequeños hoteles serpentean hasta el puerto; detrás, retirados de la costa, puede verse una serie de comercios, restaurantes, clubs nocturnos y bares. La estación de ferrocarril, que antes se encontraba cerca del puerto y a poca distancia del centro, ha sido emplazada en las afueras de la ciudad, en las proximidades de la estación de autobuses, en dirección a Tetuán.

También en el bulevar se hallan los grandes bancos y la **oficina de turismo** (número 29), junto con la bien surtida librería europea **Librairie des Colonnes** (extremo sur), muy frecuentada por los expatriados residentes en Tánger, y la perfumería **Madani**, una institución local, donde además de los perfumes locales preferidos, como el ámbar y el almizcle, pueden elaborar una réplica de su marca de perfume preferida.

El bulevar, alineado con las terrazas de los cafés más selectos de la ciudad y de los salones de té, conduce hasta una plataforma asfaltada rodeada de cañones y una excelente vista del puerto. Se une con la Rue du Méxique, la principal calle comercial, en la **Place de France** Ⓑ, una plaza animada que acoge el Café de Paris al estilo de la década de 1920, que era toda una institución durante los años internacionales. Desde aquí, la Rue de la Liberté pasa por el hotel El Minzah y la Galerie Delacroix, mientras que la Rue de Belgique lleva hasta la Rue d'Angleterre y la iglesia Inglesa. Desde ambas calles llegará al Grand Socco, una extensa plaza en pendiente donde se impone el colorido minarete revestido de azulejos de la primera mezquita (1917) construida fuera de los antiguos muros de la ciudad, la **mezquita Sidi Bouabid**. Justo al otro lado de la parte superior de la plaza se levanta la puerta en forma de herradura que da paso a la medina.

ABAJO: el Boulevard Pasteur.

La Rue de la Liberté

El-Minzah Ⓒ está considerado como el mejor hotel de Tánger. En un principio era la casa de un rico norteamericano y más tarde, el Palmarium Casino; pero su diseño refleja la tradicional arquitectura árabe: una entrada discreta desde la calle, seguida de un elegante recibidor conectado a un patio revestido de azulejos, al que dan los pisos superiores del hotel. Una salida al otro lado del cuadrado conduce a una terraza, unas pequeñas piscinas y unos jardines, un rincón fresco para disfrutar del té al atardecer.

La **Galerie Delacroix** parte del **Centro Cultural Francés** justo enfrente de El-Minzah, reúne una colección de obras de Eugène Delacroix, el pintor francés que viajó por el norte de África en 1832, además de cuadros de prometedores artistas marroquíes e imágenes de Marruecos, obra de pintores extranjeros. El Centro Cultural Francés ofrece una agenda muy activa (consulte el panel para los próximos acontecimientos) y el Liceo Francés, en el Boulevard Pasteur, acoge la **Salle Bastianelli**, una sala dedicada al buen teatro francés y a películas internacionales. La cultura española tiene su representación en el Liceo Politécnico Español Ramón y Cajal.

El edificio del antiguo consulado británico, en el número 52 de la Rue d'Angleterre (desde la Rue de la Liberté hasta la Rue Amérique du Sud) se ha acondicionado para albergar el **Musée d'Art Contemporain de Tanger**, una atractiva galería de arte. La cercana iglesia anglicana de **San Andrés** (Saint Andrew) Ⓓ fue construida para los expatriados británicos y reúne una exótica mezcla de estilos. Los rasgos islámicos (una delicada tracería de estuco, estrechos pilares, escrituras cúficas, arcos de herradura) se combinan con la parafernalia de las iglesias rurales británicas: los bancos y los cojines, el órgano y el púlpito, un ejemplar del devocionario y, en las paredes, una lista de himnos y unas flores.

En el cementerio, el venerable Mustafá, el atento conserje musulmán de la iglesia, le mostrará la tumba de Walter Harris, conocido corresponsal del *The Times*

La tumba de Walter Harris en el cementerio de San Andrés.

ABAJO: interior de la iglesia de San Andrés, donde el estilo anglicano tiene un toque árabe.

Matisse en Tánger

En 1941, Henri Matisse le dijo a Pierre Courthion: «El objetivo principal de mi obra es la claridad de la luz». De hecho, fue la calidad especial de la luz lo que Matisse perseguía cuando llegó a Tánger con su esposa Amélie el 29 de enero de 1912 tras 60 horas de viaje en el paquebote *S. S. Ridjani*, que había zarpado de Marsella. Lamentablemente, cuando llegaron allí había estado lloviendo sin cesar durante quince días y, lo que más consternó al pintor, continuó lloviendo hasta febrero. Se hospedaban en el Grand Hôtel Villa de France, en una habitación con vistas al gran zoco, la iglesia de San Andrés, la medina y las playas de la bahía, que Matisse dibujó y pintó en repetidas ocasiones. Debido a la lluvia, el tema de su primer cuadro en Tánger fue un jarrón de lirios.

Poco después de su llegada, un viejo amigo de Matisse, el pintor canadiense James Wilson Morrice, voló desde Montreal y se alojó en el mismo hotel. Uno ignoraba el viaje del otro y viceversa, pero reanudaron su amistad y, cuando cesó la lluvia, exploraron la ciudad juntos y plantaron los caballetes en la medina.

Amélie regresó a París el 31 de marzo, esperando a que Matisse completara su obra. Las lluvias hicieron crecer un follaje exuberante y Matisse consiguió acceder a unos jardines privados adyacentes a la Villa Brooks, donde trabajó durante un mes en su obra *Parque en Tánger*. Amaba la intensidad del color en la suntuosa vegetación y cuando, ya de nuevo en París, sus amigos exaltaban su obra, él respondía: «Esto no es así; ¡es mucho mejor!».

Realizó tres cuadros de una joven judía llamada Zorah a quien encontró en la medina. Tuvo que solicitar un permiso especial del hotel para poder utilizar un estudio y que los clientes no la viesen cuando entrara. Le era fácil encontrar modelos masculinos y llevó a cabo una serie de estudios de mercenarios sudaneses y miembros de las tribus rifeñas.

Gracias a la inspiración del trabajo que realizó en Tánger, Matisse regresó el 8 de octubre al Grand Hôtel Villa de France. Pretendía quedarse durante un corto período de tiempo, pero su trabajo le iba tan bien que pronto cambió de idea. Amélie, que viajó con su amigo común, el pintor Charles Camoin, se unió a él en el mes de noviembre. Juntos, los pintores pintaron y dibujaron en las calles y las cafeterías de la ciudad.

Marruecos fue un lugar clave para Matisse. Ya al final de su período fauvista, este país marcó el comienzo de los gloriosos lienzos decorativos, las obras más conocidas del pintor. Matisse escribió: «Los viajes a Marruecos me han ayudado a realizar una necesaria transición y me han permitido renovar un contacto con la naturaleza más cercano que el que puede conseguir la aplicación de una teoría vívida pero limitada como el fauvismo».

Aunque nunca más regresó, la influencia de Marruecos le acompañó a lo largo de su obra. Los paneles de madera y los brillantes bordados que cuelgan de la pared, que Matisse coleccionó, se convirtieron en elementos clave de sus cuadros posteriores. Los elementos de las obras que realizó en Marruecos están presentes incluso en su último trabajo, efectuado entre 1949 y 1951, en agradecimiento a las religiosas del convento de Vence, que le habían cuidado durante su enfermedad. Se trata de la decoración de la capilla del Rosario de Vence (sur de Francia), en la cual las ropas que visten las figuras representadas recuerdan a las que Zorah llevara muchos años atrás.

IZQUIERDA: retrato del artista francés Henri Matisse (1869-1954), parte de cuya obra pictórica refleja las características tonalidades marroquíes.

londinense y ferviente arabista, que escribió numerosos libros sobre el país, entre ellos el clásico *Morocco That Was*. En el epitafio de su tumba puede leerse: «Adoró al pueblo árabe y fue su amigo». Entre otras tumbas destacadas figuran la del *caid* sir Harry McClean, a quien se le encomendó la creación del ejército del sultán en 1887, y la de Emily, Shereefa de Ouezzane, gobernadora del siglo XIX casada con el *shereef* de Ouezzane. Uno de los expatriados más pintorescos de los enterrados en este cementerio es David Herbert (*véase pág. 71*), quien presidió a los expatriados de Tánger hasta su muerte en 1995.

En la Rue de Hollande, no lejos de la iglesia, se levanta el **Grand Hôtel Villa de France**, lugar donde Henri Matisse se alojó y pintó durante dos visitas fructíferas a Tánger en 1912 y 1913 (*véase pág. anterior*). El dilapidado pero elegante hotel cerró en 1992 y su destino queda aún por decidir. En estos momentos pertenece a un empresario iraquí, que también encargó el complejo **Dawliz**, situado delante del hotel, que comprende un buen cine, varios restaurantes de lujo y un atractivo salón de té.

Bajando por la calle de la iglesia se llega a una de las principales zonas comerciales de la ciudad. Hasta la esquina del Grand Socco encontrará una serie de diminutas tiendas, del tamaño de un armario, que venden objetos de uso diario como las babuchas, unas zapatillas de cuero (tradicionalmente de colores amarillo, blanco –para la mezquita– o rojo), cazuelas de barro y ropa. A medio camino, por un paso enfilado por mujeres jiballi entre manojos de cilantro y menta y gallinas engordadas, se encuentra uno de los tres mercados de artículos alimenticios (especias, hortalizas, quesos, aceitunas, carne y huevos) que cumple con las expectativas de un zoco marroquí de cualquier turista.

El **Grand Socco** **E**, punto en el que convergen la Rue d'Angleterre y la Rue de la Liberté, es un espacio de forma irregular, rodeado por cafés, que solía ser el mercado principal. Sigue siendo un lugar de encuentro, donde las mujeres venden pan

Plano página 112

NOTA

Para disfrutar de una de las mejores vistas de Tánger, vaya al salón de té de Dawliz. Desde su terraza se puede ver la medina, el puerto y la bahía; un paisaje que Matisse pudo contemplar desde su habitación del cercano Hôtel Villa de France.

ABAJO: los altos muros y las escarpadas calles de la medina de Tánger.

y los hombres, ropa de segunda mano y otros artículos. En el otro lado del zoco se alza la entrada principal a la medina, una puerta en forma de herradura.

La medina

A la derecha de la entrada, por la Rue es Siaghin, se accede al Petit Socco; la **Rue d'Italie**, una calle empinada con amplias escaleras a ambos lados, conduce hasta la **casbah** y en el camino se puede ver la antigua **oficina de telégrafos británica**. Durante la época internacional, todas las potencias europeas poseían un sistema de comunicación, y gracias a las oficinas de correos y telégrafos, los nacionalistas marroquíes conocían las noticias sobre los acontecimientos de la zona francesa y española. Doblando la Rue d'Italie se llega a la supuesta **tumba de Ibn Batuta**, el geógrafo y viajero árabe del siglo XIV nacido en Tánger. Los peregrinos visitan la tumba, de tan sólo 1,5 metros de largo, iluminada con luz tenue y envuelta en una tela verde.

El otro camino, la **Rue es Siaghin**, que significa la «calle del platero», se adentra hasta la medina. Era en el lado derecho, en el *mellah*, donde solían vivir los judíos, comerciantes tradicionales de la plata. Aún queda algún joyero, pero la mayoría de los judíos se han retirado de la zona. También a la derecha se halla la **misión española**, abandonada desde hace mucho tiempo.

La antigua embajada de Estados Unidos, **Old American Legation** ❻ (abierta los lunes, martes y miércoles de 9:30 a 12:30 h y de 16:00 a 18:30 h o con cita previa; tel.: 93 53 17), situada al principio de la Rue es Siaghin, en la Rue d'Amérique, es difícil de encontrar (gire a la derecha justo después del número 77 de la Rue es Siaghin) y, por lo tanto, no es un lugar muy visitado por los numerosos turistas que se dirigen al Petit Socco (es más fácil acceder por la Rue du Portugal, fuera de los muros de la medina). A pesar de que el edificio fuera utilizado por las colonias británicas del Nuevo Mundo desde 1684, el sultán concedió la embajada a Estados Unidos en 1821.

NOTA

Tánger es una ciudad de vida nocturna. Por lo general, los *tanjawis* se levantan temprano y cenan y se acuestan tarde. Muchos bares no abren hasta las 21:00 h y cierran alrededor de las 2:00 h. Los clubs nocturnos permanecen abiertos casi hasta el amanecer.

ABAJO: un niño lleva la masa del pan, elaborada por su madre, al horno del panadero local; estos hornos suelen calentar el agua del *hammam* del barrio.

IBN BATUTA

Probablemente Ibn Batuta, geógrafo y viajero árabe del siglo XIV, es el ciudadano más célebre de Tánger. En su honor, uno de los principales transbordadores que en la actualidad prestan servicio entre Marruecos y España lleva su nombre.

Hijo de un juez, el jeque Abu Abdullah Muhammad ben Abdullah ben Muhammad ben Ibrahim al-Lawati, conocido como «el viajero del Islam» y posteriormente como Ibn Batuta, nació en Tánger en 1304 y a la edad de 21 años, emprendió la peregrinación a La Meca. Sin embargo, el viaje, que en principio debía durar seis meses, se prolongó hasta 29 años, en los que juró no seguir dos veces el mismo camino. Se dirigió a la India y China, a la costa de África oriental hasta Somalia y la actual Tanzania, y a través del desierto del Sahara, a Nigeria y Malí. Durante su expedición, fue acogido en residencias o por gobernadores locales y religiosos, como el sultán de Delhi en la India, en cuya corte residió durante siete años.

A su regreso a Marruecos en 1354, fijó su residencia en Fez, donde relató sus aventuras al sultán marroquí, quien le pidió que dictara sus historias a un joven escribano llamado Ibn Juzayy. El resultado final del relato, que teje sus observaciones, narraciones de escolares y reyes, anécdotas y opiniones personales, además de las aportaciones poéticas del escribano, fue *El Rihla* («Los viajes»). Se realizaron, a mano, copias completas y de algunas partes para bibliotecas y sirvió también de guía a otros viajeros. Mucho más tarde, ya en el siglo XIX, fue traducido al ingles, el francés y el alemán, y se convirtió en un clásico de la literatura de viajes. En la actualidad, el manuscrito se conserva en la Biblioteca Nacional de París.

Marruecos fue el primer país en reconocer la soberanía estadounidense y esta embajada supuso la primera propiedad del gobierno norteamericano fuera de Estados Unidos. Hoy en día, su decorado interior de los siglos XVII y XVIII acoge conciertos y exposiciones. Su colección permanente reúne algunas de las mejores pinturas, litografías y fotografías de Marruecos, entre las que figuran obras de artistas como Eugène Delacroix y pintores contemporáneos de la talla de R'bati y Hamri; una obra de Yves Saint-Laurent y varios trabajos impresionistas y naïf. Se puede visitar con un guía.

En el tramo final de la Rue es Siaghin, el **Petit Socco** **G** conserva todavía parte del encanto de los barrios bajos que atrajo a gente como William Burroughs y Brion Gysin. Fue en la terraza del Café Central donde Burroughs encontró la inspiración para su obra *El almuerzo al desnudo*. Los cafés de esta zona no tienen nada que ver con los del Boulevard Pasteur. La mayoría están repletos de hombres que a primera vista parecen estar viendo la televisión, pero que, en realidad, se observan unos a otros. Constantemente se acercan para susurrar algo al oído o se hacen señas. Si se sienta en uno de estos cafés durante un buen rato, es posible que le ofrezcan hachís o le hablen de las «habitaciones del piso de arriba».

Desde el Petit Socco, las calles **Rue des Cheratins** y **Rue Raisouli**, adornadas con puestos de recuerdos, ascienden hasta la casbah, que solía albergar el palacio del sultán (hoy museo), el barrio administrativo y la prisión. Sus paredes rodean algunas de las propiedades más solicitadas de Tánger. Barbara Hutton poseía una casa en este lugar, **Sidi Hosni** **H**, y también Richard Hughes, autor de *Huracán en Jamaica*. Desde las escaleras del Café Ali Baba (reconocible por el mural psicodélico del lado exterior de la pared) se puede ver el lugar donde Hutton celebraba sus conocidas fiestas (*véase pág. 75*), ya que el café da a las terrazas del Sidi Hosni. La casa, llamada como un hombre sagrado de la región que fue enterrado aquí, perteneció antes a Walter Harris, corresponsal del diario londinense *The Times*, y más tarde al

Plano página 112

El autor William Burroughs (en la fotografía) se inspiró para algunas partes de su obra El almuerzo al desnudo *en el pequeño zoco de Tánger.*

ABAJO: la fundación Carmen Macien, detrás del Sidi Hosni.

El Hotel Continental, de estilo colonial, ofrece vistas al puerto. Su terraza invita a disfrutar de una infusión de té con menta.

diplomático estadounidense Maxwell Blake. La oferta de Hutton por la propiedad superó a la del general Franco.

El antiguo palacio, el **Dar el-Makhzen** ❶, lo ocupó en 1912 el sultán Muley Hafid, a pesar de que, según se dice, su estancia no fuese demasiado agradable. Como la mayoría de los museos de Marruecos, el **Museo del Palacio** (horario de verano, de 9:00 a 12:00 h y de 15:00 a 18:00 h; horario de invierno, de 9:00 a 15:30 h; martes cerrado), en el lado occidental del *mechouar* (patio), muestra un aspecto impresionante; los arabescos originales y los *zellige* ofrecen un ambiente con estilo. Sin embargo, como es típico, no cuenta con lecturas destacadas. Las exposiciones, dispuestas en las salas alineadas a ambos lados de los dos patios, presentan alfombras, cerámicas de Fez y Meknés, trajes, instrumentos musicales, utensilios domésticos y joyas. La cocina acoge el **Museo Arqueológico**, que contiene un mosaico de Volubilis.

Al norte del *mechouar*, con entrada por los Jardines Andaluces, la **Rue Riad Sultan** gira a la izquierda, rodea la casbah por el lado del océano y pasa por un puerta que conduce al café **Le Détroit**, situado en una primera planta. Era uno de los restaurantes más selectos de Tánger, donde el dueño y escritor Brion Gysin se reunía con sus amistades de elite. Hoy día, la clientela se ha reducido a los grupos de turistas que se acercan por las tardes. No obstante, ofrece unas vistas excelentes, ya que se puede ver la **York House**, la residencia de los gobernadores ingleses del siglo XVII y ahora una casa privada propiedad del diseñador Yves Vidal.

Desde la Place Tabor, la Rue de la Kasbah lleva hasta la Rue d'Italie (*véase pág. 118*), mientras que con un paseo de 5 minutos en dirección oeste por la **Rue Assad ibn Farrat** y la **Rue Mohammed Tazi** (se puede ir en autobús, números 1 y 11) se llega al **Palais Mendoub** ❶ (Palacio de Mendub). Antiguo hogar en Tánger del difunto multimillonario estadounidense y arabista Malcolm Forbes, esta amplia villa blanca albergó, durante muchos años, un museo de miniaturas militares, una de

ABAJO: patio del Museo del Palacio.

las pasiones de Forbes. Fue en ella donde celebró la anunciada fiesta de su septuagésimo cumpleaños en 1989, un acontecimiento que recordó a las extravagantes fiestas de Barbara Hutton. El acontecimiento le costó dos millones de dólares y la animación contaba con seiscientos tamborileros, acróbatas y actuaciones de la danza del vientre, además de trescientos caballeros beréberes. Entre los invitados se encontraban Henry Kissinger, uno o dos Getty y Elizabeth Taylor, que también pasó aquí la luna de miel con su octavo marido, Larry Fortensky.

La vida nocturna

Quizás más que cualquier otra ciudad o pueblo del país, la vida nocturna de Tánger es la más activa y se alarga hasta altas horas de la madrugada. De hecho, muchos de los restaurantes y clubs no abren hasta las nueve de la noche y cierran a las cuatro de la mañana. Durante una época, fue conocida por sus bares, sobre todo el Safari, Les Liaisons y The Parade, los tres cerrados en la actualidad. El éxito de un bar residía en la personalidad de sus dueños, y en las décadas de 1940 y 1950 Tánger atrajo una serie de anfitriones y anfitrionas carismáticos. El bar Dean, que en algún momento fue un club de moda más que un bar, sigue en la Rue Amérique du Sud, pero el epónimo de Dean, quien emprendió su carrera como el amante de un rico inglés con títulos, hace tiempo que ha desaparecido y su bar es poco más que un antro. El curioso Tanger Inn, unido al **Hôtel Muniria** Ⓚ, escenario del «verano psicodélico» de 1961 (*véase pág. 73*) y donde William Burroughs escribió su obra *El almuerzo al desnudo* en la habitación número 9 del hotel, todavía existe. Lo encontrará en la Rue Magellen, en dirección al Boulevard Pasteur desde el paseo marítimo. La versión cinematográfica de David Cronenberg no se filmó en el hotel, sino en un estudio decorado como el lugar original. La habitación, que apenas ha cambiado desde la estancia de Burroughs, fue copiada hasta el más mínimo detalle.

Plano página 112

NOTA

Gire a la izquierda después del Palais Mendoub y después del hospital encontrará el café Hafa sobre un acantilado, aromatizado con la esencia del hachís y con vistas al Estrecho.

ABAJO: un puerto de transbordadores. Más de cuatro millones de pasajeros cruzan el Estrecho cada año.

Las Cuevas de Hércules. Como indican todas las guías, su entrada al mar recuerda vagamente la forma del continente africano.

Los bares de la playa

El viento de levante *chergui* sopla con frecuencia en las playas de Tánger y proporciona un negocio seguro a los bares del litoral. Ofrecen servicios como vestuarios, hamacas y refrescos (todo por 50 dirhams al día), y muchos de ellos no cierran hasta tarde. A pesar de que los alquileres se renuevan cada año, los bares cambian pocas veces de manos y cada uno tiene su propio carácter: algunos son bares de homosexuales (Miami Beach y Macumbu, por ejemplo); el Yatch Club es privado (pertenece al club de yates del puerto); Emma's Bar es popular entre los europeos; los bares Chellah Beach Bar y Golden Beach sirven principalmente a los huéspedes de los hoteles Chellah y Solazur y el Costa del Norte es conocido por sus prostitutas y sus peleas. Los seguidores del dramaturgo británico Joe Orton pueden visitar el Windmill, frecuentado por el autor en sus estancias en la ciudad. Algo más arriba, se encuentra Passerella's, que es también un club nocturno y tiene una piscina.

Al este y al oeste de Tánger

El maravilloso **cabo Espartel** (Cap Spartel) ❷, al oeste de la ciudad, ofrece una alternativa a las abarrotadas playas de Tánger, y si el viento sopla del este, las condiciones para broncearse son más favorables. El camino más interesante para llegar al cabo es por la carretera de la montaña S-701, que pasa por las propiedades más exclusivas de Marruecos, entre ellas la casa de la familia real y la residencia del rey de Arabia Saudí. La zona es, en palabras de Joe Orton, «una réplica de Surrey unos años atrás... senderos serpenteantes, dedaleras, grandes rosas trepadoras de color rosa, pistas de tenis y jardines regados con aspersores».

La carretera bordea el cabo, mientras deja atrás el faro levantado en la década de 1870 por encargo de diplomáticos extranjeros, además de un cordón de bahías de

BELOW: el faro del cabo Espartel.

arena, todas con chiringuitos. Más adelante, se encuentran las **Cuevas de Hércules** (abiertas de 9:00 h hasta el anochecer; se paga entrada y propina para el guía), unas cámaras de roca que fueron habitadas en la prehistoria y utilizadas durante la época internacional como espacio para fiestas, una de ellas celebrada por Cecil Beaton, quien ofreció champán refrescado en el mar y hachís. El Hôtel Robinson, enfrente de las grutas, tiene una terraza con vistas a la bahía y es un lugar idóneo para disfrutar de una buena cerveza por las tardes.

En la misma ruta verá las ruinas romanas de **Cotta** (siglos II y III), que albergan un pequeño templo y unas termas. También se encuentra aquí la terminal de un nuevo gasoducto, cuya construcción costó 3 500 millones de dólares estadounidenses, que lleva el gas natural de Argelia a Córdoba (desde aquí las tuberías se sumergen en el Estrecho) y que, en el futuro, abastecerá también al norte de Europa. Una carretera que sale a la izquierda, antes de llegar al camino hacia Rabat, lleva a Tánger pasando por la prisión de la ciudad, donde permanecen encarcelados numerosos contrabandistas de Occidente. Siguiendo el litoral, una magnífica playa se extiende a lo largo de los 45 kilómetros hasta la población fortificada de Asilah (*véase pág. 145*).

Si se dirige al este de Tánger, llegará también al **Cap Malabata** (con un faro y una acogedora cafetería), hoy día una zona residencial, y más adelante, por una carretera recientemente arreglada, arranca desde **Plage des Amiraux** (señalizada), una serie de buenas playas, a 5 kilómetros de Tánger. Le sigue **Ksar el-Seghir ❸**, cuyo fuerte tiene vistas a la desembocadura de un pequeño río. Bajo el pueblo de **Dalia ❹**, a 11 kilómetros de Ksar el-Seghir, se encuentra la playa más idílica de toda la costa (gire a la izquierda por un sendero hasta pasar una zona montañosa justo a la izquierda de la carretera): sus arenas blancas se encuentran protegidas por pinos y suele estar desierta, salvo los fines de semana y el mes de agosto, cuando atrae a numerosos campistas.

Mapa página 122

NOTA

Si ha realizado un viaje de exploración a la costa este de la ciudad, en el camino de vuelta a Tánger realice una parada para cenar pescado y marisco en el restaurante Lachari, con vistas al río a su paso por Ksar el-Seghir.

ABAJO: niños en la playa.

LOTERIE NATIONA

EL RIF

La costa mediterránea de Marruecos está bordeada por la escarpada cordillera del Rif, una región pobre pero hermosa y con un enorme potencial turístico

Mapa páginas 128–129

Tras varias décadas de abandono, el reino de Marruecos ha vuelto a dar la bienvenida al Rif. Durante sus años de reinado, el rey Hasán II nunca puso un pie en esta zona y le dejó a su hijo, el actual rey Muhammad VI, la tarea de poner fin a los años de hostilidad entre el Rif y el palacio y realizar un recorrido triunfal por el norte pocos meses antes de su sucesión. Aparte de este acto simbólico, el gobierno tiene la intención de mejorar la situación de una población muy pobre. Uno de los principales proyectos es la construcción de una nueva carretera en la costa que una Tetuán y Oujda, un recorrido que en la actualidad tarda en realizarse aproximadamente unos cuatro días. Esto propiciaría el desarrollo de algunas de las zonas costeras más hermosas de Marruecos e impulsaría el turismo, algo que la zona necesita.

Por el momento, a pesar de sus hermosos alrededores, la carretera de la costa desde Tetuán rara vez se usa como tal, a menos que se tenga la suerte de poseer un jeep. Normalmente es una carretera de paso debido al mal estado de la vía que une El-Jebha y la P-39. Sin embargo, merece la pena dar una pequeña vuelta pasando por la pequeña estación balnearia de Oued Laou (campamento y hotel) y después adentrarse hacia la carretera asfaltada S-8304 atravesando un desfiladero y una zona de cultivo idílica antes de entrar en la P-28, justo antes del puente sobre el río al norte de Xauen (Chefchaouen).

PÁGINAS ANTERIORES: un día de invierno en Xauen.
IZQUIERDA: mujer jiballi con la indumentaria tradicional.
ABAJO: niebla sobre el Rif.

El Rif siempre ha tenido un problema de imagen, a pesar de concentrar alguno de los paisajes más hermosos del país. Una de las razones es la terrible reputación de sus habitantes; las venganzas sangrientas solían causar importantes descensos en la población y deforestaciones, ya que las contiendas arrasaban tanto los bosques como las propiedades y las vidas. Se decía que un hombre rifeño que no había quitado la vida a otro antes de casarse no era un verdadero hombre. (Estrictamente hablando, el término «rifeño» sólo debería aplicarse a las tribus del centro del Rif alrededor de Ketama; los jiballa, tribus que hablan árabe más que beréber, habitan el extremo occidental de Rif, cerca de Tetuán. Pero, por lo general, el término «rifeño» se usa para denominar a los habitantes de toda la zona montañosa del norte.)

Las montañas rojas

Las cordilleras del Rif nacen a orillas del Mediterráneo, donde la escarpada costa aparece salpicada por calas de arena. Al este de Tánger, las colinas descansan cerca de Tetuán. Aquí el paisaje es extremadamente accidentado y el contraste entre las bajas colinas y los suaves colores del interior de Tánger es muy intenso.

Al este, los árboles empiezan a cubrir los picos de piedra caliza a medida que se asciende hacia el monte Tidiguin, coronado por dos picos a menudo nevados. Encinas y robles dan paso a los bosques de cedros y las plantaciones de quif de Ketama. Cuanto más al oeste vaya, más rojizo será la tonalidad de la montaña; un cambio que sorprende al turista que viaja por la carretera hacia Al

Hoceima, donde el terreno se vuelve árido y yermo. Desde Al Hoceima hasta Oujda, por la frontera argelina, al sur de una franja costera fértil, cuencas fluviales secas atraviesan las tierras yermas.

Mucho más atractivas son las playas de la costa del Rif, justo a los pies de la cordillera montañosa. Son algunas de las playas marroquíes de arena más fina, lo cual ha propiciado su explotación hotelera y turística, alentada por el aeropuerto internacional de Tánger y por la costumbre de huir del insoportable calor del interior que cada vez más marroquíes adinerados de Fez y otros lugares adoptan. Pero la mayor parte de estos centros turísticos están medio vacíos y aún es posible encontrar playas vírgenes y solitarias entre los focos de desarrollo. Algunos de los mejores restaurantes de pescado del país se hallan a lo largo de esta costa. Entre estos lugares se encuentran Restinga Mdiq, Cabo Negro (que también cuenta con un gran campo de golf nuevo), Martil y Amsa.

La gente

El Rif ha estado influido por España durante muchos años, desde el estilo de arquitectura de al-Andalus en las ciudades hasta el expresarse en castellano y los platos típicos, como la paella, la tortilla y las tapas. Muchos de los musulmanes de al-Andalus que salieron de España entre los siglos XV y XVI se establecieron en esta región; y, desde 1912 hasta 1956, el Rif, junto al corto estrecho de la costa atlántica meridional hasta Larache, sin incluir la zona internacional de Tánger, formó el grueso de las zonas gobernadas por España. Hasta aquellos tiempos, los rifeños habían vivido al margen del gobierno del sultán; los habitantes se negaban a pagar impuestos y a aceptar a las tropas.

Los españoles tuvieron dificultades para gobernar a las tribus del Rif. La rebelión del Rif en 1926, capitaneada por Abd el-Krim y finalmente sofocada por los espa-

ABAJO: una pastora cuidando de su rebaño.

ñoles con la ayuda de las tropas francesas (*véase pág. 36*), fue el precedente para las reivindicaciones nacionalistas en el resto de Marruecos. Desde la independencia, los rifeños, desilusionados y conservando todavía algo de su famosa mentalidad *bled es siba* («tierra y libertad»), han continuado provocando al gobierno. En diciembre de 1958 estalló una rebelión cerca de Al Hoceima, que el entonces príncipe heredero Muley Hasán tuvo que acallar.

A pesar del contrabando ilegal de productos desde los puertos libres de impuestos en los enclaves españoles de Melilla y Ceuta, la creación de una planta de acero en Nador y la industria en auge del turismo, el Rif sigue siendo una región pobre y sus habitantes todavía denuncian las privaciones y el abandono al que han sido reducidos por el gobierno, motivo por el que a éste le resulta tan dura la lucha contra las plantaciones de quif (*véase pág. 136*). Las hojas alargadas de la planta se procesan y se obtiene la resina de hachís, un producto mucho más concentrado que resulta más fácil de transportar. Un clima favorable, la gran distancia que le separa de Rabat y la proximidad con España y Gibraltar (punto estratégico del tráfico de drogas transmediterráneo) hacen de la región el lugar ideal para el cultivo del cáñamo índico, planta de la que se extrae esta sustancia.

Hacia el este

Según los estándares marroquíes, la P-38 desde Tánger a Tetuán es un tramo de carretera muy transitado. Por formar parte de la carretera que une la poblada zona noroeste de Marruecos con Ceuta, pasan por ella personas que viajan en busca de aparatos eléctricos baratos para pasarlos clandestinamente de Ceuta a Tetuán. Por tanto, está también abarrotada de rifeños que intentan vender sus productos a los conductores. Las mujeres jiballi, con sus típicos sombreros con pompones, sus *ftouh* a rayas blancas y rojas y con lo que sólo puede describirse como una toalla (a menudo

Mapa páginas 128–129

NOTA

La policía y los agentes aduaneros buscan hachís; pero es al otro lado de Tetuán y Xauen, en las zonas de cultivo de quif de Ketama, donde los controles son más frecuentes, en busca de jóvenes vendedores de droga.

Enclaves españoles

Ceuta, posesión española desde mucho antes de que Marruecos se convirtiera en una nación, sigue siendo un tema clave tanto para Marruecos, que desea recuperarla, como para España, que no quiere devolverla, aunque su presencia tanto en esta ciudad como en Melilla –el segundo enclave español más allá en la costa– debilita sus argumentos frente a los británicos para recuperar Gibraltar.

Esta tensión ha hecho que cruzar Ceuta se convierta en un acto frustrante, con largas colas de tráfico y de peatones. En la época en que perteneció a la zona internacional, no era de extrañar que se despojara a los pasajeros de todas sus pertenencias e incluso de sus coches. La situación no ha mejorado mucho. Al tratarse de una pequeña parte de España en África y de uno de los dos enclaves españoles en esta costa, la más cercana a la costa peninsular, Ceuta es el rayo de esperanza para muchos emigrantes que anhelan una vida mejor en Europa. Muchos de ellos viajan hasta aquí desde el interior de África, realizando, a menudo, la mayor parte del viaje a pie. Una vez dentro de Ceuta, pueden pedir asilo (se ha creado un campamento especial para las personas que piden asilo) o, si tienen dinero, arriesgar la vida atravesando el Estrecho en pateras organizadas por las mafias locales; el tráfico de seres humanos está castigado con una pena inferior a la aplicada por contrabando de estupefacientes. Sin embargo, las corrientes en el Estrecho no pueden predecirse y las embarcaciones suelen ser muy endebles, por lo que a menudo la marea arrastra a las costas española y marroquí los cuerpos sin vida de africanos ahogados.

Se ha construido una barrera entre Ceuta y Marruecos, equipada con cámaras de seguridad y sensores de fibra óptica, como último recurso para impedir que los inmigrantes africanos entren en la «fortaleza europea». La Unión Europea sufragó los 73 millones de euros que costó el proyecto.

Como reconocimiento de las buenas y provechosas relaciones comerciales entre Marruecos y Ceuta, está permitido que los habitantes de la provincia de Tetuán, en Marruecos, realicen viajes de un día a Ceuta sin visado. El objetivo principal de estas excursiones de un día es hacerse con la mayor cantidad posible de artículos libres de impuestos.

Como norma, la mayor parte de turistas que visitan Ceuta no pasan más de unas cuantas horas. Los edificios parecen tartas de boda grises, los pocos hoteles que hay son caros, y es más interesante por su pasado que por su presente, ya que fue el punto de embarque de los musulmanes cuando conquistaron España. En la plaza de África se encuentra la iglesia que guarda la imagen en madera de Nuestra Señora de África, la patrona de Ceuta y también, dato muy curioso, su alcaldesa.

Un paseo por Ceuta permite hacerse una idea del aspecto del otro enclave español, Melilla, a medio día en coche en dirección este. De nuevo, el carácter de una ciudad legionaria moderna libre de impuestos (Franco sirvió aquí como coronel en 1925) ahoga el pretérito sonido orgulloso de la corneta. Melilla era española 192 años antes de que el Rosellón pasara a ser francés y 279 años antes del nacimiento de Estados Unidos. Todos esos años no han servido para embellecer el lugar. Aparte de algunas calles anchas, una plaza de toros y algunos jardines, Melilla tiene poco que ofrecer.

IZQUIERDA: la iglesia de Nuestra Señora de África, en la plaza de África ceutí.

Mapa páginas 128–129

atada para llevar a un niño pequeño) ofrecen platos de queso blanco desmenuzado (con o sin sal) o miel; los hombres venden amatistas y piezas de cerámica, y los niños, fresas, piñones, avellanas o cualquier otro producto que puedan cultivar para ganarse unos dirhams.

Sabor español

Tetuán ❶, rodeada de boscosas montañas de piedra caliza, es una lugar sorprendente, que merece la pena visitar sólo por su nombre (en beréber significa «abre los ojos»). En otoño es probable que llueva y haya nubes bajas, y, en invierno, que nieve. Sólo cuando llegue a la ciudad podrá apreciar cómo está ubicada y la cota a la que llega la carretera. La importancia que tuvo antaño como capital de la zona española, donde vivió el alto comisario español, es perceptible a través de la propia arquitectura. Los imponentes balcones bajo las ventanas altas y los enrejados arabescos recuerdan a los de Sevilla. La plaza Hasán II, donde se ha construido un palacio en el emplazamiento del antiguo palacio del Califato, tiene varios edificios en el antiguo mercado de pronunciado carácter andalusí, pero es más interesante la antigua arquitectura local. Las grandes mansiones antiguas que se levantan en un extremo del *mellah* (la judería) a los pies de la Rue Luneta están muy deterioradas, pero, aun así, los intrincados azulejos esmaltados y el elegante trabajo de hierro forjado que decora el exterior muestra la diferencia entre la arquitectura española y la marroquí; en las casas marroquíes se ornamenta más el interior.

Tetuán era un importante centro comercial incluso antes de que el protectorado español lo hiciera aún más importante. A principios del siglo XVI, los judíos y musulmanes que llegaron desde España practicaban la piratería. Esclavizaban a los pasajeros y las tripulaciones y les exigían cuantiosos rescates. Se abordaban barcos de

Característica fachada de azulejos de Tetuán.

ABAJO: la plaza Hasán II.

La cal que caracteriza las ciudades septentrionales se aplica una vez al año. Se compran bloques de piedra caliza en los mercados locales, se muelen y el resultado se mezcla con agua. Algunas veces, sobre todo en Xauen, la cal se tiñe de azul, color que, según se dice, ahuyenta el mal de ojo y los mosquitos.

todas las nacionalidades, pero las naves españolas fueron las más afectadas por los ataques. Felipe II cerró el puerto de Tetuán en el río Martil, lo que perjudicó a la economía de la ciudad. Más tarde, bajo el mandato de Muley Ismail, la ciudad conoció un nuevo período de prosperidad.

En la actualidad, Tetuán sorprende al visitante por ser una ciudad ajetreada y bulliciosa y por su carácter enérgico, quizás como consecuencia de que en el pasado canalizó las resistencias políticas del Rif. Fue en ella, en 1954, donde un grupo de 30 000 miembros de diferentes tribus protestó por la deposición del sultán Muhammad V. Más recientemente ha sido testigo de disturbios y manifestaciones en contra de la subida de los precios de los alimentos básicos. Incluso la vida en las cafeterías no es tan ociosa como en otros lugares; por las tardes, en ellas resuena el sonido de los tableros de los juegos de mesa.

Ir de compras es otra de las actividades importantes. Los marroquíes que buscan aparatos eléctricos baratos de contrabando y ropa a buen precio se dirigen al zoco Nador, al oeste de la ciudad, cuya entrada se reconoce por un puesto donde se venden enormes aparatos de televisión. (Como muchas otras actividades del Rif, este tipo de comercio es ilegal, aunque tolerado por el Estado.) Los zocos de la medina, que recorren atractivas calles cubiertas por un enrejado, a los que se accede a través de la Bab (puerta) el-Rouah, en la plaza Hasán II, están pensados para turistas, pero el zoco el Houts («mercado de pescado»), detrás del consulado español, todavía conserva su carácter local. Si gira a la derecha de este zoco, llegará a la Bab Oqla, donde se halla el **Museo de Arte Marroquí**, que exhibe ejemplos de artesanía rifeña y jiballi. En la plaza el-Jala está el **Museo Arqueológico** (abierto de 9:00 a 12:00 h y de 14:30 a 17:30 h; martes cerrado) que guarda objetos marroquíes de los períodos romano y fenicio, entre los cuales cabe mencionar un mosaico procedente de las ruinas de la ciudad romana de Lixus y que representa a las Tres Gracias.

Abajo: de compras por Tetuán.

La pintoresca ciudad de Xauen

Mapa páginas 128–129

Xauen ❷, encajada entre las colinas del sur de Tetuán, es una de las ciudades más bonitas de Marruecos. Xauen está asombrosamente limpia y las esquinas de los edificios están redondeadas por las repetidas capas de cal. Las mujeres llevan el *haik* blanco más que el negro (a menos que vayan de luto). En invierno, la ciudad se cubre de nieve. Los enrejados de clemátides violetas, las tejas rojizas y los dinteles con azulejos de las puertas le dan el toque de color. Los enrejados curvos de las ventanas y las incrustaciones de las puertas añaden variedad al paisaje.

La ciudad fue fundada en 1471 por Muley ben Rashid como base contra el cristianismo, aunque la casbah la ordenó construir Muley Ismail en el siglo XVII. La ciudad permaneció prácticamente cerrada a los cristianos hasta 1920, cuando los españoles consiguieron conquistarla. Descubrieron una comunidad judía que descendía de los primeros colonos refugiados que hablaban castellano del siglo X, un idioma extinguido en España hacía más de cuatrocientos años, y un grupo de artesanos del cuero que trabajaban el cuero curtido y decorado, igual que sus antepasados hacían en Córdoba en el siglo XII.

La carretera P-28, que lleva a la ciudad, finaliza justo a los pies de la antigua muralla. Subiendo por el mercado, llega a una puerta marrón llamada Bab el-Ain, en la que sobresale un farol de hierro forjado típico de la ciudad, y que conduce a la plaza principal. La **plaza Uta el-Hamman**, adoquinada, rodeada de árboles que le ofrecen sombra, luces y cafés, es un lugar ideal para sentarse, apreciar la luz y respirar el aire de la montaña (no confundir con el aroma del quif procedente de los pisos superiores de los cafés). Era aquí donde, hasta 1937, cuando la legislación española prohibió esta práctica, se subastaba a los niños homosexuales. Las tribus rifeñas se oponían frontalmente a la homosexualidad –Abd el-Krim, líder de la rebelión del Rif, la ilegalizó–, pero las tribus de los jiballi, gomara y sehhadja, que poblaban

ABAJO: Xauen, situado a los pies del Rif.

Xauen está bien regado gracias a los riachuelos de las colinas que lo rodean; hay fuentes por toda la ciudad.

esta zona del Rif oriental, no compartían dicha animadversión, puesto que las relaciones homosexuales entre hombres jóvenes eran frecuentes.

Al otro lado de la plaza, en brillante arenisca, que contrasta fuertemente con los tejados rojizos, se yergue la **casbah** (abierta de 8:30 a 12:00 h y de 14:30 a 18:00 h) con sus apacibles jardines; a la derecha, las celdas donde fue encarcelado Abd el-Krim en 1926. Al lado, se levanta la **Gran Mezquita** (siglo XV), con su inconfundible minarete octogonal.

Si sigue la calle principal hasta el fondo de la ciudad, a través de la Place du Makhzen y los grupos de puestos de cerámica y piedras preciosas, más allá de la infinidad de pequeñas tiendas que dan directamente a la empinada calle adoquinada, llegará al lugar bajo las montañas en que una cascada se precipita en el río. Aquí, las mujeres lavan la ropa e incluso la lana de las ovejas, que más tarde cardarán y convertirán en hilo para tejer. La medina está repleta de hostales y pequeñas pensiones, muchos de ellos encantadores, cada uno con su atractivo particular. Uno de los más recomendables es el pequeño Hostal Gernika (tel.: 98 74 34), regentado por una mujer apasionada por el arte español. Los precios son asequibles, está muy limpio y cuenta con una preciosa terraza. Cerca, los hermanos Boujida poseen una tienda de artesanía donde elaboran auténticos tapices. Desde la terraza de la piscina del Hôtel Asmaa (tel.: 98 60 02), de estilo de la década de 1970, situado en la parte alta de la ciudad al lado del campamento municipal, se tiene una magnífica vista de la ciudad.

ABAJO IZQUIERDA: patio encalado.
ABAJO DERECHA: calles empinadas y adoquinadas de Xauen.

Lugares sagrados

Los beréberes de la región son conocidos por su veneración a los morabitos; en esta zona también abundan las asociaciones religiosas. Xauen es considerada una ciudad sagrada, al igual que **Ouezzane ❸**, a la que se llega por la P-28 desde el sudoeste de Xauen. En 1727, Muley Abdullah, descendiente de Idris II, la eligió para fundar

la hermandad Taibia. La zagüía, o centro de dicha fraternidad, prosperó. Su *shereef*, que vive en un santuario alejado de la ciudad, es considerado uno de los hombres más sagrados en la tierra. Históricamente, el *shereef* de Ouezzane tenía más poder sobre las tribus de la región que el sultán. Los peregrinos de todo Marruecos acudían para recibir su bendición y los criminales, en busca de asilo.

Se suponía que el santuario, rodeado de jardines, representaba el paraíso islámico. En realidad, tenía al menos un pie en el infierno. Vino, licores y quif se vendían en sus alrededores y en la familia del *shereef* se daban casos mortales de demencia congénita. Sidi Muhammad, *shereef* a mediados del siglo XIX, tenía un hijo psicópata y otro adicto al quif, y él era un excéntrico. Dada su debilidad por todo lo europeo, decidió casarse con una institutriz británica llamada Emily Keene. El matrimonio fracasó por culpa de un Sidi Muhammad bebedor y mujeriego.

El *shereef* de Ouezzane es un personaje que goza de una gran reputación y al que se le realizan consultas sobre temas de filosofía religiosa. Suelen verse muchos peregrinos en primavera, cuando llegan para el *moussem* anual. Hoy en día, la ciudad es un importante mercado para las regiones de alrededor que cultivan aceitunas, y es conocida por sus productos textiles de lana tejida utilizados para hacer chilabas. En cuanto al carácter, Ouezzane es muy parecida a Xauen, aunque con más barrios periféricos de casas blancas por la montaña Bou Hellol. De nuevo encontramos una gran reminiscencia andalusí, en parte debido a las grandes casas con azulejos decorativos y balcones de hierro forjado, que todavía dan testimonio de la amplia población judía que en un tiempo habitó la población.

Mapa páginas 128–129

Un paseo por las montañas

Son muchos los que opinan que Ouezzane no encaja en el Rif. Bajo la ciudad se extiende una planicie fértil y la zona de densa población formada por el triángulo

ABAJO: un *moussem* en Ouezzane.

Souk el-Arba, Rabat y Meknés. Formó parte de la zona francesa durante la época de los protectorados y fue uno de los lugares donde las tropas francesas se apresuraron para ayudar a España a sofocar la rebelión del Rif. El Rif continúa por la P-39 hasta Ketama. Este recorrido por el corazón de la cordillera atraviesa los escenarios más espectaculares de la provincia. Cada cambio de rasante descubre un nuevo panorama o un paisaje inesperado, como es el caso, por ejemplo, la visión de todo un pueblo celebrando una boda, con los novios a hombros, en un rincón perdido en las montañas. La conducción es lenta, pero la carretera es ancha y, excepto en invierno, la ruta es bastante segura.

Los alcornoques del Rif suelen estar parcialmente despojados de su corteza. El corcho se recoge cada diez años para uso doméstico e industrial.

Hacia Al Hoceima

Al este, más allá de Ketama, los árboles van desapareciendo y la arenisca roja de las montañas adquiere un tono más intenso. **Targuist**, la última fortaleza de Abd el-Krim desde donde se distribuían en mula las municiones de los rifeños, es un lugar arenoso y transitado de calles simétricas, situado en una pequeña planicie.

Por otra parte, **Al Hoceima** ❺ (Alhucemas), al norte, a la que se llega por la P-39 desde Ait Yussef ou Ali (lugar de nacimiento de los hermanos Abd el-Krim), es una población costera popular entre los turistas marroquíes, aunque ha tenido visitantes muy populares en otros tiempos. Fue en Al Hoceima donde Hasán II, en aquel entonces príncipe heredero, aterrizó, al estilo de las tropas españolas durante la captura de Abd el-Krim, con 15 000 soldados en un transbordador británico alquilado, con la intención de derrotar a la rebelión del Rif a pequeña escala de 1958-1959. La represión de dicho levantamiento fue muy dura. Se utilizaron napalm y lanzallamas para arrasar por completo Al Hoceima y muchos pueblos colindantes. Fue la última vez que Hasán se aventuró en el norte de Marruecos, y marcó el principio del distanciamiento entre el monarca y su «querido pueblo», que duró hasta su muerte, en 1999.

ABAJO: plantación de quif.

LA INDUSTRIA DEL HACHÍS

Las cordilleras del Rif, desde Chefchaouen hasta más allá de Ketama, se asocian con el cultivo del quif. Popularmente conocido como marihuana, el quif está constituido por las hojas del *Cannabis indica*, picadas y mezcladas con tabaco. Procedente de la misma planta es el hachís, basado en una resina obtenida del polen de las hojas. El cultivo del hachís es un gran negocio que, junto con los cigarrillos, se legalizó en la década de 1940. En 1954, se erradicó su cultivo en el sur de Marruecos, bajo el protectorado francés, pero los españoles se negaron a criminalizar el quif en sus territorios del norte. La producción de hachís fue ilegalizada en todo Marruecos en 1961, pero no se ha conseguido frenar la producción en el norte.

Como ocurre en la mayor parte de las zonas de cultivo de drogas en cualquier lugar del mundo, el mayor obstáculo para su erradicación es la miseria de los cultivadores y la falta de una actividad económica alternativa. A pesar de la cooperación de Estados Unidos en 1988 y de la Comunidad Europea en 1993, tras la cual el gobierno de Marruecos promovió programas de cultivo alternativos, el área dedicada al quif sigue aumentando cada año; según las últimas estimaciones españolas, hay 85 000 hectáreas de cultivo que producen 1 750 toneladas anuales de hachís. Es una industria de exportación clandestina, que genera unos beneficios estimados de más de quinientos millones de dólares estadounidenses anuales.

Las autoridades marroquíes no dudan a la hora de encarcelar a los turistas ingenuos como prueba fehaciente de su «dura» política contra el tráfico de estupefacientes.

La ciudad, al oeste de la amplia bahía, cuenta con numerosos hoteles. Existe un complejo hotelero más grande, con todo tipo de servicios, que parece haberse adueñado de toda la playa, pero, de hecho, puede bañarse aunque no se aloje en el hotel. Un precioso jardín público da a la playa y a la bahía. Más al oeste se halla el atractivo puerto, con una flota pesquera activa, y el Restaurante du Port, con magníficas vistas. Se puede visitar el puerto pesquero, pero mire hacia dónde enfoca su objetivo, ya que el puerto también lo utilizan las fuerzas navales y la policía marroquíes, que son particularmente sensibles en este aspecto.

Si quiere captar el carácter local a muy buen precio, pruebe el Hôtel Florido en la Place du Rif. Es un edificio de la década de 1930, circular, de tres pisos, con elegantes ventanas francesas en las habitaciones. La planta baja la ocupa una cafetería muy famosa, aunque la nube de humo y el ambiente animado en general hacen que se parezca más a un bar.

Retiro estival

Si lo que busca es un rincón mediterráneo más pacífico, puede dirigirse a **Cala Iris**, al oeste de Al Hoceima, al final de la carretera asfaltada S-610. Se trata de una pequeña localidad pesquera, con algunas cafeterías de las que al menos una prepara deliciosos platos de sardinas a la plancha. El puerto adoquinado fue reconstruido en 1998 con ayuda japonesa como símbolo de amistad entre ambos países. Cerca se encuentra una pequeña playa y un precioso cámping, abierto todo el año, con un bar restaurante de temporada.

Hacia la frontera

Justo al este de Al Hoceima, al dejar la P-39A, tome una estrecha carretera asfaltada con la indicación Asfiha Plage por una pendiente muy empinada, para llegar

Mapa páginas 128–129

Sol y diversión en la playa de Al Hoceima.

ABAJO: vista de Al Hoceima.

Extrayendo agua de un pozo cercano a Al Hoceima.

a una playa de arena grisácea con duchas y una preciosa vista del peñón de Alhucemas, una pequeña roca despoblada en la bahía. Pero el monopolio de la mejor vista de la roca lo tiene el Club Med en **Ajdir**. Camino a Nador, el paisaje cambia y la fértil rivera del río Nekor se convierte prácticamente en un desierto en la zona justo al sur de Melilla. **Nador ❻**, debajo de Melilla, es conocida por su industria siderúrgica, que se puso en marcha tras la independencia. Se convirtió en una ciudad industrial de escaso interés, que sólo era importante por constituir el punto de entrada a la zona española.

Sin embargo, es también una ciudad universitaria que, junto a Oujda, atrae a todos los estudiantes del Rif oriental (los del Rif occidental estudian en Tetuán), pero que no ofrece un ambiente estimulante para la juventud. Al igual que Tetuán y Marrakech, Nador ha sido testigo de varias revueltas del pan en el pasado.

Al margen de esto, se trata de una planicie apta para el cultivo, regada por el río Moulouya. Éste, cuya presa Muhammad V ha aumentado de manera considerable la irrigación, marcó la frontera con Argelia. Sin embargo, la tribu Banu Marin, fundadora de la dinastía mariní, entró en Marruecos por Nador, se hizo con el control de la ribera del río y trazó una ruta a través del puerto de Taza. El jefe de la tribu, Abu Yahya, tomó Fez en 1248.

Las fronteras en el Magreb se establecen por criterios políticos más que por diferencias culturales y en **Oujda ❼**, la ciudad situada en el extremo oriental de Marruecos, se percibe de inmediato la influencia argelina. El idioma es similar al árabe argelino y muchas mujeres han adoptado su estilo a la hora de vestir (los velos de las mujeres argelinas son relativamente cortos, sólo cubren la nariz y la boca y no llegan hasta la barbilla o el cuello como los velos marroquíes). La música de Oujda también se acerca más a la argelina. El estilo conocido como andalusí, del que surge la música clásica del norte de Marruecos (Tánger, Tetuán, Fez), proviene de la de

ABAJO: Cala Iris.

Mapa páginas 128–129

Sevilla y Córdoba. Por otra parte, la música andalusí de Oujda y Argelia tiene su origen en Granada y está más estructurada. La música moderna *rai*, muy de moda tanto en Europa como en el Magreb, procede de los burdeles de las ciudades fronterizas de Oujda y Argelia.

Debido a su posición estratégica, puesto que se halla en el eje principal que pone en comunicación Marruecos con el resto del norte de África, Oujda siempre ha sido muy disputada. Desde su fundación en el año 994 por la tribu de los meghraoua, ha pasado por muchas manos: almorávides, almohades, mariníes, sadíes, alawíes y turcas, cuyo vasto imperio no penetró mucho más al oeste. Fue también la primera ciudad amenazada por los franceses, que ya merodeaban por la frontera de Argelia mucho antes del protectorado de 1912.

Hoy en día, Oujda es una ciudad moderna, la mayor urbe del Marruecos oriental, con una gran universidad. En contrapartida, pocos turistas occidentales se aventuran hasta ella, ya que, a pesar de su pasado turbulento, hay poco que visitar (sólo el centro, donde se hallan los mejores hoteles, tiene cierto interés turístico) y, desde el cierre de la frontera con Argelia, su economía se ha resentido fuertemente. Durante una época, su atractivo provenía de un sentimiento de optimismo y prosperidad, del efecto simultánco del gran contingente de universitarios y de las ajetreadas comunicaciones con Argelia. Si pasa en ella el verano, cuando más calor hace, es aconsejable que elija un hotel que cuente con piscina entre sus instalaciones.

Saidia ❽, a unos 50 kilómetros al norte, fue durante un tiempo el destino costero preferido por los turistas argelinos. Situada en la misma frontera, cuenta con una playa de arena dorada y aguas cristalinas, bordeada por una doble hilera de villas (algunas de lujo), con algunos hoteles, muchas cafeterías, restaurantes y algunos clubs nocturnos. Es un lugar muy animado durante el verano, época (agosto) en la cual se celebra el festival de música tradicional, pero fuera de tem-

La adelfa, que tiene un complejo sistema de raíces, florece en los terrenos más secos, incluido el Rif oriental.

ABAJO: vista panorámica del Rif oriental.

porada su aspecto es desolador, como la mayor parte de los lugares turísticos del mundo. El cámping Mansour, el modesto Restaurant de la Paix y un pequeño restaurante ilegal para expender bebidas alcohólicas conocido como Chez Said (cerca de la Sureté Nationale), que improvisa sorprendentes platos de pescado, permanecen abiertos fuera de temporada.

Jóvenes jugando en el desfiladero de Zegzel.

Rituales en las afueras

Sidi Yahya, a 6 kilómetros de una carretera muy urbanizada de las afueras que conduce al sudeste de Oujda, es una excursión muy popular entre los argelinos y los marroquíes. Se dice que el cuerpo de Sidi Yahya, quien se cree que fue el mismísimo Juan Bautista, está enterrado en este lugar, frecuentado por los peregrinos, tanto judíos como musulmanes y cristianos. Es un espacio extraño, asociado a ermitaños y ritos religiosos, bastante peculiar, dada su ubicación. Los fines de semana, y en particular durante los *moussems* de agosto y septiembre, se llena de visitantes. Se deposita agua y aceite sobre las tumbas con cúpula para recibir la bendición del santo, tras lo cual ésta se da también a los enfermos, y las mujeres lavan la ropa en el riachuelo y atan a los árboles tiras de tela para sellar su pacto con el santo. También hay unas fuentes muy beneficiosas para el reumatismo y una gruta llamada Ghar el Houriyat o cueva de Houris, las siervas del Paraíso.

Desde 1988 han sido frecuentes las tensiones entre Argelia y Marruecos. Tras el período de calma a finales de la década de 1980, en la década de 1990 volvió a empeorar la situación cuando los integristas sembraron la violencia en Argelia. El punto muerto en que se halla el Sahara Occidental (*véase pág. 47*) continúa exacerbando las difíciles relaciones entre ambos países y cruzar la frontera hasta Tremecén para ver la mezquita almorávide o hasta Mansoura para visitar las ruinas mariníes es impensable mientras la frontera entre Argelia y Marruecos permanezca cerrada y los argelinos sigan divididos por la violencia. No es aconsejable circular por la larga y polvorienta carretera del sur que conduce hacia Figuig y que recorre más de 360 kilómetros.

ABAJO: de camino a Taza.

Beni Snassen

La carretera P-27 que une Nador y Oujda rodea las montañas Beni Snassen, donde se puede dar un bonito rodeo desde Berkane. La carretera a Zegzel es un poco desigual al principio, pero más uniforme después. Desemboca en el **desfiladero del Zegzel ❾**, tras atravesar algunos pueblos modernos. La carretera serpentea por la parte inferior del desfiladero y atraviesa atractivos pozos de agua fresca y cristalina en su camino hacia las alturas, desde donde se tiene una magnífica vista de las escarpadas colinas cubiertas por bosques. Algunos tramos de la ruta están rodeados de huertos donde se cultiva la más amplia variedad de frutales jamás vista: mandarinas, manzanas, membrillos, granadas, almendras y albaricoques. Las colmenas ocupan los espacios libres entre los árboles de estos espléndidos paisajes, y hay pequeños pueblos de piedra marrón con patios de un blanco refrescante.

La carretera que atraviesa las apacibles granjas de los beréberes de Beni Snassen continúa hasta la intersección con la S-403. La carretera de la izquierda lleva a **Tafoughalt** (pronunciado «taforalt»), donde vale la pena ir en miércoles, cuando se celebra el mercado semanal, y la de la derecha lleva de vuelta a la P-27. Desde Tafoughalt se puede ir a la **Grotte du Chameau** («gruta del camello»), una gran cueva de piedra caliza, que se halla en proceso de acondicionamiento, que debe su nombre a una estalagmita en forma de camello situada cerca de la entrada. Si continúa recto por la misma carretera, a la altura del cruce podrá disfrutar de una preciosa vista de la vertiente posterior las montañas de Beni Snassen y, al norte, de la planicie de Moulouya hacia el mar.

Mapa páginas 128–129

Recorrer el Rif

Existen tres pasos principales en el Rif. La P-26 desde Xauen, pasando por Ouezzane (*véase pág. 134*), bordea la cordillera. Para quienes sólo pretendan hacerse una ligera idea del Rif, ésta es la ruta más fácil en lo que respecta a la conducción y la mejor carretera para llegar a Fez; además, ofrece un gran número de impresionantes paisajes. Sin embargo, un paso más espectacular es el de la S-302 desde Ketama. Es conocido como la ruta de l'Unité, que el esfuerzo voluntario de toda una nación tras la independencia construyó sobre la antigua ruta de caravanas a Fez. La comenzó Mehdi ben Barka, una importante figura de la izquierda nacionalista cuyas ideas radicales le condenaron al exilio y a su posterior desaparición en París, y en un principio pretendía unir las zonas española y francesa. Al igual que la Operación Arado, un plan de cultivo para aprovechar más de 120 000 hectáreas, fue más un ejercicio de relaciones públicas que una mejora útil para el pueblo.

No obstante, ésta fue la primera carretera construida de norte a sur en la cordillera del Rif, que se empezó en 1957 aprovechando la euforia colectiva tras la independencia, ya que los españoles no habían hecho demasiado por el desarrollo de sus territorios. La otra vía principal que pasa por las montañas es la S-312, de igual atractivo, que nace en la P-39 en **Kassita** y muere en Taza, en uno de los extremos del Atlas Medio (*véase pág. 236*) tras atravesar blancas colinas desnudas. Puede encontrar gasolineras en ambas carreteras.

ABAJO: morabito cerca de Taza.

LA COSTA NOROCCIDENTAL

Desde el cabo Espartel, 50 kilómetros de playa dorada bordean el camino hasta la ciudad fortificada de Asilah, famosa por su festival de arte de verano. Más lejos, en la misma costa, se halla la tranquila Larache

Mapa página 146

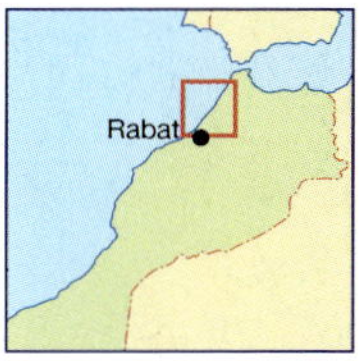

El triángulo trazado por las principales carreteras que unen Souk el Arba du Rharb, Fez y Rabat-Casablanca es el más poblado de Marruecos. Por tanto, la P-2 desde Tánger es uno de los tramos más transitados. Une el resto de Marruecos y, de hecho, el resto de África, con el punto más cercano a Europa. En julio está abarrotada de trabajadores emigrantes que vuelven a casa desde Europa para pasar las vacaciones anuales. En un futuro, Tánger y Rabat estarán unidos por una carretera de peaje (muy barata), que se está construyendo lentamente, en dirección norte.

Los marroquíes suelen parar y comer durante cualquier viaje, y por ello los puestos de la carretera en los que se venden desde melones hasta cerámica son muy numerosos, y abundan los puestos de bocadillos cuya nube de humo se eleva sobre la carretera. No debe preocuparle comer en estos cafés, pues la carne suele ser fresca y de buena calidad.

España y Portugal han ejercido una fuerte influencia sobre la franja costera atlántica. En los siglos XV y XVI, los puertos marroquíes se sitiaban constantemente, y sucumbieron uno tras otro a las fuerzas españolas o portuguesas. En el siglo XVII, esta área, junto a Tánger, Ceuta, Tetuán y Rabat, formó parte de la costa de Berbería y estaba plagada de piratas. La influencia ibérica es más patente en Asilah y Larache, ciudades colonizadas de manera alterna por ambas potencias hasta 1691 y 1689, respectivamente. Estas tempranas influencias aumentaron con el tratado de Fez en 1912, cuando ambas ciudades se hallaban bajo el protectorado español. En ellas hay una numerosa población de origen español, y, en lugar del francés, el castellano es aquí la segunda lengua. La comida y la arquitectura también son símbolo del legado español.

Ambiente artístico

Desde las afueras de Tánger, la carretera y la red ferroviaria al sur atraviesan la ventosa planicie agrícola y recorren la costa durante la mayor parte del recorrido atravesando en ocasiones pequeñas lagunas. Después de **Gzanaia**, pasa por el llamado Bosque Diplomático, un rincón ideal para las comidas campestres de fin de semana y las vacaciones, y, en el interior, hay una base estadounidense con su bosque de transmisores y antenas. **Asilah ❶**, a 46 kilómetros al sur de Tánger, una buena excursión desde la ciudad, es un lugar modelo. Árboles de cítricos y modestos restaurantes de pescado, con terraza en la vía pública, ocupan las calles, y las murallas de la medina están muy limpias. Hay una cadena de hoteles sencillos y complejos hoteleros en el norte de la ciudad. También se encuentra en este sector la estación de ferrocarril, a 2 kilómetros a pie de la ciudad.

Al igual que Essaouira, en el sur, la ciudad ejerce un fuerte atractivo entre los artistas, y muchas de las casas blancas de la medina están decoradas con murales de vivos colores. A finales de julio, el magnífico festival de música anual ofrece ritmos clásicos, jazz, actuaciones típicas de diferentes partes del mundo, y en cualquier

PÁGINAS ANTERIORES: pintura mural en Asilah.
IZQUIERDA: de camino a la medina de Asilah.
ABAJO: vendedor de melones en la carretera de la costa.

Aldaba de Asilah. Las puertas de Marruecos, ya presenten incrustaciones, estén esculpidas o pintadas, constituyen a menudo obras de arte.

ABAJO: distribuyendo la pesca del día.

época del año las cafeterías son un buen lugar para empaparse de la música de Marruecos en directo, por lo general al atardecer.

La entrada principal a la medina, la **Bab el-Kasaba**, se encuentra fácilmente desde la Place Zellaca, justo en la esquina del paseo marítimo. Las murallas de Asilah, con algunos miradores con vistas a la playa y al puerto (donde ahora se está construyendo un puerto deportivo), fueron construidas por los portugueses. El **palacio**, uno de los principales lugares que acogen diversos actos durante el festival de música, es más reciente. Lo construyó en 1909 el *shereef* Ahmad al-Raysuli, líder revolucionario al que las tribus jiballi de las colinas próximas a Tánger le atribuían una baraca considerable. Adquirió fama gracias a una serie de secuestros, en especial el de Walter Harris, periodista del diario londinense *The Times*, quien, a pesar de ser encerrado junto con un cadáver decapitado, fue lo suficientemente «comprensivo» como para hacerse amigo de su secuestrador e invitarle a su villa en Tánger. A la hora de describir a al-Raysuli en su libro *Morocco That Was*, Harris dice: «En Marruecos no se debe ser muy crítico... Es rara la vez en la que uno cena con una autoridad del país que no tenga un pasado más escandaloso que los anales históricos del Newgate».

Las relaciones de al-Raysuli con el protectorado español eran cautelosas, y, más por miedo que por admiración, le nombraron gobernador de la ciudad, cargo que desempeñó durante cuatro años. Deleitado por la nueva sensación de grandiosidad, estableció su palacio en Asilah. Los campesinos que fueron obligados a construirlo lo denominaron «la casa de las lágrimas», por las penurias de su labor. Sin embargo, al-Raysuli, de carácter tranquilo, no estaba tan contento como para consumirse en su esplendor y pronto volvió a las revueltas. Luchó contra los españoles de manera esporádica durante ocho años. La inglesa Rosita Forbes visitó a al-Raysuli en 1924 y recopiló su biografía en lo que ya es un clásico sobre Marruecos.

Hacia Larache y Lixus

Larache ❷, 87 kilómetros al sur de Tánger, en la desembocadura del Oued Loukos, tiene un carácter más español que portugués. El **castillo Stork**, fortificación con vistas a la bahía, lo construyeron sus dueños españoles del siglo XVII. En la **Place de la Libération** (antes Plaza de España), la glorieta principal, se construyó durante el protectorado cuando Larache era el puerto más importante de la zona española. Los hoteles, bares y restaurantes, de los que muchos sirven pescado, reflejan la influencia española, a pesar de que la pintura blanca y azul tiene desconchones y los adornos de estuco están un poco deteriorados. La decadente elegancia de Larache se combina con su carácter tranquilo y relajado. La ciudad se está convirtiendo en el destino estival favorito de las familias europeas.

La playa está en un extremo del **Oued Loukos**, a la que se accede por un camino tortuoso del desvío hacia Lixus, a un kilómetro más o menos al norte de la ciudad (hay autobuses que realizan el trayecto), o por el estuario en transbordador (de 5 a 10 dirhams por persona). Desde aquí se tiene una bonita vista de la ciudad: el fondo de barcas pesqueras amarradas está rodeado por las murallas del castillo Stork y la desigual medina. El estuario es un buen lugar para observar patos y aves zancudas, aunque también pueden verse espátulas, moritos comunes y avutardas; sin embargo, el mejor lugar de la franja costera es la laguna en Moulay Bousselham (*véase pág. 148*).

La acrópolis romana de **Lixus ❸** (lugar público, no se paga entrada), cuyas ruinas están esparcidas por una colina en la parte derecha de la carretera que conduce a la playa, fue fundada por los fenicios alrededor del año 1100 a.C. posiblemente como primer punto de comercio del norte de África. Bajo el dominio cartaginés y, posteriormente, romano, al igual que Cotta (*véase pág. 123*), se dedicó a la elaboración de *garum*, una pasta de anchoas popular en la cocina romana. Es una de las diferentes ciudades candidatas a ser el lugar del mítico Jardín de las

Las ruinas de la antigua Lixus sobre Oued Loukos, cerca de Larache.

ABAJO: la luna sobre la población de Asilah.

NOTA

Los lugareños organizan salidas en barca para la observación de aves en la laguna Moulay Bousselham, incluidas las islas de alrededor, donde se posan las golondrinas y las gaviotas.

Hespérides, que guardaba las manzanas de oro que Hércules perseguía en su penúltimo trabajo. Quedan pocos restos anteriores a la época romana aparte de algunas piedras megalíticas construidas dentro de la acrópolis y orientadas hacia el sur. En la cima de la colina hay cimientos de templos, anfiteatros, murallas y viviendas, y, a los pies, los vestigios de las fábricas de salazones y *garum*. La mayor parte de los mosaicos del suelo se han trasladado al Museo Arqueológico de Tetuán (*véase pág. 132*), aunque todavía se mantiene uno allí, el del dios Océano, en las termas justo al lado del teatro.

Al sur de Larache

Desde Larache puede elegir dos caminos hacia el sur. En la carretera costera se encuentra el turístico pueblo y lugar sagrado **Moulay Bousselham ❹**, al otro lado de una inmensa laguna. La ciudad celebra todos los veranos un *moussem* y los peregrinos visitan una cueva que contiene estalactitas sagradas. La laguna es conocida por sus aves, entre las que destacan los patos y las aves zancudas, como el flamenco. El invierno es la mejor estación para los aficionados a la ornitología, aunque las oportunidades de ver el zarapito, que visitaba la zona durante la década de 1980, han disminuido en los últimos años.

Si piensa viajar a Fez desde Larache, hágalo por la P-2 hacia el interior hasta **Alcazarquivir ❺**, que en el pasado fue una zona de influencia en Larache y Asilah muy codiciada entre los españoles y los portugueses. Cerca de aquí los portugueses libraron la batalla de los Tres Reyes en 1578 (*véase el cuadro de la pág. 30*), que acabó con la muerte del rey portugués Sebastián y el alzamiento de Ahmad al-Mansur, el personaje principal de la dinastía marroquí sadí.

Detrás del Alcazarquivir, fuera de **Arbaoua**, se halla la antigua frontera del protectorado, donde el viejo control ya no es más que un lugar lleno de maleza. Durante

ABAJO: mercado frente a las antiguas murallas de Asilah.

los protectorados francés y español, era obligatorio mostrar el pasaporte para poder pasar este control, que Muhammad V dio por cerrado tras una ceremonia celebrada después de la Independencia.

Más allá está el desvío hacia la atractiva población de Ouezzane (*véase pág. 134*). Las colinas que bordean la P-2 dan paso a una planicie rica y muy poblada cuya actividad principal es el mercado de la ciudad, el **zoco el Arba du Rharb** (*arba* significa «miércoles», el día en que tiene lugar el zoco, y *rharb*, «oeste»). Gracias a las fértiles tierras aluviales y la utilización de las últimas tecnologías, la planicie circundante es una de las regiones para la agricultura más ricas de Marruecos, especializada en cereales, caña de azúcar, hortalizas tempranas y frutas para la exportación, así como para el ganado. Al sudeste se encuentra **Sidi Kacem**, un centro industrial y de confluencia de vías ferroviarias, que mucha gente atraviesa de camino a Meknés o Fez. Al tratarse de un centro de comunicaciones, hay un gran número de buenos restaurantes.

De vuelta al camino de la costa, al otro lado del bosque Mamora (Forêt de Mamora), de alcornoques, acacias y eucaliptos, se encuentra **Kenitra** ❻, el centro administrativo de la provincia, fundada por los franceses en 1913 en un recodo del Oued Sebou, uno de los ríos más importantes de Marruecos. Se trata de una ciudad industrial, de escaso interés para los turistas; sin embargo, la **casbah de Mehdiya**, a 11 kilómetros al sur, en la desembocadura del Sebou, es impresionante. Los españoles, que capturaron la zona en 1614, construyeron una fortaleza según el prototipo concebido por la maquinaria militar de Luis XIV. Pero Muley Ismail se deshizo de los españoles y estableció a su propio gobernador, el *caid* Ali er Rif, responsable de la entrada y el palacio marroquíes.

Al sur de Kenitra, la carretera atraviesa un extremo del bosque Mamora antes de adentrarse en los barrios de las afueras de **Rabat** ❼ (*véase pág. 153*).

Mapa página 146

Arrasado de manera constante para obtener leña y convertirlo en tierra para la agricultura, la superficie del gran bosque Mamora ha quedado reducida a la mitad en los últimos cincuenta años.

ABAJO: carreta arrastrada por un asno, un medio de transporte común en la costa noroccidental.

RABAT Y SALÉ

La capital de Marruecos es de carácter conservador y cuenta con una arquitectura elegante, verdes avenidas y acogedores cafés. Justo en la otra orilla del río descansa su gemela Salé, antigua base de la piratería

Rabat, la más reciente capital del imperio, tiene menos historia en cuanto a madrasas y mezquitas que Fez, Meknés o Marrakech, pero no obstante se trata de una ciudad con una medina y una casbah muy atractivas, con una amplia variedad de restaurantes y un precioso escenario junto al río Bou Regreg. También posee uno de los monumentos más grandiosos del Islam en el norte de África, la Torre de Hasán, uno de los tres minaretes construidos por los almohades (los otros dos son la Giralda de Sevilla y el Kutubiyya de Marrakech), así como una necrópolis mariní extramuros.

Si viaja a Rabat en tren, asegúrese de apearse en la parada Rabat Ville y no en Rabat Agdal, un barrio residencial al oeste del centro. La estación ferroviaria de Rabat Ville está situada cerca del edificio del Parlamento, al final de la Avenue Mohammed V, el centro neurálgico del comercio de la ciudad. Desde aquí puede desplazarse a pie a algunos hoteles pequeños y en taxi, a otros de más prestigio (*véase la Guía práctica*). La medina se encuentra en el otro extremo de Mohammed V, a los pies de la casbah de los Udaya, con vistas al mar y a la desembocadura del río.

PÁGINAS ANTERIORES: ceremonia en la Torre de Hasán.
IZQUIERDA: funeral de Hasán II en Rabat (1999).
ABAJO: un camarero trabajando en la ciudad.

La historia de Rabat

Rabat se fundó en el siglo X junto a las ruinas del puerto fenicio, y más tarde romano, de Sala Colonia, en la desembocadura del río Bou Regreg. Esta primera *ribat* (comunidad islámica militar) se convirtió después en la capital del gran conquistador almohade del siglo XII Yaqub al-Mansur, que gobernó una zona que abarcaba desde Túnez hasta el norte de España. Ribat el-Fath, «fortaleza de la victoria», era el lugar de encuentro de las armadas, que acampaban al amparo de la grandiosa muralla de 5 kilómetros de longitud.

Con la muerte de Yaqub al-Mansur, Rabat perdió gran parte de su importancia y no recuperó su prestigio de capital hasta la ocupación francesa de 1912. Por aquel entonces, la ciudad de Rabat, la actual medina, era una de las cinco entidades independientes: la medina en sí, la casbah de los Udaya adyacente, el *mechouar* o recinto de palacio situado a cierta distancia, la parte posterior de las ruinas de Chellah y, finalmente, la antigua ciudad de Salé, al otro lado del río Bou Regreg.

El centro de la ciudad moderna era, por aquel tiempo, tierra de pastoreo entre la medina y el *mechouar*, que todavía se encuentra junto a las ruinas de la muralla almohade. Muchos jinetes cabalgaron por esta planicie en la tradicional *fantasia* para rendir homenaje al sultán durante sus esporádicas visitas a su palacio de Rabat.

La ciudad moderna

Hoy en día todo está influido por la cornubación Rabat-Salé de más de medio millón de habitantes. La **Rabat** moderna es una ciudad sobria, con gran presencia policial y respetable, y cuyas zonas pobres permanecen apar-

Rabat y Salé
0
500 m
OCÉANO
ATLÁNTICO
Playa de Rabat
Casbah de los Udaya
3
Museo de los Udaya
Bab Udaya
Bou Regreg
Boulevard el-Alou
MEDINA
Rue des Consuls
Boulevard Tariq el-Marsa
MELLAH
Bab El Mellah
Gran Mezquita
Rue Souika
Rue Sidi Fatah
Avenue Mohammed V
Boulevard Misr
Avenue A. el Khattabi
Av. el Moukaouama
QUARTIER DE L'OCEAN
Moulay Soliman
Boulevard Hassan II
Marché Central
4
Bab el Had
PARQUE DE TRIANGLE DE VUE
Avenue el Maghrib el Arabi
Boulevard Hassan II
Casablanca
Rue el Mansour ed Dahbi
Rue el Kahira
Rue Soekarno
5
Avenue Mohammed V
Parlamento
6
Hôtel Balima
Avenue du Mali
University
Avenue Ibn Toumerte
Rabat Ville
QUARTIER DES ORANGERS
Av. Moulay Youssef
Place des Alaouites
Teatro Nacional Mohammed V
Rue P. Lumumba
Place du Golan
Place er Riyad
St Pierre
Rue Abou Faris el Marini
Place Pietri
Rue el Forat
R. Ziri Ibn Aatia
Place de Melilya
Rue Abderrahman Aneggay
Rue Moulay Ismail
RABAT
Avenue El Alaouyne
Rue de Tunis
Place de l'Unité Africaine
Av. el-Jazaïr
Place Abraham Lincoln
Rue d'Annaba
Moulay Hassan
Hotel Chellah
Rue du Chellah
Avenue de Fès
Boulevard Ibn Ziyad
Tour Hassan
1
Mausoleo de Muhammad V y Hasán II
2
Boulevard Arrahbah
Boulevard Abi Radrag
Khemisset
Pont Hassan II
Avenue
Bab er Rouah
Gran Mezquita (Es Sunna)
7
Museo Arqueológico
8
Avenue an Nasr
Avenue Mohammed V
Avenue Yacoub el Mansour
Rue P. Lumumba
Avenue Roosevelt
Avenue de Marrakech
Boulevard Moussa Ibn Nossair
QUARTIER ADMINISTRATIVE
Universidad
MECHOUAR
Ahl el-Fas
Bab Zaer
Chellah
10
Palacio Real
9
Rommani
CITÉ KHALIFA
Santuario de Sidi Abdullah ben Hassan
Gran Mezquita
Madrasa al-Hassan
12
Zagüía Sidi Ahmed et Tijani
MEDINA
Rue Bab Sebta
Bab Ferth
Rue de la Grande Mosquée
Ahmed Hadji
Rue Souika
Kissaria
Abou Yous el Marini
SALÉ
Bab Fès
Estación de ferrocarril
Bab el Jedid
Rue Fondouk Abd el Hadi
MELLAH
Bab Mrisa
11
Avenue de la Plage
Boulevard Hassan II

tadas o camufladas tras los «muros de la vergüenza». Puede que para los habitantes de Casablanca resulte provinciana, pero para los estándares marroquíes Rabat es tolerante y (al contrario que Salé) una ciudad occidentalizada. La *ville nouvelle*, o ciudad moderna, construida durante el protectorado francés, ha llenado el hueco existente entre la medina y la muralla de los almohades y se ha extendido por otros *quartiers* (barrios).

A pesar de haber sido desbordadas, estas murallas ocre todavía parecen envolver la ciudad. Desde la gran puerta de Bab Rouah, la más elegante de las cinco que tiene la ciudad, discurren por zonas verdes y naranjos hasta Bab el-Hed, donde el último sultán antes del protectorado exhibió las cabezas de los rebeldes que habían sido derrotados. En la actualidad, durante la mayor parte del año, aviones y vencejos se agolpan en la muralla al anochecer para hacer sus nidos en los huecos uniformes de la obra (diseñados para sostener las vigas transversales de pequeñas plataformas móviles para las obras de restauración de la muralla). En el otro extremo de la ciudad, otro tramo de muralla almohade en buen estado de conservación rodea la zona del palacio, y, detrás de éste, la necrópolis de Chellah da al valle.

Principales lugares de interés

Si sigue la carretera que rodea el valle, llegará al principal emplazamiento almohade de Rabat y símbolo por excelencia de dicha ciudad, la **Tour Hassan** (torre de Hasán) ❶, situada en la cima de una colina desde donde domina Rabat y Salé. Éste es el minarete inacabado de la gran mezquita de Hasán que Yaqub al-Mansur construyó en los últimos cinco años de su reinado, tras derrotar a los reyes de Castilla y León en Alarcos.

En el momento de su muerte, en 1199, se suspendieron las obras, pero la estructura principal de la mezquita estaba muy adelantada. Su diseño era faraónico: 21 naves laterales de orientación oeste y la nave central, con una capacidad para 40 000 fieles (el doble que la Kairouyine de Fez), la convertían en la mayor mezquita del oeste y la segunda de todo el Islam . Se dice que al-Mansur pretendía que todo su ejército rezara en ella.

La estructura de la mezquita se destruyó al mismo tiempo que la ciudad de Lisboa durante el terremoto de 1755. Muchas de las cuatrocientas columnas se han vuelto a erigir sobre nuevos cimientos de piedra. Perduran algunas partes exteriores de la mezquita, y un gran depósito de agua cercano a la torre, que debiera de haber alimentado las fuentes del patio de abluciones, se ha convertido en un monumento conmemorativo de las víctimas de la lucha por la independencia. Sin embargo, en la actualidad el emplazamiento de la mezquita no es más que un gran espacio abierto entre los mausoleos de Muhammad V y Hasán II, por una parte, y la Torre de Hasán, por la otra.

La torre, diseñada por el mismo arquitecto que la Giralda de Sevilla y la Kutubiyya de Marrakech, sólo tiene 51 metros de altura, igual que la Kutubiyya, y no los 81 previstos. Dentro de las paredes de la torre, de 2,4 metros de grosor, hay una rampa por la que las mulas transportaban los materiales de construcción y que, por lo general, está abierta al público (excepto, por supuesto, durante los períodos de restauración). La ascensión y las vistas son una prueba convincente de la altura real de una estructura truncada y de aspecto «chaparro».

Con sus 16 metros cuadrados de sección transversal, frente a los 12 de la Kutubiyya, la Torre de Hasán hubiera

Plano página 154

Detalle arquitectónico de la Torre de Hasán.

ABAJO: un guardián de la tumba de Muhammad V.

NOTA

Desde la ribera debajo de la Torre de Hasán, salen barcas de remos que le llevarán hasta Salé (*véase pág. 163*) por unos pocos dirhams. Si no dispone de vehículo propio, ésta es la manera más fácil de visitar Salé.

resultado más esbelta que sus torres hermanas en caso de que se hubieran completado la linterna y el alicatado de la parte superior. Pero la armonía del esculpido ornamental (diferente en cada cara de la torre en el nivel inferior e igual en tres de las caras de la parte superior), el esplendor del emplazamiento y el intenso color ocre de las paredes la convierten en una de las obras arquitectónicas más memorables de Marruecos.

Sin embargo, los **mausoleos de Muhammad V** y **Hasán II** ❷, en mármol blanco, situados al otro lado de la fila de columnas, constituyen la parte que más llama la atención de los visitantes. Son elementos arquitectónicos y estilos decorativos costosos, poco inspirados, que no han cambiado en cuatrocientos años, pero que han sido rescatados por la devoción popular de los visitantes marroquíes. En el funeral de Hasán II, en julio de 1999, aproximadamente dos millones de marroquíes, la mayoría acongojados por el dolor, inundaron las calles de Rabat para despedir a su rey, que era transportado por un vehículo militar que intentaba salir de palacio.

La casbah de los Udaya

Desde la Torre de Hasán, varias calles llevan a la sórdida **ribera** donde se amarran los barcos pesqueros. Desde aquí, si mira hacia el mar, conseguirá la mejor vista de la **casbah de los Udaya** ❸. Yaqub al-Mansur la construyó junto al original *ribat*, en tiempos de la fortaleza de los Udaya, que ya era en sí una pequeña ciudad, e incluía así mismo la residencia del sultán en Rabat.

En el siglo XVII, la época corsaria conocida como la república de Bou Regreg, los habitantes de la casbah vivían de la piratería. Solían vender a sus prisioneros en el **antiguo mercado de lana**, un espacio triangular donde todavía se comercia con lana, al otro lado de la calle desde la puerta de los Udaya.

Muley Ismail, cuyo reinado abarcó el mismo período que el de Luis XIV (*véase pág. 33*), puso fin a la pequeña pero violenta república, se apoderó de los negocios

ABAJO: la casbah de los Udaya.

de los corsarios y construyó un nuevo palacio dentro de la casbah, que hoy alberga el Museo de los Udaya. También acomodó en la casbah a la bélica tribu de los Udaya, que tenían la misión de subyugar a la también rebelde tribu zaer del sur de Rabat y mantener a raya a los corsarios.

A medida que se acerca a la entrada principal, la **Bab Udaya**, quizá desee disfrutar de media hora de calma y tranquilidad, para lo que puede contratar los servicios de un guía autónomo (aunque la casbah no es tan impresionante como en otras ciudades). Por otra parte, es uno de los pocos lugares de Rabat en los que puede contractar los servicios de un guía turístico. Teniendo esto en cuenta, puede empezar visitando la fachada de la soberbia puerta almohade, construida en el año 1195, con su extraordinaria superposición de arcos, y pasar del contorno del ojo de la cerradura al gran bloque que conforma la puerta. Desde lejos, la fachada brilla y se dilata debido al efecto causado por las presiones alrededor del arco y la interacción de los diferentes motivos geométricos.

Si atraviesa la entrada angular en la torre adyacente se hallará cerca de la parte interior de la puerta y en la calle principal de la casbah, la Rue Jamaa. En la mitad de esta calle, a la izquierda, se encuentra la **mezquita Udaya**, la mezquita más antigua de Rabat, construida en el siglo XII y restaurada en el XVIII por el converso arquitecto británico, Ahmed el Inglés.

Cualquier calle que baje a la derecha desde la calle principal le llevará al café Maure, en la muralla que da al río, un lugar tranquilo y sombreado, y que conecta con los Jardines Andaluces y el **Museo de los Udaya** (abierto de 10:00 a 17:00 h; martes cerrado). El museo, un palacio construido en el siglo XVII por Muley Ismail, no sólo es interesante por la preciosa colección de joyería, vestidos y alfombras que exhibe, sino por sí mismo, por su bonita decoración como residencia real, con elegantes salas de recepción que dan a un patio interior.

Plano página 154

El hibisco florece en los Jardines Andaluces de la casbah de los Udaya.

ABAJO: atravesando la casbah de los Udaya, hacia el café Maure.

La medina

La casbah de los Udaya se alza en el extremo noreste de la **medina** de Rabat, cuyos cuatro lados dan a la ribera, pasan por el cementerio de la costa hasta las murallas almohades que parten del faro de la Bab el-Hed, y por último recorren las murallas andalusíes del Boulevard Hassan II. Cuando en el siglo XVII los últimos refugiados musulmanes fueron expulsados de España, muchos de ellos se asentaron en Rabat y Salé, y se encontraron esta última en ruinas, prácticamente desierta; además, el área de antigua defensa almohade era demasiado grande para sus necesidades. Así que decidieron levantar la muralla andalusí para delimitar la parte que ocuparon, y ésta –la medina actual– la reconstruyeron según el estilo arquitectónico de sus tierras en España.

Cuando en 1912 los franceses convirtieron Rabat en la capital del protectorado, el mariscal Lyautey impidió que los europeos ampliaran la medina y ordenó la creación de una nueva ciudad extramuros, decisión que fue adoptada por la mayor parte de las antiguas ciudades de Marruecos. La primera consecuencia que siguió a esta decisión fue la segregación urbana, duramente criticada por los marroquíes, pero a largo plazo ha logrado que la ciudad se conserve mejor que otras de África del Norte.

La entrada a la medina está un poco en pendiente desde la puerta de los Udaya por la **Rue des Consuls**, la única calle en la que los cónsules podían establecer un comercio y que hoy día constituye una calle de comercios en su mayor parte, aunque no exclusivamente, para turistas. Entre los tipos de alfombras más comunes que pueden encontrarse allí está la de estilo urbano de Rabat, caracterizada por sus formas geométricas en fuertes tonalidades rojas y azules, y las Taznacht teñidas con tintes naturales de tonos más suaves, de modelos más austeros, que suelen presentar motivos animales o vegetales (los tabúes en el Magreb no son tan fuertes como en el resto del mundo árabe) y por lo general pequeñas. La mayor parte de las grandes alfombras que hoy se venden las elaboran las fábricas con mano de obra barata, pero la industria privada de alfombras vende sus productos en un zoco que se celebra todos los jueves por la mañana.

A mitad de camino hacia la Rue des Consuls, a la izquierda, hay dos antiguas *fondouks* (posadas para los comerciantes y sus animales de carga) contiguas que en la actualidad son talleres donde se trabaja el cuero. Unos pocos metros más arriba, a la izquierda, una *fondouk* más moderna se ha convertido en una *kissaria* de ropa (galería comercial), distribuida alrededor de un jardín. La calle está repleta de comercios de artículos de cuero y ropa hasta llegar al cruce. Enfrente, a la izquierda, está el antiguo barrio judío, o *mellah*, mientras que a la derecha la calle continúa por un mercado cubierto (de joyas y zapatos en su mayor parte; cerrado los viernes) hasta la **Gran Mezquita** de la medina. En la esquina de la calle lateral de la mezquita hay una fuente mariní del siglo XIV, vestigio del Rabat preandalusí, integrada en la fachada de una librería.

El mercado cubierto conduce directamente a la **Rue Souika**, la principal calle comercial de la medina, que nace en el **Marché Central** ❹. Mientras que la medina de Rabat está demasiado occidentalizada como para conservar las agrupaciones comerciales calle por calle, todavía los comerciantes de cabezas de oveja y pies de vaca asados mantienen la costumbre de concentrarse en un tramo de la calle y los de lencería, especias, artículos de ferretería o radiocasetes, en otro.

La zona situada detrás del Marché Central está rodeada de *derbs*, estrechos callejones sin salida, entre muros sin ventanas, que conducen a la vía principal. En estos *derbs*

NOTA

El café Maure, señalizado desde los Jardines Andaluces, es un lugar sombreado y fresco, ideal para detenerse a tomar las típicas pastas marroquíes acompañadas de un vaso de té con menta.

ABAJO: venta de babuchas y bolsas.

hay grandes puertas de hierro que se abren a los patios interiores de casas particulares. Leonora Peets describió, en 1932, estas casas como «una caja de arcilla sin tapadera, en la que los hombres marroquíes protegen a sus mujeres y su vida privada... Un pozo rectangular de dos pisos, cuyas ventanas dan al patio interior». A las mujeres sólo se les permitía salir a los tejados de estas casas al anochecer, cuando se les prohibía a los hombres; la única otra ocasión en que salían era para ir a los baños.

Detrás del Marché Central, a la izquierda si mira de frente a la medina, hay un pequeño **rastro** en el que a menudo se encuentran objetos curiosos.

Hacia el Museo Arqueológico

El Marché Central está enfrente de la **Avenue Mohammed V** ❺, que recorre el centro de la zona comercial de la ciudad moderna antes de desembocar en el elegante paseo marítimo bordeado de palmeras, escenario de los paseos al atardecer. En ella se levanta el **Parlamento** ❻ y más adelante, en la cima de la colina, la **Gran Mezquita** ❼ de Rabat del siglo XVIII. Quienes hayan quedado decepcionados con las ruinas de Sala Colonia (*véase pág. 162*), deberían visitar el **Museo Arqueológico** ❽ (abierto de 9:00 a 11:30 h y de 14:30 a 17:30 h; martes cerrado). Se encuentra a 5 minutos a pie de la Gran Mezquita, en una calle cercana a la Radio Télévision Marocaine, y guarda una soberbia colección de magníficas piezas de bronce halladas en las excavaciones de Volubilis, la capital romano-beréber de Mauritania Tingitana (*véase pág. 211*).

Cuando Roma ordenó la evacuación de Volubilis en el siglo III, los habitantes, que pensaban regresar en un corto período de tiempo, enterraron sus obras de arte fuera de la ciudad, y allí descansaron durante 17 siglos. Estas piezas se guardan aparte en la **Salle des Bronces**, un edificio independiente que el guardián le abrirá a petición previa (por motivos de seguridad).

Plano página 154

NOTA

El Hôtel Balima de Rabat cuenta con una agradable terraza desde la que se puede observar el paseo marítimo. Detrás del hotel hay diferentes sitios para comer, entre ellos La Mama, un bullicioso restaurante italiano.

ABAJO: inspección de una posible compra en el Mercado Central.

Aparte de muchas estatuillas grecorromanas encantadoras, hay cuatro o cinco piezas de tal grandiosidad que uno se cuestiona si los visitantes sacan el máximo provecho al museo: *El Perro de Volubilis*; el *Efebo dando de beber* (copia de la obra de Praxíteles); el *Efebo coronado de hiedra*; y, sobre todo, los supuestos bustos de Catón el Joven y el rey de Mauritania Tingitana, Juba II (*véase la ilustración de la pág. 21*). La cabeza de Catón, austera y muy cuidada, es considerada la enemiga de la de Octavio César, quien se suicidó por una cuestión de principios.

Sin embargo, la cabeza de Juba es el plato fuerte de la colección, el producto de «*pays berbère, occupant romain, esthétique grecque*». Sin duda, se trata de un joven beréber y bien podría haber sido una escultura de un rey. El pequeño bigote sobre el labio superior es típico y está muy extendido en Marruecos hoy en día. Es ese aspecto a lo Chaplin que asoma por encima de los volantes de la mayor parte de taxis de Rabat a medida que se adentran en el tráfico, cuidadosos y escrupulosos, completamente diferentes al resto de los taxis del país. El histórico Juba, un estudioso en sus tiempos, era el protegido del emperador Augusto y contrajo matrimonio con Cleopatra Selene, hija de Marco Antonio y Cleopatra. Reinó 45 años. Su hijo Ptolomeo, convocado a los juegos de Calígula en Lyon, encontró la muerte a manos de un emperador enajenado supuestamente por llevar una toga púrpura más brillante que la suya. (Los tintes dorado y añil provienen de un marisco que, en el pasado, fue el principal producto de exportación de Marruecos.)

El Palacio Real

A poca distancia al oeste del museo, en el transitado cruce de la Avenue an Nasr y la Avenue Moulay Hassan, se halla la **Bab er Rouah**, la «puerta de los vientos», la más impresionante de las conservadas, que en la actualidad también hace las funciones de galería de arte y alberga exposiciones temporales.

ABAJO: necrópolis de Chellah.

No haga como la mayoría de turistas, que entran por la puerta del colegio adyacente a la Gran Mezquita en vez de entrar por la del **Palacio Real** ❾, que en la actualidad tiene 200 metros más de superficie hacia la derecha, a medio camino entre la mezquita y Bab er Rouah. Está permitido andar y conducir a través de la arcada hasta el *mechouar* (área del palacio en la que se halla la **Dar el-Makhzen**, la Casa del Gobierno). Aquí, el turista se adentra en una ciudad dentro de otra, donde se encuentra el palacio moderno, la oficina del primer ministro y el Ministerio de Asuntos Religiosos. Entre la población residente de 2 000 habitantes hay numerosas ramas de la familia alawí dominante (otros grupos están repartidos por otros palacios en diversas ciudades), así como criados (en servicio o retirados), un regimiento de guardia y uno de caballeriza. El complejo también cuenta con una mezquita, en la que el rey dirigía la plegaria del mediodía de los viernes cuando estaba en Rabat.

Plano página 154

Las puertas moriscas del Palacio Real.

La necrópolis

La calle central que atraviesa el *mechouar* le lleva fuera de las murallas almohades, sólo a 10 minutos a pie de la **necrópolis de Chellah** ❿ (abierta de 9:00 a 19:00 h), a la izquierda. La zona amurallada de Chellah, que se extiende hasta los pies de la colina, casi hasta el valle, correspondió durante 1 500 años al puerto –fenicio, romano, beréber y árabe– de Sala, hasta que en el siglo XIII sus habitantes se desplazaron al otro lado del estuario, llevándose con ellos el nombre de la ciudad.

Aun así, Rabat continuó siendo el lugar de reunión de las tropas que se dirigían a la península Ibérica, y los tres primeros sultanes mariníes en los siglos XIII y XIV adoptaron Chellah como lugar de enterramiento para los muertos de su dinastía. (La otra necrópolis mariní se halla fuera de las murallas de Fez, su principal capital.)

Atravesará una puerta poco común, más decorativa que defensiva, ya que las tumbas musulmanas no guardan ningún tesoro, con ménsulas en forma de estalactitas

ABAJO: interior de la necrópolis de Chellah.

que coronan las torres de la puerta y que recuerdan a unas manos musulmanas alzadas en actitud de oración. Seguramente, los azulejos de esta entrada, ahora perdidos y cuyo estilo todavía conserva el brillo de las puertas almohades, resplandecieron con vigor en el pasado.

En el interior del recinto, unos senderos conducen a través de jardines medio salvajes y árboles perfumados (en especial las enormes campanillas blancas de los alucinógenos *dattura* o árbol de la *belladonna*, también conocido como el «árbol celoso» por el poder que tiene para volver loca a la gente) al claustro de las tumbas abovedadas de los santos, a un lado de la mezquita maríni y la zagüía, y, a la izquierda, a las excavaciones de la ciudad romano-beréber. Estos restos de Sala Colonia, o lo que quedó después de que los mariníes lo utilizaran como cantera para sus propias construcciones, sólo puede observarse desde el exterior; pero los visitantes pueden caminar por las ruinas de las tumbas de la mezquita y el palacio situado detrás de la mezquita.

Se trata, de hecho, de la única mezquita en Marruecos a la que pueden acceder los visitantes no musulmanes (según la prohibición impuesta por el mariscal Lyautey), aparte de la tumba de Muley Ismail en Meknés y la mezquita de Hasán II en Casablanca. Estas ruinas ejercen un poder mucho más embriagador que las de cualquier otro lugar de Marruecos y no presentan un aspecto neutro ni minuciosamente ordenado, sino que están dispersas entre higueras y flores, y entre ellas pastan las ovejas; más parecido a la imagen que los viajeros encontraron en Italia en el siglo XVII.

La entrada de la mezquita lleva, en primer lugar, a lo que era el patio de las abluciones y, después, a la sala de oraciones, donde, tras la pared, se hallaban las cámaras sepulcrales.

Al fondo, a la derecha, está la **tumba de Abu al-Hassan**, conocido como «Sultán Negro», que se halla contigua a parte de una pared sumamente decorada que

ABAJO: vista de Rabat desde el otro lado del río en Salé.

todavía se mantiene en pie. Su esposa, antes esclava cristiana, Shem Ed Duna («sol de la mañana»), cuya santidad se conmemora en una leyenda local, está enterrada en el extremo izquierdo (la separación de sexos se daba tanto en vida como después de la muerte). Esta mezquita fue construida por el abuelo de Abu al-Hassan, Abu Yusuf Yaqub, el «rey de los jinns», de quien se dice que enterró todo su oro en algún lugar cercano y dejó encargados de vigilarlo a los jinns.

A la izquierda de la mezquita descansan las ruinas de la zagüía del Sultán Negro, un lugar para el retiro espiritual y el estudio. Pequeños cubículos rodean el patio, con una piscina en el centro, tras la que hay una pequeña sala de oraciones culminada por un *mihrab* (nicho que indica la dirección de La Meca) rodeado, de manera poco usual, por un estrecho pasadizo cuyo paso está hoy cerrado por un alambre de espino y escombros. La leyenda dice que dar siete vueltas alrededor del *mihrab* tiene tanta recompensa como la peregrinación a La Meca (posiblemente éste sea el motivo por el que el paso está cerrado). En el otro extremo del patio central, bajando algunos escalones junto al minarete, se hallan las antiguas letrinas, con espacio para ocho personas (bastantes, teniendo en cuenta que sólo había dieciséis celdas de estudio). Los residentes descansaban en los dormitorios situados encima de los cubículos. Los minaretes tanto de la zagüía como de la mezquita, así como algunos árboles y las capillas de los santos, acogen nidos de cigüeñas, que se dice que traen buena suerte. Si tomamos de nuevo la mezquita como referencia, en el lado opuesto a los restos romanos encontrará una rampa que desciende hasta las ruinas del *hammam* (baños públicos), donde una piscina subterránea alberga una colonia de anguilas.

Plano página 154

Según una creencia popular, las anguilas de la piscina del hammam *de Chellah favorecen la fertilidad. Supuestamente, están dirigidas por una anguila gigante de pelo largo y con anillos dorados, y extraen su magia del santo Shems, como el riachuelo que nace en los jardines de las ruinas.*

La ciudad gemela

El puente de Hasán II sobre el río **Bou Regreg** («padre de reflexión») lleva directamente al centro de la ciudad gemela de Rabat. Cuesta creer que **Salé** y Rabat formen ahora una única conurbación. Atravesar el río es un viaje en el tiempo y también en el espacio. Salé, a pesar de su prodigioso ritmo de crecimiento, continúa siendo musulmana (una ciudad sin bebidas alcohólicas), con una cultura resistente (en la teoría) y mantiene una tradición de animadversión hacia Europa que se remonta a los tiempos de los últimos refugiados perseguidos por la Inquisición española y la tradición de los corsarios, bastante activos durante el siglo XIX. Sin embargo, la cortesía de los slawi hoy en día es comparable a la de muchas otras ciudades, y los extranjeros no tienen complicaciones de ningún tipo.

La ciudad de Salé recibe este nombre desde 1260, cuando la población de Chellah (Sala) cruzó el río para establecer su residencia y reconstruir la ciudad, después de que Alfonso X el Sabio de Castilla la saquease y sometiera a esclavitud a la mayor parte de sus habitantes. Durante los seis siglos que siguieron, Salé fue más importante en el ámbito económico que Rabat.

Desde el siglo XIII hasta el siglo XVI fue el principal puerto comercial de Marruecos y cuando, tras el último asentamiento de españoles a principios del siglo XVII, Salé y Rabat formaron el efímero estado corsario Bu Regreg, Salé estuvo a la cabeza. El héroe de la novela de Daniel Defoe *Robinsón Crusoe* fue capturado y vendido en el mercado de esclavos por los habitantes de Salé.

Desde el extremo de Salé, en el puente de Hasán II, la primera puerta que se divisa es **Bab Mrisa** ⓫ («puerta del puerto»), poco común por su gran altura. Fue construida por los sultanes mariníes para facilitar la salida de

ABAJO: elaborando adobe.

los barcos mediante un canal, que ya no existe, hasta el muelle dentro de las murallas de la ciudad. Siga las murallas por el exterior, a la izquierda, hasta llegar a un cruce (Bab el-Haja) enfrente del ayuntamiento. Gire a la derecha y tome la izquierda en la plaza que encontrará a continuación.

Al fondo, a la izquierda, entrará en la principal calle de comercios de la **medina**. En ella, los artesanos y los comerciantes se agrupan por gremios en las estrechas calles. Es una ciudad típicamente marroquí, poco visitada por los turistas y libre de timadores. La alargada calle que sube a la izquierda (Rue de la Grande Mosquée) conduce a la zona de las mansiones de los mercaderes, situada a la derecha de la **madrasa al-Hassan** ⓬, un pequeño colegio religioso mariní encantador tan bien conservado como las grandes madrasas Bu Inania de Fez y Menkes, pero mucho más pequeña. Como las anteriores, la de al-Hassan está totalmente decorada: primero *zellige* (mosaico de cerámica), luego estuco grabado y finalmente madera de cedro tallada. Está permitido que los visitantes suban a los dormitorios, en el piso superior, e incluso a la azotea, con vistas de Rabat al otro lado del río. Detrás de la Gran Mezquita, en la parte que da al mar, se halla el santuario de **Sidi Abdullah ben Hassan**, un santo del siglo XVI venerado por los corsarios. Su culto se conmemora con una procesión anual que se celebra la víspera del Mouloud (el aniversario del Profeta); hombres con trajes de época llevan faroles elaborados con cera de diferentes colores y caminan desde la Bab Mrisa hasta el santuario, donde bailan y cantan.

Aves del zoo Temara Ville. El zoo ha puesto en marcha un proyecto de reproducción en cautividad para algunas especies en vías de extinción.

Cerámica y botánica

Lejos de la ciudad, hay una próspera cooperativa de recipientes de **cerámica**, junto al río Salé, en la carretera del aeropuerto a las afueras de Rabat. La cerámica de Salé se caracteriza por sus diseños sencillos en sombras pastel y blancas, que a menudo incluyen la fíbula romana o un prendedor, motivo tradicional en la decoración beréber. Por desgracia, este trabajo de cerámica se desportilla con facilidad, no como la cerámica de gres cocida propia de Fez, con su característica decoración en tonos azules y blancos muy vivos.

ABAJO: madrasa al-Hassan.

A unos 10 kilómetros al norte de Salé, en la carretera de Kenitra, están los **jardines Exóticos** (abiertos de 10:00 a 17:30 h), una aventura botánica con puentes de lianas y tortuosos senderos de jungla, que se reconoce desde la carretera por los sombreros de colores en venta que cuelgan del arco de metal de la entrada. Los jardines, diseñados por un conservacionista francés para ilustrar la diversidad de ecosistemas, presentan un aspecto un poco abandonado, pero aun así tiene la diversión asegurada.

A unos 6 kilómetros al norte hay un cruce que conduce al hotel de cinco estrellas Firdaous y a las paradisíacas playas de Plage des Nations (sea precavido: el mar en esta zona es peligroso).

De Rabat a Casablanca

Si no dispone de vehículo propio, puede llegar fácilmente a Casablanca en tren (apéese en la estación Casa-Port). Si viaja en coche, dispone de tres vías bien señaladas: la autopista (se paga peaje), la P-1 o la carretera de la costa, que puede registrar abundante tráfico los fines de semana, cuando los habitantes de las ciudades se dirigen a la costa.

En muchas de las playas atlánticas hay corrientes que hacen que el baño resulte peligroso, pero en la costa entre Rabat y Casablanca hay unas pequeñas bahías de arenas doradas, atractivas y seguras. A unos 10 kilómetros al sur de Rabat, por la carretera de la costa, está la **Temara**

Plage, que cuenta con diferentes playas: Contrebandiers, Sables d'Or (Sidi el-Abeb) y Sehb ed Dahab. Alrededor de Sables d'Or hay numerosos restaurantes, discotecas e instalaciones deportivas, y en Sehb ed Dahab se halla el puerto deportivo. Sin embargo, durante los meses de verano estas playas están siempre abarrotadas de gente.

En **Temara Ville**, a un par de kilómetros hacia el interior, se encuentra el principal zoo de Marruecos (hay otro en Agadir), cuya representación de animales bien cuidada (en el pasado era propiedad del rey) habita en vastas extensiones. Un poco más al sur, donde la carretera de la costa cruza el río Oued Ykem, a la salida de la autopista Ain Atiq, dos cámpings y dos restaurantes ofrecen a los turistas sus servicios a orillas de la atractiva **Plage Rose-Marie**. El hotel Le Kasbah alquila caballos en los que puede montar por la playa, dispone de piscina y, en verano, de un club nocturno. Si pretende acampar en verano, tenga en cuenta que durante la temporada estival los cámpings marroquíes están abarrotados con centenares de tiendas semipermanentes y la falta de descanso está asegurada.

En **Skhirat**, a 30 kilómetros al sur de Rabat, el palacio real a orillas del mar, escenario del sangriento golpe de estado perpetrado contra Hasán II en el año 1971, está rodeado por excelentes playas y elegantes villas. A unos 70 kilómetros de Rabat y 30 kilómetros antes de llegar a Casablanca, se extiende la franja costera **Mohammedia**, un lugar que podría denominarse de doble personalidad. En la parte de Casablanca hay un puerto exportador de petróleo, fábricas y barrios pobres, mientras que en la zona de Rabat (conocida como Mohammedia oriental) es el lugar de ocio de las personas adineradas de Casablanca, con hoteles, playas en buenas condiciones e instalaciones deportivas que incluyen un campo de golf de 18 hoyos, con un puerto, parque acuático, posibilidad de montar a caballo (Hôtel Samir), un casino y un velódromo. Es un lugar idóneo para relajarse y cuenta también con dos magníficos restaurantes de pescado.

Plano página 154

NOTA

El club de golf Dar-es-Salam, diseñado por Robert Trent Jones y situado a las afueras de Rabat, en la carretera Rommani, cuenta con dos campos de 18 hoyos y uno de 9. Los visitantes pueden hacerse miembros del club de manera temporal.

ABAJO: la costa sur de Rabat.

CASABLANCA

A pesar de la imagen pecaminosa que la película homónima de Hollywood dio a la ciudad, Casablanca es una metrópoli fascinante que cambia a un ritmo desenfrenado

Plano página 170

La capital financiera de Marruecos es una ciudad en vías de desarrollo. Sus calles están abarrotadas de tráfico y ruido. Los modernos edificios se elevan perfilando el horizonte y los caros comercios y las vallas publicitarias han transformado el ambiente del centro de la ciudad. Casablanca ya no es la versión pobre de una ciudad moderna. La aburguesada clase media y el sector servicios, que crece con gran rapidez, han lanzado a la ciudad al siglo XXI.

Sin embargo, también es una ciudad que cuenta con amplias zonas empobrecidas y *bindovilles* (barriadas aisladas) que fueron escenario de revueltas sangrientas en dos ocasiones durante las dos últimas décadas del siglo XX. Las primeras barriadas empezaron ya en el siglo XIX, se extendieron durante los años de la posguerra y todavía hoy el país lucha por atajar este problema. Combatir la pobreza es la máxima prioridad para el rey Muhammad VI.

La ciudad originaria beréber de Anfa fue destruida por un terremoto en 1755. Se reconstruyó como Dar el-Beida (la «casa blanca»). La población no superaba los 20 000 habitantes en el cambio de siglo, ni siquiera una décima parte de la de Fez. Sin embargo, desde entonces se ha convertido en el principal puerto comercial e industrial de Marruecos, con una población que oscila entre tres millones, según fuentes oficiales, y cinco millones según las no oficiales. Esto convierte a Casablanca en la segunda ciudad más grande de África después de El Cairo.

Casablanca nunca ha tenido ningún vínculo real con el escenario de la película que la hizo famosa. Ni siquiera una sola escena se rodó cerca de Casablanca y guarda todavía menos parecido con la ciudad actual. El único vestigio que el turista encontrará hoy en día es la decoración del bar Hyatt Regency o las frecuentes reposiciones en el cine Lynx.

PÁGINAS ANTERIORES: vista de Casablanca. **IZQUIERDA:** la mezquita de Hasán II. **ABAJO:** la Place Mohammed V.

Orientación

En el centro de la Casablanca colonial hay dos grandes plazas, la **Place Mohammed V** ❶ y la **Place des Nations Unies** ❷. Desde esta última, una carretera se dirige hacia el puerto y la estación de ferrocarriles Casa-Port. Esta ruta es el extremo más oriental de la pequeña y bastante envejecida medina de Casablanca, en cuyo extremo final, que da al mar, se alza el fuerte del siglo XVIII **Borj Sidi Mohammed ben Abdullah**, construido para frenar los ataques portugueses. El único motivo para visitar la medina es ir de compras a **Derb Omar**, donde el pueblo presume de poder encontrar lo mismo que en el Harrods de Londres.

Al otro lado de la Place des Nations Unies encontrará una zona peatonal de compras más moderna, entre la Place d'Aknoul y el Boulevard de Paris. Sin embargo, el verdadero centro de la ciudad se ha desplazado de la ya vieja zona de la época del protectorado al cruce entre el **Boulevard Zerktouni** y el de **d'Anfa**. Cafeterías de diseño y nombres europeos de tiendas recorren las calles

Un toque de art déco *en el Hyatt Regency Hotel.*

y avenidas, así como empresas de publicidad y de informática y despachos de arquitectura. En Casablanca se huele el dinero y de ello da muestra el reciente **Deux Tours**, un complejo comercial y de oficinas que se ha convertido en todo un símbolo del centro de la ciudad.

Sin embargo, en Casablanca no abundan las atracciones que el resto de Marruecos ofrece a los visitantes. No hay más museos ni atracciones históricas relevantes. Con sólo pasear por la ciudad, el turista se cansará del constante ajetreo del tráfico y de la contaminación. La ciudad es el centro económico del país, mientras que la cultura es la de los jóvenes ciudadanos. Pero el principal atractivo de Casablanca es el contraste que existe entre ella y el resto de Marruecos. Aunque todavía no dispone de una guía del ocio, Casablanca cuenta con una serie de sitios web que ofrecen información sobre los acontecimientos especiales y de actualidad. Otras fuentes de información son la prensa de mujeres (*Citadine* y *Femmes Du Maroc*) y Teleplus, un programa televisivo semanal. Merece la pena echarles un vistazo, ya que sólo a través de las inauguraciones de exposiciones, los espectáculos de moda y los locales nocturnos se llega a conocer la auténtica vida de la ciu-

dad. Los principales acontecimientos señalados en el calendario son el espectáculo Caftan (invierno), que atrae a diseñadores internacionales, y el Festival Nacional de Cine (primavera).

Los aficionados a la gastronomía podrán disfrutar en Casablanca (*véase la Guía práctica*), pero ir de compras es otro de los grandes atractivos de la ciudad. Una de las industrias más importantes de Marruecos es la textil, por lo que no es difícil encontrar gangas a precio de coste, sobre todo en prendas de moda femenina. Los comercios más caros y de mayor calidad se hallan en el Boulevard Zerktouni y el Boulevard d'Anfa, mientras que la zona Maarif está repleta de cientos de pequeñas tiendas que tienen ofertas especiales todos los días. Las tiendas dedicadas al interiorismo son también muy numerosas, y su mejor oferta es la síntesis del estilo tradicional marroquí y el diseño europeo.

Plano página 170

Casablanca cuenta con algunas de las mejores pastelerías del país.

Arquitectura y arte

La ciudad es famosa por su arquitectura de estilo *art déco* y neomorisca; esta última, producto de la administración del protectorado francés, está muy presente en los edificios públicos que rodean la Place Mohammed V, al otro lado de la Place des Nations Unies desde la medina. Cuatro edificios públicos monumentales de este período dominan la plaza: la Grande Poste, un hermoso edificio con una fachada de arcos y columnas de piedra; la Wilaya (la prefectura), coronada por una torre modernista con un reloj; el Palais de Justice, con una monumental entrada inspirada en el *iwan* persa y con sus elaborados patios revestidos de azulejos, y la Banque d'État, cuya fachada está decorada con sillería. Los tres primeros, de estilo neomorisco, fueron construidos por arquitectos franceses en la segunda y tercera décadas del siglo XX. Alrededor del Boulevard Mohammed V y en las calles colindantes podemos observar algunos ejemplos más de la exuberante explotación de temas exóticos que los arquitectos franceses combinaban con la artesanía local. Abundan las fachadas esculpidas, que a menudo presentan azulejos decorativos o mosaicos de *zellige* y algunos impresionantes enrejados *art déco* que aparecen en los balcones y las escaleras.

Muchas de las villas de estilo *art déco* que un día se alzaban en los bulevares de la ciudad han sido demolidas para construir edificios de oficinas –la agencia de publicidad Shems Advertising, en el Boulevard d'Anfa 162, por ejemplo–, aunque se ha propuesto en varias ocasiones crear un centro histórico dedicado al *art déco*. La **Villa des Arts** ❸ (Boulevard Brahim Roudani, 30; abierto de martes a sábado, de 11:00 a 19:00 h; tel.: 29 50 87), un museo de financiación privada, es un precioso ejemplo de restauración de dicho estilo. El museo se dedica a coleccionar piezas de arte marroquí contemporáneo y recibe subvenciones de la Fundación ONA, que también financió la restauración de la mezquita Tin Mal en el Gran Atlas (*véase pág. 276*).

Contemporánea es la **Home d'Enfants Murdoch-Bengio** (Rue Abu Dhabi, 51, tel.: 99 49 40/99 49 41; visitas con cita previa), un pequeño museo de cultura judía marroquí que ocupaba un moderno edificio diseñado por el arquitecto Aime Kakon, construido en el emplazamiento de un orfanato judío de la posguerra. Otros lugares de exposiciones que merece la pena citar son el **Institut Français** (Boulevard Zerktouni, 121; tel.: 25 90 78) y el **Théâtre Sidi Bellyout**. La **Cybergallery** (Rue Ain Harrouda, 14) exhibe arte contemporáneo y tiene una cafetería de estilo modernista.

ABAJO: una pasta y un café con leche... para reponer fuerzas.

El minarete de la mezquita de Hasán II.

ABAJO: el inmenso patio de mármol de la mezquita de Hasán II.

Quartier Habbous

A 10 minutos en coche del centro (tome un *petit taxi*) se halla la nueva medina, conocida como **Quartier Habbous ❹**, que fue construida por los franceses en la década de 1930 en estilo neomorisco. Este atractivo complejo es hoy día un centro comercial (no esencialmente para turistas) especializado en librerías árabes y objetos tradicionales. También se encuentran aquí las oficinas de Adul, donde los hombres repudian a sus mujeres bajo la ley islámica. Es cómodo y agradable pasear por esta tranquila zona. Merece la pena visitar la famosa **Pâtisserie Bennis,** en la Rue Fkih El Gabbas. Cerca se encuentra el Palacio Real de Casablanca, con elevados muros y jardines escondidos (se rumorea que el nuevo rey Muhammad VI desea abrirlo al público como museo).

La mezquita de Hasán II

Al oeste, por la carretera que rodea el acantilado (es aconsejable tomar un *petit taxi*), se encuentra la **mezquita de Hasán II ❺** (abierta a las visitas turísticas de no musulmanes fuera de las horas de oración; se paga entrada), regalo que la nación hizo al anterior soberano con motivo de su sexagésimo cumpleaños en 1989 (fue inaugurada en 1993). El costoso pero magnífico edificio, que cuenta con biblioteca, museo, baños públicos, una escuela del Corán y sala de conferencias, se construyó en el lecho marino, rodeada de agua por tres lados. Fue diseñada por el arquitecto francés Michel Pinseau, y financiada con aportaciones voluntarias. Su ubicación responde a la frase del Corán: «Alá tiene su trono en el mar». Incorpora, en la medida de lo posible, materias primas marroquíes: madera de cedro del Atlas Medio y mármol de Agadir y de Tafraoute.

Su coste, más de 750 millones de dólares estadounidenses (833 millones de euros), se recaudó por diferentes medios. Agentes especiales recolectaron las contribucio-

Plano página 170

nes por todas las casas de la tierra y algunos empresarios dedujeron un porcentaje de los salarios de los trabajadores. Se dice que los oficiales de mayor rango del último rey se desvivían por realizar generosas aportaciones.

La sala de oración, cuyo techo corredizo sobre la parte central se acciona mediante un motor eléctrico, puede acoger a 20 000 fieles, mientras que otros 80 000 rezan en la explanada adyacente. El minarete de mármol tiene una superficie de 25 metros cuadrados y 175 metros de altura, lo que lo convierte en el edificio religioso más alto del mundo, por encima de la gran pirámide de Keops (30 m) y San Pedro (40 m). Los 35 000 obreros que participaron en su construcción invirtieron cincuenta millones de horas de trabajo. Es visible desde cientos de kilómetros mar adentro y es la mayor mezquita tras las de la Medina y La Meca, además del monumento más occidental del Islam. Un rayo láser de 32 kilómetros señala hacia La Meca desde el punto culminante del minarete.

A lo largo de la Corniche

La zona de recreo de Casablanca es la Corniche de **Ain Diab** ❻, el paseo marítimo, una zona residencial situada al oeste del puerto, más allá de la mezquita. Aquí vienen los ciudadanos de Casablanca a correr y a tumbarse en la playa durante el día, y por la noche resplandecen las luces de los restaurantes y discotecas. Uno de los mejores restaurantes franceses de África, el galardonado **À Ma Bretagne** (cerrado en agosto), se halla en el extremo occidental de la carretera, no lejos del **morabito de Sidi Abderrahman**, un pintoresco grupo de tumbas blancas que emergen de un afloramiento rocoso justo en la orilla. Cuando baja la marea, los peregrinos caminan por las aguas para llegar hasta ellas. Dos de las discotecas a las que merece la pena ir son Villa Fandango (Rue Mer Égée, Boulevard de la Corniche, tel.: 39 85 08) y el Revolver Café (esquina de Rue Mer d'Oman y Rue de la Mer Adriatique, tel.: 39 71 85).

En las rocas de Ain Diab.

ABAJO: de charla en la Corniche de Ain Diab.

EL SUR DE CASABLANCA

Esta franja costera no es muy visitada por los turistas, pero merece la pena explorar el puerto portugués de El-Jadida, la cuna de las ostras de Oualidia y la cerámica de Safi

Mapa página 178

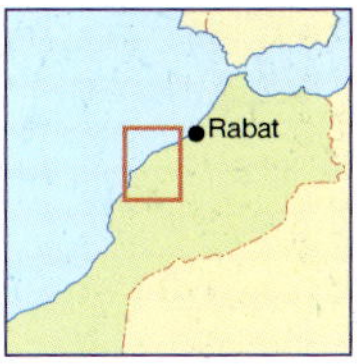

A la franja costera atlántica situada al sur de **Casablanca** ❶ se accede por dos carreteras: la más transitada, pero no por ello la más rápida, es la P-8; la S-121 sigue un recorrido de bellos paisajes por la costa (sin el firme en mal estado que suele caracterizar a las carreteras costeras). Sin embargo, las vistas no son tan espectaculares como en el resto del país. Al oeste, las grandes olas del Atlántico se esconden de manera intermitente tras las dunas, las lagunas o tras finas cañas que dan cobijo a las tomateras. Al este se extiende una tranquila y verde planicie, salpicada de granjas, donde pastan las ovejas.

De vez en cuando, el carácter melancólico de la provincia se disipa cuando la carretera bordea una inesperada y atractiva cala dorada. Las mulas y las carretas (con matrícula) sugieren un mayor número de campesinos que al sur; de vez en cuando se puede ver también algún caballo.

PÁGINAS ANTERIORES: murallas de El-Jadida.
IZQUIERDA: las palmeras de troncos altos son características de El-Jadida.
ABAJO: posando para una bonita foto.

El legado portugués

A unos 80 kilómetros al sur de Casablanca, en la desembocadura del río Oum er Rbia, «madre de la primavera», la carretera principal atraviesa la pequeña ciudad de **Azemmour** ❷. La vista de la ciudad desde la otra parte del río es una de las más memorables del país, un paisaje digno de ser retratado. Las edificaciones blancas y cúbicas que se amontonan tras los muros destacan por los asombrosos colores del río, tanto verdes como rojos según haya llovido o no en las colinas.

La ciudad fue llamada Azama por los portugueses, que ocuparon el territorio durante sólo treinta años, de 1510 a 1540. Es el primero de una serie de puertos a lo largo de esta franja costera que antaño pertenecieron a Portugal. Desde dentro, la ciudad no es impresionante pero sí agradable. Puede pasear por las murallas portuguesas y reflexionar sobre la extraordinaria energía de ese pequeño país en los siglos XIV y XV, cuando en alguna ocasión poseyó la mayor parte de los puertos marroquíes del Atlántico.

El *moussem* anual de la ciudad conmemora a un hombre judío sagrado. Pero la población judía, como la mayoría de los marroquíes judíos, se marchó a Israel en 1967 huyendo de las represalias por la guerra de los Seis Días. El *mellah* se halla en ruinas, pero la sencilla y pequeña sinagoga está abierta para algunos visitantes.

A unos 16 kilómetros más al sur, a 100 kilómetros de Casablanca, se halla el complejo turístico **El-Jadida** ❸, un refugio de verano para los *marrakshis* que huyen del sofocante calor del *chergui*, el viento de levante. Los kilómetros de playas de arena dorada (a menudo cubiertas por una bruma cálida), el ambiente despreocupado y la interesante antigua ciudad portuguesa hacen que sea un bonito lugar para descansar, aunque en verano está bastante masificado. Muchas de las calles de la ciudad son amplias avenidas con largas palmeras.

Los portugueses gobernaron la ciudad, a la que llamaron Mazagan, durante 250 años y construyeron la

Escudo de armas de El-Jadida.

medina fortificada y rodeada de un foso junto al puerto. Las calles adoquinadas y la arquitectura portuguesa de la ciudadela todavía conservan un sabor especial que no se encuentra en ninguna otra parte de Marruecos. La reliquia portuguesa más notable es la cisterna subterránea (abierta todos los días de 8:30 a 12:00 h y de 14:00 a 16:00 h; se paga entrada), con pilares y bóvedas como si se tratara de la cripta de una iglesia y asombrosamente hermosa cuando los rayos oblicuos del sol se reflejan en las profundas aguas. En ella filmó Orson Welles parte de su *Otelo* en 1952. La cisterna fue, durante un tiempo, el arsenal y la escuela de esgrima para la guarnición portuguesa. En la esquina, la antigua iglesia de la Asunción, hoy día restaurada, se alza en una pequeña plaza en el centro de la ciudad portuguesa. El minarete de la mezquita adyacente fue en una ocasión, como podrá observar, un faro. En la actualidad hay un restaurante portugués casi frente a la cisterna y un nuevo espacio para exposiciones llamado *L'Espace Culture*.

Las fortificaciones de la ciudadela se hallan en perfecto estado de conservación y, si pasea alrededor de las murallas, obtendrá unas preciosas vistas, como el *Bastion d'Ange*, que ofrece una buena panorámica de la zona del puerto. Sin embargo, si lo que quiere es conseguir la mejor vista de las murallas y llegar a apreciar la ubicación de la ciudadela, cuando baje la marea camine hasta el final de uno de los dos rompeolas que llegan al puerto. Desde allí tendrá una preciosa vista de la ciudadela, con las magníficas murallas que emergen del mar para proteger las entradas posteriores a la ciudad por el mar y, de fondo, las coloridas embarcaciones de pesca.

En el pasado, la ciudad tuvo una numerosa población judía que el sultán Abderrahman aumentó en el siglo XIX al acoger a los judíos procedentes de Azemmour. Hay un enorme cementerio judío al sur de la ciudadela y una sinagoga en su interior.

La medina musulmana es un enjambre de comercios y zocos. En concreto merece la pena visitar una pequeña plaza situada al sur de la calle principal, justo delante de

ABAJO: mujer de la zona.

las puertas arcadas de la ciudadela. Éste es el lugar donde se celebran el mercado de lana y las subastas. El-Jadida es conocido precisamente por sus chilabas y *haiks* tejidos, y los comercios de la plaza están llenos de sastres, babuchas y tiendas de ropa repletas de sedas multicolores. Por las tardes los subastadores recorren la plaza para vender retales al mejor postor.

Al norte de la ciudadela, en la costa, hay un mercado cubierto de pescado que merece la pena visitar. También resulta un buen lugar para comer, por ejemplo el Restaurant du Port, que vende bebidas alcohólicas (justo en el puerto, una vez pasada la barrera policial). Está abierto para la comida y la cena y ofrece una vista privilegiada de las murallas de la ciudadela.

Peregrinos y ostras

A pocos kilómetros al sur de El-Jadida, en la pintoresca carretera de la costa, se encuentra el lugar donde se celebra, normalmente la tercera semana de septiembre, el *moussem* anual del Muley Abdullah. El festival se celebra alrededor de la zagüía encalada y con azulejos verdes, situada dentro de las ancestrales murallas de Tit, que datan del siglo XII. El *moussem* ofrece uno de los espectáculos marroquíes más famosos de *fantasia* (habilidad en el manejo del caballo). No mucho más lejos, por la carretera de la costa S-121, se encuentra el complejo industrial **Port de Jorf** de fosfatos y productos químicos que da vitalidad económica a El-Jadida.

A unos 90 kilómetros más al sur, pasando las marismas, se encuentra la preciosa bahía de **Oualidia** ❹, famosa por los viveros de ostras. Hay dos hoteles cuyos restaurantes ofrecen buenos platos de marisco, y dos cámpings construidos alrededor de las ruinas de la casbah del siglo XVII del sultán sadí El Oulid y de una villa real. Oualidia es hoy día la playa preferida de las situadas al sur de Casablanca, y aunque a menudo esté repleta en verano, en especial los fines de semana, se puede dar un

Mapa página 178

NOTA

El paseo marítimo, en la zona norte de El-Jadida, es el lugar destinado a las cafeterías. Muchas de ellas están situadas en la acera y cada una tiene sus características propias. La más respetable y aconsejable para mujeres solas es la que está más al norte.

ABAJO: niños jugando en el agua.

buen baño en un ambiente placentero. Disfrute conduciendo por los últimos 66 kilómetros de la carretera S-121 hacia Safi, bordeando impresionantes acantilados, entre ellos el **Cap Beddouza**, y atractivas playas recónditas de arena dorada.

Los higos chumbos se venden por todo Marruecos, pero son muy comunes en la costa atlántica. Son un remedio local contra los dolores leves de estómago.

La capital de la cerámica

A unos 150 kilómetros al sur de El-Jadida, se halla **Safi** ❺, un importante puerto pesquero y de fosfatos con una próspera pero maloliente industria química emplazada al sur de la ciudad. Los dos monumentos más importantes son un legado de los portugueses, que ocuparon Safi durante un breve espacio de tiempo a principios del siglo XVI. El Dar el Bahr, el «castillo del mar», situado en la orilla junto a la medina, está bien conservado. Los diferentes orígenes de los cañones en las murallas reflejan la competencia europea por hacerse con el control del comercio tras la desaparición de los portugueses. En el siglo XVII Safi se convirtió en el principal puerto comercial de Marruecos con el mundo cristiano hasta que fue desbancado por Essaouira. Sin embargo, sus orígenes son mucho más antiguos y puede que hubiera sido la ciudad fenicia de Mysokoras.

En la cima de la colina, detrás de la medina, se alza otra fortaleza portuguesa, Kechla, ampliada y embellecida por un pródigo hijo del Muley Ismail, que heredó las extravagancias pero no la inteligencia de su padre y derrochó todo el dinero que éste había reservado para fines militares. En la actualidad, el edificio restaurado alberga el **Museo Nacional de Cerámica** (abierto de sábado a jueves de 8:30 a 12:00 h y de 14:30 a 17:00 h; se paga entrada), que expone piezas procedentes de todo el país y que merece la pena visitar no sólo por la colección de cerámica, sino también por el precioso patio de azulejos verdes.

En el centro de la medina se halla la capilla de Santa Catalina, atractiva mezcla de elementos góticos y renacentistas que formó parte de la ahora ya desaparecida catedral y que muestra el escudo del rey Manuel I. En la ladera de la colina, al norte de la medina se encuentran las alfarerías de Safi, donde se realizan vistosos platos y vasijas de barro cocido con moldes geométricos, así como diseños más contemporáneos que empezaron siendo encargos de importadores europeos y que a partir de entonces han adquirido gran popularidad. La cerámica de Safi puede encontrarse por todo el país, pero en raras ocasiones tan barata como en los diferentes puestos y talleres diseminados a lo largo de la carretera de esta zona de la costa. Son buenas compras si consigue llevárselas a casa.

ABAJO: en Safi.

La carretera que sube hasta la parte más alta del acantilado, al norte de la ciudad, le conducirá al pueblo **Sidi Bouzid** ❻, que cuenta con su zagüía, un buen restaurante y una magnífica vista del pueblo y el puerto. Desde allí puede observar la procesión de sardineras que regresan al puerto mientras prueba las deliciosas sardinas con especias, plato típico de la zona.

El interior

En el interior se encuentra la llanura Rehamna, una amplia zona agrícola poblada por los descendientes de los beduinos árabes que emigraron hacia el oeste a principios del siglo XI, arrasando cuanto encontraron a su paso. Su llegada a Marruecos causó una catástrofe agrícola, ya que destruyeron los antiguos sistemas de irrigación y su ganado insaciable agotó los pastos. En la actualidad, las llanuras de la costa son conocidas por las enormes minas de fosfatos.

Mapa página 178

En esta zona es más interesante la poco visitada **casbah de Boulaouane** ❼, cuyo dibujo suele aparecer en las botellas de vino de Boulaouane. Es preferible visitar el lugar de camino desde o hacia El-Jadida. Es un buen lugar para descansar en la interminable carretera P-7 que une Casablanca y Marrakech, o la P-9 entre El-Jadida y Marrakech, en las que los únicos elementos destacables son las obras de cemento en Sidi Smail (que producen miles de canales de irrigación) y las minas de fosfatos de Youssoufia.

La casbah fue una gran fortaleza ubicada en una parte de uno de los meandros del río Oum er Rbia, que nace entre los cedros del Atlas Medio y fluye hasta su desembocadura en Azemmour. El gran sultan alawí Muley Ismail construyó la casbah en 1710 como parte de una serie de casbahs emplazadas al sudoeste de Marruecos para contener el avance de las tropas portuguesas. Las murallas todavía se conservan en buenas condiciones y se puede pasear por ellas para apreciar su ubicación estratégica con tres de los lados protegidos por empinadas laderas y, más abajo, por el río. La mayor parte del interior se halla en ruinas, salvo la elegante puerta interior arcada, unas cuantas paredes interiores, algunas cámaras subterráneas, la mezquita (que todavía utilizan algunos habitantes del pueblo) y un pequeño morabito adyacente. Al pequeño y rechoncho minarete se sube por unas estrechas escaleras, pero las vistas desde allí son decepcionantes para la mayoría, excepto para los más altos, ya que son los únicos que pueden ver por encima de un parapeto demasiado alto para el resto.

En cualquier otra parte de la casbah, el guardia le atenderá con amabilidad; entre las ruinas, hay restos de azulejos *zellige*, fragmentos de yeso esculpido y columnas de puro mármol blanco de Carrara, que Muley Ismail trajo de Italia a cambio del mismo peso en azúcar. Fuera de las murallas, en la parte norte, un pasillo conduce hacia abajo por una pendiente hasta una torre que se supone fue diseñada para que la casbah tuviera acceso directo al río.

ABAJO: horno de cerámica en Safi.

FEZ

La antigua ciudad de Fez, uno de los últimos focos de civilización medieval del mundo, está salpicada de mezquitas, madrasas y palacios, cuyos comercios y oficios apenas han cambiado en el último milenio

Plano página 186

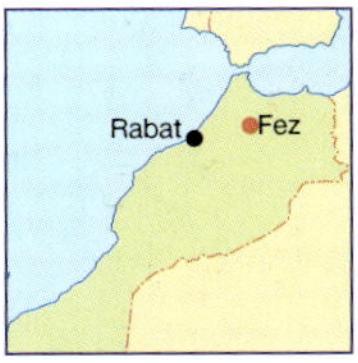

PÁGINAS ANTERIORES: la noche cae sobre la ciudad de Fez.
IZQUIERDA: Fez el-Bali, con la mezquita de Kairouyine al fondo.
ABAJO: visita a la tumba de Muley Idris II.

En la parte alta, junto al fuerte que domina las dos ciudades de la antigua Fez, los estudiantes vestidos con sus *jellabahs* se sientan bajo el sol del atardecer rodeados de latas de Coca-Cola y se hacen preguntas para preparar los exámenes de la universidad. Abajo, en el valle, se encuentra su pasado: la vieja medina, con sus cúpulas y minaretes, cercada por altos muros tras los que caminan figuras encapuchadas por las estrechas calles. Reatas de asnos muy cargados con cestas llenas de escombros pasan entre el gentío, y los mendigos se agazapan junto a las verjas de las mezquitas.

A 3 kilómetros al oeste, sobre una llanura donde en invierno hace un frío glacial y en verano sopla la brisa, se dispersan los bulevares y plazas de la ciudad nueva. Para los estudiantes, esta tierra de buganvillas y abundantes elementos occidentales es la promesa del futuro. La medina, objeto de controvertidas polémicas, anacrónica, poco práctica, decadente pero muy valorada, alabada y siempre amada, representa todo lo que hizo Marruecos. Para el visitante ocasional, Fez es oscura, exótica y, a pesar de la amabilidad de sus gentes, un lugar lleno de misterio. En el pasado, todos los poetas la elogiaban por la belleza de sus mezquitas, la calidad del agua y las palmeras que crecen a las orillas del lánguido río que fluye por el centro de la ciudad.

Los políticos e historiadores actuales luchan por conservar esta deteriorada joya del norte de África, de la misma manera que los gobernantes lucharon un día por ella y los artesanos dieron su vida por adornarla. En algunos tramos, el río desprende un hedor insoportable y los palacios se desmoronan, pero el mundo está a la espera de que Fez, junto con Venecia, pueda sobrevivir a los estragos de la sociedad industrial.

Guía en moto

No es necesario buscar Fez. Si llega en coche, se verá rodeado en los primeros semáforos de guías en moto que se ofrecerán a llevarle a la ciudad por unos cuantos dirhams. La ruta para la ciudad nueva, donde están la mayoría de los hoteles, o a la antigua Fez (Fez el-Bali y Fez el-Jdid), está bien indicada, pero es cuestión de mantener la calma. Los chicos se echarán atrás rápidamente si aparenta que sabe lo que quiere y adónde va. Observan con detenimiento los movimientos de los recién llegados. Pasados unos días, acabará el ajetreo.

Si está alojado en la ciudad nueva (la mayoría de los hoteles se encuentran aquí), le será fácil situarse. Construida por los franceses después de la Primera Guerra Mundial en forma de cuadrícula muy simple, esta zona no tiene el encanto de Rabat (o incluso de Casablanca), donde los franceses incorporaron su diseño a la estructura marroquí. Las calles son aquí sencillas y anchas, con muchos cafés, restaurantes, bancos y tiendas, pero no hay mucho ambiente, ni siquiera una vida nocturna animada.

El mariscal Lyautey declaró Fez el-Bali y Fez el-Jdid, que forman la medina, monumento histórico e impuso

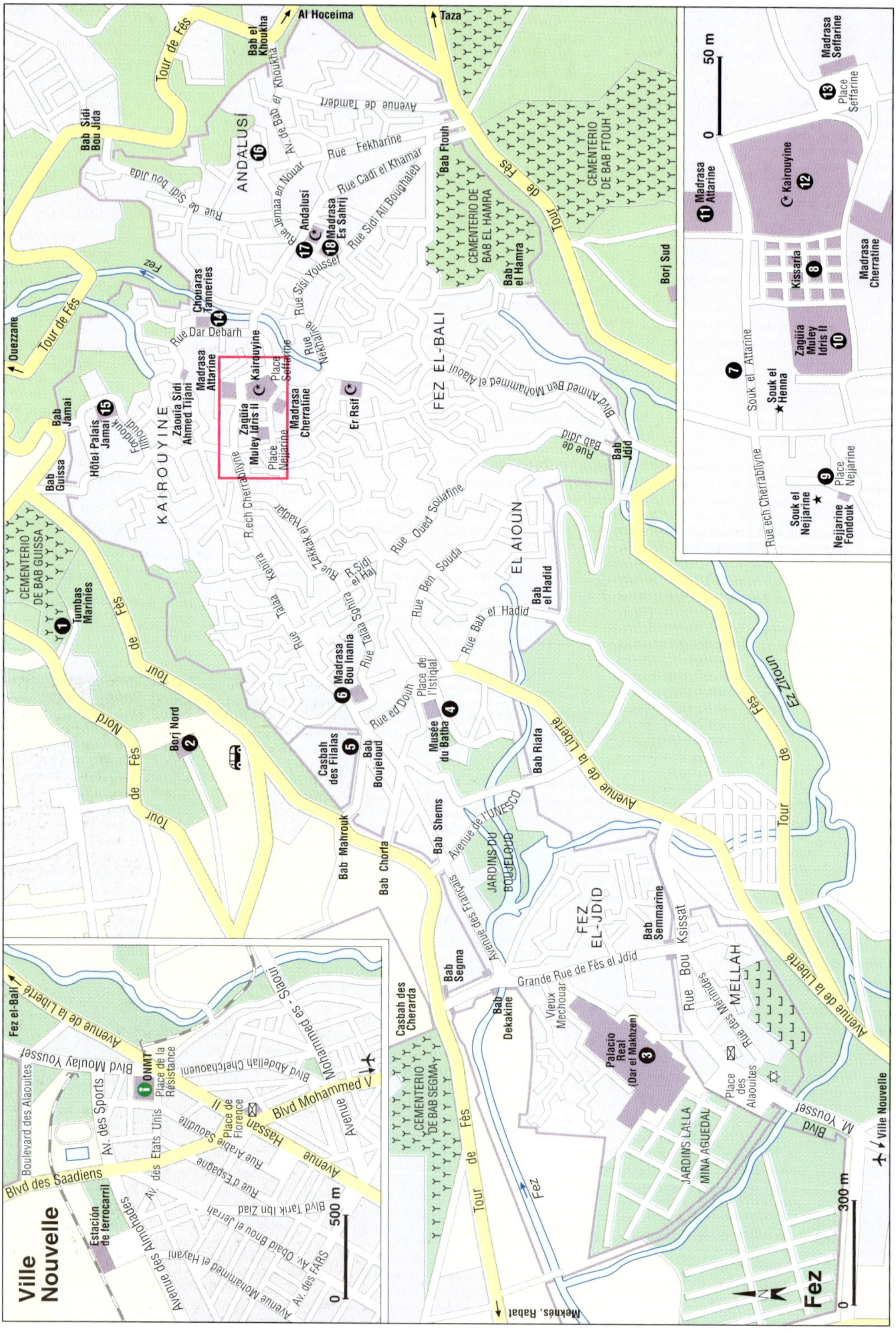
Fez
Ville Nouvelle
Al Hoceima
Taza
Ouezzane
Mequinez, Rabat
Ville Nouvelle
Bab el Khoukha
Bab Sidi Bou Jida
Bab Ftouh
Bab el Hamra
Bab Jdid
Bab el Hadid
Bab Riafa
Bab Shems
Bab Segma
Bab Dekakine
Bab Semmarine
Bab Mahrouk
Bab Chorfa
Bab Boujeloud
Bab Guissa
Bab Jamai
Borj Sud
Borj Nord
ANDALUSÍ
KAIROUYINE
FEZ EL-BALI
EL AIOUN
FEZ EL-JDID
MELLAH
Tour de Fès
Avenue de Tamfert
Rue Fekharine
Rue Cadi el Khamar
Rue Sidi Ali Boughaleb
Rue de Sidi Bou Jida
Rue Jemaa en Nouar
Av. de Bab el Khoukha
Rue Sisi Youssef
Rue Nekhaline
Rue Dar Debarh
R. ech Cherrabliyne
Rue Talaa Kebira
Rue Zekkak el Hadjar
R. Sidi el Haj
Rue Oued Souafine
Rue Ben Souda
Rue Bab el Hadid
Rue Talaa Seghira
Rue ed Douh
Place de l'Istiqlal
Blvd Ahmed Ben Mohammed el Alaoui
Rue de Bab Jdid
Avenue de la Liberté
Avenue de l'UNESCO
Avenue des Français
Grande Rue de Fès el Jdid
Rue Bou Ksissat
Rue des Mérinides
Vieux Mechouar
Place des Alaouites
Blvd M. Youssef
Tour de Ez Zitoun
Fez
1 Tumbas Mariníes
CEMENTERIO DE BAB GUISSA
2 Borj Nord
3 Palacio Real (Dar el Makhzen)
4 Musée du Batha
5 Casbah des Filalas
6 Madrasa Bou Inania
14 Chouaras Tanneries
15 Hôtel Palais Jamai
Fondouk Tillitouil
16
17 Andalusí
18 Madrasa Es Sahrij
Zaouia Sidi Ahmed Tijani
Madrasa Attarine
Kairouyine
Zagüia Muley Idris II
Place Seffarine
Place Nejjarine
Madrasa Cherratine
Er Rsif
CEMENTERIO DE BAB EL HAMRA
CEMENTERIO DE BAB FTOUH
JARDINS DU BOUJELOUD
Casbah des Cherarda
CEMENTERIO DE BAB SEGMA
JARDINS LALLA MINA AGUEDAL
0 300 m
0 50 m
11 Madrasa Attarine
12 Kairouyine
13 Place Seffarine
Madrasa Seffarine
Madrasa Cherratine
Kissaria 8
Zagüia Muley Idris II 10
7 Souk el Attarine
Souk el Henna
Rue ech Cherrabliyne
9 Place Nejjarine
Souk el Nejjarine
Nejjarine Fondouk
Fez el-Bali
Avenue de la Liberté
Blvd Moulay Youssef
ONMT
Place de la Résistance
Blvd Abdellah Chefchaouni
Boulevard des Alaouites
Av. des Sports
Av. des Etats Unis
Place de Florence
Rue Arabie Saoudite
Avenue Hassan II
Blvd Mohammed V
Avenue Mohammed es-Slaoui
Blvd des Saadiens
Rue d'Espagne
Blvd Tarik Ibn Ziad
Av. Obaid Bou el Jerrah
Avenue Mohammed el Hayani
Av. des FARS
Avenue des Almohades
Estación de ferrocarril
0 500 m

una orden de conservación. La nueva Fez se construyó como el centro industrial y colonial. Los edificios administrativos se encuentran aquí, así como la mayoría de los hoteles. El transporte entre la ciudad nueva y la antigua es frecuente y de fácil acceso (salen autobuses y taxis de la mayoría de las plazas principales).

Plano página 186

Una perspectiva general

La mejor manera de orientarse y hacerse una idea de las dimensiones y la complejidad de la ciudad antigua es tomar la ruta **Tour de Fes**. Circunvala las murallas de la ciudad, y le lleva primero al oeste del palacio y arriba hacia las **tumbas mariníes** ❶ en la ladera. El misterio se cierne sobre estas tumbas, mausoleos de los últimos sultanes mariníes: no se sabe con exactitud quién yace allí. Descritas en las crónicas como de bello mármol blanco con epitafios de vivos colores, ahora son ruinas que se desmoronan, más interesantes como punto de referencia que como elementos arquitectónicos. Si el rey se encuentra en su residencia, las tumbas están vigiladas y no se puede trepar entre ellas, aunque sí está permitido ir por la ladera.

La vista es magnífica. En la ciudad antigua, rara vez tendrá la oportunidad de ver así la estructura general y las dimensiones de las mezquitas y madrasas. Desde aquí se puede apreciar el diseño de la ciudad y la envergadura de los mejores edificios. La vista es mejor al amanecer y al caer la noche, cuando la luz es mágica.

Al pie de la ladera se extiende Fez el-Bali a ambos lados del río. El barrio Kairouyine en la orilla occidental del Oued Fes se remonta aproximadamente al año 825, cuando más de dos mil familias árabes de Kairuán, en Túnez, llegaron como refugiados. El barrio andalusí, en la orilla oriental, se había establecido unos años antes, cuando ocho mil familias árabes se establecieron aquí, expulsadas de al-Andalus por los cristianos. Con ellos llegaron las técnicas y la ciencia que hicieron de Fez un centro extraordinario de cultura y artesanía.

Mientras el dominio árabe iba tocando a su fin, llegaron más corrientes de refugiados de Córdoba, Sevilla y Granada. Introdujeron las mezquitas, el estuco, los mosaicos y otras artes decorativas y una variedad de comercios que todavía son esenciales para la supervivencia económica de la medina. Algunas facciones en guerra utilizaron a lo largo de los siglos la división estratégica entre los dos barrios hasta que Yusuf ibn Tasfin, de la dinastía de los almorávides, se hizo con su control en el siglo XI. Aunque Marrakech era su capital, Tasfin hizo mucho por Fez. Empezó demoliendo el muro que dividía los dos barrios, para más tarde construir un puente sobre el río. Fue de gran ayuda, pero incluso hoy son palpables las diferencias entre ambos.

Se construyeron mezquitas en cada parte y, visto desde arriba, parece que los barrios forman un anfiteatro en torno a la mezquita de Kairouyine (el edificio más importante de Fez), con las baldosas verdes marcando su área total. A la derecha de la mezquita, si mira hacia la ciudad, un estrecho minarete señala el otro gran monumento religioso de Fez, la zagüía de Muley Idris II. La mezquita Andalusí, un núcleo parecido, se levanta en la orilla oriental.

A la derecha de los dos minaretes se puede ver la amplia zona del palacio real y su terreno, con Fez el-Jdid («Fez la nueva») detrás. Construido por los mariníes en el siglo XIII, Fez el-Jdid creó una excelente residencia real para el sultán y las personas relacionadas con el pala-

Si le gusta el romance enigmático, Fez es posiblemente la ciudad más romántica de la tierra. Quizás Edgar Allan Poe la haya soñado, casi siniestra por su secreto, una ciudad retorcida, espía y cerrada.

JOHN GUNTHER
Inside Africa, 1955.

ABAJO: las calles de Fez son demasiado estrechas para las furgonetas de reparto.

cio, la administración y el ejército. El *mellah* está en la parte oriental. Si comparamos la grandeza y los espacios abiertos, el diseño de Fez el-Jdid es muy diferente del de Fez el-Bali.

Las dos partes de la ciudad antigua están unidas por la Avenue des Français, que limita por un lado con los atractivos y tranquilos Jardins du Boujeloud. Los muros que las separan se unieron por la parte final en el siglo XIX y algunos de los edificios de la zona son de esa época.

Es quizás la perspectiva más clara que podrá conseguir del diseño de la ciudad. Una vez abajo, en la medina, no hay vistas, y sólo alcanzará a ver un minarete o un tejado. La mayoría de las madrasas tienen buenas vistas desde la azotea, si consigue llegar hasta ellas. Los emporios de alfombras usan con frecuencia las vistas desde los tejados como cebo para atraer a los turistas.

Detrás de las tumbas mariníes está el Hôtel les Merenides, de cinco estrellas, un edificio poco interesante pero muy bien situado, proyecto que causó, como era de prever, una gran controversia. El hotel quedó muy dañado por el incendio provocado por un ataque durante los disturbios de 1991, pero desde entonces ha sido restaurado. El **Borj Nord** ❷, un fuerte de la época sadí, está justo debajo del hotel y guarda una colección de armas. Su horario no está muy claro, así que, a menos que esté interesado en el armamento, quizás no merezca la pena visitarlo. Sin embargo, si ya está allí y está abierto, ¿por qué no? Insistimos en que las vistas son extraordinarias.

En la ladera opuesta el **Borj Sud** se alza como un centinela entre olivos y sepulcros. Está proyectada la construcción de más viviendas en esta zona. Muchas de las laderas que rodean Fez están salpicadas de lápidas blancas. Los cementerios tienen que estar fuera de la medina, porque no hay sitio para más tumbas en la ciudad. El Tour de Fes le lleva desde las tumbas hacia la ciudad nueva, dejando Fez el-Jdid a la derecha.

NOTA

Para disfrutar de una de los mejores atardeceres o noches de Fez, tome un taxi hasta el Hôtel Les Merenides, cerca del Borj Nord, para tomar algo en su agradable terraza.

ABAJO: las tumbas mariníes.

Una mirada a Fez el-Jdid

Los mariníes construyeron en el siglo XIII **Fez el-Jdid** («nueva Fez») para incorporar a la ciudad un palacio real y unos jardines de primera clase (no se pueden visitar) que funcionaran como centro administrativo de Fez. El papel de esta parte de la ciudad disminuyó cuando los franceses trasladaron las funciones gubernamentales a Rabat. Entonces sus calles empezaron a poblarse de prostitutas y ahora queda un ligero sabor melancólico con el *mellah* (judería), casi desierto, aislado en el extremo sudoriental. La entrada del **Palacio Real** ❸, en la Place des Alaouites, es impresionante, con enormes puertas de latón rodeadas de bandas de yeso, *zellige* y caligrafía. Las tierras, que se dice que cubren cuarenta hectáreas, están delimitadas por altos muros.

Bab Guissa ubicó al principio el ***mellah***. Cuando se construyó Fez el-Jdid, se ordenó que los judíos se trasladaran a un nuevo barrio cerca del palacio del sultán. Muchos judíos que tenían intereses en la medina prefirieron convertirse a la fe islámica para quedarse en Fez el-Bali. A los que se trasladaron se les prometió protección a cambio de pagar unos impuestos suplementarios.

A este gueto se le llamó *mellah*, que significa «sal» en árabe, porque la tarea de los judíos era drenar y salar las cabezas de los rebeldes decapitados antes de empalarlos a las puertas de la ciudad. La posición de los judíos ha sido siempre ambigua y, aunque estaban bajo la protección del sultán, su libertad antes de los protectorados era limitada. Ningún judío podía llevar zapatos o montar a caballo fuera del recinto del *mellah*, por ejemplo, y sus desplazamientos fuera de la ciudad estaban muy restringidos.

Quedan muy pocas familias judías. La mayoría emigraron a Francia, y algunas se establecieron en Casablanca. Lo que queda son edificios altos, con pocos elementos árabes, que conservan cierta dignidad incluso deteriorados. Hay un zoco en decadencia, dedicado principalmente a la venta de ropa y artículos para el hogar,

Plano página 186

Detalle de la puerta de bronce del Palacio Real de Fez el-Jdid.

IZQUIERDA: la Place des Alaouites.
ABAJO: entrada al Palacio Real.

La señal del cementerio judío al límite del mellah.

radiocasetes, camisetas y otros productos occidentales baratos y, por lo general, de poca calidad. Una de las rarezas de esta zona, en el límite del *mellah*, enfrente de la Place des Alaouites, es el cementerio judío (abierto desde las 7:00 h hasta el atardecer; sábados cerrado). Hileras de sepulcros blancos, prístinos, muy juntos, se agrupan en la pendiente de la colina y llegan hasta el río.

Desde el *mellah*, Bab Semmarine, que separa el barrio judío del musulmán, conduce a la **Grand Rue de Fez el-Jdid**, rodeada de zocos en los que se vende verdura, productos textiles y artículos para el hogar. Aunque a esta calle le falta la cohesión y el misterio de Fez el-Bali, es un zoco con mucha vida, sobre todo alrededor de las 17:00 h, cuando el frescor del atardecer hace aparecer una oleada de comerciantes en las calles.

Al final de la calle está el Petit Mechouar, situado entre muros altos y almenados, y limitado por la entrada de los comerciantes al palacio. Si gira a la derecha, se dirigirá a la Avenue des Français, paralela a los Jardins de Boujeloud, un territorio de claroscuros para encuentros románticos. También esta avenida lleva a Bab Boujeloud, una de las principales entradas a Fez el-Bali.

Los museos, primero

En la zona entre Fez el-Jdid y Fez el-Bali, que Muley al-Hassan unió en el siglo XIX, se halla el palacio Dar Batha. Antiguamente nexo de unión entre ambos, con verjas en los extremos, hoy acoge el excelente **Musée du Batha** ❹ (abierto de 8:30 a 12:00 h y de 14:00 a 18:00 h; martes cerrado; se paga entrada), también conocido como museo de arte marroquí. Las salas, cada una dedicada a un arte marroquí y su aplicación en la vida cotidiana, se abren a un atractivo jardín central, que ofrece un pequeño respiro frente al bullicio de la medina. El guía (déle una pequeña propina) le aclarará algunas cosas a propósito de los artículos expuestos como, por

ABAJO: un retratista a la antigua usanza.

ejemplo, el collar de cerdas que se ponía a los becerros machos para que las madres, que sufrían dolorosos pinchazos cada vez que amamantaban a sus crías, las echaran y las obligaran a pastar, lo que hacía que su carne fuera más dulce. El museo ofrece muchos ejemplos interesantes de trabajo con estuco y escultura, la mayor parte de ellos procedentes de algunas madrasas en ruinas o abandonadas. Es útil verlo antes de embarcarse en la ruta de las madrasas y mezquitas, porque es la única manera de conocer las técnicas que se desarrollaban.

Plano página 186

Una guía de guías

Orientarse en **Fez el-Bali** es todo un reto. Es aconsejable contratar un guía, ya que le llevará a los principales lugares de interés, que más tarde le pueden servir como puntos de referencia para sus propias excursiones. Acuerde previamente el precio; es importante, aunque al final el guía le sugerirá con suma amabilidad que le pague lo que usted crea que se merece. No se deje engañar: su evaluación podría diferir de la del guía y las cosas podrían complicarse, incluso tornarse desagradables. Utilice las tarifas fijas para guías oficiales como base, e increméntela por idiomas o estudios. Puede contratar un guía oficial en su hotel; los guías no oficiales irán a buscarle. Muchos de ellos son estudiantes, y a veces son una compañía mucho más interesante que un aburrido guía oficial.

La estrecha relación entre la gente y su ciudad hace que todo el mundo conozca a alguien que vende algo, y una venta ayuda a la comunidad.

Parte del recorrido incluye, sin que pueda evitarlo, una visita a un emporio de alfombras o una cooperativa. Si no desea comprar y dispone de poco tiempo, intente aclararlo desde el principio, aunque no le creerán. Si se ve envuelto en una discusión comercial, retírese con educación en cuanto pueda: cuanto más se alarga, más difícil es zafarse.

Según una encuesta del Banco Mundial, el 48 por ciento de los habitantes de Fez el-Jdid viven por debajo del límite de la pobreza de la ciudad, comparado con el 34 por ciento de Fez el-Bali.

ABAJO: casas de Fez el-Jdid.

El futuro de la medina

Fez encarna todos los problemas con que se enfrentan las medinas en el mundo moderno. Durante siglos, Fez fue la capital política y cultural de Marruecos, y aún es considerada el centro del círculo intelectual. Sin embargo, su medina, con 1 000 años de antigüedad, se apoya en la interdependencia de las industrias y las estructuras sociales para poder sobrevivir y ahora está en grave peligro. Al contrario de la impresión que pueda causar a los visitantes, la medina no es un museo, y sus zocos no sólo guardan meras baratijas para turistas; los habitantes de Fez viven de sus industrias, y sus artículos de piel, vajillas de plata y trabajos de madera de cedro, que venden por todo el país a los mismos marroquíes. Más de 200 000 personas viven y trabajan en la medina, y es evidente para cualquiera que pase por los atestados zocos que los turistas representan más bien una visita inoportuna para la mayor parte de los habitantes de la medina.

Los tintoreros, curtidores y artesanos del latón y la plata siguen utilizando las antiguas técnicas. No hay espacio para introducir las nuevas tecnologías en la ciudad. Hasta el momento, sólo algunas de las alfarerías se han trasladado fuera del centro, a las laderas cercanas, donde sí es posible instalar la nueva tecnología. Pero este progreso está condicionado por algunos problemas: de desarticular una parte de la vasta estructura de la medina, toda ella puede venirse abajo.

La superpoblación es la causa principal de los males que aquejan a Fez. Durante los últimos cincuenta años, las gentes se han ido trasladando del campo a la ciudad en busca de trabajo y con la esperanza de hacer realidad sus sueños de prosperidad, pero esta migración ha ocasionado un gran agotamiento en Fez. Algunas infraestructuras públicas, como el suministro de agua y los sistemas de alcantarillado, que datan del siglo XIII, se encuentran al límite. No es posible conseguir más viviendas y los barrios de chabolas se han multiplicado en las laderas cercanas a Fez.

Por desgracia, las necesidades demográficas, sociales y económicas han producido efectos perjudiciales en los elementos arquitectónicos de la ciudad. Las antiguas mezquitas, madrasas, palacios, *fondouks* y casas, que tan sólo representan una fracción de lo que los turistas logran ver, están a punto de entrar en crisis. Los residuos tóxicos se vierten a los ríos y las alcantarillas. Las pequeñas pero numerosas máquinas usadas por los artesanos provocan vibraciones perjudiciales. Las mansiones, que antaño fueron magníficas, se han dividido en pequeños pisos para poder acomodar al número cada vez mayor de inmigrantes rurales.

El año 1980, la Unesco puso en marcha un ambicioso programa de restauración. En la actualidad, trabaja con el Banco Mundial y han creado la ADER-FES (Agencia para la desmasificación y la rehabilitación de la medina de Fez). El objetivo es mantener la medina como una estructura activa, al reforzar sus bases, tanto físicas como administrativas. El proyecto se ha extendido a Fez el-Jadid y Fez el-Bali.

Para sobrevivir, las medinas han de hacerse eco del progreso. La tarea de «ponerse al día» puede resultar imposible, pero el objetivo más apremiante es el de aligerar la presión existente dentro de las murallas de la ciudad y permitir así que la medina vuelva a respirar.

IZQUIERDA: un vendedor de escobas ofrece su mercancía de puerta en puerta.

Plano página 186

Si no tiene guía y va solo de paseo por la medina, recuerde que cualquier chico joven le podrá indicar el camino de salida (por unos pocos dirhams) en caso de que se haya perdido. Al contrario de lo que pueda parecer a primera vista, Fez no es una ciudad peligrosa. De todas formas, recuerde que en el laberinto que constituyen la gran cantidad de calles y callejones que se extienden a través de la medina antigua son pocas las calles importantes que conducen a una de las entradas principales.

Una ruta por Fez el-Bali

Una de las principales entradas a la medina es a través de la **Bab Boujeloud** ❺, al este de la zona del palacio. No pueden entrar coches en la medina, pero es fácil aparcar cerca de las entradas, que están rodeadas de cafés y restaurantes modestos. Tenga previsto pagar una pequeña cantidad por un vigilante *(gardien)* para su coche, que aparecerá en cuanto aparque. Se pueden tomar taxis desde la Place Baghadi, junto a la entrada, aunque todos los autobuses de larga distancia, que antes recogían pasajeros en ella, ahora salen de una estación de autobuses bien equipada cerca del Borj Nord. Al atardecer, esta zona está abarrotada de gente. Un mercado polvoriento se extiende en la tierra sin cultivar que hay justo fuera de los muros de la ciudad.

La Bab Boujeloud, un conjunto de arcos en forma de herradura, construida en 1919, es una de las *babs* más recientes, pero su decoración y azulejos son tradicionales: azul y dorado en el exterior, que según se dice representa a la ciudad de Fez, y verde y dorado en el interior, símbolos del Islam . Justo en el interior de la entrada la plaza se divide en dos calles principales, **Talaa Kebira** (Grand Tala), la que queda arriba, a la izquierda (en la entrada gire a la izquierda y enseguida a la derecha), y **Talaa Sghira**, menos interesante, que sigue recta y en paralelo a la anterior. Mucho más tranquila que Talaa Kebira, Talaa Sghira es una vía rápida para volver.

ABAJO: la Bab Boujeloud.
La fachada exterior azul de la entrada representa Fez, mientras que la fachada verde del interior representa el Islam .

Los sonidos y olores son a la vez un estímulo y un bálsamo en la medina de Fez. Uno de los mejores aromas es el de menta fresca, ya que se venden grandes ramos en cada esquina.

ABAJO: la madrasa Attarine.

Justo fuera de la plaza, en el tramo superior de Talaa Kebira, se encuentra uno de los lugares más famosos de Fez, la **madrasa Bu Inania** ❻ (abierta de 8:00 a 18:00 h; viernes por la mañana cerrado), un ejemplo exuberante de un monumento mariní. Las madrasas desempeñaban un papel importante en Marruecos. Urbanas en su esencia, estos edificios se utilizaban como residencias para estudiantes de fuera de la ciudad. La idea era que el aislamiento les ayudaría a concentrarse en sus estudios religiosos. Las madrasas se financiaban con donaciones de los sultanes e impuestos de los ciudadanos. Por comodidad, se construían cerca de la mezquita donde los estudiantes recibían las clases. Con una estructura parecida a las mezquitas y las casas privadas, se centran en torno a un patio central y están muy decoradas con mosaicos, *zellige* (mosaico de azulejos) y estucos. Los estudiantes a menudo pasaban más de diez años de su vida en la universidad, así que las viviendas escaseaban.

Según fuentes locales (que no son de fiar si tenemos en cuenta el amor de Marruecos por los cuentos con moraleja), los orígenes de la madrasa Bu Inania se asientan sobre los cimientos del sexo y el escándalo. El sultán Abu Inan era conocido por su alto nivel de vida y su extenso harén, pero llegó un momento en su disoluta vida en que, tras haberse enamorado de una concubina, juró reparar los daños. Convirtió a su amante en su esposa y como muestra pública de su nueva devoción ordenó construir la madrasa Bu Inania en el lugar donde estaban las letrinas públicas dentro de Bab Boujeloud.

Pero lamentablemente el objeto de su amor era una antigua bailarina prostituta, y sus visires, aunque impresionados por la nueva madrasa, se indignaron por la repentina veneración a una prostituta. El inteligente sultán les llevó al edificio recién construido y preguntó: «¿No orinabais donde ahora rezáis?», intentando hacerles ver el paralelismo. Desde ese momento se consideró a la esposa del sultán un símbolo de respeto.

Plano página 186

Abu Inan quería que su madrasa rivalizara con la mezquita de Kairouyine y se convirtió en uno de los edificios religiosos más importantes de la ciudad. No consiguió que trasladaran la llamada a la oración desde la mezquita, pero tenía garantizada la categoría de Gran Mezquita, que nunca antes había tenido una madrasa en Marruecos, y, en la actualidad, las plegarias de los viernes todavía se celebran en ella (el único momento en que la madrasa está cerrada).

El edificio sigue el diseño habitual, pero la calidad y complejidad de la decoración son espléndidas. La fachada del patio está decorada con estuco esculpido, con arcos de madera de cedro majestuoso encima que soportan un friso y un porche mensulado. Estos ejemplos de escultura en madera de cedro, estuco trabajado, escritura cúfica y trabajo de *zellige* son excelentes. Es uno de los pocos edificios religiosos de Marruecos en los que pueden entrar visitantes no musulmanes.

A la izquierda de la entrada principal de la madrasa se halla una puerta más sencilla que recibe el nombre de la puerta de los descalzos, porque antiguamente permitía que la gente que no llevaba calzado pudiera acceder al recinto sagrado sin ensuciarlo, gracias a una canalización de agua.

Enfrente de Bu Inania hay un reloj de agua extraordinario. Trece bloques de madera balanceando trece cuencos de latón (sólo quedan siete cuencos originales) sobresalen bajo trece ventanas. El sultán Abu Inan lo erigió enfrente de la madrasa para llamar a la hora de la oración, y esperaba que aportara más fama a su madrasa. Por desgracia, los mecánicos del siglo XIV derrotaron a los relojeros modernos y el reloj ha permanecido en silencio durante más de cinco siglos. Según la leyenda, el reloj está maldito desde que una judía se asustó tanto al oír el repique que sufrió un aborto. En 1990 se inició un programa de restauración tras descubrir documentos que detallaban el funcionamiento del reloj, pero es más complejo de lo esperado y se están realizando aún nuevas investigaciones.

Cuando Talaa Kebira empieza a bajar unos cientos de metros tras dejar atrás la madrasa Bu Inania, fíjese a la derecha en la casa (marcada con una placa) de Ibn Khaldun, un famoso historiador del siglo XIV de Túnez que escribió una historia de los árabes.

AGUA, AGUA POR DOQUIER

El Islam floreció en tierras secas y polvorientas, donde los árboles, las flores y el agua eran (y son) un tesoro muy preciado. Se encargó a grandes sabios de la época la resolución de los problemas de irrigación, y en las ciudades se introdujo el agua tanto como pudieron, mediante todo tipo de fuentes y estanques.

El hecho de que Fez disponga de tantas fuentes se debe al sultán almorávide Yusuf ibn Tasfin, que desvió el curso del río para conseguir su objetivo. Encargó a los ingenieros que creasen un elaborado sistema de canales y, a finales del siglo XI, cada mezquita, madrasa, *fondouk*, fuente y baño público, así como la mayoría de las casas más ricas, disponía de su propio abastecimiento de agua. El sistema incluía un eficaz método para purgar el alcantarillado.

El sonido y la imagen de las muchas fuentes de agua potable de Fez refrescan los sentidos, y constituyen un agradable bálsamo ante el calor sofocante que de manera insistente acosa inmisericorde a los ciudadanos. Son destacables por sus trabajos de *zellige* (mosaico de azulejos). Aunque la fuente Nejjarine (*véase pág. 198*) es el mejor ejemplo, hay muchas otras con una decoración espléndida, a pesar de que el desgaste y la contaminación han apagado últimamente el esplendor del trabajo y, en algunos casos, han destruido las tuberías que alimentan las fuentes. Precisamente, ante esta situación negativa se impone la conveniencia de un esfuerzo coordinado para solucionar los problemas existentes. Así, gracias a la financiación de la Fundación Árabe para el Desarrollo Económico, unas 42 fuentes históricas de Fez se están restaurando poco a poco para restituirles su pasado esplendor.

ABAJO: la fuente Nejjarine, una de las muchas fuentes de Fez.

Talaa Kebira

Una escena común en la medina es la de los niños preparando el hilo utilizado para tejer los caftanes. Los verá dando vueltas a la bobina. Atan los cabos a las esquinas de los edificios.

Talaa Kebira lleva a la mezquita de Kairouyine y la zagüía de Muley Idris (*véase pág. 187*), pero durante el camino encontramos muchos zocos interesantes. Los olores y sonidos son fascinantes; si caminase con los ojos vendados, a pesar de la falta de aire y viento, los intensos aromas de menta, especias, madera y cuero le guiarían. La impresión general de la medina es caótica, pero en realidad la estructura es simplemente diferente. Cada barrio tiene su propia mezquita, madrasa, *foundouk*, colegio de Corán, fuente de agua, *hammam* y panadería, donde todo el mundo lleva su masa para cocerla en los hornos centrales (unas marcas de identificación evitan posibles confusiones). Las oraciones diarias se realizan en la mezquita del barrio; a las grandes mezquitas sólo se acude los viernes, cuando la gente llega de todas partes para este día de rezo especial.

La vida cotidiana continúa. Gritos de «*¡Balek! ¡Balek!*» («¡Apártate!»), que obligan a la multitud a inmovilizarse contra la pared, preceden al paso cansado de las mulas que llevan enormes cargas, a menudo mal distribuidas. Si los occidentales no resaltaran tanto por su indumentaria, se les podría identificar por sus movimientos bruscos que entorpecen la corriente de los *fassis*, que de otro modo sería más fluida. Los *fassis* están tan familiarizados con los sonidos, que esquivan y zigzaguean entre el gentío, siguiendo el ritmo, pero siempre hay una carga imposible que paraliza incluso a los *fassis*.

Mientras recorre la calle, verá grandes edificios que ahora los comerciantes del zoco usan como almacenes: son los *fondouks*, otra parte esencial de la medina, creada casi a la vez que la madrasa, como fondas para comerciantes y que se utilizaban también como establos. Había más de doscientos *fondouks* en Fez el-Bali; muchos se mantienen en pie y es sorprendente ver que edificios tan decorados se utilicen como almacenes. Tienen la típica estructura de un patio y una zona de dormitorios con

ABAJO: un *bakal* o puesto de comestibles.

galerías. En la parte izquierda de la calle y a través de un arco cubierto de parra enfrente de una mezquita blanca con un minarete bajo, no pase de largo un viejo *fondouk* ocupado por el mercado de la mantequilla y la miel (que anuncia el fuerte olor del *smen*, la mantequilla que se utiliza en los mejores cuscús). Más abajo, donde la estrecha *talaa* queda cubierta bajo un techo sombrío de juncos, gire a la izquierda y observe un viejo *fondouk* donde los trabajadores se sientan a quitar la grasa de la piel de cordero.

Cerca del final de Talaa Kebira percibirá el fuerte olor del *fondouk* de la artesanía del cuero, que almacena las pieles del matadero que se están secando antes de enviarlas al tinte. Pronto la calle se convierte en la **Rue ech Cherrabliyne** («calle de los zapateros») y verá enfrente el hermoso minarete verde y amarillo de la mezquita Cherrabliyne (siglo XVIII) enmarcada por los pisos superiores de los edificios que sobresalen.

Aquí se venden babuchas, con el talón plano para que sean fáciles de quitar y poner al entrar en una casa o una mezquita; las hay en varios colores. El amarillo es para todos los días y el blanco, para los viernes y otros días santos, cuando uno se viste de blanco de la cabeza a los pies. Las babuchas de mujer, en terciopelo, seda, nailon y piel, se fabrican en una enorme variedad de colores, a menudo bordadas con hilo dorado.

La calle sigue hacia la mezquita de Kairouyine. Esta zona es el centro comercial y formal de la medina. El Islam aprueba con firmeza el comercio. Enfrente se encuentra el **zoco el-Attarine** ❼ (zoco de los vendedores de perfumes y especias), donde encontrará artículos de perfumería modernos junto a los perfumes árabes tradicionales como el almizcle o el ámbar, así como cestas de especias. Justo fuera del zoco, a la derecha, está el **zoco el-Henna**, una bonita plaza a la que da sombra una vieja higuera. Algunos de los productos más ortodoxos que se pueden encontrar en él son las cestas de hojas de henna verde, camomila, antimonio (del que deriva

Plano página 186

Caftanes en el zoco. Bajo las sobrias chilabas, a las mujeres marroquíes les gusta llevar colores vivos.

ABAJO: absorto en el pensamiento.

Además de dar brillo al cabello, la henna se utiliza para decorar las manos de las mujeres, sobre todo en ocasiones especiales como las fiestas o las bodas. Las hojas de henna se hierven y producen una pasta verde que se aplica a las manos en elaborados diseños y se fijan con zumo de limón. Cuando está seca, se quita la pasta y quedan patrones naranjas en forma de lazo.

ABAJO: los techos de azulejos verdes de la mezquita de Kairouyine.

el kohl), piedra pómez, ungüentos rojos para los labios y las mejillas y un jabón negro que parece alquitrán. También dispone de afrodisíacos y amuletos para ahuyentar el mal de ojo.

Fuera del zoco el-Attarine está la **Kissaria ❽**, un mercado cubierto donde se venden objetos de lujo que tradicionalmente se ofrecían en las inmediaciones de la Gran Mezquita: bordados, sedas y brocados, así como artículos de importación. El fuego que destruyó Kissaria en 1954 hace que sea una estructura carente de personalidad con techos modernos, pero la deslumbrante muestra de productos llama en seguida la atención.

Carpinteros y santos

Debajo de zoco el-Attarine está el *horm*, una zona sagrada en torno al santuario de Muley Idris II, el fundador real de Fez. La manera más fácil de encontrarlo es volver al principio del zoco el-Attarine (cuya entrada se encuentra a su espalda) y girar a la izquierda. El santuario queda ligeramente a la izquierda, pero antes de verlo tome la segunda calle a la derecha para ir a la **Place Nejjarine ❾** (zoco de los carpinteros), con un fuerte aroma a madera de cedro y de tuya. En ella los artesanos se afanan sobre tablas bien esculpidas, cabeceras de cama, sillas y cualquier creación de madera. La mayoría de los muebles marroquíes que se ven en los hoteles y casas particulares son de madera y han sido fabricados con gran esmero en las medinas. La Place Nejjarine es una de las más antiguas de Fez, y el *fondouk* de la esquina es del siglo XVII. Se está restaurando poco a poco la **fuente Nejjarine**, el núcleo de la plaza, un extraordinario ejemplo de la decoración *zellige* que parece un santuario dedicado al agua. Las grandes y bellas tablas pintadas en forma de octágono que se fabrican aquí se utilizan en numerosas celebraciones: para llevar a los chicos que van a ser circuncidados, o para llevar los regalos del novio a la novia, y las más grandes

Plano página 186

incluso para llevar al novio o la novia. Merece la pena visitar el *fondouk* **Nejjarine**, de tres pisos, que ha sido restaurado y ahora acoge un museo (abierto de 10:00 a 19:00 h) dedicado a las técnicas y herramientas de carpintería. El café del último piso ofrece buenas vistas.

La **zagüía de Muley Idris II** ❿ está precedida de puestos deslumbrantes que venden velas, incienso, cestas acolchadas para regalo, y turrón, dátiles y frutos secos, indicios que en Marruecos señalan que se acerca un santuario. Una barra de madera situada a la altura de la cabeza de un asno marca la zona. Hasta el protectorado francés, servía para prohibir el paso no sólo a los asnos y mulas, sino también a los judíos y cristianos. También delimitaban un refugio para los musulmanes, ya que aquí no podían ser arrestados. Hoy en día es una zona popular entre los mendigos, que esperan sacar algo de los peregrinos cuando van a rezar. Los idrísíes construyeron la tumba en el siglo IX, pero la siguiente dinastía la descuidó hasta que los mariníes la reconstruyeron en el siglo XIII. Los wattasíes volvieron a descubrir la tumba y desde entonces se convirtió en el reverenciado santuario que es hoy. Una mirada a través de la entrada revela una escena colorida y mística, con el olor a incienso y la luz temblorosa de las velas que rodean las figuras postradas. En septiembre, el santuario es el núcleo de un enorme *moussem*.

La calle sigue la pared de la zagüía (observe una ranura de latón en la pared para introducir la limosna) y, por otra entrada de una rica decoración, se puede ver la sala de oraciones. Ésta tiene muchos candelabros y, alrededor de la tumba, una sorprendente colección de relojes, que en el siglo XIX se consideraban una ofrenda de lujo. Si sigue los muros de la zagüía (tenga en cuenta que las tiendas están construidas sobre ellos, por lo que resulta difícil identificarlos) saldrá al otro lado de la Kissaria *(véase pág. 198)*. Si cruza, volverá a la Rue Attarine, entre la madrasa Attarine (a la izquierda) y la entrada principal de la Gran Mezquita de Kairouyine (*véase el siguiente párrafo*). La **madrasa Attarine** ⓫ (abierta de 9:00 a 13:00 h y de 15:00 a 18:30 h), una de las muchas madrasas que hay alrededor de la Gran Mezquita, fue construida por el sultán Abu Said entre 1322 y 1325, tiene un diseño parecido a la de Bu Inania (*véase pág. 194*), así que no cabe duda de que muchos de los grandes artesanos trabajaron también en su interior. Como la madrasa ya no ofrece servicios religiosos, se puede entrar en la sala de oraciones. Desde la azotea de la madrasa se disfruta de una gran vista del patio de la mezquita de Kairouyine (se paga entrada).

La Gran Mezquita

Todas las calles de la medina llevan a la **mezquita de Kairouyine** ⓬, cerrada para los no musulmanes, que funciona como la Gran Mezquita de Fez el-Bali. Sólo la mezquita de Hasán II en Casablanca puede competir en tamaño con ella, ya que tiene 16 000 metros cuadrados y puede alojar a más de 20 000 personas. Lalla Fatima al-Fihrya, una mujer piadosa y una de los muchos inmigrantes de Kairuán, Túnez, la fundó en el año 859. La mezquita, que entonces era una simple sala de oraciones, fue construida en memoria de su padre.

Todos los sultanes introdujeron modificaciones en la mezquita. Las reformas de los mariníes en el siglo XIII la dejaron con el aspecto que tiene en la actualidad. Techos con azulejos verdes cubren 16 naves y los patios con mosaico tienen dos pabellones al final, que añadieron los sadíes, y una bella fuente del siglo XVI que recuerda al Patio de los Leones de la Alhambra de Granada. Se

Minarete de la mezquita de Kairouyine, adornado con azulejos verdes, culminación tradicional de las mezquitas y zagüías importantes.

ABAJO: la fuente Nejjarine.

guarda con mucho celo de los ojos de los no musulmanes, pero podrá ver algo del interior desde una de sus catorce entradas, así como el patio desde la madrasa Attarine (*véase pág. 199*).

El interior del santuario es austero con arcos de herradura sobre unas 270 columnas. Fue una de las primeras universidades del mundo occidental y gozaba de un gran prestigio. Su reputación atrajo a más de ocho mil estudiantes en el siglo XIV, incluso contó con un papa en ciernes entre sus estudiantes, Silvestre II (papa de 999 a 1003). Destacado matemático antes de ser papa, Silvestre II introdujo en Occidente los conceptos matemáticos árabes, incluido el cero.

Se supone que la **biblioteca Kairouyine**, al otro lado de la mezquita, también fue construida en el siglo IX. Cerrada al público, guarda una de las mayores colecciones de literatura islámica del mundo.

En la Place Seffarine hay utensilios de cocina de todas los tamaños y formas, aunque la mayoría son muy grandes.

Bajo la biblioteca está la **Place Seffarine** ⓭, dedicada a los trabajadores del metal, una plaza encantadora con árboles que le dan sombra. En cada espacio libre hay enormes calderos, se cargan asnos, todo acompañado por el sonido del martilleo. Se siguieron los mismos patrones para decorar de nuevo las grandes puertas del palacio del rey, visible a través de la Place des Alaouites si va hacia Fez el-Jdid desde la ciudad nueva (*véase pág. 185*). La Place Seffarine es una de las más bonitas de la medina, y, si puede acceder a la **madrasa Seffarine**, suba al tejado para tener una vista general.

El negocio del tinte

Desde aquí es fácil llegar al Oued Fez. Tome la salida norte de la Place Seffarine (la que queda al lado por donde entró en la plaza), pase un pequeño comercio de artículos esculpidos en cuerno de animal, un producto complementario del sector peletero. Tras caminar unos minutos, gire a la izquierda cuando llegue a un cruce y

Abajo: transporte de la materia prima –piel de cabra, de vaca y, a veces, de caballo–.

Plano página 186

encontrará la **Chouaras Tanneries** ⓮, la más grande de las tres tenerías de Fez, a la que se accede por un hueco en la parte derecha de la calle. Su olfato le informará de la llegada. Esta vez el olor es bastante desagradable, olor de pieles frescas de animal puestas a macerar en orín para dejarlas suaves. Le ofrecerán ramitos de menta para aliviar el hedor.

Esta zona prácticamente no ha cambiado desde la Edad Media. La posición de las cubas de piedra, una enfrente de la otra, hace que cambiar las pieles de tinte sea una tarea atlética. Hombres descubiertos se vuelcan sobre las cubas y empapan las pieles, mientras otras pieles se secan en los tejados de los alrededores. Las tenerías funcionan como cooperativas, donde cada encargado es responsable de sus empleados y herramientas. El trabajo, que es cansado y maloliente pero bien pagado, prácticamente se hereda. Los visitantes se aglomeran en las calles y dan pequeños pasos buscando el encuadre de la fotografía perfecta. Grandes atascos de visitantes oliendo la menta facilitada por los trabajadores se mueven indecisos junto a las paredes y en las azoteas.

Desde aquí puede continuar al norte en dirección a Bab Guissa y el hotel Palais Jamai para tomar un té o comer algo en la terraza junto al estanque o volver atrás a la Place Seffarine y cruzar el barrio andalusí y Bab Ftouh (*véase pág. 202*), desde donde salen autobuses hacia la ciudad nueva. La ruta hacia el Palais Jamai no es muy remarcable, a excepción de la entrada de estuco trabajado de la **zagüía de Sidi Ahmad Tijani**, que inspiró a una importante secta sufí en el norte y oeste de África. Ahmad Tijani (1737-1781) empezó el camino hacia la santidad a los siete años, y para entonces ya había memorizado el Corán.

Los hermanos Ulad Jamai, visires del sultán Muley Hasán, construyeron el hotel **Palais Jamai** ⓯ junto a **Bab Guissa** a finales del siglo XIX como si fuese un palacio. Se vieron envueltos en las intrigas políticas del momento y cuando Muley Abd al-Aziz subió al trono en 1894, les enviaron con grilletes a Tetuán. Walter Harris, corresponsal del *The Times* de Londres, relató su destino en el libro *Morocco That Was*: «Al cabo de un tiempo, y qué largos debieron de ser esos diez años, Haj Amaati falleció. El gobernador de Tetuán tenía miedo de enterrar el cuerpo, por si le acusaban de dejar escapar a su prisionero. Escribió al Consejo para pedir instrucciones. Era verano, e incluso en el calabozo hacía calor. La respuesta se hizo esperar once días, y durante todo ese tiempo Sidi Muhammad Soreir permaneció encadenado al cadáver de su hermano».

La situación del Palais Jamai en el límite de la medina, rodeado de un exuberante jardín andalusí con rosas y palmeras, y arrullado por el sonido del agua –procedente de fuentes y estanques con coloridos azulejos de motivos geométricos– y el canto de los pájaros, es quizás la mejor de Fez. El sonido de la llamada a la oración de las 5:00 h («*Allah Akbar*»), que resuena por toda la medina desde la mezquita de Kairouyine, junto con un coro de almuédanos de las mezquitas vecinas, ya es una poderosa razón más para quedarse en la medina. Es una voz de Marruecos que debería oír por lo menos una vez durante su estancia.

Si decide alojarse en el Palais Jamai, vale la pena pagar unos dirhamas más por una habitación con vistas a la medina (la parte trasera del hotel da a las tumbas mariníes). No olvide visitar el magnífico restaurante marroquí que alberga el palacio, donde podrá admirar los techos pintados y las decoraciones de estuco.

Productos de piel acabados. Antes se enviaban bibliotecas enteras para encuadernarlas con oro.

ABAJO: tintando en las tenerías.

Plano página 186

El barrio andalusí

De vuelta en la Place Seffarine, tome la dirección opuesta desde las tenerías y cruce el puente hacia la orilla oriental del río para adentrarse en el **barrio andalusí** [16]. Esta zona, que debe su nombre a los refugiados árabes de España que se asentaron en este lugar en el año 818, es menos intensa que el barrio Kairouyine, tanto por la estructura como por el número de habitantes, pero sus monumentos centenarios por fin están siendo restaurados como merecen. El más destacable es la **mezquita Andalusí** [17], fundada poco después de la mezquita de Kairouyine en el siglo IX, como un pequeño lugar de culto, y embellecida por los almohades a principios del siglo XIII. Es el principal santuario de la parte oriental, con una gran puerta al norte decorada con *zellige* y coronada por un magnífico porche de cedro. De las dos madrasas del barrio, la **Es Sahrij** [18] (abierta todos los días de 9:00 a 13:00 h y de 15:00 a 18:30 h) es del siglo XIV y tiene una fuente para las abluciones en el centro del patio. Su decoración *zellige* es de las más antiguas del país y tiene un *minbar* (púlpito) de madera centenaria impresionante.

Si camina hacia la **Bab Ftouh**, que marca los límites al este de la medina, pasará por el barrio de los alfareros, que se distingue de lejos por el humo de los hornos. La cerámica de Fez, con su distintivo diseño en colores azul y blanco, se vende en todo Marruecos y sus artesanos son muy admirados. Encontrará algunos ejemplos a buen precio en el zoco el-Henna, a la salida del zoco el-Attarine (*véase pág. 197*). Desde Bab Ftouh salen autobuses y taxis hacia la ciudad nueva por la carretera de circunvalación.

Al otro lado de Bab Ftouh está el **cementerio** principal, que los viernes parece una estación ferroviaria por la acumulación de familias que van a rociar agua sobre las tumbas, dejar ramos de mirto y comer al lado de los sepulcros de sus seres queridos. Los no musulmanes no son bienvenidos.

ABAJO: las puertas del Palais Jamai. **DERECHA:** característica disposición de las tenerías.

La ciudad nueva y los alrededores

Si viaja en tren, llegará a la ciudad nueva (la estación está cerca del Boulevard Moulay Youssef, al oeste). Pero incluso si se desplaza en coche, quizás quiera instalarse aquí (a menos que pretenda alojarse en el hotel Palais Jamai; *véase pág. 201*). Diseñada al estilo colonial francés, la ciudad nueva tiene la mejor selección de hoteles, cafés y restaurantes y está más animado que la medina por la noche.

Las rutas que configuran la salida de la ciudad nueva le llevan por paisajes fértiles hasta Sidi Kacem o Meknés (*véase pág. 215*). A unos kilómetros en dirección contraria se encuentran las aguas termales y los nacimientos del **Sidi Harazem**, donde actualmente se embotella el agua mineral más consumida en el país. Este oasis con manantial de agua mineral ya era conocido en el siglo XVI, en tiempos del geógrafo árabe León el Africano (1495-1550). Lugar también del santuario de Sidi Harazem, un místico sufí, es otro de los centros de peregrinación popular, y puede haber mucha gente los fines de semana. Por desgracia, mucho de lo que constituyó una atracción en su día hoy ha desaparecido, por lo que puede convertirse en una escapada del terrible calor de Fez un poco decepcionante.

Mucho más allá, pero más gratificante, está la P-24, la ruta principal al sur de Fez hacia Marrakech, un fantástico viaje a través de las montañas del Atlas Medio por los bosques de cedro de Azrou e Ifrane, del que podrá disfrutar de excelentes vistas.

MARRUECOS: ARTE Y ARTESANÍA

Las medinas de Marruecos son la fuente de la industria tradicional, y en ellas encontrará exquisitos ejemplos de la artesanía actual

Explorar los zocos de Fez y Marrakech es como retroceder en el túnel del tiempo. Cuanto más ahonde, más descubrirá, ya que la artesanía y la industria tradicionales de los escondidos *fondouks* y patios se elaboran casi igual que cuando los refugiados andalusíes las introdujeron hace aproximadamente 1 000 años.

La artesanía se agrupa por artículos; la más delicada se encuentra más cerca de la Gran Mezquita. Cada grupo de artículos pertenece a un gremio de artesanos y los aprendices trabajan a las órdenes del maestro durante varios años. Solamente cuando considere que el aprendiz ha adquirido ya las habilidades físicas y mentales suficientes, el maestro dará su visto bueno para que trabaje por su cuenta.

INSPIRACIÓN URBANA

Mientras que la tradición rural se inspira en la naturaleza y las creencias del alma, la tradición de la artesanía urbana lo hace en el Corán. Los versos del Corán aparecen grabados, esculpidos, tallados, pintados o bordados en metal, yeso, madera o tejidos. Con este arte abstracto se relaciona el uso de diseños complejos, por lo general en forma de *zellige* (fragmentos de azulejos de cerámica de colores verdes, azules, rojos y amarillos mezclados con negro sobre fondo blanco, a modo de mosaico que se repiten una y otra vez para conseguir un bello efecto visual).

◁ **TRABAJO DEL METAL**
En el zoco de los trabajadores del metal, el cobre, el latón y la plata se convierten en bandejas, lámparas, botes y cubertería, a menudo grabados y con incrustaciones.

▷ **ZELLIGE EN CIERNES**
El *zellige* es una forma artística ancestral. El rey marroquí Hasán II impulsó su recuperación mediante el establecimiento de escuelas especiales de *zellige*.

▽ **EFECTO HIPNOTIZADOR**
Son realmente hermosas las piezas de *zellige* que pueden observarse en las madrasas de Marruecos, donde sus cautivadores diseños reflejan el poder y la infinitud divinos.

◁ **EL ZOCO NEJJARINE**
La Place Nejjarine de Fez es el mejor lugar para observar las técnicas tradicionales en la elaboración de piezas de madera, como la marquetería. El *fondouk* adyacente se ha convertido en un museo de obras en madera.

△ **HACIENDO UN OVILLO**
Los tejedores rurales utilizan lana de sus propias ovejas, que ellos mismos lavan, cardan y enrollan, aunque en algunas ocasiones se pueden comprar también los ovillos de lana en las ciudades.

△ **ARABESCOS PINTADOS**
La madera pintada es muy famosa en Marruecos y las obras de los *zawaaga* (los artesanos especialistas en esta forma de arte) pueden ser fascinantes.

◁ **ARTESANÍA EN MADERA**
La madera de tuya, utilizada también para todo tipo de abalorios, es originaria de la zona de Essaouira, donde los maestros carpinteros la transforman en mobiliario y adornos de vivos colores.

▷ **APLICACIONES MODERNAS**
El *zellige* marroquí moderno está haciéndose un hueco en los jardines de los hogares occidentales con forma de tablero de mesa y sustentado por una base de hierro forjado.

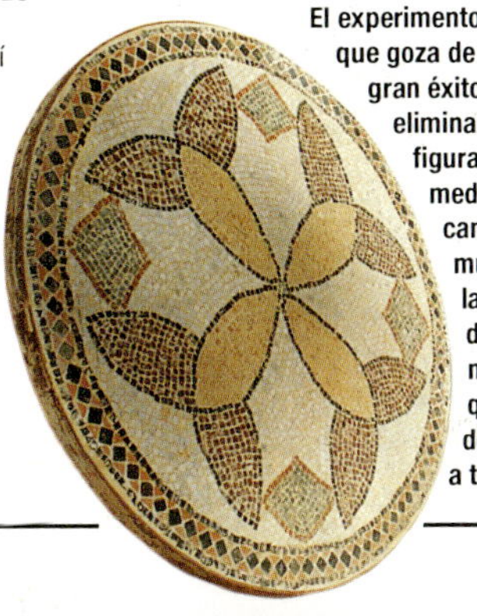

LAS ALFOMBRAS MÁGICAS

Tejer es una de las formas artísticas más antiguas y apreciadas de Marruecos. En especial, los *mergoums* de los beréberes son preciosos por sus impactantes diseños geométricos.

Las alfombras tienen diferentes usos. En los hogares se extienden en el suelo, se cuelgan de las paredes o se disponen sobre los sofás. Pero una alfombra también puede utilizarse para envolver a una novia beréber de camino a su nueva casa o para cubrir un ataúd. Se cree que los símbolos empleados (serpientes, cruces, tatuajes, rombos y «ojos») tienen poderes mágicos y curativos.

Una de los mejores lugares donde encontrar tejidos de buena calidad es la región del Atlas Medio. La cooperativa de alfombras Midelt es un buen lugar para realizar sus compras. El Banco Mundial apoya una nueva iniciativa, llamada el zoco virtual, que ayuda a las mujeres a vender sus productos directamente a través de Internet.

El experimento, que goza de un gran éxito y que elimina la figura del mediador, ha cambiado mucho la vida de las mujeres que se dedican a tejer.

LA PROVINCIA DE MEKNÉS

Esta provincia es ideal para hacer excursiones cortas en coche. Además de la ciudad imperial de Meknés y el reducto romano de Volubilis, cuenta con ondulados viñedos, santuarios y manantiales naturales

Se considera que Meknés, la ciudad imperial del sultán Muley Ismail, es la tercera ciudad más interesante de Marruecos después de Fez y Marrakech, por lo que también recibe un gran número de visitantes extranjeros. Sin embargo, por su proximidad a **Fez ❶** se considera más como una excursión de un día que como un sitio donde instalarse, aunque tiene muchos lugares de interés, que incluyen la ciudad romana de Volubilis, situada en un precioso campo salpicado de santuarios y manantiales. También cuenta con una buena selección de hoteles de precio medio, además de un conocido hotel de lujo, el Transatlantique.

Quizás es mejor visitar Fez antes de Meknés por razones de tiempo, y luego viajar a Meknés pasando por Moulay Idriss, el santuario del fundador del primer reino islámico del noroeste de África. Cerca de Volubilis puede hacer un recorrido que, aunque supone un pequeño rodeo, es muy gratificante y que, con paradas, le ocupará todo el día. Se recomienda ir en coche, aunque también es posible hacer el viaje por etapas en autobús y *grand taxi*. Para seguir este camino, tome la carretera principal P-1 Meknés/Rabat al oeste de Fez y gire a la derecha hacia Sidi Kacem/Ouezzane tras recorrer unos 8 kilómetros. En el pueblo de Nzala-des-Beni-Ammar gire a la izquierda hacia Moulay Idriss y Volubilis (está señalizado) por una carretera de un solo carril a través de las montañas cubiertas de olivares. Tras recorrer 10 kilómetros llenos de curvas, llegará a Moulay Idriss. Hay un aparcamiento a la derecha al entrar en la ciudad.

PÁGINAS ANTERIORES: Bab el-Khemis, en Meknés.
IZQUIERDA: Moulay Idriss.
ABAJO: una vendedora de velas a la puerta de la tumba de Muley Idris.

Moulay Idriss

Aunque cientos de autocares de turistas visitan Volubilis, que está a sólo 1 kilómetro, pocos paran en **Moulay Idriss ❷**, la pequeña ciudad concentrada en torno al santuario de Muley Idris I, cuyos restos descansan aquí. Los visitantes deben tener en cuenta que se considera una ciudad santa (hubo un tiempo en que los cristianos tenían prohibido entrar). El mayor encanto para los no musulmanes reside en su pintoresca ubicación, de la que se puede disfrutar de un té con menta en la plaza de la parte baja de la ciudad. No hay alojamiento en la propia ciudad, el más cercano es el Volubilis Inn, en las afueras.

A finales del siglo VIII, Muley Idris al-Akhbar («el mayor») llegó al pueblo de Zerhoun. Bisnieto del profeta Mahoma, había huido a Marruecos para escapar de la persecución y la muerte. Primero se detuvo en Volubilis y más tarde construyó su ciudad cerca de allí, y empezó a predicar la fe islámica entre los beréberes. Fue bien recibido por la gente de las montañas, que le reconocieron como su líder, y se convirtió en el fundador de la primera dinastía árabe en Marruecos. Un año después empezó a fundar Fez, una tarea que completó Idris II, el hijo que tuvo con su concubina beréber Kenza.

Las noticias de su éxito y popularidad llegaron a oídos del califa oriental, y en el año 791 envió un emisario para que le envenenara. Su dinastía sobrevivió por su hijo, que nació dos meses después de su muerte.

NOTA

Los no musulmanes no pueden entrar en el santuario de Muley Idris. El *horm* (la zona del santuario) está delimitado con claridad por una barra baja de madera situada en la entrada para prohibir el paso a los cristianos y a cualquier animal de carga.

Situado entre las colinas justo al este de Volubilis, Moulay Idriss parece un todo compacto y blanco, pero en realidad está formado por dos pueblos: el barrio Khiber y el de Tasga, unidos en torno a la mezquita y el santuario. Aunque Meknés está sólo a 25 kilómetros, la ciudad es en apariencia ajena al siglo XXI e incluso al siglo XX. Se hacen pocas concesiones a los occidentales y en los zocos, si es que se les puede llamar así, se venden los productos básicos. Están en el barrio Khiber, esparcidos hacia la ladera desde la zagüía.

Las mejores vistas de la ciudad se obtienen desde la terraza **Sidi Abdallah el-Hajjam**, sobre el barrio de Khiber. Las calles estrechas forman una red intrincada y es fácil acabar en un callejón sin salida. De todas formas, muchos muchachos estarán encantados de llevarle a la terraza por unos dirhams. Desde ella se ve con toda claridad la estructura de la ciudad: cubos grises y blancos que caen hacia el punto en que los barrios emergen junto a la tumba, y la zagüía, cuyos techos de azulejos verdes y los patios con arcos son muy visibles. Busque también la **madrasa Moulay Idriss**, cuyo asombroso minarete cilíndrico (muy diferente de los minaretes cuadrados que son habituales en el Magreb) estaba inspirado en los minaretes que se ven en el golfo Arábigo. Fue el encargo de un peregrino que volvía de La Meca en la década de 1930, y en sus azulejos de color verde hay inscritos versos del Corán.

El santuario

Muley Ismail, que destruyó la primera estructura a finales del siglo XVIII para crear una más bonita, reconstruyó el **mausoleo.** Más tarde el sultán Muley Abderrahman lo embelleció. La plaza principal, rectangular, se abre desde la zona santa. Es la parte más transitada de la ciudad, sobre todo en torno a la fuente de azulejos, con numerosos y agradables cafés. Enfrente de la entrada al santuario hay puestos pro-

ABAJO: el *moussem* de la cosecha en Moulay Idriss.

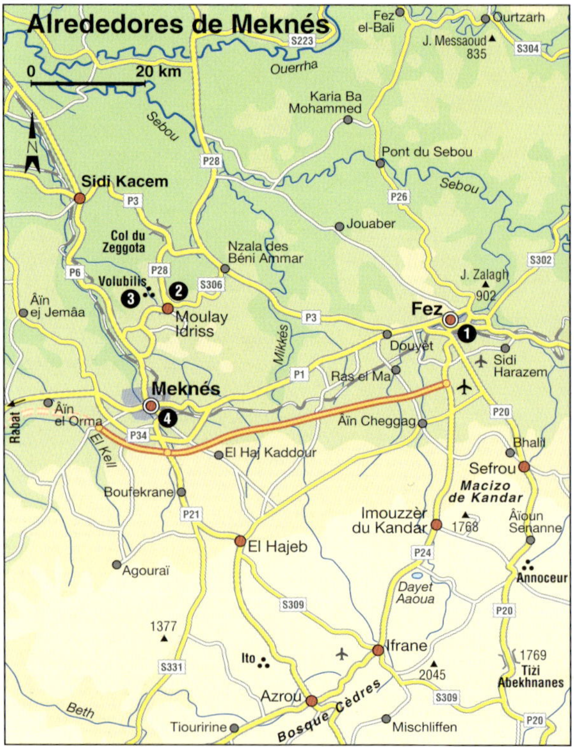

visionales que venden velas y cestas acolchadas para presentar ofrendas. La especialidad de la ciudad es el turrón, en tabletas enormes, y los parasoles plegados en todos los colores imaginables. Estos productos también se venden en otros lugares de peregrinación del mundo árabe.

Mapa página 210

Moussem anual

Como santuario más importante de Marruecos, Moulay Idriss es el núcleo de un enorme *moussem* anual que atrae a peregrinos de todo Marruecos, así como muchas hermandades sufíes, como la Hamaacha y Dghoughia, que eran famosas por sus violentos rituales de inducción al trance. Las actividades más extremas de estas sectas han sido declaradas ilegales por el gobierno, pero se dice que continúan practicándose en lugares ocultos.

La ceremonia del *moussem* se celebra después de la cosecha, que por lo general empieza el último jueves del mes de agosto. En sus orígenes era una festividad religiosa, pero ahora incluye *fantasia*, cantos, bailes y mercados. Las laderas de la montaña están cubiertas de tiendas, y las oraciones, los banquetes y el júbilo general continúan durante todo el festival. Los turistas son bien aceptados, pero no hay que olvidar que se trata de un festival musulmán y es mejor visitarlo durante el día que por la tarde.

NOTA

Si necesita un taxi para recorrer los 3 kilómetros que separan Moulay Idriss de Volubilis, pida al conductor que, a la vuelta, le recoja a una hora determinada.

Volubilis

Una amplia carretera con algunos puestos lleva a la entrada de la ciudad, desde donde sale la mayoría del transporte público y la gente espera a que la recojan. Para ir a **Volubilis** ❸ (de 8:00 a 18:30 h) tome el desvío de la derecha al salir de la ciudad y en el cruce siguiente siga la carretera de Ouezzane. La entrada está a unos 3 kilómetros a la izquierda; ya verá los edificios de color arena alrededor de la

Abajo: platos preparados para la ceremonia del *moussem*.

entrada. Al lado de ellos hay un café a la sombra con vistas al lugar, un pequeño museo al aire libre con muchas piezas de piedra con inscripciones y otros fragmentos puestos al azar. La mayoría de los descubrimientos importantes se han guardado en el Museo Arqueológico de Rabat.

Lo más normal es que pueda visitar Volubilis en soledad, pero podría tener mala suerte y coincidir con uno o dos autocares.

NOTA

En un emplazamiento rural ideal, a cierta distancia de las ruinas romanas está el moderno Volubilis Inn, el único hotel de la zona. Es cómodo, con vistas excelentes y una piscina en la terraza. Vale la pena alojarse aquí si puede permitírselo, y, si no, puede ir a tomar algo. Tel.: (05) 544369.

La historia del lugar

En Volubilis se han encontrado restos de un asentamiento neolítico, y también de un pueblo beréber importante, que se cree que fue la capital del reino beréber de Mauritania. Calígula fue el responsable de acabar con este reino y desde el año 45 d.C. Volubilis estuvo sometido a la autoridad romana, y se convirtió en la base más remota del Imperio. En aquella época, la producción de aceite de oliva y la de cobre eran los principales atractivos de la ciudad, algo que confirma la profusión de almazaras en la zona: una o dos por casa. Se beneficiaba de los manantiales locales y de la corriente de Fertassa de la zona. La mayoría de los edificios son de principios del siglo III, cuando el número de habitantes rondaba los 20 000. A finales del siglo III los romanos se habían retirado.

Después, el cambio fue gradual. Volubilis mantenía sus estructuras latinizadas y cuando llegaron los árabes en el siglo VII la población, una mezcla de beréberes, judíos y sirios, todavía hablaba latín. La cultura y enseñanzas del Islam se extendieron y en el año 786, cuando llegó Muley Idris I, la mayoría de sus habitantes ya se habían convertido. Decidió construir una nueva ciudad (Moulay Idriss) en las inmediaciones, y Volubilis empezó a decaer. Mucho más adelante, en el siglo XVIII, Muley Ismail despreció Volubilis al llevarse gran parte de su mármol para adornar su creciente complejo de palacios en Meknés.

ABAJO: Volubilis es conocida por sus villas romanas.

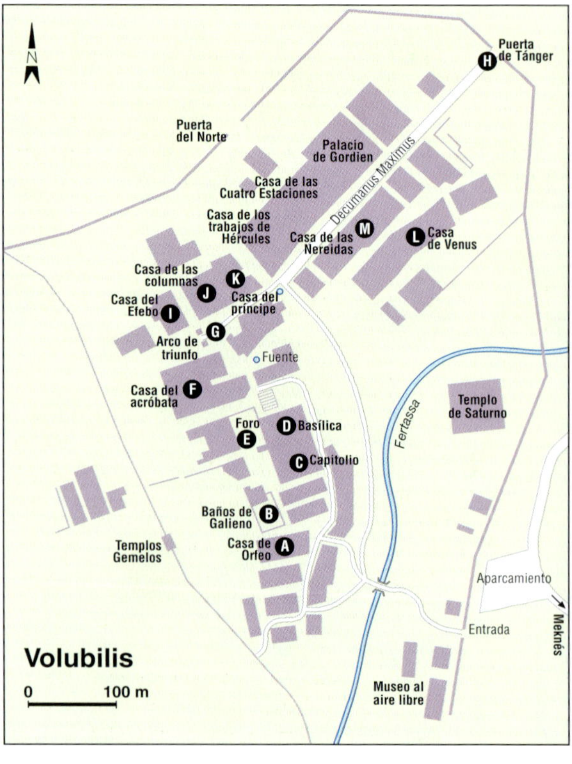

Mapas páginas 210 y 212

El terremoto de Lisboa de 1755 destrozó la ciudad y la dejó en ruinas. No atrajo la atención de la comunidad internacional hasta que dos diplomáticos extranjeros tropezaron con ella en una visita a la zona a finales del siglo XIX, aunque cuesta creer que se ignorara durante tanto tiempo teniendo en cuenta el espléndido arco de triunfo, el único edificio que permanece en pie tras el terremoto. Se iniciaron excavaciones durante el protectorado francés en 1915 y todavía continúan, financiadas por el gobierno marroquí.

Detalle de la cabeza de la medusa en un mosaico.

La ruta de las ruinas

Siguiendo un camino asfaltado a través de olivares y al otro lado del pequeño **río Fertassa**, suba a la izquierda por la colina nada más acceder al lugar, donde una flecha le indicará que se dirija a la izquierda. Volubilis es pequeño y fácil de abarcar, los restos más importantes están señalados con claridad y las fechas señalan una ruta en el sentido de las agujas del reloj. Algunos de los edificios principales se han restaurado o reconstruido a medias. Los descubrimientos más destacables incluyen estatuas de bronce (ahora en la Salle des Bronzes del Museo Arqueológico de Rabat, *véase pág. 160*) y los mosaicos, muy bien conservados, que en su mayoría permanecen *in situ*. Para poder identificar las casas, sus nombres corresponden al tema del mosaico que contienen.

Todas las casas siguen la misma estructura básica: cada una tiene sus habitaciones privadas y públicas. Los mosaicos decoraban normalmente las habitaciones públicas y los patios interiores, y los baños y la cocina eran las zonas privadas de la casa. La primera casa de la ruta en el sentido de las agujas del reloj es la **casa de Orfeo** Ⓐ, la más grande de este barrio, que se puede identificar por el conjunto de cipreses que crecen a la izquierda en la principal calle asfaltada. Tiene tres mosaicos: uno circular, en el que aparece Orfeo encantando a los animales con su lira; otro de nueve delfines, que los romanos consideraban que traían buena suerte; y otro que es un retrato de Anfítrite en un carro conducido por un caballito de mar.

ABAJO: restos de Volubilis.

Desde aquí, diríjase al edificio nuevo de la plaza, que contiene una almazara reconstruida, una de las muchas que se han encontrado aquí. Al lado están los **baños de Galieno** Ⓑ, del siglo III, en sus orígenes los más espléndidos de la ciudad, como requería su proximidad a los principales edificios civiles de Volubilis (el capitolio, la basílica y el foro). Los baños públicos eran el lugar adecuado para charlar, chismorrear, hacer negocios, ejercitarse, comer y beber; pero las grandes casas también tenían sus propios sistemas de calor, que las proveían de agua caliente y corriente para los baños y la calefacción.

Desde este punto, la calle lleva al foro (una plaza pública), el capitolio y la basílica, una impresionante colección de edificios administrativos que formaban el centro de la ciudad. El **capitolio** Ⓒ se distingue por su conjunto de pilares corintios y un tramo de trece peldaños de una escalera en la parte septentrional. Al principio, la zona central tenía un templo con cuatro columnas rodeado de pórticos. Una inscripción que data del año 217 d.C. está dedicada al culto capitolino, Júpiter y Minerva.

La **basílica** Ⓓ es un edificio más grande situado al lado del capitolio. Hoy día no es fácil distinguir su estructura, pero estaba dividida en cinco islas (fíjese en las columnas bajas) con un ábside a ambos lados. Era un

Las dimensiones y el esplendor de las villas de Volubilis, como los bronces que se encontraron en ella, sugieren que era una ciudad culta y próspera, aunque, a diferencia de otras villas romanas del norte de África, no tiene ni teatro ni estadio.

lugar que servía como juzgado y como centro de intercambio comercial. El **foro** Ⓔ, que completa el centro administrativo, era un espacio abierto en el que se celebraban reuniones públicas y políticas. Es de modestas proporciones y no queda nada de las estatuas de los dignatarios que adornaban los edificios de los alrededores.

Entre el foro y el arco de triunfo está la **casa del acróbata** Ⓕ, que contiene dos mosaicos muy bien conservados. El principal muestra a un acróbata con el cuerpo en escorzo que sostiene su premio. Otra casa cercana contenía el famoso perro de bronce del Museo Arqueológico de Rabat.

El **arco de triunfo** Ⓖ es el punto central de Volubilis. Era un monumento ceremonial impresionante, aunque no funcional. Fue construido por orden de Marco Aurelio Sebasteno en honor de Caracalla y su madre Julia Domna, al mismo tiempo que el capitolio. Está sustentado por columnas de mármol y sólo la parte oriental aparece decorada. Algunos registros y las inscripciones sugieren que estaba cubierta por un enorme carro de caballos de bronce. Se construyó para celebrar el poder del emperador Caracalla y sigue siendo un edificio destacado.

La calle pavimentada principal, el ***decumanus maximus***, se alarga hasta la **puerta de Tánger** Ⓗ, la única entrada de las ocho que ha permanecido en pie. Fuera de la calle hay ruinas de muchas casas bonitas, cuya parte delantera se alquilaba a los comerciantes, quienes vendían sus productos desde los pórticos, cobijados bajo la sombra. La apariencia no es muy diferente de la de una calle marroquí actual.

Si explora las casas, descubrirá más mosaicos preciosos. La **casa del Efebo** Ⓘ, por ejemplo, contiene un mosaico de Baco, en el que se muestra al dios del vino en un carro tirado por panteras. En esta casa se encontró una magnífica estatua de bronce de un efebo (joven) con una diadema de plantas, que ahora se halla en la Salle des Bronzes del Museo Arqueológico de Rabat (*véase pág. 161*). La **casa de las columnas** Ⓙ, reconocible por los restos de columnas que guardan la entrada al

ABAJO: la casa de Orfeo en Volubilis.

Plano página 212

patio, tiene una pila ornamental rodeada de geranios de un rojo intenso. La **casa del príncipe** Ⓚ, justo al lado de ésta, no se conserva en buen estado, a excepción del increíble mosaico de Baco cuando descubre a Ariadna durmiendo, uno de los mejores mosaicos de Volubilis.

Muchas de las casas más grandes del *decumanus maximus* contienen mosaicos bien conservados, pero sobre todo no se pierda la **casa de Venus** Ⓛ, marcada por un ciprés, y la **casa de las Nereidas** Ⓜ, unas calles al interior. La primera tiene mosaicos preciosos con escenas mitológicas, incluso la abducción de Hylas por las ninfas y uno de Diana en el baño, sorprendida por Acteón. La casa de las Nereidas guardaba los bustos de bronce de Catón y Juba II, que también se exponen en el Museo de Rabat. El camino rodea la basílica y el foro, y le lleva de vuelta a la entrada, donde puede tomar un té con menta o un café y observar algunas de las estatuas del jardín.

La ubicación, el ambiente y los mosaicos de Volubilis hacen que la visita sea ineludible. Los gecos corriendo arriba y abajo por los muros en ruinas, escondiéndose en agujeros invisibles, el aroma a flores, el aire puro y el silencio de la meseta, todo contribuye a darle un aire mágico.

Hacia Meknés

Para continuar hacia Meknés desde Volubilis, gire a la derecha cuando deje la ciudad, vuelva atrás hacia Moulay Idriss, pero siga por la carretera principal en vez de ir hacia la ciudad. La firme carretera se dirige por colinas fértiles cubiertas de viñedos y salpicadas de tumbas blancas con cúpulas de los morabitos. Unos 27 kilómetros después de dejar Volubilis, la carretera le lleva al barrio moderno de la ciudad imperial de **Meknés** ❹, una próspera ciudad de provincias. La industria local y las excelentes tierras para el cultivo constituyen su mayor riqueza. Los viñedos cubren las montañas de los alrededores. Como de costumbre, en la ciudad nueva se encuentran los alojamientos más cómodos (*véase la Guía práctica*), mientras que las zonas de mayor interés para los visitantes están en la medina. Siga las señales hacia la medina, baje por la Avenue Moulay Ismail y cruce el río hacia la ciudad antigua, que queda

Abajo: el arco de triunfo de Volubilis.

en la parte occidental del río. Una calle sigue el muro hasta la entrada principal, la puerta de Bab Mansour (señalizado), y hay un aparcamiento en las inmediaciones.

Meknés ha sido bautizada con el nombre de «el Versalles de Marruecos», y hay pruebas de que el propio Ismail se consideraba el Luis XIV marroquí. Ismail recomendó la fe musulmana al monarca francés y se ofreció como marido a una de las princesas francesas, sugerencia que declinaron con educación.

Muley Ismail

Meknés era la capital imperial de Muley Ismail, un sultán eficaz pero inhumano que gobernó Marruecos durante 55 años (1672-1727), más o menos como un país unido. Durante ese período Marruecos se convirtió en un país importante en el mundo y el sultán consideraba al contemporáneo Luis XIV de Francia, un buen amigo.

Pero Muley Ismail era conocido por su tiranía despiadada y su amor por la sangre es toda una leyenda. Como regalo para celebrar el principio de su largo gobierno a mediados del siglo XVII, exhibió setecientas cabezas en los muros de Fez, una premonición de lo que sería un reinado del terror.

El diplomático británico John Windus, que visitó el palacio de Ismail en 1725 y relató sus impresiones en *A Journey to Mequinez*, observó cómo «hacia las ocho o las nueve [de la mañana] se reunía la corte, temblorosa, compuesta por sus oficiales, los alcaides, negros, blancos, pelirrojos y sus judíos favoritos, todos descalzos. Y se oían susurros y movimientos de cabeza hacia este o aquel eunuco para saber si el emperador había estado de viaje (ya que si se quedaba en el palacio no se le podía ver si no era por su expreso deseo), si estaba de buen humor, algo que se podía saber por su mirada y sus movimientos y a veces por el color del hábito que vestía; se consideraba que el amarillo era el color del asesinato. Por estos signos deducían si vivirían 24 horas más».

Antes incluso de que Muley Ismail accediera al poder, Meknés era una ciudad importante, bien situada entre las montañas del Medio y Alto Atlas, la costa y el interior. Fundada en el siglo X por una tribu beréber cuyos integrantes son conocidos como mekneses, pasó por las manos de las principales dinastías, desde los almorá-

ABAJO: el vino local, un perfecto acompañante para el marisco.

LA INDUSTRIA VITIVINÍCOLA

Las colinas bajas que rodean las proximidades de Meknés constituyen el centro de la industria vitivinícola de Marruecos, aunque la zona de producción se extiende desde Rabat/Casablanca hasta Fez. Los franceses iniciaron esta industria, e hicieron lo mismo en Tunicia y Argelia, que también siguen produciendo vino a pesar de las advertencias que hace el Corán contra el alcohol. Los vinos elaborados en el norte de África se exportan ahora a Europa y empiezan a verse en las estanterías de algunos supermercados.

Los vinos tintos marroquíes tienen mejor reputación que los blancos. Tres de los mejores tintos son el *cabernet* Cuvée du President, el afrutado Guerrouane y el Vieux Papes –el más conocido de los tintos de mesa–, aunque el Toulal, que es más fácil de encontrar, también es recomendable. Entre los vinos blancos, que por lo general se encuentran en las cartas de los restaurantes, están el Oustalet y el Spéciale Coquillage, ambos aceptables y frescos, aunque uno de los mejores vinos ligeros es el Gris de Boulaouane, un rosado de sabor afrutado que se produce cerca de Casablanca.

Si quiere comprar alguna botella de vino en Marruecos, forzosamente tiene que acudir a una *épicerie* de lujo (una tienda de ultramarinos y especias, donde venden también muchos productos de importación) en la *ville nouvelle*, la ciudad nueva, de cualquier centro urbano. No es habitual vender vino en las medinas, aunque los restaurantes más lujosos que están situados en ellas tienen carta de vinos. Sin embargo, es importante tener presente que en muchos restaurantes no se sirve alcohol durante la época del ramadán.

vides del siglo XI y los almohades del siglo XII hasta los mariníes, que construyeron una madrasa, y los sadíes. Era muy frecuente que los visires de los sultanes instalados en Fez tuvieran segundas residencias en Meknés.

Antes de convertirse en sultán y trasladar la corte de Fez a Meknés, Ismail había sido el gobernador en representación de su padre, el sultán alawí er Rashid, a quien sucedió en 1672. Los excesos de Ismail eran notables tanto como gobernador como al ejercer de sultán. Las noticias varían mucho, pero algunas dicen que tenía un harén de quinientas esposas y concubinas, y cientos de hijos varones, ya que estrangulaba a las niñas al nacer, y no era reticente a despedazar a los bastardos. Para reforzar su gobierno formó un ejército de treinta mil soldados de Sudán (una fuerza para «mantener la paz») que deambulaban por el país para controlar a las tribus.

Grandes diseños

Aunque Meknés está rodeada de tierra fértil y es un buen lugar para las relaciones comerciales, su ubicación en una meseta hace que sea difícil de defender, por lo que Muley Ismail enseguida mandó construir un complejo sistema de defensa que comprendía grandes fortificaciones, un granero y un depósito. Toda la piedra necesaria para la construcción provenía de Volubilis y al-Badi, el gran palacio sadí de Marrakech. Se construyeron unos 25 kilómetros de murallas en torno a Meknés y llevaron más de 25 000 cautivos desafortunados para hacer realidad su idea de los grandes palacios, muros y fortalezas. Por la noche los encerraban en cuartos oscuros como animales, en cámaras subterráneas excavadas para que habitaran en ellos. Como descripción del trato brutal que Ismail daba a sus esclavos, el escritor británico Scott O'Connor, en *Vision of Morocco*, dijo: «Cuando los esclavos morían, los utilizaban como material de construcción y los encerraban en los muros en construcción, mezclando la sangre con el cemento que todavía los mantiene en pie».

Mapas páginas 210 y 218

Un vendedor de turrón dispone su mercancía frente a Bab Mansour.

ABAJO: la puerta monumental de Bab Mansour.

Las señales ayudan a encontrar el camino en la extensa ciudad amurallada de Meknés.

La idea de poder de Ismail ha dejado en Meknés un cementerio de enormes palacios y edificios, y la medina y la ciudad imperial tienen un aspecto bastante trágico. «Kilómetros y kilómetros de muros de cemento trazan su lamentable curso por la ciudad», así es como la describieron a principios del siglo XX. En el interior de estos muros permanece un sueño de unos treinta palacios, veinte entradas, mezquitas, cuarteles y jardines ornamentales. Es magnífica y lunática por su concepción, y hay que admirar a Muley Ismail por su mente única. Convirtió Meknés en una de las cuatro grandes ciudades imperiales y siguió siendo la capital hasta su muerte en 1727, cuando su heredero trasladó la corte a Marrakech. El hijo destruyó algunos edificios como señal de que había llegado su fin y desde entonces la ciudad inició un imparable declive.

Un itinerario por la ciudad

Comience su itinerario por Meknés desde la **Place el-Hedim** Ⓐ (con el siniestro significado de «plaza de la destrucción»), desde donde se extiende la medina al noroeste y la ciudad imperial al sudeste. Lo que ahora constituye una enorme plaza

Plano página 218

adornada con fuentes, antes fue parte de la medina, pero Muley Ismail la echó abajo para crear un acceso a la entrada principal de su palacio por la Bab Mansour. La plaza es demasiado grande para ofrecer un ambiente animado. Los puestos están en la parte oriental y los bancos se sitúan en la parte occidental. Una fluida corriente de gente cruza de la medina a Bab Mansour y gira hacia la ciudad nueva. Aunque ya no es una terminal de autobuses (situada ahora frente a Bab Khemis), los autobuses arrojan sus cargas de pasajeros en la plaza, que se llena por un momento pero se vacía enseguida.

La imponente **Bab Mansour** Ⓑ, un encargo de Muley Ismail que se finalizó durante el reinado de su hijo, en 1732, domina la zona. Decorada de manera brillante con azulejos verdes y blancos, está flanqueada por dos bastiones cuadrangulares sobre un soporte de columnas de mármol de Volubilis. Aunque es destacable por su tamaño y simetría, como muchas de las obras de Ismail es agobiante y pesada.

Si sigue por Bab Mansour, llega a la **Place Lalla Aouda** Ⓒ, un lugar de creciente popularidad al atardecer entre las mujeres. Muy cerca (gire a la derecha viniendo de Bab Mansour) hay un pabellón sencillo, el **Koubbet el-Khiyatin** Ⓓ (abierto de 9:00 a 12:00 h y de 15:00 a 17:30 h; se paga entrada). Se utilizó para recibir a los embajadores y para negociar los rescates por los cristianos que eran capturados por la piratería de la costa de Berbería, que a Muley le interesaba controlar. Junto al pabellón hay una escalera que lleva a las cámaras subterráneas, que se utilizaban para almacenar grano o quizás esclavos, pues no se sabe con certeza. Las cámaras, bloqueadas por los franceses, que también añadieron los tragaluces, se extendían unos 7 kilómetros en todas direcciones.

Preparándose para asar merguez *(salchichas picantes).*

Los jardines que están detrás de los muros se han convertido en un **campo de golf real**. Si sigue la calle que lo rodea hacia la otra entrada, llegará a uno de los principales atractivos de Meknés, la **tumba de Muley Ismail** Ⓔ (abierta de 9:00 a 12:30 h y de 15:00 h hasta el anochecer; viernes después del mediodía, cerrado; entrada gratuita). Lo restauró el alawí Muhammad V en la década de 1950 y es uno de los pocos santuarios de Marruecos que pueden visitar los no musulmanes. Los otros son los mausoleos de Muhammad V y Hasán II en Rabat y el santuario de Sidi Yahiya (*véase pág. 140*), cerca de Oujda. Sólo están abiertos los patios, pero puede echar una ojeada por la puerta del santuario para ver la tumba. Los paneles de azulejos están en muy buenas condiciones, con diseños geométricos sencillos que contribuyen a realzar su esplendor. Los muros y el patio están llenos de estos diseños, y el estuco es asombroso.

ABAJO: un vendedor de agua.

La reverencia que se profesa a Muley Ismail no parece haber disminuido a pesar de su violenta y cruel reputación. Quizás es un poco extraño que un gobernante tan despiadado tenga un santuario tan magnífico que todavía siga atrayendo peregrinos de todo Marruecos. La gente cree que esta tumba tiene baraca (poderes mágicos), que beneficia a los creyentes. Una puerta del mausoleo da a un cementerio privado (entrada prohibida), donde están las tumbas de gente que quería ser enterrada junto al famoso gobernante.

Heri el-Souani

Desde la tumba se puede ir por un camino en forma de pasadizo (siga las indicaciones: está a 25 minutos a pie, aunque en verano quizás prefiera tomar un *petit taxi*) que va a Heri el-Souani, los enormes graneros y almacenes del complejo imperial. Grandes muros, acribillados de

La puerta de la tumba de Muley Ismail. Los no musulmanes pueden acceder a los patios.

nidos de pájaros, se yerguen a ambos lados de la vía pública. La mayoría de los palacios que hay detrás están en ruinas, pero algunos se han restaurado con fines militares o educativos, y puede verlos a través de las grietas de las paredes.

El **Dar el-Kebira**, el complejo de palacios principal de Muley Ismail, fue destruido y está en ruinas. La actual familia real ha restaurado y habilitado como residencia ocasional el **Dar el-Makhzen**, uno de los últimos palacios acabados a finales del siglo XVIII.

Uno de los lugares de interés más destacables de la ciudad imperial es el **Heri el-Souani** Ⓕ (abierto de 9:00 a 12:00 h y de 15:00 a 18:00 h; se paga entrada), inmensas cámaras altas y abovedadas divididas en 23 naves que se utilizaban como graneros y almacenes. Muley Ismail siempre estaba preparado para enfrentarse a un asedio o una sequía. Para tener una buena vista del complejo, suba por las escaleras al café situado en lo que queda de azotea, a la sombra de los olivos. La **cuenca de Aguedal** Ⓖ, justo en la esquina de Heri el-Souani y visible desde el café, cubre unas 4 hectáreas, pero, como todo en la ciudad imperial, su grandeza abandonada crea una atmósfera lamentable y triste. La visión de Muley Ismail era poderosa, pero los espacios que creó nunca se llenaron.

Los **establos reales** (cerrados al público), a 3 kilómetros del barrio de Heri el-Mansour, son el ejemplo más extremo de los excesos de Muley Ismail. Se contruyeron para más de 12 000 caballos, cada uno con su mozo de cuadra y su esclavo. El grano, suficiente para un asedio de años, se almacenaba abajo, en los graneros, y los gruesos muros mantenían una temperatura constante. Ismail también construyó un canal que abastecía de agua fresca a los caballos sin moverlos de las caballerizas. Los restos todavía dan una idea de la extensa decoración que hubo antes; se pueden ver azulejos y *zellige* en fragmentos de muro parcialmente caído. Sin embargo, ahora este lugar pertenece a las cabras.

ABAJO: el mausoleo de Muley Ismail.

Plano página 218

Cerca se encuentra el moderno **Haras Regional**, un criadero y centro de entrenamiento de caballos árabes. Los jinetes con experiencia pueden ser miembros de la hípica de manera temporal, pero cualquiera puede visitarlo. Algunos de los caballos son árabes puros, otros beréberes y otros una mezcla de ambos (el porcentaje exacto de beréber y árabe consta en sus compartimentos del establo). Más compactos y de apariencia más delicada que los purasangre, los caballos árabes tienen fama por su fuerza y belleza, pero su atractivo más valorado históricamente es la longevidad, una cualidad muy apreciada por los beduinos en su enfrentamiento a las dificultades del desierto. Los caballos de una tribu eran su mayor orgullo, sus compañeros en los asaltos y la guerra. Años de trabajo y vida en común (los caballos dormían a veces en la tienda de la familia) crearon un lazo afectivo entre los beduinos y sus caballos que trascendía las relaciones corrientes entre los humanos y los animales e inspiraba leyendas y poemas.

La medina

Al volver a Bab Mansour, entre en la **medina**, en el extremo occidental de la Place el-Hedim. El **Museo de Arte Marroquí** H (abierto de 9:00 a 12:00 h y de 15:00 a 18:00 h), que se halla en el Dar Jamai, se sitúa con discreción en la esquina de la plaza junto a la entrada de la medina. Merece la pena visitarlo para contemplar los magníficos ejemplos de tapices beréberes, sobre todo si quiere comprar uno en algún momento del viaje. También puede ver una interesante colección de artículos autóctonos y cerámica. El edificio fue construido por Muhammad ben Larbi Jamai, gran visir de la corte de Muley Hasán (sultán de 1873 a 1894), y es obra del mismo arquitecto que construyó el Palais Jamai de Fez, aunque sus dimensiones son menores. Algunas de las habitaciones del piso superior están decoradas y amuebladas para reproducir la vida doméstica del siglo XIX. Como los otros grandes palacios, tiene un jardín en el que abundan los arbustos en flor y los pájaros.

ABAJO: los graneros de Heri el-Souani.

Siga la Rue Sidi Amar hasta llegar a la Gran Mezquita en el corazón de la medina. Muy cerca está la **madrasa Bu Inania** I (abierta de 9:00 a 12:00 h y de 15:00 a 18:00 h); la empezó a construir el sultán mariní Abu Hasán, que erigió el Chellah en Rabat y la madrasa al-Hasán en Salé, pero la finalizó el sultán Abu Inan (1350-1358), que construyó la madrasa Bu Inania en Fez. Es parecida a otras madrasas mariníes, con una fuente de abluciones en el centro de un patio de azulejos, cuartos en dos pisos para unos cincuenta estudiantes y una sala de oraciones en uno de los lados. Los estudiantes cuyas edades estaban comprendidas entre los 8 y los 10 años vivían de dos en dos en cada celda de la planta baja, mientras que los mayores y los profesores habitaban la planta superior. Como de costumbre, cada centímetro de la pared está cubierto de estuco, *zellige* y madera labrada con diseños abstractos y arabescos, que crean una gran intensidad diseñada para reflejar y reiterar la grandeza e infinidad divinas. Suba a la azotea de la madrasa para disfrutar de una buena vista de los alrededores, incluso la de los minaretes de azulejo verde de las mezquitas de cada barrio y el tejado de la Gran Mezquita.

Los zocos

La calle principal, cubierta con un techo de hierro forjado, tiene más puestos de lo habitual y es una calle ajetreada y bulliciosa. El **zoco de los carpinteros** se detecta por el dulce olor a madera de cedro y de tuya. Si continúa por el zoco, tal vez acabe en la parte occidental, donde están la mayoría de los mercados de artesanos. Es una zona bastante abandonada, pero tiene algunos talleres de cooperativas interesantes, incluso artesanos que hacen cestas y talabarteros. En contrapartida, hay muy pocos lugares de venta de fruta y comida, a excepción de los coloridos puestos de especias y frutos secos.

Fuera de la medina, junto al extenso **Bab el-Berdain** («entrada de los talabarteros»), se extiende un enorme cementerio musulmán donde se halla el santuario de Sidi ben Aissa, el fundador de una de las hermandades religiosas más tradicionales de todo Marruecos, construido en el siglo XVIII (cerrado para los no musulmanes), que es el núcleo de un *moussem* en la víspera del Mouloud (el aniversario del Profeta). Éste es uno de los *moussems* más grandes de Marruecos y atrae a miembros de la hermandad aissawa, inspirada en los sufíes, de todo el norte de África (*véase cuadro pág. 223*).

Las *mellahs* (judería) nuevas y antiguas del oeste de la medina y la Place el-Hedim tienen sus propios mercados y zocos. Es una zona ajetreada pero desgastada, con edificios destartalados que se incorporan a los muros que se desmoronan. Es una de las zonas más pobres de la ciudad, pero aquí podrá alquilar una calesa para realizar un recorrido por la medina.

Ya sea por las acciones sangrientas de Muley Ismail, del que se decía que había matado a más de 36 000 personas con sus propias manos, o por la combinación de grandeza y decaimiento, Meknés se rodea de una atmósfera misteriosa y extraña. El vacío de los amplios edificios en ruinas en contraste con la intensidad de la desgastada medina refuerza esta sensación. A Meknés le falta el sentimiento de cohesión que posee Fez; sus habitantes, al contrario de los de Fez, no se sienten orgullosos de su ciudad.

ABAJO: las extensas murallas que rodean Meknés.

Mapas páginas 210 y 218

La ciudad nueva y sus inmediaciones

Los franceses construyeron la *ville nouvelle*, la ciudad nueva, de Meknés en la parte opuesta al **río Bou Fekrane**, que fluye a través del valle entre las dos mitades que configuran la ciudad. No es muy interesante, pero dispone de un buen número de hoteles, restaurantes, bares y cafés, del mismo modo que la mayoría de los bancos y oficinas bancarias más importantes también se encuentran aquí. Para recorrer la distancia que separa ambas partes puede tomar un autobús, un *grand taxi* o, simplemente, darse un paseo a pie de unos 20 minutos. Bastante animada durante el día, Meknés, tanto la ciudad nueva como la antigua medina, podría decirse que queda sumida en un profundo sueño a partir de las 22:00 h.

Justo en la inmediaciones de Meknés hay una atracción muy recomendable para aquellos a quienes les gusten los caballos o prefieran un alojamiento alternativo a los alojamientos habituales que se pueden encontrar, como en todas las urbes, en el centro de la ciudad: el **Tijania Ranch** (tel.: 01 11 70 75). Este rancho se halla en un paraje que no resulta difícil de localizar, pues está señalizado en una pequeña carretera asfaltada que lleva a El-Menzah (en dirección a Boufekrane) y sale de la S-316; se encuentra situado en el corazón de la provincia vinícola de Meknés. Para los aficionados al mundo ecuestre, los caballos de raza árabe son de los más preciados, entre cuyas cualidades merecen destacarse la fuerza, la belleza, las excelentes condiciones físicas y la longevidad. Pues bien, el gran interés de este paraje reside en el hecho de que se trata de un criadero de caballos árabes de carreras y, además de ofrecer excursiones a caballo por las montañas más cercanas, cuenta con el que debe de ser el primer restaurante orgánico de Marruecos, con un menú original de comida basada en toda una serie de alimentos conseguidos directamente del cultivo de la propia tierra. Si queda prendado del rancho (como le ocurre a mucha gente), en la granja también se ofrece alojamiento.

ABAJO: la Place el-Hedim de Meknés.

LA HERMANDAD AISSAWA

Una de las hermandades más conocidas de Marruecos es la hermandad aissawa,que fue fundada en el siglo XV por Sidi ben Aissa; conoció una gran difusión y se extendió por todo el norte de África. Como otras sectas sufíes, defiende el trance inducido por la música como un medio para acercarse a Dios.

Una de las maneras en que Sidi ben Aissa reveló sus poderes místicos fue en sus conocidas vivencias, en las cuales puso de manifiesto su inmunidad ante las picaduras de escorpión y mordeduras de serpiente. Además, como ocurre con otros líderes religiosos, se decía que transmitía los mismos poderes a sus seguidores. Según parece, una vez en estado de trance, podían comer cualquier cosa sin caer enfermos. Hubo un tiempo en que, en la víspera del Mouloud –el aniversario del nacimiento del profeta Mahoma–, la fecha de la peregrinación anual, el *moussem*, se reunían más de 50 000 devotos y en estado de trance devoraban animales vivos e, incluso, llegaban a actuar sobre sus propios cuerpos: se agujereaban la lengua y las mejillas. Sus rituales eran parecidos a los de los hammaadcha de Moulay Idriss, cuyo *moussem* se describe en *La casa de la araña*, de Paul Bowles.

El gobierno marroquí ha declarado ilegales las prácticas más extremas de estos cultos, pero todavía se celebran sus *moussems* anuales. Además, hay que tener en cuenta que están muy implicados en la vida cotidiana y los rituales de sus seguidores y de los marroquíes en general. Celebran ceremonias de curación, acompañan a las circuncisiones –el acontecimiento más destacado de la infancia de un musulmán– e incluso capturan las serpientes que han entrado en las casas.

TIERRA DE SANTUARIOS

Los peregrinos, que desempeñan un papel muy importante en el Islam, realizan muchos viajes a diferentes lugares sagrados

En Marruecos hay santuarios por todas partes, desde pequeñas *koubbas* blancas con cúpula, hasta grandes y elaboradas zagüías que acogen a las hermandades religiosas. Actúan de imán que atrae a los peregrinos, quienes acuden a orar, lamentarse y pedir curaciones. Las mujeres se encomiendan a su santo preferido e imploran ayuda en el parto o incluso también un remedio para la esterilidad. Puede que lleven pequeñas ofrendas o que anuden trozos de tela a la reja de la tumba para establecer un vínculo con el santo. Para recibir la baraca (bendición o don divino) del santo se pone aceite o agua dentro de su tumba y después se administra a los enfermos.

LA MECA

Completar el Haj (peregrinación a La Meca, el lugar de nacimiento del Profeta) es una meta en la vida de muchos musulmanes. Se ha conservado durante muchos años y algunas familias financian juntas el viaje de los mayores. El regreso del Haj lo celebra toda la familia, que organiza fiestas de bienvenida en el aeropuerto. Los regalos que se traen de La Meca –rosarios, relojes, cajas doradas o versos del Corán bordados en hilo de oro– se guardan como tesoros, aunque la mayor parte de ellos se hayan fabricado en Extremo Oriente.

Los marroquíes que no pueden permitirse la peregrinación al Haj, el viaje a La Meca, realizan una serie de peregrinaciones a los lugares sagrados locales, como la tumba de Muley Idris II, en Fez.

▷ **CELEBRACIONES DULCES**
Todos los santuarios sagrados están rodeados de puestos que venden turrón, frutos secos, higos y dátiles. El de Muley Idris II es famoso por su excelente turrón.

▷ **MARCANDO A LOS MUERTOS**
En el islamismo, los entierros suelen celebrarse el día de los muertos. El cuerpo lavado del difunto se envuelve en una simple mortaja y se entierra, orientado en dirección a La Meca.

◁ **ALTO Y SAGRADO**
En todo el mundo los lugares elevados suelen ser sagrados, como sucede en Marruecos. Las *koubbas* (santuarios o capillas) blancas resaltan en las pardas colinas.

△ **EL CENTRO**
Dentro de un morabito o *koubba*, la tumba está envuelta con una tela, por lo común de colores verde (tonalidad del islam) y roja.

▽ **UNA MIRADA AL INTERIOR**
Por lo general, no está permitida la entrada a los santuarios a los no musulmanes, pero pueden hacerse una idea en las antecámaras del santuario de Muley Idris II en Fez.

▷ **AL LADO DE LA COSTA**
Un sencillo santuario en Tamsgid N'oufdas, situado al sur de Essaouira. Muchas *koubbas* están construidas junto al mar.

◁ **FUENTE DE LUZ**
Las velas votivas de colores son compras comunes entre los peregrinos que visitan los grandes santuarios, como el de Muley Idris II, en Fez.

ASISTIR A UN *MOUSSEM*

Los *moussems* son festividades anuales que, por lo general, se celebran en honor de un santo local o para celebrar la cosecha. Son grandes acontecimientos que atraen a peregrinos y a miles de personas de los alrededores, y en caso de tratarse de uno de los principales *moussems*, a marroquíes de todo el país. El significado religioso de la celebración y los productos que se llevan para comerciar están al mismo nivel. En los *moussems* rurales se acampa durante la noche en las enormes tiendas, se regatea por el ganado y se venden utensilios muy prácticos para la vida rural. Estas festividades están acompañadas de actuaciones musicales, danzas, *fantasia* (ejercicio militar consistente en una carga de caballería) y, a menudo, se sacrifica alguna res, en una ceremonia que combina elementos paganos e islámicos. Desde los tiempos del protectorado francés, el gobierno ha aprovechado la celebración de los *moussems* para estar al día con las tribus: registrar los nuevos matrimonios y recaudar impuestos.

EL ATLAS MEDIO

Son pocos los extranjeros que exploran esta zona. Quienes lo hagan, descubrirán un extraordinario paisaje montañoso, lleno de lagos y cascadas, el centro de vacaciones real y las fabulosas alfombras beréberes

Mapa página 230

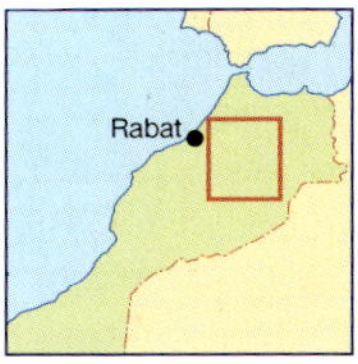

El Atlas Medio es una región de cordilleras poco visitada que abarca casi todo Marruecos, entre el Gran Atlas y el Rif, desde la costa atlántica hasta Taza. Las montañas emergen en el oeste como las tierras altas de Zaër Zaïane, en el interior de la costa Rabat/Casablanca, y siguen hacia el Gran Atlas en Kasbah Talda. Luego vuelven a emerger desde el Gran Atlas al norte del gran lago artificial, Bin el Ouidane, donde se convierten en el Atlas Medio propiamente dicho, coronado por bosques de nobles cedros, que se dirige al noroeste entre Midelt, al sur, y Azrou, al norte. La cordillera continúa más allá de las bellas ciudades de Fez y Sefrou, se vuelve en el Jebel Tazzeka, y luego desaparece en el paso de Taza, custodiado por la ciudad medina menos turística de Marruecos. Es una sorprendente región de bosques, prados, ríos y lagos. Con una altitud suficiente como para cubrirse de nieve en invierno, las montañas son el hogar de los beréberes banu mguild, unos de los tejedores nómadas de más talento de Marruecos.

Las tierras altas de Zaër Zaïane

La P-22 al sudeste de Rabat atraviesa los campos de alcornoques y valles empinados del bosque Temara, colinas onduladas y tierras de gran riqueza agrícola, hasta **Rommani** (los miércoles hay zoco), donde la S-106 gira a la izquierda hacia **Maaziz** y la S-209 lleva al corazón de estas tierras altas. Si cruza el Bou Regreg, Tiddas está situado en un gran valle agrícola dominado por grandes hileras de huertos de manzanos. Cuando sale de la ciudad, la carretera asciende entre bosques de abetos hacia **Jebel Mouchchene** (1 086 m). Durante el viaje irá viendo aldeas dispersas y campos que le ofrecen vistas de la vertiente meridional de montañas cubiertas de árboles.

Después de El-Harcha, una carretera sin salida le lleva a **Tarmilate** ❶, donde está el Oulmes y la planta de embotellado Sidi Ali. La ciudad está situada en un espolón, rodeado de picos más altos con bosques. Puede alojarse en el Hôtel des Thermes, de la década de 1930 (tel.: 07 52 31 73). Propiedad de una empresa, rara vez hay turistas en el hotel, pero ofrece habitaciones limpias, baños calientes, un buen restaurante y un ambiente agradable a un precio razonable. Desde el hotel puede dar un paseo hasta **Lalla Haya**, la fuente del agua mineral más famosa de Marruecos. El agua del manantial emerge caliente y un poco sulfurosa; es un buen sitio para darse un baño.

La ciudad cercana de **Oulmes** tiene poco que ofrecer, a excepción del zoco de los martes. Este lugar tiene un aire de pobreza rural y, como Tarmilate, está rodeado de chabolas donde viven los campesinos que trabajan en las granjas cercanas, propiedad de empresas. Desde aquí la S-2516 se abre camino hacia el sur a través de un bosque de encinas, pasado el santuario de Sidi Otmane hacia Khenifra. Hacia el norte, la S-316 es igual de agradable para conducir hasta Meknés.

PÁGINAS ANTERIORES: paisaje típico del Atlas Medio. **IZQUIERDA:** juegos de pólvora en un *moussem* local. **ABAJO:** transporte de carbón vegetal.

NOTA

El Hôtel du Lac (tel.: 03 44 24 65), situado junto al bello río que fluye desde el embalse de Bin el Ouidane, ofrece habitaciones, un cámping para el verano, un bar y un pequeño restaurante.

El verdadero Atlas Medio

El verdadero Atlas Medio emerge de las colinas septentrionales del Gran Atlas, al norte del embalse de **Bin el Ouidane** ❷. Este embalse, que fue terminado en 1955, es el más grande de Marruecos y abastece de energía a gran parte del centro del país. En la actualidad esta zona se ha convertido en un centro de deportes acuáticos, donde se emplazan algunas viviendas de lujo, con embarcaderos privados para los entusiastas de la navegación del interior de Marruecos. Desde el lago, la carretera lleva por unas impresionantes curvas muy cerradas a **Afourer**, donde puede encontrar alojamiento de mayor calidad, y a la ruta principal P-24 entre Fez y Marrakech.

Sin embargo, para seguir de verdad el Atlas Medio, tome la S-1805 hacia **El Ksiba** ❸. Ahora está asfaltada y, después de Taguelft, sube desde el valle Abid a través de montañas rojizas con arbustos de enebro esparcidos en una meseta ondulada y cultivada. Los picos de las inmediaciones se vuelven cada vez más altos y el valle más tortuoso, donde el cultivo a veces se limita a una pequeña franja de la ribera, hasta que emerge por un desfiladero en Ait Aghzif, y de repente se abre a la parte llana de un valle cubierto de huertos, unos 25 kilómetros antes de El Ksiba.

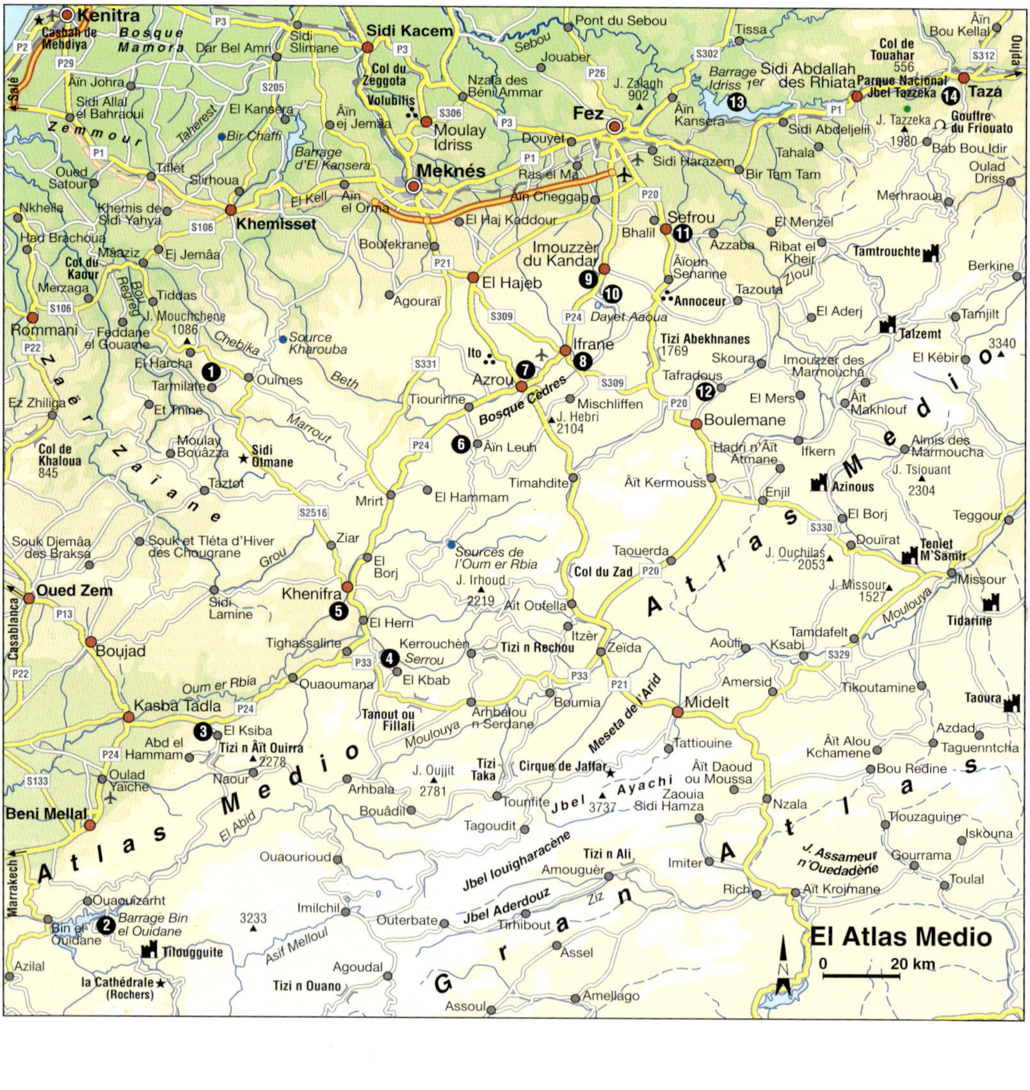

Mapa página 230

Poco después, la S-1805 se une a la S-1901. Si gira a la izquierda, llegará a El Ksiba por el Tizi N'Ait Ouirra, y podrá volver a la P-24 por un atractivo tramo hacia Khenifra. A la derecha está la carretera meridional hacia Imilchil, que le permitirá dirigirse a Arhbala y a la P-33, encontrándose siempre en camino asfaltado. Al principio, la carretera pasa por el Tizi N'Ifar y bosques mediterráneos de robles, donde puede ver muchos productores de carbón vegetal, hasta salir al cruce principal Imilchil/Arhbala.

A unos 13 kilómetros a la izquierda del cruce está **Arhbala**, antes un centro administrativo francés, que todavía mantiene los hermosos azulejos rojos y las casas de piedra tan características de las ciudades del Atlas Medio. Más allá de la ciudad, la carretera, que cada vez se hunde más, continúa por una meseta árida y pálida, hasta que mejora y ofrece una increíble vista de la ciudad de **Sidi Yahya Ousaad**, con sus sorprendentes edificios administrativos de azulejos verdes y un extenso valle fértil a sus pies. A un kilómetro de la ciudad, en un cruce cercano al café Magnoua, la ruta de la P-33 conduce hacia Khenifra o Midelt.

Se puede llegar a **El Kbab** ❹ saliendo de la carretera de Khenifra para tomar la S-3409, que, después de pasar por verdes colinas, desciende por una serie de curvas cerradas hacia la ciudad y la S-3217. La carretera al Oum er Rbia desde El Kbab, pasando por Kerrouchen, es una mezcla de pista y camino asfaltado, así que no es muy adecuada para los vehículos normales. Sin embargo, la ruta que rodea el **Jebel Irhoud** (2 219 m) merece el esfuerzo de atravesarla para quienes dispongan de un vehículo todoterreno. La carretera cerrada que cruza el corazón de los bosques de cedros conduce desde Khenifra hasta la S-3485.

Khenifra ❺, en las orillas repletas de basura del Oum er Rbia, está construida en torno a una medina pequeña y concentrada. Las casas son de ladrillos rojo oscuro con ventanas de madera labrada y puertas pintadas de color turquesa. Hay varios hote-

Campo de girasoles en el Atlas Medio.

ABAJO: la nieve en las montañas y un pastor con su rebaño constituyen un hermoso paisaje invernal.

les en la ciudad, algunos bastante caros. El más razonable, el Hôtel Restaurant de France (tel.: 05 58 61 14), en el barrio militar, ofrece buena comida y habitaciones aceptables, pero no tiene bar. Para quienes simplemente deseen tomar un refresco, el Bar de la Poste está justo en la puerta de al lado, y en la misma calle hay un establecimiento que vende bebidas alcohólicas. La salida de la ciudad hacia las montañas se realiza por una calle muy transitada, que ofrece vistas tentadoras de los callejones adoquinados adyacentes.

La S-3435 atraviesa residencias de veraneo que se alternan con pequeñas granjas, y se cruza con la S-3211. Merece la pena tomarse un tiempo para visitar el pequeño **lago Azigza** situado al final de un prado alto lleno de ovejas y rodeado de un semicírculo de bosques de cedro y acantilados de piedra caliza. Justo al lado hay un café a medio construir y abandonado. Es el lugar favorito de los cazadores y deportistas, a juzgar por la cantidad de cartuchos vacíos que hay en el lugar.

Campo de cedros

La carretera en dirección norte recorre bosques perennes de robles, que luego dejan paso a grupos de oscuros cedros, de los que se dice que algunos miden más de 60 metros, antes de descender a la pintoresca depresión que contiene los manantiales que forman el **Oum er Rbia**. Al lado del manantial principal hay un aparcamiento cerca de un estanque, un lugar agradable para darse un chapuzón en verano y un paseo hacia el manantial que sale a borbotones de debajo de las montañas. Pero no es el lugar ideal para acampar, ya que los habitantes locales intentarán sacarle dinero constantemente. Unos kilómetros más al norte hay algunos claros en el bosque donde podrá acampar sin que le molesten.

Un plácido viaje por el bosque le llevará a **Ain Leuh** ❻, construido por los franceses, que celebra un próspero mercado los miércoles. Hamid Kassimi, un conocido

ABAJO: el centro de la ciudad de Azrou.

vendedor itinerante de alfombras que recorre todo el circuito de zocos, lo frecuenta. Suele instalar su puesto cerca de la impresionante oficina de correos parecida a un chalé. Desde Ain Leuh tome la carretera de Tagounit para llegar a la P-21, que conduce hacia Azrou. Es un viaje gratificante que bordea el bosque y ofrece numerosas vistas del fértil valle.

Centros de excursionismo

El centro de **Azrou** ❼, con su impoluta Place Mohammed V, de la época francesa, limita por un lado con el Hôtel Restaurant des Cèdres (tel.: 05 56 23 26) y el restaurante Relais Forestier. La otra parte de la plaza da a un pequeño zoco. Durante su estancia en Azrou, busque a Muhammad Kallal (tel.: 05 56 19 49), uno de los pocos guías de montaña titulados de la provincia. Un apasionado del Atlas Medio, será la elección adecuada si quiere realizar una exploración más exhaustiva de la zona a pie o en todoterreno. Guió a Jean-Yves Collet en una expedición de seis meses para filmar un documental sobre los simios de Berbería, que se ven con frecuencia por la carretera en toda la zona.

Al sur de Azrou, un camino que sale de la P-21 le llevará a la enorme y centenaria Cèdre Gouraud. Si no viaja en un vehículo todoterreno, la ruta que queda más al sur es más práctica para llegar a las estaciones de esquí de Mischliffen y Jebel Hebri. Por ahora, no hay mucho que ver fuera de temporada, sólo un par de telesillas estáticos, pero **Mischliffen** dispondrá en breve de un pequeño y moderno hotel con terraza y piscina al aire libre. Entonces será una buena base para realizar largos paseos por el bosque.

Más al sur, de nuevo por la P-21, está el solitario lago volcánico de **Sidi Ali**, formado en un cráter extinto, y rodeado de picos de 2 000 metros. El lugar merece la pena para pararse un rato y nadar e incluso acampar, aunque esté desprovisto de servicios.

Uno de los cedros que se elevan cerca de Azrou.

ABAJO: acampada en el Atlas Medio.

Ifrane ❽, al noreste de Azrou, a corta distancia por la P-24, es muy sorprendente. Sus céspedes bien cuidados y la apariencia de un enclave alpino suizo parecen fuera de lugar, sobre todo porque en el horizonte se divisa la remota y amenazadora residencia real. Si se adentra en la ciudad, pronto se dará cuenta de que son pocos los hoteles y servicios que podrían compararse con los estándares suizos. La población parece ser muy joven y muy sofisticada. La célebre Universidad Al Akhawayn (donde las clases se imparten en inglés) se encuentra en el extremo de la ciudad. Ifrane tiene una oficina de turismo con trabajadores muy atentos, que publican un útil folleto de la zona.

Más marroquí y más asequible para alojarse, **Imouzzer du Kandar** ❾ se halla a unos 24 kilómetros al norte en la P-24. Con sus características avenidas pequeñas con líneas de árboles caducifolios (espléndidos en otoño) y una plaza muy animada, la ciudad ofrece numerosos cafés, un parque con un par de estanques y varios hoteles donde alojarse. El Hôtel Royal (tel.: 05 66 30 80), en el extremo meridional de la ciudad, está provisto de un bar muy animado y habitaciones modernas con balcones que dan al parque. En el límite septentrional se encuentra el familiar Hôtel Les Truites (tel.: 05 66 30 22), un hotel rural fabuloso al estilo francés, con un bar muy bonito, un restaurante con terraza y un pequeño jardín en la parte trasera. Los baños no son muy buenos, pero los están restaurando.

Al este de Sefrou se halla una de las mayores zonas de olivos de Marruecos. Existen unas cincuenta variedades de aceitunas y otras tantas maneras de prepararlas.

La ruta de los lagos

Unos kilómetros antes de Imouzzer du Kandar y desde la P-24 da comienzo la atractiva ruta de los lagos, que al principio pasa por **Dayet Aaoua** ❿, antes un lugar mágico y que en los últimos años ha sufrido los tristes efectos de la sequía. Junto al lago está el increíble Chalet du Lac (tel.: 05 66 31 97), que, a pesar de su aspecto, tiene un restaurante espléndido, aunque un poco caro, y unas enormes estufas para

ABAJO: cascada cercana a Sefrou.

Mapa página 230

garantizar un ambiente agradable incluso en las noches más frías. Un poco más allá del lago está el Gîte du Lac Dayet Aoua (tel.: 05 60 48 80), de reciente apertura y que ofrece alojamiento en una casa de estilo andalusí con un estanque, situado en un huerto de manzanos jóvenes frecuentado por los pavos reales.

La ruta de los lagos continúa por el Dayets Afourgah, Iffer, Ifrah y Hachlaf, menos visitados, a través de una serie de diminutas carreteras asfaltadas bien señalizadas. Esta zona es frecuentada sobre todo por los pescadores y, según se dice, lo que más le gustaba al difunto rey Hasán II era salir de su palacio de Ifrane para pasar el día pescando aquí. La parte oriental de la región de los lagos está limitada por la P-20 que conduce, en dirección norte, a la encantadora ciudad de Sefrou.

Sefrou es famoso por sus cerezas. En el mes de junio se celebra la fiesta de la cosecha de la cereza.

Campo de cerezos

Sefrou ⓫, a la que llegan pocos turistas, fue la principal ciudad de los judíos de Marruecos, y su medina blanca, amurallada y peatonal, todavía se caracteriza por sus casas con balcones de madera. Toda la medina queda dividida por el río Aggai, que entra en la ciudad por una pequeña cascada situada sobre el *ksar* separado y amurallado. Junto a Bab Makame, la Cooperative Artisanale ofrece productos de calidad elaborados a mano y a precios razonables.

Justo al este y al sur de Sefrou discurren algunas carreteras abiertas a vehículos normales; sin embargo, es más recomendable viajar por la S-4614 a Tazouta y luego por la S-4163 y la S-4653 hacia Skoura y Boulemane. En esta última localidad no encontrará alojamiento, pero puede visitar el Café Snack Tijnt, un verdadero «*cadre romantique*» (lugar romántico).

El tramo de la S-4653 es un viaje con curvas muy gratificante que sigue el valle Gigou, con vistas a los imponentes precipicios del macizo Tichehoukt (2 796 m), al sur. En una curva muy cerrada está **Tafradous ⓬**, accesible sólo por un puente que

ABAJO: en el campo, todavía hay gente que lava la ropa en el río.

conduce a través de una enorme rampa a un pueblo construido como un castillo de los cruzados. Sólo este lugar ya hace que merezca la pena el viaje. A varios kilómetros al sur de Boulemane la S-4656 lleva a Imouzzer des Marmoucha antes de que finalice el tramo asfaltado. Los vehículos normales sólo pueden ir en esta dirección, pero los todoterreno pueden continuar por la pista sobre el paso de Bou Zabel, que se convierte en la S-326, cerrada, y que completa la curva con un descenso vertiginoso hacia la P-1.

Al este de Sefrou, la carretera de El Menzel atraviesa olivares ondulados y cruza el río Sebou, con vistas al cañón, antes de llegar a la S-326 y la P-1 sobre el enorme **Barrage Idris Ier ⓭**.

El Jebel Tazzeka y Taza

Al este de la P-1, un desvío mal indicado hacia el norte en Sidi Abdallah des Rhiata conduce de nuevo a la carretera principal y sube hacia el espectacular cañón de Zireg, teñido de rojo por el óxido. Constituye el inicio del **Parque Nacional Jebel Tazzeka**, quizás el paisaje más bonito de la parte alta de esta tierra al norte de Marruecos. La carretera con curvas (que acaba en Taza) discurre entre robles y pinos con vistas impresionantes sobre el parque natural de bosques habitados por ciervos de Berbería. En el camino hay un par de sitios donde puede realizar una parada para comer, con quioscos donde podrá comprar mapas de la zona. Al norte de la S-311, la cima de 1 980 metros de Jebel Tazzaka es fácilmente identificable por su antena, y se puede acceder a ella por una pista bien señalizada.

ABAJO: de compras en Sefrou.
DERECHA: la ciudad centenaria de Taza.

La carretera pasa por **Bab Bou Idir**, un enclave alpino solitario con una zona de descanso bajo dos cedros, antes de descender a los prados de Dia Chiker, entre peñascos de piedra caliza. Desde aquí un desvío señalizado lleva a la **cueva Friouato**, una de las muchas que existen en el parque. El brusco descenso final hacia Taza empieza en un atajo por un barranco de piedra caliza, hacia donde una serie de curvas empinadas dan paso a una zona de descanso en el valle de los Pájaros. El pequeño pueblo de **Ras el Ma**, en medio de la ladera, tiene un café rústico excelente con el mismo nombre, donde podrá tomar té de menta y admirar la vista de Taza en el hueco entre el Atlas Medio y las blancas colinas desnudas del risco que se extiende de este a norte.

Taza ⓮ empezó a cobrar más importancia cuando los almohades la ocuparon en el siglo XII e hicieron de ella su segunda capital (Tin Mal era la primera), después de fracasar en su intento de tomar Marrakech, habitada por los almorávides. Hoy en día, la medina, rodeada por una muralla de unos 3 kilómetros de circunferencia, queda emplazada en una colina que se alza en la parte alta de la ciudad nueva. Desde Bab er-Rih (la «puerta del viento»), la zona más interesante de la muralla, se contemplan unas espléndidas vistas de los campos adyacentes. Hay pocos monumentos históricos que visitar, aunque desde los callejones peatonales de la medina color ocre pálido pueden verse la Gran Mezquita, de los siglos XII-XIII, la mezquita del mercado, cuyo minarete es el único del país con el cuerpo superior más ancho que la base, y la mezquita andalusí (con un minarete del siglo XII anterior al de la Kutubiyya de Marrakech). Lo más impresionante es que ningún tipo de influencia turística ha hecho mella en la ciudad. No se puede comprar ni una sola postal, puesto que no existe ninguna tienda que venda artículos para turistas. En cierto modo constituye un cambio refrescante tras la visita a Marrakech y Fez.

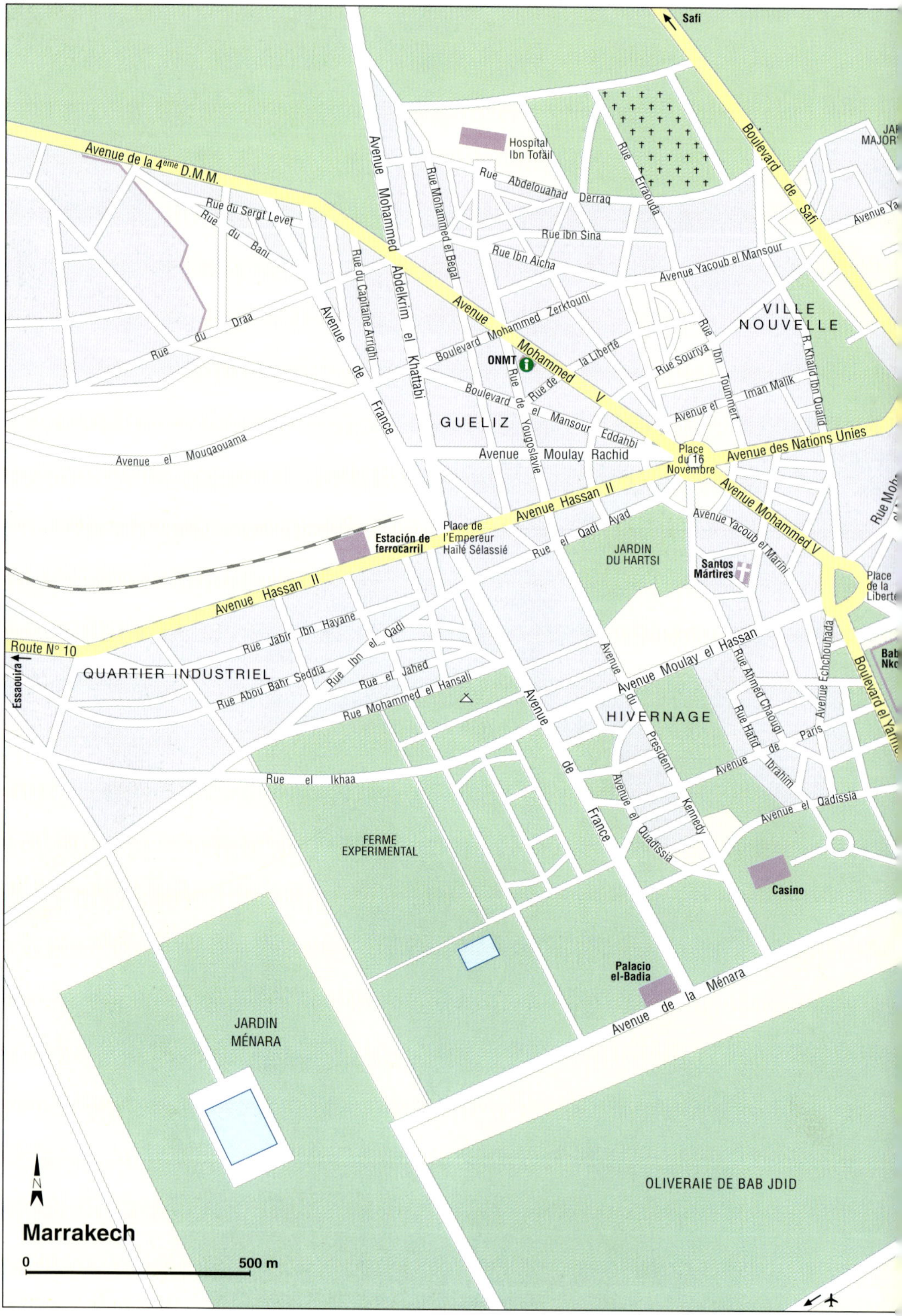
Safi
Hospital Ibn Tofaïl
Avenue de la 4ème D.M.M.
Avenue Mohammed Abdelkrim el Khattabi
Rue Mohammed el Begal
Rue Abdelouahad Derraq
Rue Erraouda
Boulevard de Safi
Rue du Sergt Levet
Rue du Bani
Rue Ibn Sina
Rue Ibn Aicha
Rue du Capitaine Arrighi
Avenue Mohammed V
Avenue Yacoub el Mansour
Boulevard Mohammed Zerktouni
Rue du Draa
Avenue de France
ONMT
Rue de Yougoslavie
Rue de la Liberté
Rue Souriya
Rue Ibn Toummert
VILLE NOUVELLE
R. Khalid Ibn Oualid
Avenue el Iman Malik
Boulevard el Mansour Eddahbi
GUELIZ
Avenue el Mouqaouama
Avenue Moulay Rachid
Place du 16 Novembre
Avenue des Nations Unies
Avenue Hassan II
Avenue Yacoub el Marini
Place de l'Empereur Hailé Sélassié
Estación de ferrocarril
Rue el Qadi Ayad
JARDIN DU HARTSI
Santos Mártires
Place de la Liberté
Route N° 10
Essaouira
Rue Jabir Ibn Hayane
Rue Ibn el Qadi
QUARTIER INDUSTRIEL
Rue Abou Bahr Seddia
Rue el Jahed
Rue Mohammed el Hansali
Avenue du Président Kennedy
Avenue Moulay el Hassan
Rue Ahmed Chaougi
Avenue Echchouhada
Boulevard el Yarmouk
HIVERNAGE
Rue Hafid Ibrahim
Avenue de Paris
Rue el Ikhaa
Avenue el Quadissia
Avenue el Qadissia
FERME EXPERIMENTAL
Casino
Palacio el-Badia
Avenue de la Ménara
JARDIN MÉNARA
OLIVERAIE DE BAB JDID
N
Marrakech
0
500 m

Route Principale N° 24
Palmerie
Sidi Bel Abbes
el Mansour
Derb Kaa el Mechra
Bab el Khemis
Route des Remparts
Issil
Rue Assouel
Rue de Bab Tarhzout
Zaouia Sidi Ben Slimane
Rue de Bab Khemis
Rue el Gza
Rue Boutouil
Bab Doukkala
Rue Fatima Zohra
Bab Debbarh
Tanneries
Rue de Bab Debbarh
Ben Yusuf
Madrasa Ben Yusuf
Koubba el Baroudiyn
Musée de Marrakech
Bab Doukkala
Rue de Bab Doukkala
Rue Dar el Glaoui
Dar El Glaoui
Zoco des Babouches
Kissaria
Rue Issebtiyne
Bab Larissa
Zoco des Teinturiers
La Criée Berbère
Rue Azbezt
Place Ben Salah
Bab Ailen
Rue de Bab Ailen
Ayuntamiento
Mouassine
Place Rahba Kedima
Place Sidi Youb
Rue Sidi el Yamani
Rue Mouassine
Souk Smarine
Ensemble Artisanal
Rue Dabachi
Avenue Mohammed V
Rue Fatima Zohra
MEDINA
Rue des Banques
Triq el Koutoubia
Rue Douar Graoua
Rue Abou el Abbes Sebti
Place Jemaa el Fna
Rue Bab Ahmad
Square de Foucauld
Banque du Maroc
Avenue el Mouahidine
Rue Riad Zitoun el Kedim
Rue Riad Zitoun el Jdid
Museo Dar Si Said
Kutubiyya
Bab Rhemat
Bab Jdid
Avenue H. el Fetouaki
Dar Tizkiwin
Palacio el-Bahia
Rue Oqba Ben Nafaa
Avenue Houmman el Fetouaki
Place des Ferblantiers
Boulevard el Yarmouk
MELLAH
Rue Berrima
Palacio al-Badi
Bab Agnaou
Kasbah
Tombeaux Saadiens (Tumbas sadíes)
Bab er-Rob
Palacio Real
CASBAH
Rue de Bab Ahmar
Bab Ahmar
Ouarzazate
Bab Ksiba
Route N° 513
Route N° 501
Rue de Bab Irhli
JARDIN DE L'AGDAL
Asni, Taroudannt
Ourika
1
2
3
4
5
6
7
8
9
10
11
12
13
14
15
16

MARRAKECH

Situada en una llanura bajo las montañas del Atlas, esta ciudad es la capital del sur. Es tan africana como árabe, algo que refleja el papel que desempeñó como parada para las caravanas en las rutas comerciales por el Sahara

PÁGINAS ANTERIORES: atardecer en el zoco de Jemaa el-Fna. **IZQUIERDA:** los bulevares y jardines bien cuidados de Gueliz. **ABAJO:** recorriendo los zocos.

Marrakech es probablemente la ciudad más exótica de Marruecos, ya que es el punto de encuentro de culturas y continentes. Fue la primera capital del Marruecos unificado (en el siglo XI) y es en ella donde los miembros de la tribu de la llamada *bled el siba* («tierra sin ley») se encuentran con los de *bled el makhzen* («tierra de gobierno»). Situada en el centro geográfico del país, es la primera gran ciudad al norte del Sahara.

Un vibrante centro comercial, con una población de un millón de habitantes aproximadamente, Marrakech crece a un ritmo trepidante, con zonas residenciales en continua construcción. Su economía moderna, además del turismo, incluye industrias textiles. Hermès tiene en ella una de sus fábricas, así como otras empresas de géneros de punto y ropa. Los diseñadores exportan muebles de metal, madera pintada y joyas hechas por encargo, y los artesanos de Marrakech y los inversores extranjeros han descubierto un mercado muy lucrativo para sus productos de calidad.

En los últimos años, sobre todo desde la construcción del Palais des Congrès en la Avenue de France, la ciudad se ha convertido en un lugar popular para la celebración de congresos internacionales. Los buenos servicios, la cantidad de hoteles y las interesantes posibilidades de ocio atraen desde asociaciones de ópticos hasta jefes de gobierno. Fue en el Palais des Congrès donde se firmó el GATT (Acuerdo General sobre Tarifas y Comercio) en 1994, y casi cada semana Marrakech aloja algún congreso internacional. En 1998, la General Motors celebró aquí numerosos congresos para lanzar su nueva gama de coches Opel. La ciudad alojó a 20 000 empleados y agentes de todo el mundo durante un mes. En 2001 se celebró la cumbre de las Naciones Unidas sobre el cambio climático. La situación céntrica de la ciudad, los escenarios variados y los técnicos bien preparados hacen que sea uno de los lugares preferidos para filmar anuncios, vídeos de moda y largometrajes, entre los que se encuentran *La momia* y *El viaje de Julia*.

En invierno, la ciudad está dominada por las impresionantes montañas del Atlas. Los picos nevados se yerguen imponentes sobre la ciudad en el claro aire invernal, un muro inquebrantable que llena por completo el horizonte al sur. En verano, la ciudad arde bajo el sol del desierto, que puede elevar las temperaturas hasta los 50 °C a la sombra. Pero tanto en verano como en invierno, en la ciudad reina un ambiente festivo. El acento *marrakshi* es rudo, crudo y lleno de una gran sensualidad.

Orientación

Marrakech está formada por dos ciudades distintas, la medina amurallada y **Gueliz**. La **medina** es más interesante para los visitantes, con sus mercados y monumentos históricos situados entre muros de adobe. La medina se divide en barrios, y la división más clara entre el norte

Una cálida bienvenida en La Mamounia, uno de los grandes hoteles del mundo, muy apreciado por Winston Churchill.

Abajo: músicos gnaou en el Jemaa el-Fna.

y el sur se advierte en la plaza central, la Jemaa el-Fna. Al norte de la plaza hay callejones intrincados y zocos muy concentrados, cada uno especializado en un producto en concreto. Detrás, y a ambos lados de los zocos, hay barrios residenciales que tienen poco que ofrecer al turista, quizás algún restaurante excéntrico y alguna mezquita, con la excepción de la zona que rodea la madrasa Ben Yusuf, que es el antiguo centro histórico de la medina.

Al sur de la plaza está la *mellah*, la casbah, el palacio real y la mayor concentración de monumentos históricos. Tres arterias principales dividen este barrio: Avenue el Mouahidine/Avenue Houmman el Fetouaki, que sale de la Avenue Mohammed V (la calle principal de Marrakech) hacia la mezquita Kutubiyya y el mercado de la *mellah* y acaba en un transitado cruce junto a la Place des Ferblantiers (una plaza fácilmente reconocible y que se toma como punto de referencia al rastrear la zona); las calles Riad Zitoun el Kedim y Riad Zitoun el Jdid (vieja y nueva) constituyen una ruta directa del Jemaa el-Fna a la Place des Ferblantiers, llena de talleres donde se fabrican linternas de hojalata y pantallas para lámparas.

A pesar de que en la medina se encuentran la mayor parte de los lugares de interés de la ciudad, los alojamientos de estilo occidental, restaurantes y bares escasean. Los visitantes se ven obligados a buscar los hoteles medios y de calidad (a partir de tres estrellas) en Gueliz, la parte nueva de la ciudad fuera de las murallas. La Office National du Tourisme y la oficina de información local GRIT Marrakech (abierta de lunes a viernes de 8:30 a 18:30 h; sábados de 8:30 a 12:00 h) también se encuentran en la Avenue Mohammed V. Los franceses pusieron las bases de esta ciudad moderna, dominada por la amplia Avenue Mohammed V, la arteria principal que une la ciudad moderna con la vieja medina árabe. Empieza en la mezquita Kutubiyya (donde un cruce muy transitado lleva hacia Club Med y Jemaa el-Fna) y va hacia el norte desde la medina, pasa por los muros en Bab Nkob y termina en la parte más

alejada de Gueliz, en una rotonda que marca el inicio de la carretera de Casablanca. La mayoría de los bares, restaurantes y hoteles se encuentran en esta calle principal o en las adyacentes.

Los lugares de interés histórico

El elemento más alto de la línea del horizonte que se dibuja en la medina es la **mezquita Kutubiyya** ❶ (mezquita de los vendedores de libros). Construida por el sultán Abel Muman a principios del imperio de los almohades, es el monumento más importante de la ciudad y es útil como punto de referencia con el que relacionar los otros lugares de la ciudad.

La primera gran dinastía de Marruecos, los almorávides, fanáticos religiosos nómadas que salieron del Sahara occidental en 1060, construyeron una mezquita muy original. Guerreros curtidos y austeros, muy parecidos a los tuareg, construyeron una casbah amurallada junto a la mezquita, que se convirtió en la capital de un imperio que no sólo unía el Marruecos moderno, sino también la mayor parte de España y gran parte de Argelia. Bajo el liderazgo de Yusuf ibn Tasfin, Marruecos se convirtió en un núcleo cosmopolita de cultura y aprendizaje con mezquitas al estilo andalusí y palacios. Queda poco de la ciudad original, excepto el Dar el-Hajar («casa de piedra»), la fortaleza almorávide de piedra a la que todavía se puede seguir la pista en una excavación junto a la mezquita Kutubiyya. El legado de los almorávides es más perceptible en las murallas de la ciudad y en el sistema de irrigación de canales subterráneos que abastecen la ciudad nueva y sus fabulosos jardines.

Los sucesores de los almorávides, los almohades, que descendieron desde Tin Mal en el Gran Atlas, y conquistaron la ciudad en 1147, destruyeron la mezquita Kutubiyya original. Los almohades pronto levantaron su propia mezquita Kutubiyya, pero algunas pruebas sugieren que estaba mal alineada con La Meca, ya que

El minarete Kutubiyya, construido por los almohades, es un buen punto de referencia en la ciudad.

ABAJO: llevando la compra a casa.

se construyó una segunda mezquita en 1158 como una extensión de la primera, según parece para corregir la alineación original de la sala de oraciones. Unas excavaciones que se llevaron a cabo en 1948 pusieron al descubierto los cimientos de las columnas que soportaban el techo de la primera mezquita almohade, y todavía pueden verse, en el muro septentrional, los arcos de ladrillo que conectaban los dos edificios. Las mismas excavaciones también aportaron pruebas de que existía un mecanismo para elevar y bajar una pantalla (*maqsurah*) para separar al gobernador del pueblo. Era una precaución muy sensata, ya que muchos líderes musulmanes han sido asesinados cuando iban o volvían de rezar.

La mezquita actual, como casi todas las mezquitas de Marruecos, está cerrada para los no musulmanes, pero puede verse un espectacular *minbar* (una escalera móvil desde la que el imán de la mezquita pronuncia el sermón del viernes y dirige las oraciones) de la mezquita Kutubiyya en el Museo Dar Si Said (*véase pág. 250*). Las inscripciones del *minbar* indican que fue realizado en Córdoba para la mezquita, pero es más probable que fuera un encargo del sultán Ibn Tasfin, hacia 1120, para la mezquita original almorávide. La artesanía de la decoración en marquetería de la escalera (no hay dos paneles iguales de los mil que contiene) muestra algo del maravilloso esplendor de Marrakech durante el siglo XII.

El minarete es el mayor orgullo de la mezquita de hoy. Tras muchos años de estar envuelto en andamios, ha sido perfectamente restaurado. La torre de la mezquita sirvió como modelo para la Tour Hassan en Rabat (*véase pág. 155*) y la Giralda de Sevilla, edificios más tardíos de los almohades. El minarete mide casi 70 metros y sigue la proporción almohade de 1:5, según la cual la altura de la torre es cinco veces su diámetro. Esta proporción se guarda en casi todas las mezquitas almohades. El exterior de la torre está decorado con tracería de piedra esculpida, y a cada lado hay modelos diferentes.

ABAJO: mujeres de Marrakech.

Hubo un tiempo en que la piedra de la torre estaba cubierta de yeso y decorada, como se puede ver en las líneas de azulejos de colores en la parte más alta de la torre restaurada.

Las excavaciones de las inmediaciones de la mezquita original ya han terminado. La plaza y el jardín que se conservaron son ahora un centro alternativo a la otra plaza para contemplar el atardecer tanto para los *marrakshis* como para los turistas. Las familias y los niños con sus juegos crean un ambiente muy agradable mientras se contempla y admira la mezquita. Es una manera relajante de pasar una o dos horas antes de salir a cenar.

La mezquita Kasbah y las tumbas sadíes

Justo al sur de la Kutubiyya, aunque se llega mejor desde Bab Agnaou, está la **mezquita Kasbah** ❷, del siglo XII (contemple su minarete). Esta mezquita constituye el segundo monumento almorávide de Marrakech, aunque prácticamente nada de lo que se ve hoy pertenece a la construcción original. Reconstruida por primera vez unos 30 años después de la Kutubiyya pero antes de la Tour Hassan de Rabat, está diseñada en ladrillo en vez de piedra y decorada con azulejos bien restaurados.

Junto a la mezquita (señalizadas como «Tombeaux Saadiens») están las **tumbas sadíes** ❸ (abierto todos los días de 8:30 a 11:45 h y de 14:30 a 17:45 h; se paga entrada), construidas por Ahmad al-Mansur, el segundo sultán sadí, en un antiguo cementerio reservado para los descendientes del Profeta. Los sadíes llegaron de Tamgroute, en el valle del Draa, durante el siglo XVI, cuando Marruecos estaba agitado tras el colapso de los mariníes. En un arrebato de fervor religioso y sentimiento nacionalista, recorrieron el país y conquistaron Marrakech en 1524. Cuando los líderes religiosos de Fez reclamaron su descendencia *sheriffiana* (del Profeta), convirtieron Marrakech en la capital en lugar de Fez.

Las maravillosas tumbas sadíes, construidas por Ahmad al-Mansur.

ABAJO: un buen afeitado junto a los muros de la medina.

Abdullah al-Ghalib ocupó el trono sadí después del asesinato de sus rivales. Era un líder fuerte y ejerció una gran influencia en Marrakech. Reconstruyó la madrasa Ben Yusuf original (fundada por un sultán mariní en el siglo XIV) y la casbah, construyó la mezquita Muassine y fundó la *mellah*. Su sucesor y hermanastro, Ahmad al-Dahbi (también llamado al-Mansur, «el victorioso») construyó el palacio al-Badi y las tumbas sadíes.

«Fez es una Europa cerrada; Marrakech, una África abierta. Fez es negra, blanca y gris; Marrakech, roja».

JOHN GUNTHER
Inside Africa, 1955

Después del colapso de la dinastía sadí, Muley Ismail tapió las tumbas a finales del siglo XVII, y se volvieron a descubrir en un reconocimiento aéreo de la medina por los franceses. Antes se entraba a las tumbas por el palacio al-Badi o a través de la mezquita Kasbah, pero hoy los visitantes siguen un pasadizo estrecho junto al muro exterior de la sala de oraciones de la mezquita. El mausoleo está diseñado según la tradición andalusí y es dos siglos posterior a la Alhambra. Es uno de los monumentos históricos de Marrakech más importantes, ya que contiene las tumbas de Muhammad ech Cheikh y Ahmad al-Mansur, así como las de muchos otros miembros de las familias reales sadíes. Es mejor visitarlas pronto por la mañana, antes de las 10:00 h, para disfrutar de la belleza y la paz del cementerio.

Al-Badi

El **palacio al-Badi** ❹ (abierto todos los días de 8:30 a 11:45 h y de 14:30 a 17:45 h; se paga entrada), cerca de la Place des Ferblantiers, es una ruina elegante entre la *mellah* y la ciudad imperial. Erigida por Ahmad al-Mansur en el siglo XVI, en su tiempo fue un palacio de una belleza extraordinaria, cubierto de mármol italiano. Queda poco, excepto un enorme patio abierto con un estanque rectangular y algunos vestigios del sistema de aguas subterráneas que irrigaba los jardines. Las obras de construcción del palacio duraron 25 años y Muley Ismail, menos de un siglo después, sólo tardó 12 años en destruirlo.

ABAJO: las ruinas del palacio al-Badi.

En 1999, el Festival de Folclore de Marrakech, durante el cual se celebran conciertos cada noche en el palacio, ganó popularidad y se amplió para incluir bandas de folclore de otros países árabes, lo cual le da un aire internacional. Aunque quizás no es tan divertido como cuando era sólo un evento local, el desfile tradicional nocturno por toda la Avenue Mohammed V y otros espectáculos en la plaza y fuera de Bab Jdid crean un ambiente festivo en toda la ciudad.

Pasada la Place des Ferblantiers, en la *mellah* está el **palacio el-Bahia** ❺ (abierto todos días de 8:30 a 11:45 h y de 14:30 17:45 h; se paga entrada), construido en el siglo XIX por los grandes visires de los sultanes alawíes. Según sus preferencias, El-Bahia (que se traduce como «el brillante») puede ser una muestra impresionante del período de la decoración posterior a la Alhambra o una degeneración del arte andalusí que roza lo *kitsch*. En cualquier caso, los jardines, los patios y los frescos salones de recepción son impresionantes, aunque sólo sea por su magnitud y opulencia. Durante el protectorado francés fue la residencia del jefe de gobierno. Hoy, el palacio forma parte del Palacio Real y algunas partes, como la mayoría de las habitaciones del piso superior, se utilizan para alojar a invitados. Jackie y Aristóteles Onassis se alojaron en él en una ocasión.

Riads ocultos

Muchas casas de grandes mercaderes son contemporáneas al palacio, y algunas se han convertido en restaurantes o pequeños, a menudo exclusivos, hoteles y *maison d'hôte* que ofrecen una alternativa necesaria a los hoteles corrientes. Muchas de estas empresas privadas están dirigidas por europeos, seducidos por la combinación de modernidad y tradición oriental de Marrakech. Esta ciudad siempre ha atraído a gente creativa de todo el mundo, artistas y diseñadores, actores e incluso ex embajadores que no desean volver a sus propias culturas y buscan una válvula de

Durante el Festival de Folclore de al-Badi se representa una fantasia *a las 17:00 h de cada tarde. Una parte muy apreciada de la mayoría de los grandes festivales marroquíes, las* fantasias *incluyen jinetes que realizan maniobras y acrobacias espectaculares acompañados de disparos.*

ABAJO: un *riad* restaurado.

RIADS RESTAURADOS

Desde hace unos años se ha puesto de moda comprar un *riad*, una casa árabe antigua con un patio en la medina, y reformarla para convertirla en un lugar al que escaparse en vacaciones, o incluso para albergar a huéspedes de pago. De esta forma, el visitante puede elegir entre una gran variedad de alojamientos en una ciudad que, aunque está plagada de hoteles, dispone de pocos con auténtico encanto. Existen casas para alquilar, denominadas *maisons d'hôte*, de todos los tamaños y para todos los bolsillos: desde las más lujosas (con piscina incluida) hasta las más sencillas. Por un precio no superior al de la estancia en un hotel, el visitante tiene la posibilidad de alquilar una casa de cuatro o cinco habitaciones y disfrutar de la auténtica experiencia de habitar una medina en Marrakech.

Esta práctica se ha visto acompañada por la proliferación de una serie de agencias creadas para la adquisición y la pertinente restauración de casas antiguas destinadas al turista atraído por la cultura oriental. Algunas de estas agencias se encargan también de buscar a los clientes que alquilen la casa una vez restaurada, con miras a obtener unos ingresos que contribuyan a amortizar los costes. Una de las más antiguas y más sólidamente establecidas es la conocida Marrakech Medina (102 Rue Dar El Pacha, tel: 04 44 24 48). Este tipo de empresas también ofrecen servicio de alquiler para los turistas que quieran alojarse en este tipo de casas.

Algunas de las *maisons d'hôte* no sujetas a agencias son: Riads Dalia (tel: 04 44 21 96), Malika (tel: 04 39 07 68), Mia Remmel (tel: 04 42 78 51) y Riad Enija (tel: 04 44 09 26).

NOTA

En la Rue Riad Zitoun el-Kedim, junto a Jemaa el-Fna, hay un *riad* señalizado en inglés que se anuncia como «restaurante». Lo gestiona Fakitah, cuya especialidad es organizar bodas y fiestas de henna para mujeres, con comida deliciosa y bailes. También organiza veladas para los visitantes extranjeros previo encargo.

escape. Los famosos de hoy son Yves Saint Laurent, que restauró los jardines Majorelle, y Patrick Hermès por su amor por el polo. Sin embargo, existe un grupo creciente de personas menos conocidas que se han enamorado de la ciudad y que elaboran sus propios proyectos que la beneficiarán en su conjunto. Recién abierto en la medina está el Riad Tamsna (tel.: 38 52 71/38 52 72; todos los días de 9:00 a 19:00 h), que ofrece una combinación sofisticada de espacio de exhibición, salón de té, restaurante y tienda de diseño en una *tadalakt riad* blanca muy bien restaurada en Derb Zanka Daika, fuera de la Rue Riad Zitoun el-Jdid (cerca de la prefectura de la medina de Marrakech). Otro es el Dar el Bellarg («casa de cigüeñas», tel.: 44 45 55), un espacio de arte público creado por una fundación suiza, situado en uno de los *fondouks* más bonitos de la medina. Ambos lugares están abiertos al público la mayor parte del día y constituyen todo un fenómeno en Marrakech. Es probable que se conviertan en sitios que todos los visitantes de la medina quieran ver, y sus cafés pasen a ser los puntos de encuentros preferidos.

De la Rue Riad Zitoun el-Jdid sale un callejón estrecho que pasa por la preciosa casa de Bert Flint, **Dar Tizkiwin ❻**, que es residencia y también un museo privado (las visitas están limitadas a media hora). Expone una magnífica colección de productos textiles y cerámica beréberes (su colección de joyas se encuentra en el museo que lleva su nombre en Agadir, *véase pág. 307*). Bert Flint es un coleccionista original e incansable que debería ser reconocido por hacer accesible al público la buena artesanía marroquí.

Más allá de Dar Tizkiwin, junto a una pequeña fuente, una calle lleva al excelente **Museo Dar Si Said ❼** (abierto de miércoles a lunes de 8:30 a 11:45 h y de 14:30 a 17:45 h; martes cerrado; se paga entrada), indicado con una bandera de Marruecos. Guarda una serie de artículos de interés en un *riad* sorprendente, construido en el siglo XIX por el hermano del gran visir Ba Hmad, que era el responsable del pala-

ABAJO: tentempiés en el Jemaa el-Fna.

cio el-Bahia (*véase pág. 249*). Encontrará las habituales puertas y *mashrabiya* (pantallas de madera), escaparates con armas y joyería beréber, y artículos de cobre, latón y plata (teteras con un compartimento para quemar el carbón vegetal, recipientes con la tapa cónica para guardar el pan, vasijas de agua para que los invitados a cenar se laven las manos y quemadores de incienso). Estos dos últimos artículos son esenciales, porque son elementos imprescindibles antes y después de cualquier comida elaborada en una casa actual).

Plano páginas 240–241

Asamblea al atardecer

El **Jemaa el-Fna** ❽ es el corazón de la vida de la calle en Marrakech, una enorme plaza abierta entre el zoco y la mezquita Kutubiyya, un imán tanto para los turistas extranjeros como para los marroquíes, atraídos por los malabaristas, encantadores de serpientes, vendedores de zumo de naranja y faquires. En este lugar puede ocurrirle cualquier cosa: tanto le pueden sacar una muela como predecirle el futuro. Aunque hay actividad durante todo el día, al atardecer, a partir de las 17:00 h, es el momento del día en que el Jemaa está más animado. Los vendedores nocturnos instalan sus puestos y ofrecen una gran variedad de comida a precios muy asequibles. Se puede comer cualquier cosa, desde cabezas de cabra hasta caracoles con licor de comino, *merguez*, *tajines* y cuscús. Sin embargo, lo mejor es la sopa *harira*, que sólo cuesta 1 dirham el cuenco. El ambiente es casi medieval, las lámparas resplandecen entre las nubes de humo, los carteristas y estafadores pasan como una flecha entre la multitud, mientras los visitantes extranjeros, aturdidos, agarran sus bolsas y se quedan boquiabiertos. Una manera menos directa de disfrutar de este espectáculo es desde la terraza de uno de los muchos cafés que rodean el lugar; entre los favoritos se encuentran el Café de France y el Café Argana (que en invierno ofrece una espléndida vista del Atlas cubierto por la nieve).

Los caracoles con licor de comino son una buena manera de iniciar un banquete.

ABAJO: encantando al gentío.

NOTA

Si ya está aburrido de los cafés con terrazas y vistas a la plaza, vaya al café del Hôtel Islane, que ofrece una vista agradable de la mezquita Kutubiyya y sus jardines.

Los hombres deben ser precavidos con las chicas pobres beréberes que ofrecen regalos de bisutería. Buscan su dinero, y algunas les sugerirán que disfrute de los encantos que esconde bajo los exóticos velos. Si cae en la tentación, saldrá más pobre, aunque quizás también más sabio, de lo que espera.

Los zocos

Si se dirige hacia el norte desde Jemaa el-Fna, en el lado opuesto a los palacios están los zocos de la medina, una madriguera de calles sombrías en forma de túnel salpicadas de puntos de luz eléctrica que salen de las tiendas arracimadas. Matronas robustas cubiertas de velos acompañan a sus hijas vestidas a la moda. Los gritos de «*balek*» abren el camino para las carretillas, las bicicletas y los ciclomotores demasiado cargados. A los extranjeros se les insiste que entren con un «*Bienvenue*».

En la primera visita, el zoco puede parecer agresivo y abrumador, ya que falsos guías le ofrecerán continuamente sus servicios. Sin embargo, desde que se estableció la policía turística (una división especial de policías de paisano que se dedica a proteger a los turistas de la parte más desagradable de la medina), visitar el zoco se ha convertido en una experiencia inofensiva. Aunque el zoco parece un simple montón de tiendas desordenadas que venden una gama incomprensible de productos, el laberinto de calles tortuosas es en realidad una red de mercados especializados. Cada zoco, por separado, tiene su propio nombre, aunque no tiene mucho sentido intentar acordarse más que de algunos de ellos, ya que no están señalizados. Lo que los expertos llaman navegar de rebote, relacionándolo todo a algunas señales fácilmente reconocibles, es el mejor método para orientarse. Las zonas que han mantenido su carácter medieval y todavía están muy especializadas son las que ofrecen mayor interés.

Abajo: una elegante cena en el restaurante Tobsil.

Restaurantes

Si quiere disfrutar de una excelente velada en un suntuoso entorno y cenar por todo lo alto, Marrakech es el sitio ideal para hacerlo, ya que hay muchos restaurantes. La medina es muy conocida por las casas con patios convertidos en restaurantes, donde se sirven platos de la gastronomía marroquí tradicional. Entre los que merecen la visita está el **Dar El Yacout** (tel.: 64 19 03), diseñado por el aclamado arquitecto y diseñador de interiores estadounidense Bill Willis y que ahora regenta el cónsul honorario británico de la ciudad; **Stylia** (tel.: 44 35 87), emplazado en un edificio del siglo xv; **Ksar** (tel.: 44 06 32); y **Dar Marjana** (tel.: 38 51 10), un lujoso restaurante que ha recibido la visita de, entre otros, Isabelle Adjani y Dustin Hoffman. Todos tienen fama por sus impresionantes interiores, su buena comida y el entretenimiento con sabor oriental, como el proporcionado por el espectáculo de la danza del vientre.

Sin embargo, existen alternativas a los restaurantes de lujo de la medina. El **Pavilion** (tel.: 44 37 47) tiene como especialidad la mejor cocina francesa de la ciudad, mientras que en **Tobsil** (tel.: 44 40 52) saboreará la cocina marroquí más refinada. Situado en un *riad (véase la fotografía de esta página)* bonito e íntimo, en el Tobsil reina un ambiente sereno y elegante y no hay ninguna danza del vientre a la vista (a menos que quiera verla de verdad). Estos dos restaurantes se encuentran entre los más exclusivos de Marrakech y atraen a la *jet set* de la ciudad. Una velada en cualquiera de los dos dará el toque gastronómico a su visita.

Para ver otras ofertas gastronómicas, consulte la sección final del libro, la *Guía práctica*.

Se accede por dos calles que nacen en la plaza. El **zoco Smarine** ❾ está escondido entre callejones y en él se venden aceitunas, frutos secos, zapatos baratos y ropa interior femenina. La entrada más adecuada se efectúa a través de un arco prominente que reconocerá porque siempre hay un hombre que imita el silbido de los pájaros. Si oye su silbido alto y estridente, no se encuentra lejos. La entrada es un cruce muy transitado. Justo enfrente, al otro lado del arco de herradura, está el amplio Smarine, asfaltado y cubierto, con tiendas dominadas por los vendedores de productos de calidad y un par de enormes emporios de turistas. Una pequeña pero fascinante tienda de antigüedades, situada a unos metros más abajo a la izquierda, ofrece una visión general de la cultura marroquí del último siglo.

La Rue Smarine se bifurca, y uno de los lados anuncia el corazón del zoco. A la derecha hay una plaza repleta de tiendas de especias, con animales colgados en diferentes fases de disecado. Una entrada a la plaza por la parte septentrional, flanqueada por tiendas de alfombras beréberes, lleva al antiguo mercado de esclavos (Marrakech era un centro importante del comercio a través del Sahara). La bifurcación de la izquierda, Zoco Attarine, lleva al **zoco des Babouches** ❿, el callejón de las zapatillas junto con pequeños quioscos llenos de babuchas, las zapatillas características con el talón hacia dentro. La luz artificial se refleja en el brillante hilo de oro de las zapatillas de boda. Más adelante, el sonido del martilleo le llevará hasta el zoco de los herreros, donde los muebles de jardín realizados en metal y las veletas son casi tan populares como las rejas de ventana decoradas, más tradicionales.

La bifurcación de la derecha de Semmarine pasa por zocos de joyería y piel antes de llegar a la **madrasa Ben Yusuf** ⓫ (abierta todos los días de 8:30 a 11:45 h y de 14:30 a 17:45 h; se paga entrada) y la mezquita. Abdullah al-Ghallib reconstruyó la madrasa mariní en el siglo XIV, y el sultán sadí la convirtió en la escuela del Corán más grande de Marruecos en un intento deliberado de desairar a los imanes de Fez,

Plano páginas 240–241

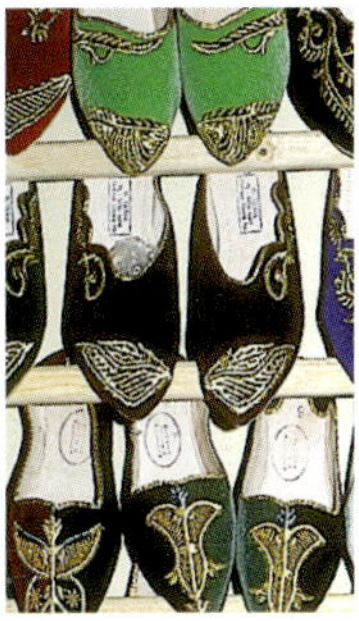

Babuchas de mujer bordadas con hilo de oro.

ABAJO: vistas de la madrasa Ben Yusuf.

Justo al oeste del barrio de los tintoreros está la entrada Bab Doukkala a la medina. La antigua casa del guarda es en la actualidad una galería, regentada por el Ministerio de Cultura. Vale la pena visitarla, sobre todo porque la Fundación Sahat la usa para exponer los trabajos de artistas internacionales y locales invitados.

el centro religioso del país. La entrada tortuosa es poco habitual, pero consigue realzar el impacto visual al entrar en el patio principal, donde una piscina de mármol rectangular refleja el trabajo intrincado de tallado en madera de cedro y yeso de las paredes y el cielo. El cielo abierto es una parte integral de la arquitectura andalusí. Este patio tan espacioso conduce a una sala de oraciones cuyas proporciones, en las que se alternan la madera tallada al detalle y la decoración *zellige*, transmite la sensación de serenidad mediante una belleza exquisita pero equilibrada.

La mezquita de Ben Yusuf es más interesante por su historia que por el edificio que actualmente se alza allí. Reconstruida en numerosas ocasiones, la mezquita actual data sólo del siglo XIX y se dice que apenas es la mitad de grande que la original. Los almorávides construyeron la primera mezquita en el siglo XII a la vez que **Kubba al Barudiyn** ⓬ (una pequeña sala de abluciones enfrente de la mezquita), uno de los pocos ejemplos de arquitectura almorávide que quedan en Marrakech. La esencia de todo el arte andalusí subsiguiente está expresada en la pequeña cúpula esculpida de *kubba* y en los arcos de herradura que han llegado hasta nuestros días.

Muy cerca está el **Museo de Marrakech** ⓭ (Place Ben Yusuf; abierto cada día de 9:00 a 16:00 h; se paga entrada; tel.: 04 39 09 11), inaugurado en 1997 y fundado por la Fundación Omar Benjelloun. Situado en el palacio Dar Mnebhi, restaurado en el siglo XIX, el museo guarda una colección ecléctica de objetos –trajes típicos, mapas, manuscritos, cerámicas, armas, joyas y monedas antiguas–, algunos de los cuales no son marroquíes. Tiene algunas obras de arte antiguas, pero su auténtico objetivo es reunir una colección de arte marroquí contemporáneo y organizar exposiciones temporales y otros acontecimientos culturales. Lo ha conseguido con éxito y sirve de modelo para otras fundaciones privadas. También tiene un café muy agradable en el patio de la entrada y una pequeña tienda de recuerdos donde encontrará carteles, postales y libros de arte.

ABAJO: el zoco de los tintoreros.

El barrio de los tintoreros

Plano páginas 240–241

Para llegar a los restantes lugares de interés de la ruta lo más fácil es volver a Jemaa el-Fna. Desde allí, la corta calle que pasa por el Café Argana conecta con una plazuela, desde donde debe acercarse a un pequeño callejón cubierto, la Rue Mouassine, justo enfrente y a la izquierda. Suele ser la entrada al zoco menos problemática porque es la menos transitada.

Siga la calle en dirección norte y al final gire a la derecha cuando vea algunas joyerías de lujo para llegar a la **mezquita y la fuente Mouassine** ⓮ sadíes. Ésta es probablemente la mezquita más impresionante de toda la medina, de la dinastía sadí. Sin embargo, desde el suelo casi no puede verse nada porque está rodeada de tiendas y casas, pero puede pedir en cualquiera de las tiendas de las inmediaciones que le dejen subir a la azotea. Le recompensará una vista de los tejados de azulejo verde que esconden patios abiertos muy tranquilos, difíciles de imaginar en el ajetreo del zoco. La fuente, con sus arcos planos y blancos y la viga tallada, es de una belleza tan elegante que establece un fuerte contraste con el latón amontonado de la tienda de recuerdos que hay enfrente.

No puede perderse el **zoco des Teinturiers** ⓯ (tintoreros de lana y seda), tras dejar atrás la plaza en un pequeño cruce de callejones, con un pequeño pero agradable café muy cerca. Es un milagro constante que los tintoreros puedan producir colores tan vibrantes en esos talleres oscuros y apretujados. Madejas ricas e irisadas de sedas verdes, amarillas y rojas resplandecen en contraste con el cielo azul. El zoco de los tintoreros se ha convertido en el más importante ejemplo de artesanía tradicional desde que desapareció el que había en Fez y fue sustituido por los procesos de tintado industriales en otras partes de la ciudad.

Tras dejar atrás los tintoreros de lana hay un callejón cubierto por una parra antigua y retorcida. Uno de los lados está lleno de puestos donde se vende madera de

Marrakech es un buen lugar para comprar alfombras tejidas a mano.

ABAJO: una selección de hermosas sedas.

tuya tallada, proveniente de Essaouira, pero también hay un par de tiendas de artículos de segunda mano y un pequeño comercio repleto de cerámica tradicional, la mayor parte procedente de la cordillera del Rif. Este pequeño zoco cubierto une la zona de los tintoreros con el zoco Attarine, y desde allí, si gira a la derecha, volverá al zoco Smarine, que podrá reconocer con facilidad.

Un detalle de los jardines Majorelle. El intenso azul cobalto de los edificios se utiliza para resaltar el verde del follaje, un truco que Matisse aprendió en Marruecos.

El palacio del bajá

También en la parte septentrional de la medina está situado el **Dar el-Glawi** ⓰. Una parte acoge las oficinas de la Délégation de Culture. Antes fue el palacio de los bajás glawi, que colaboró con los franceses en el gobierno de Marruecos. Los glawi, un clan beréber de la región de Telouet, fueron los últimos gobernadores de Marruecos al viejo estilo despótico. Aunque nunca reclamaron el título de sultán, su poder y sus alianzas permitieron que los franceses sometieran el país (*véase pág. 38*).

Los glawi eran caciques tribales en el sentido más tradicional. Controlaban la antigua medina con su propio ejército, así como todo el sur, con una mezcla de terror y generosidad. Por una parte, regentaban cientos de burdeles que ofrecían sus servicios a los legionarios franceses y tenían un grupo de informadores y espías que hacían chantaje y cometían asesinatos en su nombre. Por otra parte, colmaban a las señoritas con montañas de riquezas, celebraban espléndidos banquetes y daban fortunas a los pobres. Mientras los bajás entretenían a las estrellas de cine de Hollywood e incluso asistían a la coronación de la reina Isabel II, torturaban y ejecutaban a sus enemigos en los calabozos, como si salieran de un relato de terror medieval.

ABAJO: el jardín Menara.

Grandes excursiones

La mejor manera de recorrer los 16 kilómetros de las murallas de Marrakech es con una calesa (las tarifas están colgadas en un muro, pero es aconsejable acordar un precio previamente) o con una bicicleta alquilada. Construidas en sus orígenes por los almorávides para defenderse de los almohades, los muros cuentan ahora con ocho entradas en funcionamiento, aunque muchas más han quedado sepultadas por la basura o se han demolido para convertirlas en casas. Merece la pena visitar la entrada almorávide **Bab Debbarh**, por la que se puede acceder a las tenerías (sólo tiene que dejarse guiar por su olfato). La **Bab Aghmat/Rhemat** es la entrada por la que los almohades conquistaron la ciudad, después de que los mercenarios cristianos traicionaran a los almorávides al permitir la entrada a sus atacantes.

A las afueras de las murallas meridionales hay una fortaleza llamada **Squallet el-Mrabit**, que antes alojaba a un escuadrón de caballería para defender la ciudad. Cerca de **Bab er Rob**, desde donde los taxis y autobuses parten hacia los valles Ourika e Imlil en el Gran Atlas (*véanse págs. 271-272*), está la fotografiada **Bab Agnaou**, un pequeño arco esculpido que antes fue el acceso a la ciudad imperial desde la medina.

Después de un día en el zoco, escapar de la medina puede resultar un plan tentador. El té de los **jardines Mamounia** es el favorito entre los visitantes, pero la mayoría de *marrakshis* prefieren dar un paseo por los jardines Agdal o Menara. El Menara es el más pequeño pero también el más famoso de los dos. Sin embargo, si desea ver el Atlas cubierto de nieve que se asoma por detrás del pabellón y el estanque rectangular, una vista que aparece en numerosas postales, debe programar su visita para el atardecer durante los primeros meses del año.

El jardín **Agdal** es mucho más grande y tiene numerosos estanques, pero es menos visitado porque queda más alejado del centro. Tiene varios pabellones que pueden visitarse. El **jardín Majorelle**, en Gueliz, es una delicia y tiene más interés por lo que respecta a la botánica. Jacques Majorelle, un pintor francés orientalista, construyó estos jardines en 1920, y se pueden ver algunos de sus cuadros en el museo de los jardines. En la actualidad, el jardín es propiedad del diseñador de moda francés Yves Saint Laurent, que ha dejado una tercera parte del recinto abierta al público.

El papel de la ciudad como oasis se percibe mejor en una ruta por el **Palmerie** (palmeral), del que se dice que surgió de los huesos de dátil que arrojaba el ejército almohade cuando sitiaba la ciudad almorávide. El palmeral, que queda encerrado entre las carreteras de Casablanca y Fez (señalizado como «Circuit des Palmeries»), es también la zona donde viven los personajes más ricos y famosos de Marrakech, y donde abundan las villas palaciegas rodeadas de lujosos jardines. El **Café Palm d'Or** ofrece la posibilidad de refrescarse. En el palmeral también hay varios complejos hoteleros, como el Palmerie Golf Palace y el Palmeriva, que ofrecen, entre otras actividades, hípica, tenis, excursiones en bicicleta de montaña y golf. También brindan a los visitantes no residentes actividades como partidas de golf o un paseo a caballo.

Noches árabes

En las afueras de la ciudad se organizan actividades del tipo «cena y espectáculo» para turistas, en las que podrá disfrutar del entretenimiento de una noche arábiga. La de Chez Ali es la original, y probablemente la mejor. Recrea distintas fiestas y celebraciones características de Marrakech a través de la representación de una *fantasia*. Es un fenómeno logístico en el que se da de comer a cientos de clientes al mediodía y por la noche puede compararse con un parque temático a pequeña escala.

Plano páginas 240–241

NOTA

Si quiere descansar del calor y el ajetreo de Marrakech, vaya al valle Ourika, a una hora en coche hacia las montañas del Atlas (*véase pág. 271*). Para quienes no dispongan de vehículo, salen autobuses hacia el valle desde Bab er Rob.

ABAJO: festival de folclore en el palacio al-Badi.

Plano páginas 240–241

Quizás no sean experiencias culturales genuinas, ya que van destinadas a las masas de turistas que se desplazan en autocar, pero es divertido y puede estar seguro de que a los niños les gustarán los jinetes de *fantasia* y los camellos, por no hablar de la chica proyectada con láser sobre una alfombra voladora.

Mejoras reales

Hay una parte de la ciudad con una gran riqueza de monumentos y muchos palacios deshabitados que quedan prácticamente ocultos en la medina. El rey Hasán II pasó mucho tiempo en Marrakech durante los últimos meses de su vida y promovió proyectos para embellecer la ciudad. El resultado de estos proyectos de mejoras fue la creación de jardines alrededor de las murallas de la medina, entre Bab Jdid y Bab Nkob, la reparación de la mayor parte de la zona pavimentada de la Avenue Mohammed V y la remodelación de algunas de las fuentes que adornaban la ciudad. Es de esperar que el proyecto no haya terminado todavía y prosiga, aunque no parece que la ópera (el máximo exponente de un número creciente de proyectos dispendiosos e innecesarios) vaya a terminarse en un futuro próximo. Todavía no hay parques públicos de interés y la Avenue Mohammed V sigue siendo la favorita para dar un paseo al atardecer, además de la Avenue de France, que ofrece una alternativa para las calurosas noches de verano.

Sin embargo, lo más absorbente es el ambiente de la ciudad. Marrakech es un lugar donde uno puede soñar las cosas más inimaginables, donde uno siente que podría enamorarse, ser asesinado, amasar una fortuna o perderse para siempre en sus callejones. Es una ciudad de conspiraciones, de magia explícita, de compras, de ventas y de placer. No es casualidad que la primera secuencia de la película *El tercer hombre* (1949), de Carol Reed, se rodara en la medina de la ciudad. Indudablemente, Marrakech es el lugar ideal para el misterio.

En el límite septentrional de Gueliz, el Instituto Francés (abierto de martes a sábado de 8:30 a 12:00 h y de 14:30 a 18:30 h) tiene una biblioteca, y una sala para exposiciones, actos culturales puntuales y películas. También tiene un pequeño café muy concurrido.

ABAJO: la hora punta en Gueliz.

Una ciudad jardín

A unos 160 kilómetros de la costa y a demasiada distancia del refrescante Atlas, Marrakech es un horno durante el verano. Hacia las dos en punto de la tarde, los rayos del sol son tan abrasadores que el mismo aire tiembla a causa de su furiosa embestida. Los marroquíes encuentran la solución en los interiores oscuros, los patios privados y, fundamentamente, los jardines de la ciudad.

Los jardines de Marrakech siempre han sorprendido y deleitado a los visitantes. El escritor británico Osbert Sitwell, en *Escape With Me*, dijo de Marrakech que era «la ciudad africana perfecta, con su fresco césped, sus palacios con columnas y naranjales». Fue esta promesa de jardines y flores lo que atrajo a Matisse a África del Norte, siguiendo los pasos del escritor Pierre Loti, quien no encontró «más que alfombras de flores», y del pintor Eugène Delacroix, que subrayó la «innumerable cantidad de flores de miles de especies que forman alfombras de los más variados colores».

La imagen de una alfombra, pese a ser un cliché, es la más acertada. El tema predominante en las alfombras en todo el mundo islámico es el jardín florido. Los tapices, son el recuerdo de la plétora estival durante los meses de invierno.

Los jardines también encarnan insinuaciones terrenales del Paraíso, el Edén de la otra vida que describe el Corán como «jardines bañados por arroyos que fluyen libremente». Se da rienda suelta a las fantasías de follaje entretejido, un motivo habitual en el arte decorativo islámico, en los estucos y en los azulejos de las mezquitas y las madrasas marroquíes.

Los grandes jardines de Marrakech son creaciones que datan del siglo XIX y principios del siglo XX, aunque en la mayoría de los casos estos jardines han sustituido a otros más antiguos que, debido a la falta de agua que sufrieron durante las guerras intertribales, se habían secado. En su origen, eran propiedades agrícolas, en las que el sultán cultivaba olivos y cítricos para obtener algunas ganancias. A menor escala, están los jardines de reciente renovación de la ciudad, los Majorelle, que llevan el nombre de su creador, el pintor francés Jacques Majorelle, quien vivió en Marrakech en la década de 1920. Magníficamente restaurados por el modisto Yves Saint Laurent, estos jardines son un caleidoscopio de colores tropicales: las pasarelas están pintadas de rosa, las macetas de amarillo y la carpa ornamental de los estanques de nenúfares de naranja.

Abundan por todo Marrakech jardines más pequeños, en especial en los viejos palacios convertidos en museos. El jardín de El-Bahia, por ejemplo, es un oasis rodeado de muros, donde las mujeres y las concubinas del gran visir iban a pasear y a jugar. Los caminos están dispuestos simétricamente, pero las plantas, las flores y los árboles se entrelazan y se funden para crear un mundo cerrado de dulces fragancias. No se trata de un macizo de flores primorosamente arregladas ni de un cercado de setos podados; todo lo contrario, se trata de una fuerte explosión de perfume (rosas, jacarandás, jazmines y azahares), frutas jugosas (pomelos, granadas, higos, algarrobas, melocotones y uvas) y el polen embriagador de la datura, de la que se dice que vuelve loca a la gente. La sensualidad es el efecto dominante en estos jardines. No es casualidad que las plantas más apreciadas en Marruecos sean aquellas que liberan su fragancia durante la noche, cuando su embriagador perfume contribuye al voluptuoso cortejo de los enamorados.

DERECHA: los jardines Majorelle.

الله
الوطن الملك

LA COSTA SUROCCIDENTAL

Las olas del Atlántico rompiendo en tierra, las inquietantes nieblas marinas y las almenas oscuras y perturbadoras dan un aire de drama romántico a la costa entre Essaouira y Agadir

Mapa página 265

La costa suroccidental, entre Essaouira y Agadir, está empezando a experimentar algunos cambios. Antes era una franja de tierra poco lluviosa, donde los lugareños luchaban por cultivar unos campos de aspecto yermo en una batalla incesante contra la pobreza, y ahora empiezan a producirse las primeras señales de un creciente interés por el turismo y el desarrollo económico de la región.

Esta zona se ha convertido en un destino muy popular para el excursionismo, y las agencias ofrecen recorridos en camello por la costa entre el extremo oeste del Gran Atlas y Essaouira. Es la única manera de visitar algunas de las playas vírgenes más maravillosas de Marruecos. El aceite de argán, producto local, está consiguiendo reconocimiento internacional como un ingrediente muy sano para todo, desde aliños para ensaladas hasta productos cosméticos. Incluso se habla de volver a celebrar el festival anual de argán en Tamanar.

PÁGINAS ANTERIORES: montando en mulo cerca de Essaouira. **IZQUIERDA:** las almenas de Essaouira. **ABAJO:** niños trepando a una palmera.

Essaouira ❶ es el principal encanto de la región. La primera vez que llamó la atención de la comunidad internacional fue cuando Orson Welles la eligió para rodar *Otelo*, en 1952. Se encuentra en la falda de colinas mediterráneas que surgen de pequeños campos de piedra salpicados de olivos y arganes espinosos. Después de la vasta llanura amarilla y rosa al oeste de Marrakech o las tierras planas de la costa septentrional, de repente parece que todo se reduce y se hace humano. Las casas están pintadas de colores blanco y azul muy vistosos, hay macetas colgadas con flores y un puerto pesquero impresionante.

El Atlántico arremete contra la ciudad con vigor, y los muros fortificados, enclavados en un brote recortado de rocas sobre una bahía arenosa y el conjunto de islas rocosas frente a ella le proporcionan un aire de romance dramático. Desde hace tiempo Essaouira se asocia con artistas, como atestiguan sus numerosas galerías. En la década de 1960, las culturas jóvenes más idealistas se dieron cita aquí, y Essaouira se convirtió en un paraíso para los *hippies*.

Enclave de piratas

Hasta hace poco la ciudad se conocía por su nombre español o portugués, Mogador. El sultán Muhammad ibn Abdullah la fundó en el siglo XVIII como un puerto libre para los europeos y sus agentes judíos relacionados con el comercio de oro transahariano, marfil y esclavos. Antes de esta etapa fue un enclave pirata. En el siglo XIX se convirtió en una ciudad impresionante y muchos judíos de Marruecos emigraron a ella. En 1860, un viajero y escritor llamado James Richardson escribió en su libro *Travels in Morocco* que «la población está entre trece y quince mil almas, entre los que se incluyen cuatro mil judíos y cincuenta cristianos».

Tanto los cristianos como los judíos provocaron el rechazo de la gente del lugar, ya que se abusó descaradamente de la ley de protección, según la cual quienes trabajaban para los mercaderes europeos estaban exentos

Uno de los cañones fabricados por los europeos, en las murallas.

ABAJO: uno de los exteriores de la película *Otelo*, de Orson Welles, rodada en Essaouira.

de acatar las leyes del sultán y de pagar impuestos. La «protección» se vendía por grandes cantidades de dinero o productos de cualquier tipo.

Diseñada por un ingeniero europeo, cautivo del sultán Muhammad ibn Abdullah, Essaouira tiene calles más amplias y de trazado más regular que la mayor parte de las medinas marroquíes. James Richardson escribió al respecto: «Las casas están construidas de manera regular, con calles en línea recta, muy prácticas pero un poco estrechas. Los días en que no hay mercado, en la amplia plaza se celebra un desfile o se ejercita a los caballos».

La **Place Moulay Hassan**, situada detrás del puerto, y la oficina de turismo constituyen el centro social de la ciudad. Los hombres se reúnen fuera del Café de France o juegan al billar en el interior, antes un lugar muy elegante. Los jóvenes se encuentran en el Café Sam's Macdonalds, y las mujeres, todas con velo, se sientan en la plaza al atardecer.

Las principales calles de compras de Essaouira se hallan detrás de la Place Moulay Hassan en la **Avenue de l'Istiqual** y la **Rue Mohammed Zerktouni**. Entre la Avenue Oqba ibn Nafi y la Place Moulay Hassan encontrará un cúmulo de tiendas para turistas y cafeterías. Las **murallas**, que reciben el nombre de la Scala (a las que se llega por la Rue de Souka, tras dejar atrás la señal del Hôtel Smara), son la principal atracción de Essaouira. Los cañones europeos, muchos de producción británica, regalo de los mercaderes al sultán Muhammad ibn Abdullah, apuntan a las cercanas islas Purpuraires, donde Juba II instaló una fábrica para producir un tinte color púrpura derivado de un marisco que se consumía mucho en el siglo I en Roma. A finales del siglo XIX, las islas se utilizaban para tener en cuarentena a los peregrinos de La Meca que pudieran haber contraído alguna infección. Se pueden visitar en un bote pesquero, pero hay que tener un permiso del *grand governeur* (gobernador) de la provincia, una formalidad que se consigue con facilidad en la oficina de turismo.

En el zoco de los carpinteros, que desprende un fuerte olor y está ubicado a la sombra de la muralla, los artesanos tallan de todo, desde pequeños objetos como cajas, brazaletes y marcos de fotografías hasta grandes tableros de ajedrez, tablas y armarios de madera de tuya y cedro. Es uno de los mejores zocos de carpinteros de Marruecos, y abastece a tiendas y bazares de todo el país y el extranjero. Para sacar a relucir la rica pátina de la madera de tuya, se frota con bolas de algodón empapadas en aceite vegetal.

Mapa página 265

Vale la pena visitar el **Museo de Sidi Muhammad ibn Abdullah** (abierto de miércoles a lunes, de 8:30 a 12:00 h, y de 14:30 a 18:00 h; se paga entrada) en la Rue Laalouj, enfrente del Hôtel Tafoukt, por su colección de joyería y vestidos, testimonio de la larga presencia judía en la ciudad.

Los árboles de tuya crecen en tierras planas y arenosas en las inmediaciones de Essaouira. Bajos y con aspecto de matorral, no parecen ser el origen de esa bonita madera veteada y con tanto colorido.

Músicos

Essaouira se ha descubierto recientemente y cada vez aumenta más el nivel de vida, en parte gracias a los esfuerzos de André Azoulay, un banquero de prestigio internacional originario de la ciudad que en su tiempo fue uno de los consejeros de más confianza del rey Hasán II. El festival anual Gnoua, que se estableció en 1998, ha cosechado un gran éxito, y reúne a músicos internacionales que atraen a decenas de miles de turistas marroquíes y extranjeros. Hasta ahora el festival de música ha sido gratuito, aunque se habla de cobrar entrada en el futuro. Essaouira tiene la reputación de ser la meca de los *hippies*, y en su día dio la bienvenida a personajes como Jimi Hendrix, así que el festival encaja a la perfección con el ambiente distendido de la ciudad. Essaouira se convierte durante una semana en una especie de Woodstock marroquí.

La moda europea de comprar y reformar antiguas casas árabes, que empezó en Marrakech, se ha extendido hasta Essaouira, lo cual le da a esta ciudad, todavía un tanto adormecida, un ambiente internacional, quizás con reminiscencias de la época

ABAJO: un entorno amurallado.

en que fue el principal puerto internacional de Marruecos. El influjo de intereses y dinero beneficia a toda la ciudad. Se abren nuevos hoteles, *maisons d'hôtes* y restaurantes en la medina (*véase la Guía práctica*). Uno de los establecimientos más laureados, del que se publican reseñas en prestigiosas revistas internacionales y que aparece en libros de arquitectura y estilo marroquí, es el **Villa Maroc**, que limita con las murallas de la antigua ciudad. Ofrece personalidad y comodidad, y el objetivo de sus propietarios británicos es crear una auténtica experiencia cultural marroquí sin sacrificar comodidades como las sábanas recién planchadas, el teléfono y los baños modernos. Tiene una buena oferta de habitaciones, cada una decorada de manera diferente y amuebladas con artesanía marroquí, chimeneas y cocinas típicas.

Otra británica, Jane Loveless, ha contribuido a organizar el festival de música de la ciudad e incluso una carrera de camellos anual por la playa. Como si fuera una promotora oficiosa de Essaouira, es una de las muchas personas dedicadas en cuerpo y alma a devolver a la ciudad su lugar en el mapa y revitalizar la economía, que entró en declive con el gran éxodo de la mayoría de la población judía en la década de 1950.

Se están abriendo pequeños restaurantes por toda la medina, y algunos intentan crear un ambiente de *bistro*. Châlet du Plage y Chez Sam, cerca del puerto, siguen siendo los mejores restaurantes de la ciudad, aunque hay muchos otros locales que no tienen nada que envidiarles, pequeños, limpios, donde se puede comer bien y barato. Otro indicador de la nueva situación de Essaouira es la reapertura del aeropuerto, que, de momento, sólo ofrece vuelos a Casablanca y Agadir. Parece que dentro de poco habrá también vuelos a Marrakech.

Desde hace tiempo Essaouira ha atraído a numerosos turistas extranjeros, pero aun así todavía conserva su belleza natural. Sobre todo atrae a los que viajan por su cuenta y buscan paz y tranquilidad, aunque durante el día también visitan la ciudad algunos grupos de viajes organizados de Agadir y Marrakech. También es una buena elección para los niños (la playa arenosa, las piscinas naturales entre las rocas y las almenas son la principal atracción) y para los surfistas.

NOTA

Desde última hora de la mañana la zona del puerto de Essaouira se convierte en un restaurante improvisado, porque muchos pescadores asan y sirven deliciosos calamares, sardinas y langostinos con especias.

ABAJO: la torre del reloj de Essaouira.

Las mejores playas

Hay un arco de arena al sur de la ciudad, pero más allá en la costa, carreteras secundarias y pistas que salen de la P-8 serpentean entre las laderas de las colinas del Gran Atlas hacia Agadir y llevan a lo que los marroquíes llaman *plages sauvages* («playas salvajes»), largas franjas de playas con dunas blancas bordeadas por aulagas espinosas y arganes que desaparecen entre la niebla en la distancia. Los surfistas, que van a Essaouira desde hace años, frecuentan **Cap Sim** y **Diabat**.

Sidi Kaouki ❷, una playa justo al sur de Essaouira y dominada al norte por una impresionante *koubba*, es una alternativa excelente y muy accesible. Se ha convertido en el punto de reunión de los grupos de surfistas, y cada verano parece surgir de la nada un cúmulo de caravanas que acampan en la playa. El creciente comercio ha fomentado la aparición de diminutos cafés alrededor del aparcamiento que señala el final de la carretera hacia el pueblo. El Auberge de la Plage (tel.: 47 66 00) es excelente, con habitaciones con vistas al mar. La espléndida playa arenosa de Sidi Kaouki se prolonga algunos kilómetros más, pero suele soplar mucho viento, por lo que tomar el sol normalmente significa intentar relajarse en medio de una tormenta de arena.

En **Cap Tafelney** ❸, una bahía blanca y arenosa enclavada entre colinas donde habita una pequeña y pin-

Mapa página 265

toresca comunidad de pescadores (algunos de ellos venden una selección frugal de provisiones reblandecidas por la humedad marítima) puede haber un desagradable exceso de desechos después de tormentas fuertes. Cuando la arena está limpia, Tafelney es una de las playas más largas y tranquilas de toda la costa para quienes quieran escapar de la reducida zona de acceso asfaltada en su extremo norte.

Hacia Agadir

La carretera que va desde Essaouira hasta Agadir es larga y tortuosa. Con frecuencia está sumida en nieblas marinas, incluso en pleno verano. La provincia está poco poblada, aunque es normal encontrar comerciantes a pie de carretera que venden miel del lugar y aceite de argán (*véase pág. 311*), un aromático aceite para cocinar derivado del espinoso argán. Hay pocas gasolineras en este tramo, así que llene el depósito antes de ponerse en camino. La mayor parte de la costa, remota y reseca, es una zona de uso restringido para el paso de los camellos y los pastores. Se puede acceder por Imessouane, antes un pequeño y pintoresco puerto pesquero, aunque la mayoría de las playas secretas de la costa sólo pueden descubrirse a pie.

Imessouane ha perdido todo su encanto como centro turístico debido a la construcción de una nueva fábrica de pescado, que ha convertido la pequeña bahía en un complejo industrial. La única parte positiva de este cambio es que la población local se debe de haber beneficiado de las oportunidades de empleo.

Tamri ❹, situado entre plantaciones de plátanos, y Cap Ghir, el punto más occidental del Gran Atlas, son lugares tranquilos, sin explotar. Mientras la carretera desciende hacia Agadir, encontrará playas de dunas y olas rompiendo contra la costa, sus perfiles rotos por esculturas naturales de rocas pulidas por el mar. Éstas son algunas de las mejores playas de Marruecos; ofertas tentadoras para escapar de las atracciones tan comerciales de Agadir.

Abajo: Cap Tafelney.

Mapa páginas 272–273

EL GRAN ATLAS

El Atlas ofrece un gran número de atractivas posibilidades, como escalar las montañas más altas del norte de África, nadar bajo cascadas en el valle del Ourika o visitar el núcleo de la dinastía de los almohades

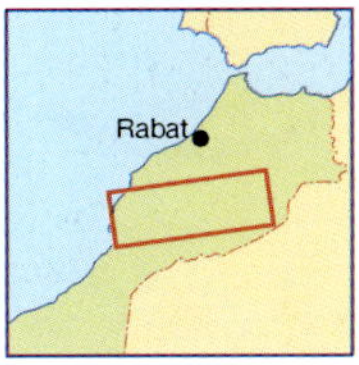

Cualquier cadena montañosa que tenga 700 kilómetros de largo y picos de más de 4 000 metros ha de ser considerada un accidente geográfico importante. Desde que los europeos intentaron por primera vez, a principios del siglo XIX, seguir las rutas comerciales de los árabes a través de esta gran barrera, y hasta la Segunda Guerra Mundial, la cantidad de viajeros extranjeros que se adentraron en el Atlas por el mero placer de explorarlo no superó el millar. El lema «¡Muerte a los infieles!» se aplicaba a cualquier extranjero que no fuese acompañado en esta «China de Occidente».

El misticismo del Atlas continuó incluso después de que unos extranjeros consiguieran, en 1871, llegar a un puerto prominente, Tagharat, y a una cima importante, Gourza (3 280 m). La expedición Hooker-Ball-Maw apuntaba: «El clima es admirable y los obstáculos naturales inimaginables, pero la política tradicional de la carrera por el poder ha traspasado las entrañas de los habitantes de la zona, y constituye un obstáculo infranqueable para los viajeros normales».

PÁGINAS ANTERIORES: el valle del Dades.
IZQUIERDA: un mercado de ganado en la montaña en pleno apogeo.
ABAJO: vestimenta típica de la zona.

Ahora el Atlas es más accesible, y sus habitantes, que han desarrollado un espíritu emprendedor, son más hospitalarios con los visitantes. Tres carreteras principales atraviesan el Gran Atlas desde **Marrakech ❶** (*véase pág. 243*): el espectacular puerto de Tizi N'Test (*véase pág. 289*), la S-511, menos interesante, a través del Atlas Occidental hacia Agadir (en invierno), y el paso Tichka, bien cuidado, hacia Ouarzazate (*véase pág. 289*). Al oeste de Tizi N'Tichka, el Gran Atlas se eleva en los picos recortados del macizo Toubkal, antes de descender al puerto de Tizi N'Test. Desde allí, el Atlas Occidental continúa hacia el oeste, al norte de la ciudad de Taroudannt, y sigue hacia abajo hasta llegar al océano Atlántico entre Agadir y Tamri. Al sur de Toubkal, Jebel Siroua es una remota planicie de volcanes extintos que llenan el hueco entre el propio Gran Atlas y la carretera de Ouarzazate a Taroudannt.

Una muestra del Atlas

Si se hospeda en Marrakech y no tiene intención de alejarse mucho de la ciudad, sería una pena no adentrarse en el Atlas por lo menos uno o dos días. La excursión más fácil, que todavía se recomienda a pesar de la cantidad de turistas, es al **valle Ourika**, a una hora en coche al sur por la S-513, o a una hora y media en autocar desde Bab er Rob en Marrakech.

La carretera, que bordea el río, lleva al pueblo de **Setti Fatma ❷**, en lo más profundo del valle. Una pista de mulas muy transitada se dirige hacia el sur, pero la principal atracción es la serie de siete cascadas al otro lado del río, a la primera de las cuales se llega después de trepar entre algunas rocas y árboles. En verano es un sitio popular entre los turistas jóvenes y los *marrakshis*. Hay un pequeño café y una piscina natural profunda de aguas gélidas donde puede bañarse. Arriba, los monos salvajes acechan desde los altos escarpados y lanzan nueces. En el pueblo hay un par de hoteles y algunas cafeterías, y hace poco dos hermanos inauguraron un hermoso jardín de plantas –Pinatel– situado en la boca del valle, donde producen aceites aromáticos orgánicos.

Uno de los placeres de caminar por el Atlas consiste en pedir un tajine *(un estofado cocinado a fuego lento) en un café local antes de partir, y encontrarlo preparado a la vuelta.*

El macizo Toubqal

Brillante por la bruma tras los muros rosas de Marrakech, unas largas franjas de nieve casi a 60 kilómetros dibujan el perfil escarpado del horizonte al sur. Es el macizo Toubqal, una masa escarpada de picos rocosos y valles profundos que tiene las cumbres más altas de la cadena del Atlas. Carreteras repletas de campesinos y animales domésticos, ciclomotores y camiones que escupen humo y atraviesan la calurosa llanura Haouz hacia **Asni ❸**, donde se celebra un mercado importante los sábados (no se pierda los salones plegables de los barberos que se instalan en el zoco). Si gira a la derecha antes del mercado llegará a Moulay Brahim y la meseta Kik. Al sur de Asni, en algún lugar distante del valle Mizane, se eleva **Toubqal ❹**, a 4 167 metros, la montaña más alta del norte de África. Asni representa el final de la cocina francesa y los barrios acomodados.

Como el campo no se rige por ningún horario, los camiones de pasajeros recorren, según la demanda, los 17 kilómetros que separan Asni y la carretera de Mizane en **Imlil ❺**, una buena base desde la que explorar la zona de Toubqal. Varios miles de personas llegan en primavera y a principios de verano para escalar el Toubqal. El hecho de que una montaña de esta altura y accesibilidad tenga el registro de su primer ascenso (una expedición francesa dirigida por el marqués de Segonzac) en 1923, atestigua la mentalidad de fortaleza tribal que mantuvieron los nativos hasta el siglo XX. Los visitantes también practican excursionismo por la zona; hay rutas circulares de entre cinco y diez días en las que se pernocta en cabañas, aldeas beréberes y a veces se pasa la noche al raso.

Mapa páginas 272–273

Las empresas de excursionismo organizan estas actividades y se encargan de todos los problemas logísticos: contratar a los porteadores, y preparar las provisiones y el alojamiento. Quienes se sientan más seguros de sus habilidades pueden hacer las excursiones por su cuenta y utilizar los servicios locales que se les ofrecen, aunque es aconsejable asesorarse sobre las rutas y las condiciones meteorológicas, sobre todo en invierno.

Ahora existe un Bureau des Guides (oficina de guías) en Imlil, muy recomendable si viaja por libre y se trata de su primera visita a la zona, aunque no tenga intención de contratar un guía. Los guías oficiales del país se llaman *accompagnateurs*, y están registrados en el Ministerio de Turismo. Muchos residen en el distrito de Imlil, aunque debemos decir que sus aptitudes varían mucho: algunos son muy competentes y otros no tanto, así que intente que le recomienden alguno. Todos hablan francés y algunos inglés, español o alemán. Los guías no sólo les indicarán la ruta adecuada, sino que también se encargarán de contratar las mulas y los suministros para excursiones más largas. Lo normal es que una mula pueda cargar con el equipaje para tres o cuatro días de tres personas; no obstante, estos animales no pueden atravesar la nieve y en el camino hacia el Toubqal se detendrán nada más verla; será entonces cuando los porteadores cargarán con todo.

Los precios de los guías y las mulas y los arrieros están regulados, aunque no siempre se respetan estas normas. Si desea algún otro servicio, como por ejemplo que el guía también cocine o si prefiere contratar sólo al arriero, no se sorprenda de que aumenten las tarifas habituales. Los precios no incluyen su comida ni la del personal contratado, que usted debe encargarse de proveer.

Desde Imlil, hay algunas excursiones sencillas de un día hacia el paso de Tamatert en el este (*véase pág. 275*) o el **puerto Mzic** en el oeste; es necesario calzarse unas buenas botas para el recorrido.

Una cigüeña en las ruinas de Telouet. Se cree que estas aves traen buena suerte.

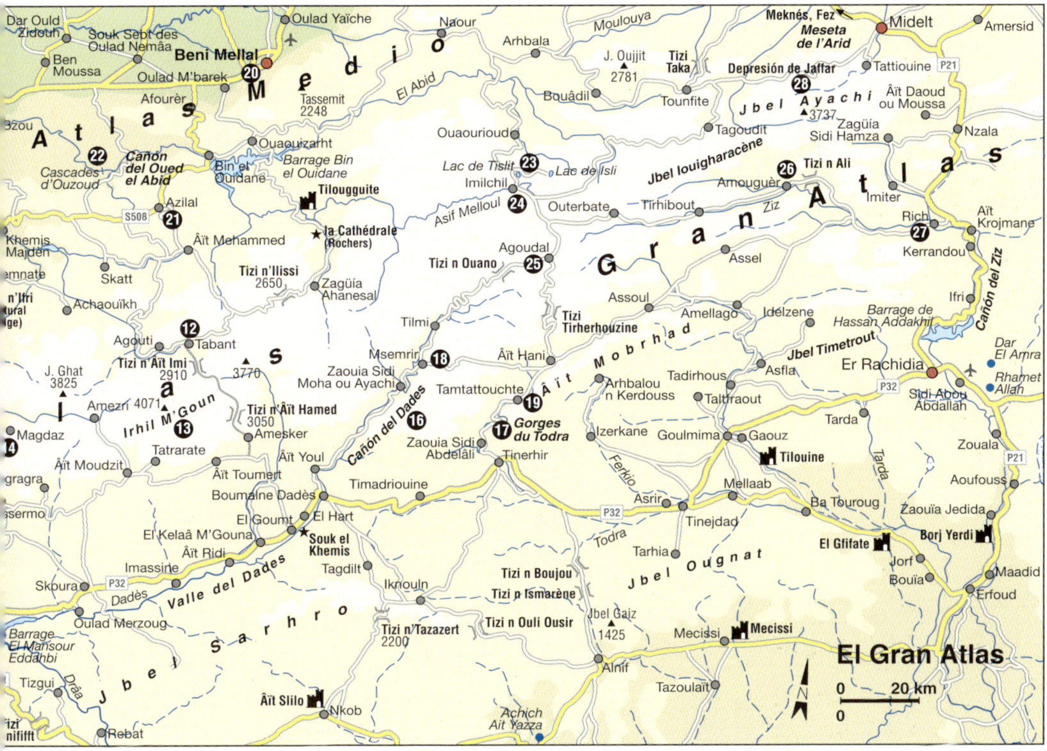

NOTA

Para planear con más detalle sus excursiones por Marruecos antes de llegar al país, consulte la *Guía práctica*. En Marrakech, los hoteles Ali y Foucauld son los puntos de encuentro con los guías de montaña y los lugares donde conocer la oferta de excursiones, salidas en bicicleta de montaña, *rafting* en aguas rápidas y otras actividades.

ABAJO: una joven tatuada cerca de Setti Fatma.

Ambas rutas ofrecen vistas espectaculares hasta más allá de la cadena continua de riscos y picos sobre los pueblos y los verdes campos de los beréberes.

Aremdi es el último pueblo del valle Mizane antes del largo ascenso hacia las montañas más altas. Es un centro de excursionismo importante con una serie de *gîtes*, un pequeño hotel y un lugar de acampada. El valle es más abierto aquí que en Imlil, y es un bonito lugar donde pasar un día o dos para aclimatarse a las asperezas de la ardua caminata, e incluso para relajarse antes de descender al frenético ajetreo del zoco de Marrakech.

Sidi Chamharouch, santuario pastoril con tiendas asociadas que abastecen a los peregrinos, se encuentra a dos horas en mula subiendo por el valle Mizane. Como un faro, su techo blanco guía a muchos que realizan salidas de un día; vaya caminando o en mula. Entre este grupo de casitas amontonadas en un hueco al pie de una pendiente rocosa, la vida de los beréberes está expuesta a todas las miradas.

Le costará cuatro o cinco horas ascender por el valle hasta el refugio Toubqal del CAF, antes llamado Neltner. El refugio, que se ha ampliado hace poco, ha mejorado mucho los servicios de alojamiento y dispone de una sala común grande para cocinar y comer. Un manantial abastece de agua a la cabaña mediante una cañería subterránea, aunque es más recomendable hervir el agua que vaya a consumir. El agua de los barrancos que fluye más abajo purga la que procede de los inodoros. Puede pedir al encargado refrescos y comidas sencillas. Durante los meses de verano, lo más sensato es reservar un sitio en el refugio enviando un mensaje con los grupos de mulas y porteadores de temporada desde Imlil. Cada vez es más popular acampar más abajo de la cabaña, y existe el proyecto de acondicionar un espacio para las tiendas, con mejores servicios sanitarios y de recogida de basura.

Si sube al Toubqal fuera de la temporada estival (desde mediados de mayo hasta mediados de octubre; recuerde que debe abandonar el refugio a las 6:30 h), necesi-

tará crampones y un piolet para mayor comodidad, así como botas rígidas y ropa adecuada. Cualquier guía que conozca las condiciones le aconsejará.

El camino es recto, casi podría decirse que es un ascenso gradual por una pendiente rocosa hasta alcanzar el notable pedregal, más alto, donde debe tener cuidado, ya que un movimiento en falso podría ser peligroso. Además, los pasos cansados de miles de personas han estropeado el camino.

El montañero del Atlas Peyron ha catalogado esta ruta de «tipo bulevar» y, de hecho, después de unas cuatro horas, la cima aparece como un gran corral abierto. Encontrará gente (el típico grupo en camiseta y chanclas) pataleando y trotando para combatir el frío.

Excursiones y tradiciones

Una excursión muy popular, que se puede alargar o acortar según el gusto de cada uno, es la que va de Imlil por el **puerto Tamatert** al pueblo de **Tacheddirt** ❻; se puede hacer con tranquilidad en tres horas y media. Es un asentamiento beréber muy atractivo, que encarna los estilos de vida más tradicionales. Puede alojarse en un refugio de la montaña o en un par de *gîtes* en los pueblos cercanos.

El fuerte ascenso al **puerto N'Addi** (2 900 metros), que se yergue imponente detrás del pueblo, se ve recompensado por unas vistas de barrancos y picos con grandes vetas de nieve que le dan el aspecto de una cebra. Sólo está permitido montar en mula en la pendiente más suave que se dirige hacia los vastos prados de Oukaimeden situados más abajo. En invierno es una estación de esquí; en primavera, un lugar tranquilo y casi desierto, y el refugio de CAF (tel.: 31 90 36) es como un hotel con todas las comodidades, que dirigen con destreza Jean y Michelle. Otras posibilidades de alojamiento las constituyen el pequeño pero cómodo hotel Angour (Chez Juju. tel.: 31 90 06) y el hotel Kenzi, un enorme hotel piramidal de estilo alpino que

Mapa páginas 272–273

A primera vista, el Atlas parece una cordillera aislada y remota pero, de hecho, una cuarta parte de la población de Marruecos vive a más de 1 000 metros de altitud.

Abajo: nieve en el Gran Atlas.

La mezquita restaurada de Tin Mal, sede de la dinastía almohade.

ABAJO: una tortuosa carretera de montaña.

ha vuelto a abrir y ahora está luchando para tener los clientes suficientes para mantenerlo en funcionamiento.

Un mirador local con una tabla de orientación ubicado detrás de los chalés de estilo marroquí ofrece una amplia vista hacia Marrakech. Hay grabados prehistóricos en la roca por toda la parte septentrional de la llanura de prados. A principios de verano pastan enormes rebaños de ovejas y cabras, traídos por los habitantes de los pueblos más bajos del valle. La inmensa mole de Angour domina la escena. Mientras una carretera asfaltada vuelve a la ciudad, un camino de mulas serpentea en dirección oeste por el Tizi N'oukaimeden, por caminos que atraviesan bosques de nogales raquíticos y robles perennes, y vuelve hacia los campos de Mizane y Asni, una excursión de cinco horas.

Al principio del valle Tacheddirt está el puerto Tacheddirt, que lleva al gran pueblo de **Timichi** ❼, desde donde hay caminos que conducen a **Tizi N'Ouattar**, otra vez hacia Oukaimeden, o puede continuar hacia Setti Fatma al principio del valle Ourika (*véase pág. 271*). Para los auténticos aventureros, el **puerto Likemt** es el punto de partida de rutas por la parte meridional del Atlas, que descienden a Ammzouzerte, en el valle Tifnout, donde se halla el remoto Lac d'Ifni. Visto desde la altura de la morrena que bloquea el límite meridional, el lago es como una joya azul y verde situada en un cuenco formado por impresionantes picos desnudos. De la orilla septentrional sale un camino de suelo rocoso hacia un barranco tortuoso, que lleva hasta el puerto más alto de la montaña, el **Tizi Ouanouns**, y llega al principio del valle Mizane, desciende primero hacia el refugio Toubqal y después vuelve a Imlil. Todo el viaje supone una semana de excursión, sin días de descanso o pequeñas excursiones para explorar o subir a los picos de las inmediaciones.

Todo esto no es más que un pequeño apunte de las ricas oportunidades para el excursionismo de la zona, que comprende muchas más rutas que se dirigen al oeste de Imlil y cuyo recorrido puede durar casi tantos días como energía tenga usted para caminar.

Hacia Ouirgane y Tin Mal

De nuevo en la carretera de Tizi N'Test, hacia el sur de Asni, la ruta continúa hacia **Ouirgane**, un centro turístico rural con dos hoteles que son una buena elección para comer: el más lujoso es el Roserie (dirigido por el que antes fuera director de La Mamounia de Marrakech), excelente lugar para tomar algo, aunque no cumple con las expectativas si desea alojarse en él. Es mucho más adecuado el Sanglier Qui Fume, un refugio en el campo, muy peculiar e ideal para pasar una noche alejado del bullicio de los centros turísticos, y que desde 1997 tiene un nuevo propietario.

Un poco más adelante está **Ijoukak** (de aquí sale una pista hacia el no tan visitado **valle del Agoundis**). Muy cerca se encuentra la ancestral casbah de **Talat N'Yaccoub** ❽, rodeada de olivos, con el espumoso Oued Nfiss, que baña la muralla. El **Agadir N'Gouj** domina un montículo adyacente, con la nieve del Igdet occidental como telón de fondo, un antiguo bastión de la tribu goundafi que era conocida en el siglo XIX por sus calabozos. Toda la localidad se considera uno de los más bellos lugares de la gran cadena del Atlas.

Más arriba, al otro lado de la corriente, encontramos la **mezquita de Tin Mal** ❾, del siglo XII, donde nació el movimiento almohade que dio lugar a la famosa dinastía beréber de la Edad Media. Esta mezquita, que es contemporánea a la Kutubiyya de Marrakech, ha sido restaurada y en la actualidad es una de las pocas de Marruecos que pueden visitar los no musulmanes, siempre fuera de las horas de oración.

La montaña situada detrás de la mezquita es **Gourza**, que la expedición botánica de Hooker coronó por primera vez en 1871. La carretera de Test se estrecha cerca del punto más elevado del puerto, para luego ensancharse durante todo el trayecto hasta Taroudannt. Una de las imágenes que se le quedarán grabadas en la mente es la de los animales serpenteando en fila india y los centinelas vigilando sobre los dromedarios, pero la zona es en realidad un desastre medioambiental, ya que se han talado enormes bosques para utilizarlos como material de construcción o como leña para el fuego. Aquí, y de manera parecida por toda la frontera oriental del macizo Toubqal, marcado por la carretera comercial del puerto Tichka, la línea divisoria de las aguas separa lo exuberante de lo árido. Una serie de prados verdes esparcidos alrededor de algunos oasis aporta un rayo de luz a esta monotonía.

EL GRAN ATLAS OCCIDENTAL

La zona del Toubqal limita al oeste con la carretera S-501 de Tizi N'Test. Más allá se eleva el Gran Atlas occidental, desconocido para la mayoría de los turistas pero sorprendente por su densa población y su próspera economía agrícola. El **valle del Seksawa**, con viviendas cúbicas situadas en las laderas de las montañas junto a las antenas de televisión, es la principal vía para el tráfico de camiones desde Marrakech. Los turistas aventureros que apuestan por la exploración lejos de las multitudes encontrarán muchos lugares encantadores en esta provincia.

Una manera muy gratificante de visitar esta zona es en bicicleta de montaña, que se pueden alquilar en Agadir. Las montañas no son tan escarpadas y hay muchas más pistas. Para este tipo de excursiones, una buena base es Imouzzer des Ida Outanane (*véase pág. 308*), con un buen hotel y cascadas en las inmediaciones.

Mapa páginas 272–273

Los europeos llamaron Atlas a esta cadena montañosa inspirados por el mito griego. Según la leyenda, después de que Perseo convirtiera en piedra al titán Atlas, su carga se convirtió en una montaña que sujetaba los cielos. Doblado por el peso, Atlas se arrodilló mirando al sol del ocaso en el noroeste de África.

ABAJO: el zoco de Msemrir.

Vista de Telouet desde la casbah, que fue en su momento el centro de poder de los glawi.

AL ESTE DEL MACIZO TOUBQAL

En el lado oriental del macizo Toubqal, la llanura Yagour (plagada de grabados prehistóricos en las rocas) y el cañón Zat llevan hacia **Tizi N'Tichka**, que se encuentra con la carretera principal P-31 desde Marrakech justo a la altura de **Taddert ⑩**. Esta ciudad de una sola calle flanqueada por asadores es la última parada para los camiones antes de que una vertiginosa serie de sobrecogedoras curvas muy cerradas les lleve hacia el puerto a 2 260 metros de altura. El Auberge des Noyers, un superviviente del período del protectorado, tiene habitaciones y una terraza con un nogal que da sombra en la parte trasera, donde se puede beber cerveza fría.

El Tizi N'Tichka es un viaje maravilloso, pero sobre todo es una carretera muy transitada, por lo que se utiliza poco como punto de partida para las excursiones. A unos 20 kilómetros al este de Tichka y a un lado de la carretera principal, construida en 1936, está **Telouet ⑪**, el baluarte de los glawi situado en la vieja ruta de las caravanas. Es famoso por su casbah, desierta después de la caída de los peculiares sultanes del sur (*véase pág. 39*). Los europeos la visitaron por primera vez en 1889 y una vez alojó a Wilfred Thesiger en sus excursiones a través del Atlas; pero estas ruinas que se desmoronan están lo suficientemente intactas como para dar una idea del esplendor de antaño. Los niños del pueblo le buscarán al vigilante que le abrirá la verja y le ofrecerá una pequeña visita en la que destacará las habitaciones de recepción, antes magníficas, y la enramada desde la que los invitados más privilegiados de los glawi podían ver las *fantasias* que se representaban en la arena inferior.

Más adelante, el camino del valle Animter atraviesa un valle fértil hasta el aislado lago Tamda, repleto de truchas y rodeado de rocas con fósiles diminutos. Las montañas de los alrededores están desnudas y solitarias. Al este, el camino serpentea por el Tizi N'Fedhrat hacia el pintoresco pueblo de Magdaz (*véase pág. 280*) y al pie del macizo M'Goun (el Gran Atlas central), con sus cañones y valles fértiles.

ABAJO: un amonites.

GEMAS Y FÓSILES

En el Atlas y el Atlas Medio, los puestos improvisados que venden rocas con cristales y piedras semipreciosas, como la amatista o el cuarzo, pueden ser irresistibles. El consejo más corriente es que debe tener cuidado porque algunos de los objetos que se ofrecen son falsos. Lo cierto es que muchos son auténticos, y a veces verá comerciantes de gemas europeos que examinan las piedras con lupa. Desconfíe de aquellas piedras que presenten una superficie demasiado perfecta; es preferible que tengan algún defecto o imperfección, puesto que tendrá más probabilidades de ser auténtica.

En uno de estos puestos, en 1996, una geóloga británica descubrió una roca en forma de pirámide de un color azul muy intenso, y el propietario del puesto le dijo que era un lapislázuli. Ella sabía con absoluta certeza que no lo era, pero estaba intrigada por aquella curiosa piedra y la compró por algunos dirhams. Cuando regresó a casa, llevó la piedra al Museo de Historia Natural de Londres. Una serie de pruebas revelaron que se trataba de un mineral nuevo que contenía silicio, aluminio, calcio, magnesio, hierro y oxígeno.

También se encuentran fósiles en estos puestos, incluso algunos ejemplos impresionantes de amonites (*véase la fotografía de la izquierda*), ya que Marruecos es una de las mejores fuentes de estos fósiles del mundo. Fue de nuevo en Marruecos, en el año 1996, donde se encontraron los huesos de un dinosaurio africano carnívoro de igual tamaño que el *Tyrannosaurus rex*. Aunque los científicos conocían el *Carcharodontosaurus saharicus* antes de este hallazgo, sólo se había encontrado un esqueleto, que acabó por perderse.

EL GRAN ATLAS CENTRAL

La base para las excursiones en la parte norte de esta zona es el **valle del Bouguemez (Wgmmaz),** una vasta extensión de praderas salpicadas de pueblecitos, cuyo centro administrativo es Tabant. Antes un aislado paraíso terrenal, ahora tiene buenos accesos para vehículos por una carretera asfaltada a tramos desde la ciudad de **Ait Mhammed** (cerca de Azilal, la capital provincial, *véase pág. 282*). No hay problemas para hacer excursiones a partir de principios de mayo, pero puede ser difícil en invierno y primavera, porque las fuertes nevadas suelen bloquear el camino. La nueva carretera (gire a la derecha justo antes de Ait Mohammed viniendo de Azilal) ha hecho el camino más corto y fácil, y hay taxis Landrover que recorren la ruta entre la ciudad y Ait Bouguemez con regularidad.

El CFAMM (siglas en francés del Centro de Formación de Oficios de Montaña) ha abierto en **Tabant** ⓬ un centro al aire libre y una escuela de guías. En la ciudad también puede telefonear o ponerse en contacto con el grupo de rescate de montaña local. Se puede alojar en una *gîte* (refugio para excursionistas), algunas de las cuales ofrecen servicios como *hammam*, duchas calientes y electricidad suministrada por generadores o paneles solares.

La increíble barrera de la cresta de **Irhil M'Goun** ⓭, de 20 kilómetros de longitud, domina la zona, y sigue siendo un control de resistencia excelente hasta que se construya un refugio. En comparación, resulta fácil alcanzar las colosales cimas de **Azurki** (3 677 m) y **Ouaoulzat** (Wawgoulzat, 3 736 m), y se tarda unas cuatro o cinco horas en llegar a cada una.

Es imprescindible contratar mulas y la ayuda de los porteadores en el Gran Atlas central, ya que es prácticamente imposible cubrir el terreno o las distancias sin ellos. Con su apoyo, se pueden hacer agradables expediciones de varios días a sinclinales de piedra caliza, como **Tignousti** y **Rat**, y viajes por el campo o siguiendo las cuen-

Mapa páginas 272–273

... Me perdí en el castillo, y vi que mi antorcha brillaba en contraste con los huesos blancos, pero esposados de un calabozo. Teniendo en cuenta la turbulenta historia de Telouet, podían tener cien años de antigüedad o menos de cinco.

GAVIN MAXWELL
Lords of the Atlas, 1966

ABAJO: entre los álamos en invierno.

Escalada en un desfiladero del Gran Atlas central.

ABAJO: el cañón Tessaout, en el macizo M'Goun.

cas de los ríos hasta pueblos tan atractivos como **Magdaz** ⓮, donde nació la famosa poetisa Mririda n Ayt Attik bajo la pirámide protectora de Lalla Tazerzamt. Los espectaculares cañones de Tessaout y Arous, al sur y al norte, respectivamente, de M'Goun, constituyen una invitación para los caminantes con equipo de neopreno y los escaladores.

Cañones y desfiladeros

La excursión más popular por los cañones de la región es la del **desfiladero del M'Goun (Achabou)**. Empieza en el macizo central y por la carretera P-32 en dirección sur se dirige hasta el valle del Dades en El Kelaa M'gouna. Hay que atravesar rocas salientes durante 8 kilómetros; la distancia total entre El Mrabtin y la carretera de Issoumar/Bou Taghrar es de 50 kilómetros y cuesta dos días recorrerla. Grupos supervisados, con la ayuda de mulas y porteadores, salen desde Tabant Bou Guemez por el paso Ait Imi hacia El Mrabtin, un tramo arduo incluso sin la carga de una mochila. El mejor momento para hacerlo es en los meses de junio o julio, cuando se puede llevar traje de baño y zapatillas de deporte para zambullirse en el río. No existen dificultades técnicas, pero los animales de carga, que no pueden ir por los tramos más estrechos del camino, tienen que desviarse por una vertiginosa escalera artificial que sale de la pared del cañón.

Los beréberes utilizan la cuenca del río como una vía convencional, y es muy probable que tropiece con algunas familias escondidas entre las rocas que estén preparando té de menta. La excursión está condicionada por el nivel del agua y las condiciones meteorológicas, ya que puede ser peligrosa si hay tormenta. Se puede seguir una ruta guiada durante tres o cuatro días desde la pequeña localidad de El Kelaa. Como decía Peyron: «No todo es duro; hay momentos en los que la magia del cañón juega con la mente y la induce a la serenidad y el ensueño».

Otra manera de entrar en la región es desde **Demnate** ⓯ (a 100 km de Marrakech) por las pistas de camiones de Tifni, el puerto de Outfi y Ait Tamlil. Las agencias de viaje trabajan en la mayor parte de estos valles, pero pocas incluyen ascensiones a sus grandes montañas, excepto la cima Mgoun.

Desde el sur, los valles que quedan a los lados de la carretera P-32 de Dades desde Ouarzazate hasta Skoura, El Kelaa y Boumalne (la llamada Route des Kasbahs) son todavía más duros, y están reservados a los montañeros y escaladores acostumbrados a extensiones sin árboles ni agua. Puede contratar los servicios de guía en El Kelaa M'gouna, y el viaje en coche hasta Boutaghrar por el Oued M'Goun le ahorra lo peor del camino hasta allí.

Los cañones de Dades y Todra

La parte del Sahara del Gran Atlas central está atravesada por varios cañones de cierta reputación. Dos de ellos han ganado popularidad como rutas pintorescas una vez que se han mejorado las pistas de acceso. El **Gorges du Dadès** ⓰ (cañón de Dades), que emerge en Boumalne, y el **Gorges du Todra** ⓱ (cañón de Todra) en Tinerhir, ambos en la P-32, pueden recorrerse por completo.

Los dos circuitos de los desfiladeros llevan 5 o 6 horas en un vehículo con tracción a las cuatro ruedas. Siguiendo el Dades, el estrecho valle verde serpentea de pueblo en pueblo. La carretera, que se desvía a la derecha para evitar obstáculos, vuelve a unirse al río en Ait Arbi, con sus características torres de vigilancia situadas entre jardines de nogales nobles. El deslumbrante brillo de la piedra caliza blanca destaca aún más los salientes del valle. La vertiginosa incisión del desfiladero empieza fuera de Ait Oudinar.

Después de un vado en la orilla oriental la pista está bordeada por enormes precipicios. A medida que el cañón se ensancha aparecen campos de cultivo beréberes. Cerca del último vado, una mirada hacia el oeste, a la vasta depresión de Oussikis, revela la densidad de pueblos que se acumulan en torno al rompecabezas de campos verdes. Los beréberes se pasan la mayor parte de su vida intentando recuperar y desarrollar tierras aptas para el cultivo.

La siguiente parada es **Msemrir** ⓲ (65 km), con su colorista mercado del sábado y el punto de encuentro histórico entre dos de las principales tribus nómadas, la haddidou y la merghad, enemigas hasta que se unieron bajo la federación de Yafelmane. La carretera de enfrente se dirige al puerto Ouerz. En tan sólo un kilómetro se alcanza una bifurcación a la derecha en el punto 1996, donde hay una columna, una señal y una fuente de agua potable. La pista gira al este entre escarpaduras agrestes hasta llegar al puerto Ouguerd Zegzaoune y una zona vacía de «malas tierras». Incluso a esta altitud el calor es muy intenso, y tras cada curva cerrada se esconde un espejismo.

Un largo descenso y otra bifurcación le llevan a **Tamtattouchte** ⓳, en la corriente estacional de Temda, que alimenta principalmente al cañón de más abajo y en el que encontrará varios morabitos. La carretera serpentea hacia el sur y zigzaguea 5 kilómetros hasta entrar en el cañón Todra. Las inundaciones hacen que a veces el cañón esté cerrado al público. Algunas partes de la pista se han elevado por encima de la cuenca del río, primero en la parte occidental y más tarde en el desfiladero principal en la parte oriental, que comienza tras la curva cerrada en el punto 1599. Las palmeras que crecen en el suelo rocoso constituyen una excelente vista. Cuando el río desaparece en la temporada de sequía, los beréberes utilizan el lecho como carretera

Mapa páginas 272–273

Muchos de los nombres de los pueblos están precedidos por la palabra beréber ait, *que significa «del pueblo».*

Abajo: la vida en una casbah.

para peatones y animales. Aunque menos impresionante que el Dades, sus muros de roca se elevan a 400 metros y el punto más estrecho del desfiladero es impresionante. El Hôtel Yasmina es uno de los muchos hoteles y restaurantes que hay en el desfiladero, y que preceden a una serie de bellos pueblos de Todra por toda la orilla occidental. Los jardines, pequeños campos, palmeras e higueras presagian el magnífico oasis de **Tinerhir**, notable por sus talleres de oro y joyería, los edificios almenados y el palacio en decadencia, a 20 kilómetros desde Tamtattouchte.

NOTA

Beni Mellal ofrece el alojamiento más confortable para visitar las Cascades d'Ouzoud. Las otras opciones, el Auberge du Lac en Bin el Ouidine, el hotel Tanout, en Azilal, y Dar Essalam, en las mismas cascadas, son muy sencillas, sin calefacción y a veces sin agua caliente.

EL GRAN ATLAS ORIENTAL

Beni Mellal ⑳, en la P-24 hacia Marrakech, es una gran ciudad que ofrece un buen alojamiento en el Hôtel Tazakunt. También marca la frontera adecuada entre las montañas del Gran Atlas y el Atlas Medio. Si se dirige al norte, hacia Khenifra, el Atlas Medio se distingue por sí solo, y una distancia cada vez mayor separa las dos cadenas a medida que el Atlas Medio se extiende hacia el norte. Beni Mellal es un buen lugar donde detenerse para los motoristas que deseen visitar las Cascades d'Ouzoud, unas impresionantes cascadas que quedan fuera de la S-501, un desvío de la carretera principal P-24. Este desvío se dirige hacia el vasto embalse de **Bin el Ouidine** (*véase pág. 230*) y luego sigue hasta **Azilal** ㉑, una ciudad comercial con un hotel muy sencillo, un banco y restaurantes modestos.

Las **Cascades d'Ouzoud** ㉒ están señalizadas a unos 10 kilómetros más allá de Azilal. Desde el final de la carretera, un camino serpentea entre los árboles hasta la base de las cascadas y pasa de camino por algunos cafés. No hay restricciones para bañarse, póngase el traje de baño y zambúllase en el agua. También es popular la escalada. Siempre habrá algunos turistas por allí, pero sólo hay aglomeraciones los fines de semana y en vacaciones, cuando los lugareños se acercan desde Beni Mellal y Marrakech.

ABAJO: temporada de caza en Beni Mellal.

Hacia Imilchil

Al noreste de Beni Mellal está el punto de partida del arduo recorrido por pista hacia Imlichil y otras poblaciones más alejadas. Por la carretera secundaria 1901 hacia Ahrbala (hay un hotel en El Ksiba), una bifurcación al sur en Azarar Fal conduce hasta el puente Abid sobre el río Ouirine, donde deja de estar asfaltada. Cuando el tiempo es seco, se puede ir por la pista con un vehículo convencional, pero no muy bajo, aunque las agencias de viaje utilizan una gran variedad de vehículos todoterreno. Conduzca a través de pueblos polvorientos entre bosques de robles, pasando por varios ríos, hasta **Tassent**, y recorra su tortuoso y escarpado barranco; pase el monumento en conmemoración del antiguo ejército francés hacia un pequeño descenso al **Lac de Tislit** ㉓ y su gemelo, **Lac de Isli**, que queda fuera de la panorámica más al este. El viaje completo le costará cinco horas. Los lagos establecen una frontera natural entre los macizos central y oriental. Esta magnífica zona alta de pastoreo se denomina Campos Celestiales en la leyenda beréber. Según el relato, los lagos de Isli (el hombre) y Tislit (la mujer) se formaron por las lágrimas de dos jóvenes cuyo amor se vio frustrado por la enemistad entre sus familias.

Hoy en día, el *moussem* de septiembre en **Imilchil** ㉔ está dominado por la Festividad de las Novias, que se celebra para conmemorar dicha leyenda (*véase pág. 65*). Hombres y mujeres jóvenes, ataviados con sus mejores galas tradicionales, se van haciendo la corte de tienda en tienda mientras las familias negocian los bienes que puede producir un matrimonio. Es un aspecto extraño de una reunión que es, por otra parte, un hecho religioso y rural marcado por su enorme mercado. El *moussem* es ahora conocido en todo el mundo y, por lo tanto, se ha transformado en una importante parada para los safaris de montaña en todoterreno.

En el mismo Imilchil (la festividad se celebra a unos kilómetros al sur de la ciudad) encontrará alojamiento en dos pequeños hoteles no clasificados, así como algu-

Mapa páginas 272–273

ABAJO: el lago Tislit, conocido por la gran cantidad de aves que habitan en él.

nos locales y cafeterías. En el pueblo también hay un mercado semanal, tiendas y oficinas centrales de las autoridades locales. Puede dar un agradable paseo por el río junto a edificios con torretas o paseos de varios kilómetros por pistas que discurren entre praderas y lagos.

Algunos lugares de interés cerca de Imilchil son **Amalou N'Tiffirt** (2 470 m), al que se llega en una hora, y **Bab N'Ouayyad** (2 804 m), en tres horas. Las cimas se alcanzan sin dificultad. **Msedrid** (3 077 m) es quizás la más visitada y se tarda dos días sin un vehículo que lo acerque a la cima.

Quien haga la ruta en coche puede salir de Imilchil por el sendero de tierra que va hacia **Agoudal** ㉕, uno de los pueblos habitados más altos de Marruecos. Después de algunos paisajes espectaculares sobre el puerto Tizi Tirherouzine, la pista llega a **Ait Hani**, donde otra pista continúa hasta Todra. Como alternativa, puede tomar la pista que va desde Agoudal hasta Msemrir y el cañón de Dades, igual de impresionante, que cruza el Tizi N'Ouano. Para los menos aventureros se ha abierto una buena pista desde el emplazamiento del *moussem* de Imilchil asfaltada a partir de **Amouguer** ㉖ y que parte de **Rich** ㉗, cerca de la carretera a Midelt.

Cañones secretos

Al noroeste de Agoudal, hacia **Anergui**, varios cursos de agua escarpados que rompen el terreno atraviesan la vasta meseta ondulada llamada Kousser. Los europeos descubrieron estos cañones «secretos» en la década de 1950, y algunos osados exploradores los han recorrido. El principal cañón es el espectacular Tiflout, y se alimenta de riachuelos que fluyen siguiendo un curso complejo. Este sistema de precipicios aporta otra dimensión a la exploración del Atlas. La espeleología y las técnicas de escalada, además de baños atrevidos en pasos estrechos (rocas que forman túneles), requieren un buen equipo y experiencia. Los beréberes haddidou han uti-

ABAJO: granadas en venta en la Festividad de las Novias (Imilchil).

Mapa páginas 272–273

lizado durante siglos estos desfiladeros y sus misteriosas bifurcaciones como atajos durante sus migraciones. Podrá disfrutar del laberinto de caminos entre enredaderas, cascadas que se precipitan en fuertes caídas sobre estanques profundos y furiosos torrentes. Hay que atravesar los puentes de madera y roca (pasarelas) con precaución. Una de las arterias principales es Melloul, un tramo de 20 kilómetros entre Anergui e Imilchil bastante sencillo, poblado por los habitantes de los barrancos. Los otros son el Tiflout (35 km), Wensa (15 km) y Sloul (15 km). A estas distancias se deben añadir las de acceso y salida de los cañones.

La depresión de Jaffar

El Gran Atlas oriental culminan en el Jebel Ayyachi (3 750 m), cuya espina dorsal tiene una longitud dos veces mayor que la de Irhil M'Goun. La **depresión de Jaffar** ㉘, que debe su nombre a un santo local, es una entrada con plazas de aparcamiento que marca el mejor punto de partida para escalar el poderoso **Ayyachi** (3 737 m). Una pista deteriorada de 24 kilómetros, que rompe el eje, también se extiende desde Midelt, y hay otra pista muy parecida, pero más larga y peor marcada, desde Tounfite. Las cataratas, los precipicios y grupos de coníferas enanas se combinan para hacer de esta zona un sitio ideal para las comidas al aire libre.

Es normal que la montaña esté cubierta de nieve por lo menos hasta junio, aunque en la parte septentrional permanece durante más tiempo en forma de largas vetas. La mayor parte de los intentos de alcanzar la cima empiezan al amanecer, tras un vivaque a 2 200 metros, a unos 30 minutos de la carretera. Un grupo preparado puede coronar la cima en cinco horas y media. Vista desde el norte con sus «ropas» de invierno, la sierra, de 40 kilómetros de largo y una docena de cimas conocidas, es uno de los espectáculos más fascinantes de Marruecos. El marqués de Segonzac protagonizó la primera ascensión conocida en julio de 1901 por la ruta de Ijimi.

ABAJO: una novia de Imilchil.

EL SUR

Al sur del Gran Atlas se extienden los espectaculares paisajes del sur: arquitectura de castillos de arena, vastos oasis de palmeras y los grandes valles de los ríos Draa y Ziz

Mapa páginas 290–291

No existe nada en el norte del Atlas que le prepare para el *Grand Sud*, una vasta extensión de desierto y montañas semiáridas que llegan hasta la frontera con Argelia. Apenas existe una carretera en la región que no se pueda describir como espectacular. Es el sueño de cualquier director de cine: anchos valles salpicados de oasis con palmeras, castillos de barro que se elevan de la tierra y montañas azules y recortadas que están presentes en casi todas las vistas. Martin Scorsese filmó *Kundun* en el sur de Marruecos, subyugado por los amplios paisajes desérticos con el telón de fondo de las montañas del Atlas nevadas. La gente es igual de asombrosa: nómadas con piel de cuero que dirigen rebaños, mujeres con velos y ropas lúgubres que evocan a Sara y Salomé, y jóvenes tímidas que revolotean entre los jardines y desaparecen en los sombríos callejones traseros.

El sur de Marruecos abarca, en dirección oeste, desde Figuig, en la frontera con Argelia, hasta Goulimine en el sudoeste (la entrada al Sahara Occidental, *véase Agadir y el sur profundo, págs. 305-319*), una distancia de casi 1 000 kilómetros. Está rodeado por las montañas del Atlas en el norte y la frontera con Argelia en el sur, donde lo acarician las arenas del Sahara.

Los valles centrales son muy interesantes, el Draa, el Dades, Ziz y Tafilete. La geografía de la región está formada por el Antiatlas, una cadena de montañas semiáridas y alejadas que rompen el sur. En el este, el Sarhro asciende por el Draa hacia el macizo Jebel Aklim, y en el norte el Dades fluye entre el Sarhro y el Atlas, mientras que hacia el oeste el Tafilete se pierde en los límites del Grand Erg occidental.

El Draa es el río más largo de Marruecos, un enorme *uadi* que tiene como fuente los ríos que fluyen hacia el sur desde el Atlas, mientras que ciertas corrientes del Antiatlas contribuyen a aumentar su caudal. Sobrevive a la creciente aridez del viaje en dirección sur, gira al oeste para formar la frontera con Argelia y, de repente, emerge exhausto en Tan Tan en la costa atlántica.

Rutas hacia el sur

Hay tres puertos que cruzan las montañas del Atlas hacia el sur desde Marrakech. El más espectacular es el Tizi N'Test (2 100 m), que lleva a Taroudannt tras 306 kilómetros de espeluznantes curvas (*véase pág. 271*). La segunda ruta hacia el sur desde Marrakech es por el Tizi N'Tichka (2 260 m) hacia Ouarzazate (190 km), por una carretera más ancha y en mejores condiciones (*véase pág. 278*). Hay autobuses y taxis que cubren ambas rutas, pero paran en muchos pueblos por el camino, así que el recorrido es lento: los autobuses que van por Tizi N'Test tardan 7 u 8 horas, y los que van por Tizi N'Tichka cerca de 6 horas, mientras que en taxi el recorrido se realiza en 4 horas. En invierno a menudo están cerrados ambos puertos, y en ese caso la única manera de acceder al sur es a través de la ruta que une Imi N'Tanoute y Agadir, menos interesante.

PÁGINAS ANTERIORES: oasis en *le Grand Sud.*
IZQUIERDA: la casbah judía en Amazraou.
ABAJO: una mujer de Rissani en el valle del Ziz.

NOTA

Durante el descenso desde Tizi N'Tichka, no pase de largo el encantador Chez Mimi, un lugar agradable para tomar una cerveza, un tentempié y jugar una partida de billar en una tarde calurosa.

Las casbahs de las estrellas

Si el principal objetivo de su viaje al sur es ver el valle del Draa, la mejor ruta es la de Tizi N'Tichka hacia Ouarzazate, la entrada al Draa. En el capítulo sobre las montañas del Atlas se habla de la mayoría de los pueblos que hay a lo largo de la ruta, pero 18 kilómetros antes de llegar a Ouarzazate hay una pequeña carretera secundaria que va a la **casbah Ait Benhaddou** ❶, quizás la más admirada de Marruecos. Es una enorme madriguera fortificada de calles estrechas que aparece en muchas películas y que se yergue orgullosa en el valle en una pequeña colina. Hoy en día, esta casbah, declarada patrimonio de la humanidad por la Unesco, todavía está habitada y muchos de sus residentes están encantados de enseñar sus casas y contar historias de sus experiencias en los rodajes. En Ait Benhaddou se filmaron algunas de las escenas de, entre otras películas, *Lawrence de Arabia* y también *Jesús de Nazaret*, para la cual tuvo que reconstruirse gran parte del pueblo.

El acceso a la casbah desde la carretera se hace por una pequeña ciudad moderna de tiendas, restaurantes y *auberges* que han surgido para ofrecer sus servicios a los numerosos visitantes. Para desplazarse, hay que caminar o ir en mula por el río Mellah. La casbah es en realidad una ciudad de muchas casbahs más pequeñas, construidas con la misma tierra roja y a menudo con intrincados detalles esculpidos en los muros. La enorme entrada no forma parte del diseño original, sino que es parte del decorado de la película *Tras el corazón verde*, en la que Michael Douglas pilotaba un avión a través de ella.

A unos kilómetros al norte de la casbah, un puente algo deteriorado constituye la vía de acceso a la **casbah Tamdaght**, mucho más pequeña pero finamente decorada en el pasado, que ahora está abandonada y ocupada tan sólo por una familia de cigüeñas. La pista continúa desde aquí hacia el norte por toda la antigua ruta comercial hasta Telouet (*véase pág. 278*).

Trampolín hacia el Draa

Ouarzazate ❷, la capital del sur, está emplazada a ambos lados del Draa, al final de la carretera Tichka, dominada por la cordillera del Atlas que ocupa todo el horizonte al norte. Es una encrucijada por la que todo el mundo debería pasar, y en sus orígenes fue una de las bases de la Legión Extranjera de Francia. Ahora es cada vez más importante para la producción cinematográfica, y dispone de numerosos hoteles y un aeropuerto internacional. Es una ciudad pequeña y moderna con muy poca personalidad o interés, pero hay muchos detalles que recuerdan su breve historia.

Los legionarios han dejado su marca en la iglesia, que mantienen todavía unas monjas católicas. El restaurante **Chez Dimitri**, antes un antro de bebedores, es ahora famoso por ser uno de los mejores restaurantes al sur del Atlas, gracias a su peculiar fundador. Dimitri era un griego muy enérgico que en 1928, cuando tenía catorce años, abandonó el barco que le llevaba a Estados Unidos y se quedó en Casablanca. Se abrió camino hasta el puesto de los legionarios de Ouarzazate, y allí fundó su restaurante, que pronto fue muy admirado. Su hijo, que es el que ahora dirige el local, creció codeándose con personalidades de la talla de Orson Welles, y tuvo su momento de gloria cuando interpretó al hijo de Anthony Quinn en *Lawrence de Arabia*. A pesar del rápido desarrollo de hoteles y restaurantes, el local de Dimitri es todavía el mejor restaurante de la ciudad. Hay hoteles de todas las categorías (*véase la Guía práctica*), pero el modesto La Gazelle es el que tiene más encanto. Fundado en 1962, ofrece habitaciones agradables y cómodas situadas en torno a un jardín en un precioso patio detrás del restaurante, muy popular.

En torno a la iglesia y el hotel se encuentran las esculturas bizarras del miembro más representativo de la legión en la ciudad, un austríaco excéntrico que llegó al rango de cabo y luego eligió quedarse en Ouarzazate mientras la legión avanzaba, y más tarde perdió un brazo por la explosión de una granada.

Mapa páginas 290–291

Por la mañana, el tráfico de mulas, asnos y gente es una señal de que hay un zoco cerca: esté atento para ver un gran campamento de tiendas.

Abajo: típica arquitectura de *pisé*.

La **casbah Taourirt**, con el Club Med muy cerca, tiene un palacio glawi, que está vacío y parcialmente abierto al público, con algunos exquisitos techos de madera pintada. Gran parte del resto del pueblo de la casbah está habitado y merece la pena visitarlo. Justo al oeste de la ciudad está la **casbah Tiffoultoute**, que ahora es un restaurante con algunas habitaciones muy sencillas. Aunque es otra morada glawi, esta casbah es con frecuencia el escenario para rodajes sobre moda o escenas de películas y vídeos. La cantante Paula Abdul grabó aquí un vídeo musical.

Más adelante, por la carretera desde Tiffoultoute sale una pista hacia el oeste, que discurre junto a un pequeño lago y llega hasta el pacífico oasis de **Finnt ❸**. Es sólo una excursión corta desde Ouarzazate, y este oasis verde está escondido en un pequeño valle fluvial rodeado de colinas. Es el lugar ideal para tomar té y explorar un microcosmos de vida rural en el sur de Marruecos.

Por el valle del Draa

Al sur de Ouarzazate, la carretera corre entre colinas áridas, cortadas por un impresionante desfiladero con una pátina negra que de repente desciende hasta el oasis de Agdz. Antes del descenso, una pista señalizada como **Cascades du Draa** le invita a una excursión muy agradable. Aunque se llega por una pista muy inclinada, el destino es el cañón de Arcadia, con zonas para el baño y un sencillo café.

Agdz ❹, una modesta ciudad comercial con una plaza cubierta de alfombras, está rodeada por un mar de palmeras. A la izquierda de la plaza, una pequeña carretera lleva a un cámping con una preciosa cafetería. Muy cerca hay una casbah laberíntica, todavía habitada y en proceso de restauración. La familia que reside allí es muy simpática y les encanta que los visitantes vean su casa. Si no tiene nada más que visitar aquí, suba hasta el fuerte del gobierno (antes una guarnición de legionarios) para disfrutar de la vista.

ABAJO: una de las maravillosas vistas de Ait Benhaddou.

Mapa páginas 290–291

Al sur de Agdz, el valle se ensancha mucho, las orillas se cubren de altos juncos y muchas veces están decoradas con ropas recién lavadas.

Al otro lado del valle está la **casbah Timiderte**, aislada como un fuerte medieval, una de las imágenes clásicas del sur del Draa. A medida que se multiplican las metrópolis de barro, se empieza a sentir la presencia del Sahara, los vestidos cambian, y la gente envuelta en ropas negras y con la piel mucho más oscura sustituyen a las mujeres con vestidos de colores de las montañas. Cuando la carretera se acerca a Zagora, los cambios se agudizan, los pueblos son cada vez más densos y las empalizadas, construidas con juncos, contienen el movimiento de la arena. Los morabitos con cúpulas blancas se elevan en contraste con el marrón y el ocre de la tierra.

Un desvío en **Tansikht** marca el inicio de la carretera hacia **Tazzarine** y **Alnif**, que ahora está asfaltada y conecta con la carretera que hay entre Erfoud y Rissani en el Tafilete. Antes era un viaje difícil de dos días por una pista en mal estado, pero ahora ha mejorado mucho y los coches de alquiler pueden cruzar de Zagora a Rissani sin necesidad de mucha ayuda. También es un recorrido muy gratificante por las pendientes del Jebel Sarhro, que ofrece algunos de los paisajes más espectaculares de desierto y montaña.

Mientras viaja en dirección este desde **Tansikht**, la carretera atraviesa, en primer lugar, el extenso pueblo de **Nkob** ❺. Es el núcleo meridional de los beréberes ait atta del Jebel Sarhro y tiene un zoco muy animado los domingos. Es también el punto de partida en el sur para la espectacular pista que atraviesa el Tizi N'Tazazert y una base importante para las excursiones en invierno y las expediciones en camello por las montañas con destinos tan lejanos como Merzouga. Hay algunos *gîtes*, y los seminómadas ait atta son unos guías excelentes que combinan la dignidad con la hospitalidad. La región de Sarhro es salvaje y escarpada, con una extraordinaria geología que le ha concedido la reputación de «valle monumental» de Marruecos.

Abajo: casas con soportales de Agdz.

Más adelante, en la carretera, está **Tazzarine** ❻, famosa por su henna. Aunque la ciudad es menos atractiva que Nkob, está situada en un valle espectacular y tiene un cámping muy agradable y algunos hoteles sencillos.

Zagora ❼ es el mercado principal del sur. Los nómadas ait atta, beréberes del Sahara que llegaron a Marruecos en el siglo XVII, se mezclan con las antiguas familias árabes que emigraron de la península Arábiga en el siglo XII. Al lado de Jebel Zagora, en la orilla meridional del río, están los restos de una fortaleza del siglo XI construida por los almorávides, testamento de la antigüedad de la ciudad a pesar de las calles modernas y polvorientas. Una señal anuncia que Tombuctú está a sólo 51 días de viaje en camello. Zagora fue en su tiempo la confluencia de varias rutas comerciales. Las caravanas de camellos del sur paraban en la ciudad antes de proseguir el viaje hacia el este y el norte.

Tamegroute alberga un centro de producción de cerámica cuyos artículos se distinguen por un peculiar brillo verdoso, que proviene de una mezcla de componentes, entre los que destaca el magnesio, extraído de una mina de la zona.

Centro sagrado

A unos 12 kilómetros al sur de Zagora está **Tamegroute** ❽, una ciudad pequeña y polvorienta que tiene un zoco semanal diminuto. Tamegroute está dominada por una zagüía de la hermandad sufí Naciri, que ha sido el centro de aprendizaje religioso desde que los almorávides protagonizaron un resurgimiento religioso en el siglo XI. También fue la cuna de la dinastía sadí (*véase pág. 30*). La zagüía tiene una madrasa que, aunque es una escuela moderna, se remonta al siglo XVII. La escuela tiene una biblioteca muy apreciada (otro edificio moderno), que cuenta entre sus tesoros con comentarios sobre el Islam escritos en piel de gacela de antes del siglo XIII. Está abierta a los visitantes.

La zagüía también atrae a personas que sufren enfermedades mentales o físicas, o simplemente almas perdidas que aquí encuentran paz y caridad, procedentes de lugares tan lejanos como Casablanca.

ABAJO: anochecer cerca de Erg Chebbi, Merzouga.

Mapa páginas 290–291

Dunas del desierto

La primera duna de arena aparece cerca de Tinfou al sur de Tamegroute, donde se encuentra el Auberge Repos de Sable (tel.: 04-84 85 66). Es propiedad de una pareja de artistas que vive en Rabat, pero lo dirige su hijo, y constituye una maravillosa galería de arte marroquí contemporáneo y tradicional.

M'hamid ❾ señala el final de la carretera del sur. Antes fue un puesto de avanzada militar, ocupado por una guarnición de la compañía de camellos de la legión, pero más tarde se convirtió en objetivo de las guerrillas del Frente Polisario (*véase pág. 48*). La arena y las palmeras abundan en los últimos kilómetros de carretera antes de llegar a la ciudad, que en seguida se convirtió en un centro de excursionismo con camellos y una parada para las excursiones al desierto en todoterreno. Sin embargo, hay poco que ver en la ciudad a parte de algunos hoteles pequeños y un zoco semanal que se celebra los lunes.

Al oeste de M'hamid hay una pista que va a **Foum Zguid** ❿, donde sólo se puede acceder en todoterreno. La zona que atraviesa, en la que todavía hay una fuerte presencia militar debido a la proximidad con la frontera de Argelia, da una idea del verdadero Sahara. La cuenca del Iriki tiene el área de dunas más extensa de todo Marruecos, una vasta región encantada por los espejismos y que, en ocasiones, se inunda por las inesperadas lluvias que caen en las colinas de las inmediaciones. Esta zona está habitada por antiguos nómadas que hablan árabe, descendientes de los beduinos de Arabia, que viven en paz junto con los miembros de la tribu beréber ait atta. Se ha levantado un campamento permanente de invierno en el idílico oasis de **Oum Laalag,** en medio de la cuenca del Iriki. Rodeado por palmeras diseminadas, con un manantial y tres pozos, el oasis está situado entre las dunas, y el Jebel Bani (el límite septentrional de la depresión) es la base ideal para explorar el desierto, aunque necesitará la ayuda de un guía local.

En camello, Zagora está a 51 días de Tombuctú, o al menos eso dice la señal.

ABAJO: en el mercado de grano de Taroudannt.

De finales de primavera hasta otoño se recomienda un hotel con piscina, como éste de Boumalne, porque la temperatura media en el sur oscila entre los 30 y 40 °C.

ABAJO: una casbah del sur.

Cañones y rosas

Vuelva al principio del valle del Draa para explorar el valle de Dades (**Vallée du Dadès**), popularmente conocido como el valle de las casbahs, al este de Ouarzazate. El Dades empieza en lo alto del Gran Atlas central y luego sale de las montañas a través de uno de los cañones más espectaculares de Marruecos, **les gorges du Dadès**. En su nacimiento se encuentra la ciudad de **Boumalne** ⓫, centro de la industria de la rosa y el perfume. Cada primavera, unas fiestas celebran la apertura de los capullos de las rosas. **Les Gorges du Todra**, un cañón de 1 000 metros, se convierte en un furioso torrente en primavera cuando se funde la nieve del Atlas. En estos desfiladeros se encuentra una de las mejores zonas para observar las aves de Marruecos, como pelícanos negros, pelícanos de cresta roja, colirrojos, currucas, pinzones comunes de alas rojas, junto con muchos tipos de alondras, urogallos, águilas ratoneras y halcones.

Los judíos habitaron el desfiladero del Todra, y éstos todavía lo rememoran en una canción popular hebrea. El Dades, más largo y, en ocasiones, más ancho que el Todra, es quizás el más hermoso de los dos cañones. Hay extraordinarias formaciones de piedras que parecen elefantes petrificados. (*Para más información sobre los cañones de Todra y Dades, véase El Gran Atlas, págs. 271-285.*)

Los valles del Ziz y el Tafilete

Más allá de **Tinerhir**, la carretera atraviesa unas áridas colinas hasta llegar a **Er Rachidia** ⓬, una ciudad moderna y sede del gobierno de esta provincia situada en un cruce de caminos. Unos kilómetros más al sur está la **fuente Bleu de Meski**, el principio de otro gran valle del sur, el Ziz. Antes un oasis idílico, ahora se han pavimentado los pequeños estanques que había y han abierto un café sin personalidad para acabar de destrozar el ambiente. Sin embargo, si camina un poco hacia abajo el paisaje se abre a una pintoresca vista de pueblos y colinas, y encontrará muchachas jóvenes vestidas de negro que vienen de recoger agua en recipientes de cobre.

Después de Meski aparecen los ríos Ziz y Tafilete, como una gran cicatriz en el valle que corta la barrera formada por las colinas. El viaje a Erfoud es espectacular porque la carretera primero desciende desde la meseta a la parte baja del valle y luego se abre paso entre una infinidad de pueblos. La gente de Tafilete es muy diferente de las comunidades que habitan en el Dades o en el Draa al oeste. El Tafilete, que era el territorio de la dinastía gobernante de los alawíes, es una comunidad árabe aislada, cuyas raíces en el valle son mucho más antiguas que las de las tribus beréberes que lo habitan hoy día. Sus pueblos son fortalezas impenetrables de callejones tortuosos y cubiertos, e incluso los mismos habitantes son introvertidos.

Erfoud ⓭, otra ciudad que se ha desarrollado hace poco, no tiene medina y sus calles están trazadas en forma de rejilla, pero es agradable y está bien acondicionada para cubrir las necesidades de los turistas. Es una buena base para explorar el Tafilete y tiene varios hoteles, restaurantes, gasolineras y talleres de reparación de automóviles.

Rissani ⓮, al final del Tafilete, es otra gran encrucijada comercial y el lugar que acoge el mercado más africano de Marruecos, un tumulto continuo de gente que regatea y avanza a empellones, donde enormes camiones compiten con asnos cargados. Se dice que Rissani es uno de los palmerales más grandes del mundo, con unos cuatro millones de árboles y más de cien variedades de dátiles. Se celebran unas fiestas cada otoño para celebrar la recolección. Como Tamegroute, la ciudad es también un importante centro religioso alrededor de la tumba de Muley Ali Sherif, el fundador de la dinastía alawí gobernante. Detrás están los restos en ruinas de la Ksar Akbar alawí. Hay muchas pistas con surcos alrededor de Rissani, que cuando llueve se llenan de barro y que sirven de conexión con los pueblos todavía más remotos y las zagüías del siglo XIII.

Cerca de Rissani está **Sijilmassa**, fundada por un general árabe a principios del siglo VIII. En plena Edad Media se convirtió en una ciudad rica que dominaba el sur de Marruecos y obtenía sus riquezas de todas las importantes rutas comerciales transaharianas. Hoy en día no es más que un montón de escombros difíciles de distinguir que no merece la pena visitar.

Al este de Erfoud y Rissani están las dunas de **Erg Chebbi**, también conocidas como Merzouga, después de un pueblecito y un puesto militar en el extremo meridional. Estas dunas son las más altas de todo Marruecos y a menudo son testigo de la actividad de los equipos de rodaje que graban exteriores. En un día claro de invierno es posible ver el macizo M'Goun cubierto de nieve, a más de 150 kilómetros, desde las cimas de las dunas. Antes del anochecer salen todoterrenos desde los hoteles más elegantes de Erfoud para llevar a los turistas a ver un verdadero amanecer en el desierto. Si quiere disfrutar de las dunas con relativa tranquilidad, es aconsejable evitar la pista que está en buenas condiciones y que lleva a un conjunto de pequeños cafés en el punto de partida de las caravanas de turistas. Se puede acampar entre las dunas, y es muy recomendable si realmente quiere experimentar el poderoso atractivo del desierto (los fascinantes colores de las dunas, que van del rosa al rojo, pasando por el dorado, frente a la inmensidad del nítido cielo), aunque seguramente recibirá la visita de un policía que le pedirá el pasaporte.

Mapa páginas 290–291

Si viaja durante el mes de octubre por el sur, encontrará la cosecha del dátil en pleno apogeo. Cada árbol produce entre 100 y 200 kilos de fruto.

IZQUIERDA: probando la mercancía.
ABAJO: sacando agua en Taroudannt.

NOTA

El Kasbah Derkoua (tel.: 57 71 40), unos kilómetros antes de las dunas de Erg Chebbi, es un albergue muy agradable. Su propietario ha pasado casi toda su vida en las profundidades del desierto, y la casbah es un lugar donde encontrar buena comida, encanto natural y tranquilidad.

Los rincones del este

Entre Er Rachidia y la frontera con Argelia, que se cruza en Figuig, hay una extensión de grava de 400 kilómetros poco atractiva, excepto por algunas plantaciones de palmeras en el Oued Guir, unos *ksour* diseminados y las montañas a lo lejos. Los puestos militares son el único signo de presencia humana.

Más allá está **Figuig** ⓯, que recibe poco turismo y que está aún más lejos del norte, ya que la carretera desde Oujda es más larga y soporta menos tráfico que la procedente de Er Rachidia. Como una isla en el océano, Figuig es un oasis de palmeras y jardines. Hay manantiales, algunos de agua caliente, que abastecen una red de canales de irrigación. Muchas comunidades separadas y celosas, con barricadas en lo que ahora es un *ksour* en ruinas, lucharon entre sí a falta de otros adversarios, hasta que los franceses se convirtieron en su enemigo común.

Figuig fue en su tiempo una importante parada en la ruta hacia La Meca. Tuvo una gran población judía hasta la década de 1950. Hoy se ha reducido mucho el tráfico hacia Argelia y la mayoría de los habitantes de la ciudad son soldados. A pesar de todo, Figuig tiene un atractivo innegable: es un remanso de paz y un destino fértil después del largo viaje a través del aparente vacío.

Jebel Siroua

Al oeste del cruce en Ouarzazate, la P-32 asciende entre el Antiatlas y los picos volcánicos de **Jebel Siroua**, una meseta alta y poco habitada, muy calurosa en verano y con fuertes tormentas de nieve en invierno. Es una cordillera escarpada y remota, dominada por antiguos volcanes, de los cuales el más alto es el monte Siroua (3 304 m). Pocos realizan excursiones hasta aquí, y los que lo hacen suelen venir al final de la primavera o en otoño para evitar las inclemencias del tiempo. Las rutas de acceso más conocidas a los altos picos empiezan en el sur, donde la carretera atra-

ABAJO:
el valle de Dades.

viesa campos de azafrán y pueblos en los que los beréberes de Siroua tejen alfombras. Por el camino, la carretera pasa por **Tazenakht**, un mercado de alfombras. Más al oeste está **Taliouine** ⓰, una ciudad acogedora pero muy pequeña. Hay pocos guías especializados en esta zona, aunque algunos de los más conocidos en todo el país dirigen rutas esporádicas hasta aquí cada año. El único guía competente de la zona es Jadid Ahmed, del Auberge Souktana de Taliouine.

Justo antes de Taliouine aparecen unas enormes ruinas, otra casbah glawi. Todavía la habitan descendientes de los sirvientes de los glawis. Docenas de ruidosos niños revolotean en torno a los visitantes a modo de bienvenida exagerada y estarán contentos de servirles de guía por las ruinas. Al lado hay un hotel, todo de cemento, con poco encanto a pesar de las vistas. El Auberge Souktana, mucho más atractivo, no está muy lejos de la ciudad y goza de buena reputación; también ofrece excursiones a las montañas de Siroua.

Para quienes dispongan de tiempo pero no practiquen el excursionismo, hay una carretera asfaltada que une Taliouine y Siroua, hacia **Askaoun**, un centro gubernamental carente de encanto en medio de una de las partes más bellas y poco explotadas del Atlas. Hay una carretera que gira desde Askaoun en dirección oeste hacia Aoulouz, regresa a la P-32, mientras una pista espectacular al norte se dirige hacia los picos del Atlas, luego gira al este, más allá del valle Tifnout, y por último se une a la carretera de Tizi N'Tichka en Agouim. Es un viaje largo y arduo que no puede considerarse una excursión fácil para realizar en un coche alquilado. Necesitará un todoterreno y un guía local.

Hacia Taroudannt

El viaje a Agadir desde Taliouine pasa por el valle Sous, una llanura fluvial enorme y fértil. La ciudad amurallada de **Taroudannt** ⓱ está emplazada, como una minia-

Mapa páginas 290–291

Un pez de arena, muy común en las dunas. Hay otros reptiles, como lagartos y serpientes, de los cuales el más peligroso es la venenosa víbora cornuda.

ABAJO: cruzando el Draa cerca de Zagora.

Mapa páginas 290–291

tura de Marrakech, en el corazón del valle. Siglos atrás Taroudannt servía de parada a las dinastías que recorrían el camino hacia el poder, y fue durante una temporada sede del gobierno antes de la conquista de Marrakech. En 1912 fue también el bastión de El Hiba, el «Sultán Azul», cuya breve revuelta contra el protectorado francés acabó con su expulsión sangrienta a manos de los beréberes del Gran Atlas, aliados con el poder colonial.

Quedan pocos monumentos que conmemoren la rica historia de la ciudad, aparte de los muros, que todavía siguen los planos de los almorávides. Vale la pena visitar el **hotel Palais Salem** (tel.: 85 21 30), aunque no se aloje en él. Es un palacio del siglo XIX reformado, propiedad del bajá de entonces, y las salas del hotel conservan algo de su esplendor original. En las habitaciones de los pisos inferiores hay pequeños y lujosos jardines en los que las enormes plataneras coronan su belleza. La impresionante **Bab Kasbah** es casi el único lugar de interés histórico de la ciudad, en la parte este de la muralla.

Montañas de especias en el zoco de Taroudannt, uno de los mejores del sur.

La mayor atracción de Taroudannt es el zoco, y por lo tanto, la que antes era una ciudad tranquila y sin mucho turismo, con los años se ha convertido en una excursión casi obligada en autocar desde Agadir. Los precios y el ajetreo han aumentado también, pero el pequeño zoco y las obras de artesanía tan peculiares que se ofrecen hacen que sea un lugar agradable y entretenido para pasear. Hay un par de tiendas de antigüedades, cuyos propietarios tienen buen ojo para lo poco corriente y a veces hasta extraño. No obstante, no espere callejones retorcidos y centenarios ni bellos *riads,* ya que la mayor parte de la medina está hecha de casas de hormigón desmoronadas, donde prácticamente no se ve ni una acera.

Fuera de Taroudannt, en la carretera que lleva hasta **Amezgou**, está el **Gazelle d'Or** (tel.: 85 20 39), uno de los mejores hoteles no sólo de Marruecos, sino de todo el mundo. Famoso por sus amplios jardines, equipados con todo tipo de comodidades (pistas de tenis, paseos a caballo, *croquet*) y la decoración elegante de sus interiores, antes fue la casa de un barón francés. Patrocinado sobre todo por ricos occidentales, cultiva un ambiente de club de campo exclusivo, y atrae a celebridades internacionales con regularidad; incluso Sarah Ferguson, la duquesa de York, pasó en él unas vacaciones con John Bryan.

ABAJO: entrada del Palais Salem.

Al sur de Taroudannt

Desde Taroudannt, la ruta 7025 sube el macizo del Antiatlas de Jebel Aklim hacia la ciudad de **Irherm** ⓲, un pequeño centro comercial y administrativo que en su tiempo era conocido por sus orfebres. Más allá, la carretera, en un descenso espectacular entre colinas estriadas y valles colosales que hacen que los pueblos parezcan diminutos, llega hasta **Tata**, un oasis en el límite del Sahara de Argelia. Tata es un pequeño pueblo tranquilo, de casas de adobe pintadas en tonos pastel, dividido por una calle principal porticada. Desde Tata hay una carretera asfaltada que conduce a Tissint, Foum Zguid y regresa al norte. Esta ruta hacia el este es muy gratificante por las vistas y los enormes *ouadis*, a veces llenos de camellos negros y tiendas de pelo de cabra que pertenecen a pastores nómadas.

Al oeste de Tata, la carretera llega hasta Goulimine, las puertas del sur profundo y del Sahara Occidental (*véase pág. 313*), que es famosa por su mercado matutino de camellos del sábado. Como alternativa, hay una desviación hacia el norte por la P-30, unos kilómetros antes de la ciudad, que lleva a Agadir pasando por Tiznit.

Rodajes

La película más famosa que evoca la imagen de Marruecos es *Casablanca*. En contrapartida, esta película, como muchas otras de la época, se rodó en un plató de Los Ángeles. Sin embargo, Marruecos ha sido el destino de muchos directores desde los principios de la industria cinematográfica. En 1897, los hermanos Lumière grabaron los exteriores de *Le Cavalier Marocain*. Marlene Dietrich debutó en EE UU en 1930 con una película titulada *Marruecos*, dirigida por Von Sternberg, que sorprendió a muchos con el beso prolongado en pantalla de Dietrich con otra mujer, antes de adentrarse en el desierto vestida de esmoquin y con tacones. Los hermanos Marx también fueron a Marruecos a rodar *Una noche en Casablanca*, en 1946, y Hitchcock aprovechó la atmósfera misteriosa de Marrakech en la escena inicial de *El hombre que sabía demasiado*.

Otros clásicos que han aprovechado los ricos paisajes de Marruecos son Orson Welles en *Otelo* (1952), grabado en Essaouira, El Jadida y Ouarzazate; David Lean en *Lawrence de Arabia* (1962); John Huston en *El hombre que quería ser rey* (1975); y Bertolucci en *El cielo protector* (1990).

Más recientemente, *La momia*, con un gran éxito de taquilla, *Kundun*, película ganadora de varios galardones, y *Terms of engagement* se rodaron al menos en parte en Marruecos, con presupuestos de exteriores de varios millones de dólares. El país rivaliza ahora con Sudáfrica como el primer sitio de rodaje de exteriores del continente africano.

Gran parte de este éxito se atribuye a la actividad del Centre Cinématographique Morocain (CCM), la asociación cinematográfica del país. Inaugurado durante el protectorado francés, el CCM otorga permisos a la industria y aprueba guiones. En un país conocido por su excesiva burocracia, constituye una organización entusiasta y al propio tiempo eficaz, gestionada por directores cinematográficos.

El sorprendente éxito de *El viaje de Julia* relató la historia de Marruecos de la década de 1960 desde la perspectiva de un niño y utilizó en gran medida la medina de Marrakech. En resumen, la publicidad que estas películas realizan de Marruecos ayudan más a promocionar el país que el propio Ministerio de Turismo. Sin embargo, no son sólo los impresionantes paisajes de Marruecos y sus mejoras en la infraestructura lo que atrae a los productores. Cada vez hay técnicos más preparados y artesanos con talento que pueden hacer el vestuario, el atrezo y los decorados de todo tipo. En *Kundun*, los artesanos marroquíes no sólo construyeron réplicas de templos tibetanos, sino que también elaboraron la mayor parte del atrezo y el vestuario, que parecían tan auténticos que los monjes tibetanos que actuaron en la película lloraron al verlos.

En Marrakech, Casablanca y Rabat han surgido productoras de cine marroquíes, y puede alquilarse un equipo de iluminación para los rodajes. Miles de marroquíes trabajan ahora no sólo como figurantes, sino como técnicos, ayudantes de producción, directores, diseñadores y actores. La industria está creando posibilidades reales de empleo y contribuye de manera significativa a la economía. Además, el gran número de anuncios televisivos, vídeos musicales y reportajes de moda que se ruedan en el país contribuyen a que Marruecos se convierta en la nueva California.

DERECHA: el clásico de David Lean *Lawrence de Arabia* se filmó en parte en Marruecos.

AGADIR Y EL SUR PROFUNDO

Mapas páginas 308 y 306

Agadir, donde Marruecos más se esfuerza por crear un «lugar de entretenimiento», es el punto de partida para explorar el Antiatlas y toda la línea costera hasta Goulimine, la puerta al Sahara Occidental

La ciudad de **Agadir** ❶ ha cambiado mucho en los últimos años. Se ha extendido mucho y su infraestructura turística se ha vuelto más sofisticada, con hoteles modernos y de mejor calidad, y nuevos restaurantes y discotecas que se inauguran cada día. Esta ciudad reúne las mayores playas de Marruecos y atrae a tantos turistas como el resto del país. Sin embargo, no es un lugar típico marroquí y no destacaría en la Costa del Sol española; no hay ninguna medina ancestral ni monumentos históricos que visitar, ni tampoco la caracteriza la frenética concentración de vida tan propia de las ciudades marroquíes. Pero esto no significa que no sea una ciudad agradable para visitar. Es fácil llegar a ella por su aeropuerto internacional, y es una base ideal para aventurarse en algunos de los paisajes más espectaculares de Marruecos. El centro de la ciudad está limpio y tiene muchos espacios verdes bien cuidados.

La ciudad, en la que predominan los beréberes, alberga una buena universidad que ha sido un instrumento para la recuperación de la cultura amaziah o beréber (*véase pág. 64*). Además, en su Instituto Francés se celebran exposiciones y otros acontecimientos culturales.

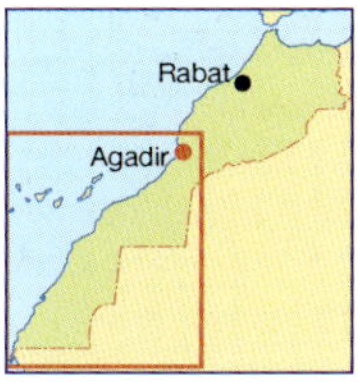

PÁGINAS ANTERIORES: un mar de dunas.
IZQUIERDA: vista de Agadir.
ABAJO: la bahía arenosa y protegida de Agadir es ideal para los niños.

Resurgida de las cenizas

Durante la noche del 29 de febrero de 1960 un terremoto destruyó la ciudad de Agadir. No fue muy fuerte, pero el epicentro tuvo en la casbah de la antigua ciudad un efecto devastador. La ciudad era desde hacía siglos un puerto pesquero y un centro comercial para el valle del Oued Sous, que parte del mar hacia el sur. Pero en la mañana del 1 de marzo, la mayor parte de la ciudad estaba en ruinas: murieron unas 15 000 personas y 20 000 perdieron sus hogares, ya que 3 650 casas quedaron destruidas. Agadir se tuvo que reconstruir por completo.

La Agadir moderna se concibió como un escaparate para un nuevo país. Se construyeron un nuevo puerto, un centro administrativo y un nuevo complejo turístico casi por partes, un proceso que llevó muchos años y que aún continúa. Se abrieron nuevos barrios residenciales fuera de la ciudad y se trazaron nuevas carreteras de acceso, con palmeras que algún día harán sombra a ambos lados de la autovía que une la ciudad con la carretera principal de Marrakech.

La pesca es la mayor industria de la ciudad, de la que se dice es el primer puerto pesquero de Marruecos y el mayor puerto de sardinas del mundo, y hay una corriente continua de camiones españoles de refrigeración que llevan pescado fresco hacia el norte, a los mercados de la península Ibérica. En el mismo puerto hay un puerto deportivo y un buen restaurante, mientras que en una plaza se amontonan pequeños tenderetes en los que, desde el mediodía hasta última hora de la tarde en

verano (media tarde en invierno), pueden degustarse marisco, sardinas a la plancha y *tajines* de pescado a precios accesibles y en un ambiente ajetreado y animado. Los muelles industriales quedan escondidos en el cabo.

NOTA

Si quiere combinar los baños de sol en la playa con una buena lectura, visite la librería Crown English Bookshop (8 Avenue Moulay Abdellah), que también se dedica a la compraventa de libros de segunda mano.

La costa del sol

Para los turistas, la mayor atracción de la ciudad son sus 10 kilómetros de playa ancha y una media de 300 días al año de sol. En verano, Agadir, con temperaturas más frescas que el interior del país, es propensa a las brumas marinas matutinas, mientras que el clima en invierno es a menudo soleado, con temperaturas cercanas a los 20 °C. La playa es enorme y está impecable. A lo largo del paseo marítimo hay hoteles, clubs náuticos, bares, cafés y restaurantes. En el centro de la bahía se encuentra un arrecife de rocas, expuestas cuando baja la marea, que protege gran parte de la playa del Atlántico y hace que sea un lugar seguro para bañarse a casi todas horas (las banderas informan del estado del mar). Las actividades que se ofrecen en la playa incluyen el paracaidismo acuático en la bahía.

En el interior, entre el Boulevard 20 Août y el Boulevard Mohammed V hay un cúmulo de comercios para turistas, restaurantes, hoteles y residencias. Han surgido complejos turísticos similares por toda la playa, sobre todo en el sur, alrededor del club náutico Tikida Beach Club. No son muy marroquíes, ya que se adaptan más al modelo internacional de complejos hoteleros en la costa. Abundan las tabernas y los *pubs*, así como los restaurantes italianos, alemanes y de comida rápida. Los establecimientos asiáticos no son tan corrientes, pero destacan el original bar de jazz Coreen (abierto hasta las 2:00 h) en el extremo norte de la playa, que ofrece sus servicios a los numerosos marineros asiáticos que atracan en Agadir, y el entretenido restaurante japonés Samurai (tel.: 84 03 35, parte del hotel TRYP), donde el cocinero, vestido de samuray, prepara los platos en las mesas.

ABAJO: escondido en un árbol en la medina de Agadir.

Plano página 306

La mejor vista de la ciudad se obtiene desde la **casbah** Ⓐ, en la colina que domina la parte norte de la bahía. Está un poco lejos para ir a pie, pero la carretera bordea la colina, desde la que se tienen excelentes vistas tanto de los puertos pesquero e industrial como de la playa y la ciudad. La casbah es el único monumento histórico que queda en la ciudad, y una inscripción que hay en la entrada en holandés y en árabe informa de que es del siglo XVIII.

Otros lugares de interés de la ciudad son el **Museo de Bert Flint** Ⓑ, situado en los bajos del teatro municipal (abierto de 9:30 a 13:00 h y de 14:30 a 18:00 h; se paga entrada), que expone una excelente colección de joyería, y el **Vallée des Oiseaux** Ⓒ (abierto de miércoles a domingo de 9:30 a 12:00 h, y de 14:30 a 18:00h; los martes de 9:30 a 12:00 h; se paga entrada), un parque zoológico entre Hassan II y Avenue 20 Août, con varias aves y animales en corrales, incluso un grupo de carneros marroquíes, cruce entre una cabra y una oveja. Fuera de la ciudad, en la carretera de Inezgane, se halla la **medina de Agadir**, una casbah nueva pero construida a la manera tradicional, erigida por un arquitecto italiano llamado Coco Polizzi, que alberga no sólo varias tiendas de artesanía, sino también talleres de artesanía tradicionales donde se elabora de todo, desde puertas hasta mosaicos, para los proyectos arquitectónicos de todo el país.

El paracaidismo acuático, uno de los muchos deportes que se pueden practicar en Agadir.

El deporte en Agadir

Además de la playa, hay otras buenas instalaciones para hacer deporte, que incluyen algunos campos de golf excelentes, el Royal (tel.: 63 12 68) y el Dunes, más grande (tel.: 83 46 90), dirigido por el Club Med, pero abierto a los no residentes. El Royal Tennis Club (tel.: 84 01 45) está en Hassan II, en el centro de la ciudad. También hay posibilidades de montar a caballo; en el Royal Equestrian Club (tel.: 22 79 76) puede asistir a clases o hacer excursiones por horas.

ABAJO: en el Vallée des Oiseaux.

En Agadir podrá encontrar una gran cantidad de agencias de viajes, como la Massira Travel (tel.: 84 00 75), que ofrecen excursiones para ir a pescar y al interior. Safari Quads (tel.: 01 38 37 00) es especialista en excursiones de un día en vehículos todoterreno. Si quiere más independencia, puede alquilar un coche o una moto en alguna de las oficinas de Mohammed V o Hassan II.

La reserva natural del Oued Massa, 51 kilómetros al sur de Agadir, es una oportunidad para observar las aves y una fauna salvaje muy diversa. Esta reserva es el hábitat del raro ibis eremita y lleva a cabo un proyecto de cría del orix blanco.

Los alrededores de Agadir

A 12 kilómetros al norte de Agadir hay un desvío señalizado hacia **Imouzzer des Ida Outanane ❷**, un viaje espectacular por el llamado valle del paraíso, un desfiladero con palmeras a los lados y cascadas que acaba en un pueblo muy bien situado, algunas saltos de agua y el encantador Hôtel des Cascades (tel.: 82 60 23). Un poco más allá del desvío a Imouzzer está el pequeño **Tarhazout**, una playa popular entre los surfistas, con su propio cámping. Se rumorea que se va a construir una nueva urbanización de grandes dimensiones en la playa.

Si toda la frivolidad turística de Agadir le deja con ganas de más contacto real con la vida local de la ciudad, visite el centro Foyer Rose du Sud (tel.: 22 74 99), dirigido por la Asociación de Padres y Amigos de Niños con Enfermedades Mentales del Sous. La escuela, financiada completamente con donativos privados, es un proyecto alentador y los niños son encantadores. El director, el señor Essamadi, organizará con gusto una visita a la escuela para quien esté interesado y, por supuesto, aceptará agradecido cualquier donativo.

El sur de Agadir

Cuando se sale de Agadir hacia el sur, el Marruecos real se agolpa en torno a la carretera. Los primeros kilómetros todavía forman parte del estuario del Oued Sous, un terreno plano y fértil con árboles a los lados de la carretera, y donde los pueblos

ABAJO: Tafraoute.

son líneas de pequeñas tiendas apiñadas en pasajes y los artesanos del metal trabajan junto a los carniceros. La carretera llega a la ciudad de **Inezgane**, el mercado de fruta y verdura más importante del sur de Marruecos, y se divide en tres en el centro de **Ait Melloul**. Una asciende siguiendo el curso del río Sous, al oeste de Taroudannt y el Gran Atlas; otra conduce al sur, hacia Tiznit; y la tercera atraviesa las montañas hacia Tafraoute. Un triángulo de carreteras une Ait Melloul y Tiznit con Tafraoute, y la manera más rápida de llegar a los valles que rodean Tafraoute es seguir la carretera que va a Tiznit, más ancha y recta. Ésa es la que siguen las excursiones en autocar, pero si tiene coche y suficiente temple, vale la pena seguir la carretera estrecha. Ambas rutas atraviesan las montañas, pero llegará más rápido si sigue la ruta norte. El camino está lleno de sorpresas, como la curiosa vista de la ciudad de **Ait Bahia**, un cúmulo desordenado de edificios bajos blancos, la mayoría modernos, invisibles hasta que llega a lo alto de la montaña.

Otros pueblos más antiguos ocupan las laderas, se apiñan en lo alto de montículos y lomas, y la mayoría tienen muros del color de la montaña. Las pendientes son escarpadas, con terrazas de cultivo que aran asnos guiados por mujeres vestidas de negro. Los afloramientos rojo ocre en los picos parecen la continuación del refuerzo de los muros de contención de las terrazas, tal es la armonía entre las inmutables costumbres de los habitantes de la región y la sombría majestuosidad de las montañas.

Mapa página 308

Nunca salió nada del Sous, salvo aceite, mentiras y langostas.
BALADA MARROQUÍ

Las rocas de Tafraoute

El paisaje alrededor de **Tafraoute** ❸ es sorprendente. De la desmenuzada arenisca surge un impresionante pico de granito rosa, violeta a la sombra, el Jebel Lekst. A sus pies, una exuberante serie de palmerales, miles de palmeras diseminadas en el Vallée des Ameln, tras las que se esconden pueblos del color de la tierra: ámbar, rosa, rojo y amarillo ocre. En el fondo, el granito aparece como una serie de cascadas, géise-

ABAJO: Oumesnat, un pueblo cerca de Tafraoute.

res que se solidifican al caer. Esta remota zona es próspera, en parte debido a la fertilidad de sus tierras, pero sobre todo porque la mayoría de los hombres viajan a las ciudades en busca de fortuna. Los ejecutivos de Tafraoute son de los que más éxito tienen en todo Marruecos. Mandan dinero a la familia y construyen casas enormes al estilo de las urbanizaciones para pasar la jubilación.

Docenas de pueblos se amontonan en torno a Tafraoute. Es más divertido explorarlos que ir a la ciudad, cuya plaza principal tiene varias tiendas de recuerdos y la casbah de imitación que es el Hôtel les Amandiers («las almendras», una alusión a la flor de almendra que inunda la zona de Tafraoute a principios de primavera). Los primeros pueblos que se encontrará son **Oumesnat**, al noroeste de Tafraoute, **Agard Oudad**, al sur, y **Adai** al sudoeste.

Por la carretera de Tiznit, en las afueras de la ciudad, hay enormes rocas de granito erosionadas con extrañas y retorcidas formas que contrastan con las rígidas líneas rectas de las palmeras. A la izquierda hay una señal que indica el camino hacia «Les Roches Bleus», rocas enormes pintadas por el artista belga Jean Veran. Le guste o no el estilo, es un lugar precioso para explorar o acampar una noche. La grandeza de las montañas y el estilo de vida milenario son tan impresionantes aquí como en la ruta del norte. A principios de primavera las laderas están cubiertas de la flor del almendro, pero una vez sale de las montañas, hay un largo tramo que cubrir de Presahara antes de alcanzar Tiznit.

Mujeres de Tiznit, bien protegidas de los elementos naturales y de los ojos curiosos.

Ciudad amurallada

Los 6 kilómetros de muralla alrededor de **Tiznit ❹** parecen más sólidos que otras fortificaciones, y es lógico porque sólo tienen cien años. La plaza que hay justo en el interior de los muros es el zoco de los joyeros (*Souk des bijoutiers*). A poca distancia del *mechouar* (plaza principal) agrupados en torno a un patio, los joyeros

ABAJO: venta de joyas de plata en Tiznit.

elaboran delicadas filigranas de plata en espadas y puñales, así como pesados brazaletes y collares beréberes. También vale la pena ver el minarete de la Gran Mezquita, con sus curiosas perchas de madera, que también se encuentran en la ciudad meridional del Sahara, Agdz, en Nigeria.

Las murallas de Tiznit están elaboradas con adobe, con tierra compacta de color marrón anaranjado, como casi todas las murallas del Presahara y las montañas del Antiatlas, que surgen de manera abrupta de la llanura. El otro aspecto famoso de Tiznit es su cámping municipal, extramuros, que sin duda es uno de los que mejor funcionan en el país.

Mapa página 308

Terreno desértico

Los abruptos valles dividen las montañas cubiertas de mantos verdes que desde lejos parecen suaves, pero que, al verlas más de cerca, son una masa de rocas encopetadas y cactus bajos. Las higueras de Berbería (con higos chumbos) y los árboles de argán bajos crecen en suelo más profundo. El argán, *Argania spinosa*, es único, sólo crece en la costa litoral del sudoeste de Marruecos. Produce un fruto parecido a la oliva, que se prensa para obtener aceite. A las cabras también les gustan estos árboles, y es frecuente verlas entre las ramas, ramoneando las hojas.

Bajo la tortuosa carretera de montaña, que desciende de manera abrupta, el paisaje se vuelve más desértico. Aquí empieza el Presahara. Vastos espacios abiertos con montañas arremolinadas, como dunas de arena congeladas; otras, más oscuras, parecen un lienzo marrón claro cubierto de pinceladas rápidas con toques de pintura verde oscuro. La inmensa extensión de estos paisajes puede ser aterradora, no hay ningún punto humano de referencia. La apariencia abrupta de una línea de pilones podría dar al paisaje el aspecto de una tierra yerma industrial, pero no lo es; se trata tan sólo de un desierto.

Hoy en día el árbol de argán, que es una reliquia prehistórica de un período geológico anterior, está amenazado de extinción y es el protagonista de una campaña de protección financiada por una agencia gubernamental alemana.

ABAJO: una cabra ramonea las hojas de un árbol de argán.

ACEITE DE ARGÁN

El argán, llamado también olivo de Marruecos, es un árbol peculiar de este país, de hojas siempre verdes y de aspecto similar al olivo. Los huesos de los frutos del argán, que tienen el tamaño de una aceituna gruesa, constituyen la base del aceite tradicional. Para producir un litro de aceite de argán, que probablemente sea el proceso de extracción más intensivo que existe, se necesitan 30 kilos de frutos y 8 horas de trabajo manual. Este trabajo lo realizan exclusivamente mujeres.

Los frutos se cosechan durante los meses estivales, cuando ya están secos por el sol, y se almacenan. Luego se extrae la pulpa seca del fruto para utilizarla como pienso para animales y los huesos se abren para extraer la semilla que se halla en su interior. Ésta pasa por un proceso de tostado y finalmente se muele en un molinillo de piedra manual. Los restos de la semilla molida se utilizan para la alimentación animal de calidad. El aceite que se extrae no sólo se usa en la cocina, sino que también tiene aplicaciones medicinales: puede utilizarse para aliviar los dolores de estómago, para la piel, los problemas cardíacos, circulatorios e incluso de infertilidad. Contiene vitamina E y tiene un sabor peculiar a pimienta. En Occidente está ganando popularidad como producto cosmético.

El aceite de argán se vende por toda la región, solo o incluso mezclado con almendra molida (una especie de mantequilla de cacahuete marroquí llamada *amalou*) y seguramente verá que lo venden junto a las carreteras. Sin embargo, debido a su gran valor, es difícil poder garantizar que el aceite que haya comprado sea puro y que no haya sido mezclado con aceite de oliva o de otro tipo.

Un hombre vestido de azul, aunque no necesariamente un hombre azul *(*véase «Conozca a los hombres azules», página 319).

ABAJO: reunión del clan.

Como alternativa al viaje directo a Goulimine, una carretera secundaria se dirige en dirección oeste hacia la costa y llega primero a **Mirleft**, una pequeña aldea situada detrás de numerosas playas, la más impresionante de las cuales es **Sidi Mohammed**, una pequeña bahía dominada por rocas erosionadas con cuevas y arcos naturales. Junto a la playa se halla el Hôtel de la Plage (tel.: 08 71 90 56), regentado por unos italianos, que ofrece el alojamiento más agradable que pueda encontrar en Tiznit o Goulimine. Alessandra y Michele también dirigen su propia agencia de excursionismo y aventura, Cobratours (tel.: 08 71 91 05), desde el hotel, que ofrece excursiones por la costa y el Atlas, así como viajes al desierto y al sur.

Sidi Ifni

La carretera continúa hacia el sur, siempre sin abandonar la costa y por la parte alta de las montañas hasta que llega a **Sidi Ifni** ❺, un enclave español hasta 1969. Ifni es un lugar extraordinario, repleto de arquitectura colonial con algo de encanto en decadencia, como si se hubiera detenido el tiempo. El centro de la ciudad es la antigua Plaza España, dominada por las ruinas de la mansión del gobernador. En la parte de la costa, junto a la antigua iglesia, está el Hôtel Belle Vue, con vistas espectaculares sobre el Atlántico. Desde la plaza, unas prácticas escaleras llevan al Hôtel Ait Bamrane y la playa llena de surfistas. Más allá, en el mar, están los restos de una torre teleférica que los españoles utilizaban para transportar productos a la ciudad desde un anclaje seguro en el agua profunda, en los días en que la ciudad estaba bloqueada por los marroquíes. Al otro lado del río está el morabito donde se celebra el *moussem* local en verano.

Desde Sidi Ifni, la carretera pasa a través de las colinas de árboles de argán hasta Goulimine. Unos kilómetros antes de la ciudad, una pista de 20 kilómetros lleva al impresionante **Fort Bou Jerif**, antes un puesto de la Legión Extranjera y ahora un

cómodo *auberge* y cámping que se ha convertido en la parada principal para los viajeros en coche por la carretera meridional. Lo dirigen una pareja francesa con disciplina militar, está bien señalizado y hay pocas posibilidades de perderse entre las pistas polvorientas que llevan a él. Muy cerca vive un intrigante alemán que se ha convertido en un experto encantador de serpientes y tiene una curiosa colección de serpientes venenosas.

Más allá, siguiendo el Oued Noun, están las ruinas de un fuerte portugués del siglo XIV y una pista que da a la costa en Foum Assaka, el inicio de la impresionante **Plage Blanche**, una enorme serie de playas blancas y dunas que van hasta la desembocadura del Oued Draa. Otro acceso más difícil a la zona de las dunas es el de **Aoreora** por una pista de 72 kilómetros al sur de Goulimine.

La ciudad de **Goulimine** ❻ (algunas señales indican Guelmim), a pesar de su reputación romántica de desierto, tiene poco de interesante. Es sobre todo un centro administrativo, y es más famoso por ser territorio de camellos y por su ajetreada feria de ganado de los sábados por la mañana. Aunque tiene fama de ser un buen sitio para ver a los hombres azules (*véase pág. 319*), es realmente un lugar en el que los granjeros locales se mezclan con vendedores menos rústicos ataviados con sus trajes de hombres azules.

La ciudad también está cerca de un grupo de oasis, y no tendrá ningún problema para encontrar a alguien que le lleve a uno o a todos. Su guía seguramente le ofrecerá presentarle a un hombre azul, o a un nómada, y si de verdad tiene suerte, podría adquirir algunas alfombras y joyas. Por supuesto, lo que se crea, a quién conozca y lo que compre depende de usted. Incluso si se siente presionado, hay un ambiente cordial en Goulimine, sobre todo si se aloja aquí. El único hotel con categoría es el Salam, que es sencillo pero tiene duchas en algunas habitaciones y dispone de restaurante y bar propios. El comedor está un poco lleno de moscas, las habitaciones

Mapa página 308

En Goulimine se celebra un mercado de camellos y ganado los sábados por la mañana.

ABAJO: la recolección del dátil.

dan a un patio superior con murales escabrosos, pero hay tan poco que hacer aquí que enseguida hará amigos y pasará horas hablando.

Tan Tan y Tarfaya

En la carretera del sur, las caravanas ocasionales de monstruosos camiones que llevan a la ciudad burguesa de El Aaiún y las guarniciones de Ad-Dakhla hacen que los coches que se topan de cara tengan que apartarse de la calzada. Las montañas con las cimas planas que rodean Tan Tan parecen tan frágiles como un castillo de arena. **Tan Tan** ❼ está formada de edificios color crema, ese color que los profesionales de la pintura llaman «Sahara». La cúpula turquesa de una mezquita se yergue visible desde los límites de la cuenca en la que está situada la ciudad. Hay un aire militar en todo el lugar: muchas banderas, hombres uniformados y miembros de la guarnición. Hay algunos hoteles, pero ninguno interesante. El mar está a 25 kilómetros, en **Tan Tan Plage**, donde una casa aislada hace las veces de puerto de sardinas (un complejo privado y vigilado) y de agradable complejo turístico. Hay pequeños apartamentos junto al mar de estilo morisco moderno, que estarían mejor ubicados junto al Mediterráneo. El viento trae la cremosa espuma del Atlántico antes de que arremeta contra una creciente playa de arena y grandes rocas. Durante la semana el único movimiento son los chicos que pescan mejillones entre las rocas.

El Aaiún fue el escenario de unas manifestaciones en las que se ejerció una represión brutal en 1999, que provocó la caída del ministro del Interior marroquí, Driss Basri, al que Muhammad VI destituyó después de más de veinte años en el cargo con Hasán II.

Es una ruta emocionante, donde el desierto se encuentra con el mar y la tortuosa carretera asfaltada se pasea por la costa, a veces llena de arena transportada por las ráfagas de viento. Entre Tan Tan y Tarfaya, la meseta acaba de repente para dar paso a riscos irregulares. Las mariposas revolotean en el límite de la tierra roja, mientras que el oleaje atlántico ennegrece las rocas inferiores.

Algunos grupos de gaviotas se congregan en ciertos tramos de la carretera. Junto a ella hay Land Rovers con redes y cañas de pescar como antenas gigantes, y los pes-

ABAJO: izando la bandera el 6 de noviembre en El Aaiún.

LA MARCHA VERDE

La razón de que haya tantos camiones militares y tropas desde Tan Tan hacia el sur es meramente política. Fue desde Tan Tan cuando en noviembre de 1975 el rey Hasán II dirigió la Marcha Verde: 350 000 marroquíes, fundamentalmente civiles sin armas, que ondeaban banderas y ejemplares del Corán, iniciaron una marcha pacífica a pie hasta la frontera de Río de Oro para reclamar la soberanía de Marruecos sobre el territorio del Sahara Occidental, entonces bajo soberanía española (*véase pág. 47*).

El aniversario de la Marcha Verde *(Marche Verte)* se celebra con toda solemnidad como una fiesta nacional cada 6 de noviembre; carteles, postales e incluso la vajilla del Hôtel Massira de El Aaiún conmemoran este acontecimiento reivindicativo con los colores verde y rojo de la bandera marroquí. Marruecos está obligado por el alto el fuego declarado por las Naciones Unidas a limitar su ejército en el sur a 140 000 hombres.

Hay que admitir que hoy en día, las consecuencias para los viajeros son pocas y no demasiado molestas. Es posible que la Gendarmerie Royale le pare en algún sitio en Tan Tan, donde los puestos de control blancos de la carretera son tan austeros como celdas, y la bandera marroquí que ondea en un mástil es el único sonido que se puede percibir con claridad mientras un gendarme apunta su nombre, dirección, matrícula del coche, estado civil y los nombres de sus padres. Esta parafernalia resulta, sin duda, mucho más frecuente si se dirige hacia el sur; si la dirección que emprende en su visita es la del norte, en cambio, es más probable que sólo lo miren de pasada.

cadores que las lanzan desde los riscos. En ocasiones, la carretera desciende hasta un valle de agua salada, una parte del mar interior, una parte de un río o un lago salado, no se sabe muy bien cuál de los tres. Por todas partes encontrará cafeterías del desierto pintadas de verde, blanco o amarillo, cabinas de un piso de hormigón cuyos colores alegres parecen subrayar su soledad.

En la pequeña localidad de **Sidi Akhfennir** ❽ a 100 kilómetros de Tarfaya, en la base de una tierra salpicada de cuevas se han establecido una serie de cafeterías donde sirven pescado fresco. Es una gasolinera muy útil, puede confiar en conseguir gasolina cada 100 kilómetros desde Tan Tan hasta El Aaiún, pero no puede confiar en que hablarán francés o inglés, así que tendrá que aprender las palabras árabes para decir agua, por favor y gracias (*véase la Guía práctica*). En el Caidat de Sidi Akhfennir puede obtener el permiso para visitar el más destacado de los estuarios que dividen en dos la ruta del sur. Khan N'fiss es una reserva natural y una fantástica zona de acampada por libre. El estuario es enorme, repleto de marismas de color verde esmeralda y dunas de un blanco sedoso; está poblado por algunos pescadores, superados en número por los grupos de flamencos, cormoranes e incluso águilas pescadoras. Más allá de las dunas, en la orilla del norte, hay una vasta playa, salvaje, remota, salpicada de los diversos desechos que el Atlántico arrastra hasta la orilla, donde encontrará gaviotas y algunas garzas. Las llanuras secas y áridas alternan con dunas que se mueven, que parecen, para nuestra decepción, tan acogedoras como cualquier lugar en la costa.

El viaje hacia el sur es muy tranquilo. Ver otros vehículos se convierte en todo un acontecimiento, pero no son tan bienvenidos los baches que, por otra parte, quedan bien disimulados en el firme. Al norte del pequeño puerto de Tarfaya, de influencia española, los restos de barcos abandonados y los grandes barcos pesqueros medio enterrados justo junto a la orilla contribuyen a dar (o resaltar) ese aire terrorífico que

Mapa página 308

La zona marítima próxima al Sahara Occidental es una de las zonas de pesca más ricas del mundo.

ABAJO: saharauis.

NOTA

Los grupos de langostas son un peligro en este tramo de la carretera. Son como nubes de humo rosa cuando se mueven y como una alfombra rosa mientras se regocijan en la carretera. Si choca contra varias, detenga el coche en el arcén y retírelas del motor y de la rejilla de ventilación con un palo tan pronto como el enjambre se haya ido.

ABAJO: casas de Tarfaya.

caracteriza al lugar. Son demasiado recientes para que parezcan naufragios, y algunos parecen sólo descansar, pero están completamente inertes. Las autoridades locales han instalado una placa que ayuda a identificar cada uno de los naufragios y la fecha en que llegaron allí.

Tarfaya ❾ ha perdido gran parte de su comercio desde que la carretera que se dirige al sur no pasa por el puerto. Sin embargo, vale la pena visitarla, ya que tiene una intrigante historia y un cierto encanto. Su fundación se debe a un escocés decidido pero excéntrico, llamado Mackenzie, que estableció un puesto comercial a mediados del siglo XIX. Mackenzie construyó algo parecido a un fuerte en una diminuta isla rocosa a la que inevitablemente llamó Port Victoria. La vendió al sultán Muley Hasán por una gran suma de dinero, aunque no sin antes intentar llegar a un consenso para construir un canal transahariano.

El puerto ocupó los titulares de los periódicos durante la Segunda Guerra Mundial, cuando los españoles capturaron un submarino alemán que descargaba armas para el Sultán Azul en su lucha con los colonialistas. Esto llevó a los españoles a ocupar el lugar como Villa Bens. Los militares marroquíes les quitaron los edificios de su guarnición, pero todavía queda un teatro abandonado junto a una pequeña plaza. Hoy en día Tarfaya es un pequeño puerto pesquero y administrativo, que también exporta arena para las playas de las islas Canarias, que, de otra forma, serían rocosas. Si piensa alojarse en Tarfaya, la oferta de alojamiento es muy reducida y sencilla, aunque podrá encontrar algunos cafés donde degustar la cocina tradicional de la zona.

Ciudad del desierto

La animación, el tamaño y la modernidad de **El Aaiún** (Laayoune) ❿ constituyen un choque para los sentidos después de la austeridad del desierto. Al pasar por dos puestos de control policial y una enorme verja adornada y cruzar el puente de la Mar-

cha Verde, uno se da cuenta de que El Aaiún se trazó como una ciudad del desierto. Desde la Marcha Verde y la visita del rey Hasán 10 años más tarde, se han invertido mucho dinero y energías en hacer de la ciudad un emblema de los beneficios que Marruecos puede aportar a la gente del Sahara. Se han construido un aeropuerto y un hospital, y los edificios públicos y civiles son del estilo del lugar: casas con cúpulas en los tejados y un juzgado que parece un fuerte del desierto. No hay medina, y la enorme plaza moderna, la **Place de l'Allegeance**, no está a la altura de las circunstancias. En realidad, la vida de El Aaiún gira en torno a las calles con comercios y mercados en los que se venden productos básicos y ganado. Para los visitantes, la mejor cara de El Aaiún es el Hôtel Parador, un castillo que encierra varios patios exuberantes, pequeños estanques y una piscina, con decoración árabe y enrejados por doquier. La alternativa es el Hôtel Massira, ocupado en su totalidad por grupos o por funcionarios de la ONU para organizar el referéndum del Sahara que parece que nunca se va a celebrar. En estos dos hoteles se sirve alcohol, pero el resto de la ciudad no, a parte del Hôtel Nagir, más bien sombrío, y la base de la ONU MINURSO. Sin embargo, los dos mejores restaurantes de la ciudad, el Poissonière y el Restaurant Phillippe, permiten que sus clientes lleven sus propias botellas de vino, siempre que, por supuesto, se hayan acordado de comprarlas antes de salir de Agadir, el sitio más cercano donde conseguirlas.

Entre los pocos lugares que ofrecen interés como destino turístico cabe mencionar la Colline aux Oiseaux, un pequeño aviario en el que es posible observar varias especies ornitológicas, y los talleres abovedados del Ensemble Artisanal, donde puede verse trabajar a los plateros. Se están llevando a cabo grandes planes para desarrollar el turismo en el Sahara, pero todavía falta mucho. Los viajes al mar de arena, una zona de dunas movedizas, son fáciles de organizar, y a veces se realizan con muestras del folclore, carreras de camellos y *kebab* de dromedario. Los que visitan

Mapa página 308

Las minas de fosfato, una de las principales industrias del sur, están ahora en declive por la caída de los precios del fosfato en todo el mundo.

ABAJO: encallado al norte de Tarfaya.

Mapa página 308

con regularidad la provincia son la comunidad expatriada de las cercanas islas Canarias, que utilizan los vuelos regulares a El Aaiún como una manera fácil de cumplir con las leyes de inmigración españolas. La **Laayoune Plage**, una playa situada a 20 kilómetros al oeste, es atractiva sobre todo porque está desierta. La ciudad también tiene un gran puerto pesquero, muy visitado por las flotas pesqueras extranjeras. Un viaje a El Aaiún puede ser fascinante, pero más el viaje que la visita en sí.

Minas de fosfato

Una carretera recorre el profundo *ouadi*, **Saguia el-Hamra**, por el interior de El Aaiún antes de cortar el inhóspito desierto, pasadas las antiguas defensas de tierra construidas por el ejército marroquí contra el Frente Polisario, hacia **Smara** y **Boukra**, que en su momento fue la mina de fosfato más grande del mundo. A medio camino, la carretera pasa por la triste cinta transportadora de Boucraa, que transporta el fosfato, que ya no resulta económico, a lo largo de más de 100 kilómetros por el suelo rocoso desde la mina hasta muelles de carga en la costa cerca del puerto de El Aaiún. Ahora, una cinta transportadora de Australia la ha desbancado como la más grande del mundo.

La mina se encuentra al pasar un desvío antes de llegar a Smara. Si va hacia la mina, verá un sorprendente oasis verde y un agradable club abierto por los ingenieros, que sirve comida muy buena hecha con los vegetales que crecen en sus propios jardines. La mina es un enorme agujero abierto, rodeado de desperdicios.

Hoy en día Smara es sobre todo una guarnición militar, pero antes fue el centro del imperio del desierto de Sheik Ma el-Ainin, un héroe de la resistencia marroquí contra Francia y padre de al-Hiba, el Sultán Azul. En la actualidad queda poco de la ciudad de Ma el-Ainin, que fue construida en una de las rutas de caravanas del Sahara, excepto la mezquita y algunos muros sin techo y de piedra negra, pero antes fue una increíble fortaleza construida con la ayuda de los artesanos del norte de Marruecos. Las fuerzas francesas la saquearon en 1913 y los españoles la ocuparon en 1934, como atestiguan las barracas tipo colmena que todavía se utilizan. Si ya está un poco cansado del desierto, la P-44, que une Smara y Tan Tan es una alternativa a la carretera de la costa. Asegúrese de llenar el depósito porque la única gasolinera que hay en el camino a menudo carece de gasolina.

Abajo: leyendo el Corán en una mezquita de Smara.

Un rincón remoto

Tras dejar atrás El Aaiún, el viaje hacia Ad-Dakhla es de 500 kilómetros a través del desierto casi inhabitado. La carretera pasa por **Boujdour**, en la costa, 89 kilómetros al sur de El Aaiún. En este punto todavía queda bastante hasta **Ad-Dakhla** ⓫ y nada más ver a otro ser humano parece ya una metrópoli, aunque sus pequeños cafés y hoteles tienen poco que ofrecer a quien busque comodidad o vida nocturna.

Ad-Dakhla, que se encuentra justo al norte del trópico de Cáncer, fue fundada por los españoles en el año 1844. La antigua iglesia y plaza españolas, como las de El Aaiún, proporcionan un aspecto cultural a un todo dominado por la guarnición. La principal atracción de este lugar es la gran cantidad de lagunas y playas fantásticas, increíbles lugares para bucear y, en la época adecuada del año, para ver ballenas y morsas. Ad-Dakhla es también la última parada para la caravana que organiza la policía dos veces a la semana con dirección a Mauritania, cuando la frontera no está cerrada.

Conozca a los hombres azules

En cualquier viaje al sur de Agadir puede encontrarse con un *homme bleu*, un hombre azul del Sahara, uno de esos románticos nómadas del desierto que aparecen en las películas épicas de Hollywood como aristócratas con turbante azul montados en camellos blancos. Fue un hombre azul el que salvó a Kit (interpretada por la actriz Debra Winger) y la llevó a la locura del desierto en la película *El cielo protector* (1990), de Bertolucci.

Es posible que llegue a pensar que ha conocido a un hombre azul, aunque en realidad sea probablemente un impostor. El sur de Marruecos sólo acaricia el Sahara, un desierto que abarca toda la amplitud de África, pero los marroquíes lo aprovechan, sobre todo cuando hay que satisfacer a los turistas. En la ciudad de Goulimine, uno de los sitios donde según la tradición iban los hombres azules a vender camellos, se organizan salidas en autocar los sábados desde Agadir con la promesa de ver a estos nómadas en el mercado de camellos. La mayoría de los comerciantes no son en realidad hombres azules, sino ciudadanos que intentan ganarse unos dirhams.

Los nómadas del desierto que todavía actúan como tales se encuentran más al sur y al este. A los hombres azules de verdad, aunque atraviesan por malos momentos, no les interesa entretener a los turistas, y su orgullo es legendario. Wyndham Lewis, que visitó la región y relató sus aventuras en el libro *Filibusteros en Berbería* (*Filibusters in Barbary*), publicado en 1932, dijo: «Uno debe mirarle a los pies. Una mirada baja, fija en los pies sucios y azules de estos hombres, no atraerá una bala».

Los auténticos hombres azules pertenecen a una de las tribus de los tuareg, que se extienden por toda Mauritania, el Sahara Occidental, el sur de Argelia y el sudoeste de Libia. Son muy altos, de porte majestuoso realzado por las ropas al viento y sus pañuelos en la cabeza sobre la nariz y la barbilla para protegerse del viento cargado de arena.

Según la tradición, es el tinte de sus ropas lo que empapa la piel de color añil. En el siglo XV, un mercader de ropa escocés muy emprendedor viajó a Agadir e introdujo un tipo de algodón azul oscuro que era muy admirado. Su principal atractivo era el hecho de que el tinte pasara a la piel. Antes de comprar, el cliente probaba la ropa entre el dedo gordo húmedo y el índice para comprobar que el tinte traspasaba bien.

A los tuareg se les asocia con una herencia intelectual muy rica, y su poesía y literatura son muy valoradas. Las mujeres son conocidas por el *guedra*, una danza erótica que se baila de rodillas. Es bastante probable que los espectáculos organizados para los occidentales sean más descafeinados, pero antiguamente se asociaba el *guedra* con las prostitutas.

A pesar de estos vestigios de su cultura, el estilo de vida tradicional de los nómadas ha evolucionado con rapidez debido a la mejora en los medios de transporte en el Sahara, la ruptura con la estructura social establecida y las severas sequías que han destrozado muchas de las zonas tradicionales de pasto de sus cabras. Muchos nómadas se han reunido en las ciudades, donde realizan trabajos temporales, han abandonado su cultura y llevan una vida sedentaria. Los gobiernos magrebíes tienen problemas más importantes que la protección de las minorías en peligro. Los hombres azules del Sahara han tenido que ser prácticos para sobrevivir.

DERECHA: un hombre azul.

Guía práctica

GUIAS OCEANO

SUMARIO

Familiarizarse

Planificar el viaje

Consejos prácticos

Desplazarse

Dónde alojarse

Dónde comer

Atracciones

Vida nocturna

De compras

Deportes

Idioma

Lecturas adicionales

Familiarizarse

Datos locales

Superficie: 710 850 km^2, incluido el Sahara Occidental.
Población: 29 millones.
Idiomas: árabe, beréber y francés.
Religión: musulmana, con un pequeño porcentaje de judíos y cristianos.
Huso horario: franja horaria del meridiano de Greenwich.
Moneda: dirham.
Pesos y medidas: sistema métrico.
Código telefónico: 00 212.

Geografía

El norte de Marruecos es un anfiteatro natural donde las montañas del Rif (al norte) y del Atlas (al sur y al este) cercan la cuenca del río Sebou y la meseta que llega hasta el sur de Essaouira. La cuenca del Sebou y la meseta son las zonas más fértiles; en la planicie atlántica y los valles bajos del Sebou se cultivan cereales y viñedos; las altiplanicies que bordean el extremo de la meseta están cubiertas de bosque y zonas de pastoreo. Las cuencas de los ríos y las planicies costeras han sido el asentamiento natural de las ciudades del norte de Marruecos: los puertos de Casablanca y Rabat; Marrakech entre la meseta y las montañas del Atlas, y Fez y Meknés en las fértiles tierras del sur del Sebou.

La vertiente septentrional de las montañas del Rif desciende de manera abrupta hacia el Mediterráneo, mientras que las vertientes meridional y occidental se dirigen con menor violencia hacia el Sebou. Los campos y las plantaciones de olivo rodean los pequeños pueblos de piedra: las únicas ciudades de diferentes dimensiones son los centros industriales y turísticos de la costa mediterránea (Tánger, Tetuán, Al Hoceima), o las situadas a los pies de las colinas (como la «ciudad-mercado» Xauen). A lo largo de las montañas del Rif se cultiva el hachís, cuyo comercio (ilegal) se

Tabla climática

MES		E	F	M	A	M	J	J	A	S	O	N	D
Agadir	Temp.	20	21	23	23	24	25	27	27	27	26	24	21
	Lluvia	55	33	22	17	7	<1	<1	1	8	14	35	47
	Sol	7,7	8,2	9,3	9,9	10,0	9,6	9,4	8,7	8,6	7,9	7,6	7,2
Casablanca	Temp.	17	18	20	21	22	24	26	26	26	24	21	18
	Lluvia	78	61	54	37	20	3	<1	1	6	28	58	94
	Sol	5,2	6,3	7,3	9,0	9,4	9,7	10,2	9,7	9,1	7,4	5,7	5,3
Fez	Temp.	15	18	20	22	26	31	36	36	32	26	20	16
	Lluvia	80	72	71	64	37	12	1	3	15	36	61	85
	Sol	5,0	6,6	7,1	8,1	8,5	10,0	11,3	10,5	8,6	7,4	5,6	4,3
Marrakech	Temp.	18	20	23	25	29	33	38	37	33	28	23	19
	Lluvia	29	31	31	33	20	8	2	3	10	17	27	34
	Sol	7,0	7,3	8,2	9,1	9,3	10,7	11,5	10,6	9,7	8,0	7,1	6,7
Melilla	Temp.	17	18	19	21	23	26	29	29	27	24	20	18
	Lluvia	52	30	28	28	38	8	1	1	11	27	33	66
	Sol	5,1	5,5	6,0	6,8	7,9	8,7	9,1	9,4	6,2	5,9	5,0	4,9
Ouarzazate	Temp.	17	19	23	26	30	35	39	40	35	27	21	17
	Lluvia	8	5	15	7	6	5	2	10	21	20	17	19
	Sol	7,4	8,6	9,5	10,2	10,9	11,6	10,0	8,9	8,9	8,4	7,7	7,1
Tarfaya	Temp.	20	20	21	21	22	22	23	23	24	23	23	21
	Lluvia	9	5	3	1	<1	<1	<1	<1	6	1	15	10
	Sol	6,6	6,9	7,7	8,5	7,9	7,8	6,5	7,0	7,2	7,1	5,9	6,6

Clave:
Temperatura: máxima media diaria (°C)
Horas de luz solar: media de horas al día
Lluvia: precipitaciones medias mensuales (mm)
Fuente: Oficina de estadística meteorológica

Población

El pueblo original marroquí es el beréber, en su mayor parte tribus nómadas conocidas por su ferocidad. Sin embargo, se cree que el nombre beréber en sí procede de una palabra árabe utilizada para denominar a los no árabes, y desde finales del siglo VII d.C., árabes y beréberes han compartido el territorio y han asumido el poder de manera alternativa hasta la colonización europea. En tiempos conflictivos, los beréberes se replegaron en fortalezas del Rif y el Gran Atlas, donde siempre han sido sus propios amos y que hoy en día es en su mayor parte beréber. La población árabe se concentra en la actualidad en el norte y en las ciudades. En las montañas y las zonas rurales todavía se hablan tres lenguas beréberes, y las noticias nacionales se emiten en beréber a ciertas horas del día. Los años de mestizaje entre árabes y beréberes han desdibujado tal división.

La población de Marruecos supera los 29 millones de habitantes, según fuentes oficiales, de los que el noventa por ciento habita en el norte, en la franja comprendida entre Tiznit y Oujda.

El crecimiento en los últimos decenios ha sido notable: de 6,5 millones en 1935 a 12,5 millones en 1964, y hoy en día más del doble. Se trata de una población joven; se dice que cuatro de cada diez marroquíes tienen menos de 15 años.

centra en Ketama, en el interior de Al Hoceima.

Las montañas del Atlas se extienden de sudoeste a noreste. El Atlas Medio (de más de 3 000 m de altura) es en parte abrupto y en parte de líneas más suaves, húmedo y verde con bosques de robles y enormes cedros. Las altiplanicies occidentales presentan un aspecto volcánico. Parte de la población predominante beréber del Atlas es todavía nómada.

La enorme cadena del Gran Atlas (que alcanza los 4 167 m en su punto más alto, el Toubqal) se extiende 761 kilómetros, prácticamente a lo largo de todo Marruecos. Las cimas de granito y piedra caliza, nevadas hasta junio, contrastan con los pueblos *pisé*, los estrechos bancales en el campo y los campos de un verde brillante al oeste del paso Tizi N-Tichka. Más al este, las cabras cubren las laderas de las montañas.

Una falla recorre el espacio entre Agadir y Figuig, y divide las cadenas del Antiatlas y el Gran Atlas. Al principio sigue el valle del río Sous, cuya cuenca está repleta de matorrales, excepto la parte baja del valle entre Taroudannt y Agadir, donde se cultivan frutos tempranos. Al sur se halla la protuberancia precámbrica del Antiatlas. Los arganes y las pequeñas parcelas de tierra florecen en las laderas de la vertiente occidental hacia el mar. De nuevo al sur y al este, el paisaje es desértico y de vez en cuando aparecen, como oasis, los valles de los ríos. El Presahara, azotado por vientos de polvo, está formado por vastas mesetas de roca desnuda, salpicadas por pequeñas colinas o dunas deslizables. El Sahara aún sería menos acogedor si no fuera por la sucesión de oasis. Las que en un tiempo fueron cuencas fluviales, ahora son surcos desecados por los años, excepto cuando se produce alguna tormenta en el desierto. Los hilos de agua son más comunes hacia la brumosa costa de playas y acantilados.

El extremo nororiental del paisaje lo conforman principalmente mesetas de 1 000 metros o más de altura. En su mayor parte, son demasiado secas para el cultivo, incluso los valles del río Moulouya, que fluye desde el Atlas y al este del Rif, sólo proporcionan una pequeña y estrecha franja apta para el cultivo. La riqueza de la región, cuyo mayor exponente es la ciudad de Oujda, se encuentra en la costa mediterránea, irrigada y con embalses, donde la climatología permite pequeñas zonas para la agricultura y la jardinería.

Husos horarios

Marruecos se halla en la franja horaria del meridiano de Greenwich y no se realizan cambios horarios; cuando es mediodía en Marruecos, son las 11:00 h en Madrid, las 5:00 h en México y las 8:00 h en Argentina.

Clima

Existen tres tipos de climas diferentes que corresponden a tres regiones. Las costeras presentan un clima suave y seco en verano, húmedo el resto del año y en invierno, moderado. El clima se va haciendo más seco al sur de Agadir, donde no se producen depresiones atlánticas en invierno. Agadir tiene un clima moderado, con escasa oscilación térmica. Sin embargo, como sucede en el resto de la costa atlántica, el agua fresca de la orilla contribuye a la formación de nubes y brumas. Las montañas se recalientan, y los veranos son secos y los inviernos duros; algunas partes del Gran Atlas permanecen nevadas hasta bien entrado el verano. El resto del país presenta un clima continental, más seco y cálido durante el verano en el sur, y moderado, por la influencia del mar, al oeste. El interior del Sahara es muy seco, los calurosos veranos dejan paso a unas jornadas invernales soleadas por el día y frías (en ocasiones hiela) por las noches. (*Véase la tabla de la pág. 322.*)

Economía

Agricultura: Entre los productos destinados a la exportación se hallan los cereales, los dátiles, las olivas, las almendras, la caña de azúcar y en mayor cantidad, frutos como la naranja y los tomates, aunque la zona del Sous también ha experimentado con el cultivo de plátanos y rosas.

El 30 por ciento de la exportación marroquí procede del sector agrícola.

Minerales: Predominan los ricos yacimientos de fosfatos, que representan las tres cuartas partes de las existencias mundiales. La exportación de fosfatos y derivados en la historia constituye el cuarenta por ciento de los ingresos totales por exportación.

Energía: Se tiene que comprar. Existen algunas reservas de antracita y se están empezando a explotar las de petróleo, pero la mayor parte es importado. La energía hidroeléctrica ha ido cubriendo en menor proporción las necesidades nacionales a medida que África oriental ha ido haciéndose más seca. Buena parte del intercambio del país con el extranjero proviene de las divisas enviadas por los marroquíes que viven fuera del país, sobre todo en Francia y Bélgica.

Administración local

Marruecos es un reino musulmán gobernado desde 1961 por Muhammad V, Hasán II y en la actualidad por Muhammad VI. Fue Muhammad V quien cambió su título de sultán por el de rey, y reinó cuando Marruecos obtuvo la independencia de Francia y España en 1956. En 1962, el rey Hasán aprobó una nueva Constitución que define a Marruecos como un Estado soberano musulmán y una sociedad democrática con una monarquía constitucional, lo que llevó a unas elecciones parlamentarias. Ha habido períodos de incertidumbre, intentos de golpe de estado y gobiernos provisionales. La estructura política sigue siendo parlamentaria, con un rey fuertemente establecido en el poder.

El islamismo

El islamismo en Marruecos ocupa una posición incierta: el Estado es poco ortodoxo y, al mismo tiempo, todavía perduran muchas costumbres de gobierno europeas. No existe un islamismo extremista: el alcohol no está prohibido por ley, y el domingo es el día de descanso para las oficinas y los grandes comercios. Es en los zocos donde la *jemaa* (mezquita) se visita los viernes por la tarde.

Marruecos es un país musulmán, sobre todo durante el mes del ramadán, a pesar de sus compromisos con el calendario y las costumbres del mundo occidental (vacaciones el día de Año Nuevo). Sin embargo, el islamismo es un híbrido marroquí muy particular: la fe de los árabes ha sido adoptada por las tribus beréberes. Se hace más hincapié en los individuos y en los santos, que los estrictos códigos islámicos sancionarían.

En la ciudad, los minaretes de las mezquitas son un recuerdo constante de la fe, y las llamadas para la oración se oyen cinco veces al día. Las mezquitas, y la sabiduría y el aprendizaje que por tradición se les atribuye, son (a menudo literalmente) el centro de la vida de la ciudad. Las escuelas del Corán y los cónclaves de estudiosos del Islam reafirman la ortodoxia, cuyo principio más importante es que Dios es Dios y que Mahoma es su profeta. No existe el sacerdocio, no hay intermediarios; durante las cinco oraciones del día, el musulmán habla directamente con Dios. Al mismo tiempo, incluso a pesar de la ausencia de sacerdotes, los centros de devoción religiosa ejercen gran influencia y poder.

El primer elemento del Islam más visible del país es la popularidad de los morabitos o santos locales, ya que el paisaje está salpicado de pequeños edificios blancos con cúpulas. Cada una de estas construcciones constituye la tumba de un hombre santo. La tumba en sí misma se conoce como morabito (también llamada *koubba*). El culto y la devoción alrededor de estos santos locales han aumentado a lo largo de los siglos.

Las zagüías, escuelas establecidas cerca de los morabitos, al igual que las madrasas al lado de las mezquitas, son grandes centros de culto alternativos a la ortodoxia basada en la ciudad que se enseña en la mezquita. Cada culto celebra su *moussem*, fiesta anual en honor del santo.

El ramadán

El noveno mes del calendario musulmán fue el mes en que Dios le reveló a Mahoma las verdades escritas en el Corán. Como conmemoración de este hecho y en obediencia a uno de los cinco pilares del Islam, los musulmanes deben guardar ayuno durante las horas de sol (*véase pág. 63*).

Para turistas: El genuino ambiente del ramadán como, por ejemplo, el espíritu festivo del anochecer, puede compensar los pequeños inconvenientes materiales (muchos cafés permanecen cerrados durante las horas de sol). No se espera que los no musulmanes guarden ayuno, pero, por cortesía, absténgase de fumar, comer o mostrar afecto físico en público.

Planificar el viaje

Qué llevar

Aunque dar propinas es algo muy habitual, algunos objetos también son bien recibidos por los niños que han posado para una fotografía o por las personas que le hayan podido ayudar en algo. Merece la pena llevar encima cigarrillos europeos o estadounidenses y bolígrafos de colores, pequeños blocs de notas o caramelos (para los niños). La ropa (por ejemplo camisetas con dibujos o de marca) puede serle muy útil a la hora de regatear por artículos más grandes (como alfombras o *kilims*) en los zocos, aunque ahora tales artículos ya se pueden comprar en Marruecos, por lo que han perdido valor.

ELECTRICIDAD

La mayor parte del país tiene 220 voltios, pero en algunos lugares todavía hay 110; los enchufes son de dos clavijas.

Qué ponerse

Vístase con ropa cómoda. Se recomienda llevar prendas de algodón de colores poco llamativos y ligeras, y, en el sur, un sombrero durante el verano. En los hoteles no hay que vestir demasiado elegante, aunque algunos hoteles de cuatro y cinco estrellas tienen restaurantes donde los hombres no desentonarán tanto si llevan chaqueta y corbata y las mujeres, un vestido. Cuando salga de excursión o a visitar lugares, déjese guiar por el sentido común: lleve ropa sencilla para ir a la playa; recuerde que las joyas y la ropa elegante pueden ser sinónimo de turista rico en un país pobre. Los bolsos caros o las cámaras llaman la atención de manera peligrosa.

Dolencias comunes

Los **dolores de estómago** son muy comunes: los calmantes o remedios contra la diarrea le resultarán muy útiles. Para reducir las posibilidades de sufrir molestias estomacales, evite el consumo de alimentos que lleven mucho tiempo cocinados o que hayan sido recalentados y beba agua embotellada si viaja a lugares remotos. Otra afección muy habitual es la **insolación**, sobre todo si se combina con el alcohol. Las prendas de vestir de algodón, una exposición solar moderada, la utilización de cremas protectoras y beber mucho líquido contribuyen a reducir los riesgos.

Regulaciones aduaneras

VISADOS Y PASAPORTES

Los turistas que tengan un pasaporte español válido, así como argentino, chileno, mexicano, peruano o venezolano no necesitan visado para un período no superior a los tres meses. Los ciudadanos de Colombia, Ecuador y Panamá deben tramitar el visado antes de viajar a Marruecos.

ADUANA

La ropa y los efectos personales, incluidas las cámaras fotográficas y hasta diez carretes, se pueden introducir en el país de manera temporal, sin ninguna formalidad. También puede llevar consigo comida y medicamentos en cantidades razonables para el consumo personal. Las cantidades de alcohol, tabaco y perfumes libres de impuestos son: 250 gramos de tabaco o doscientos cigarrillos o cincuenta puros, un litro de vino, un litro de licores y un cuarto de litro de perfume. Para importar armas de fuego, se necesita una licencia de la Direction de la Sûreté Nationale en Rabat.

Los procedimientos que debe seguir a su llegada y en la aduana varían según el lugar. Por lo general, se registra el equipaje y un agente aduanero tendrá que darle el visto bueno antes de entrar en el país.

Asistencia sanitaria

Vacunas y protección contra la malaria

No se necesita ninguna vacuna para poder entrar en Marruecos, a menos que provenga de un país endémico (por ejemplo, zonas de fiebre amarilla, cólera o viruela). Sin embargo, para su propia seguridad algunos médicos recomiendan las vacunas contra el tifus, la polio, el cólera y el tétanos. También puede ser aconsejable tomar las pastillas contra la malaria, sobre todo si piensa viajar al sur. Por lo general se toman una semana antes, durante la estancia y de cuatro a seis semanas después de volver. El riesgo de contraer la malaria aumenta en los meses de verano, por lo que la utilización de cremas repelentes de insectos constituye una buena protección adicional.

Sería útil algún tipo de profilaxis contra la hepatitis si va a viajar a las zonas rurales. Las inyecciones de inmunoglobulina ofrecen inmunidad durante cuatro semanas. En caso de viajes de mayor duración no son de utilidad; consulte su situación al médico. El contacto con agua estancada (nadar o mojarse en oasis, ríos o lagunas) acarrea el riesgo de contraer esquistosomiasis. La rabia también es algo que debe tener en cuenta; si le muerde un animal, acuda urgentemente a un centro sanitario.

SIDA

Al ser musulmán y conservador, Marruecos no es una zona de alto riesgo. Sin embargo, es un país en vías de desarrollo y sus prestaciones médicas no son comparables a las occidentales. La enfermedad se transmite tanto por vía sexual como por tratamiento médico que implique el riesgo de entrar en contacto con el virus mediante agujas, sangre o equipos de transfusión de sangre infectados. Muchas de las farmacias marroquíes venden jeringuillas desechables y, por lo general, se puede confiar en las clínicas y hospitales. Consulte con el consulado o la embajada si, en caso de tratamiento, es posible comprar un botiquín que incluya jeringuillas hipoalergénicas y plasma en caso de urgencia.

Bancos y cambios

La unidad monetaria de Marruecos es el dirham (Dh), que se divide en cien céntimos (a menudo llamados *francs*). En las zonas rurales se suele contar en rials (que ya no existen). Hay veinte rials en 1 dirham. Los últimos cambios oficiales han establecido las siguientes correspondencias: 1 dólar estadounidense equivale a 11 Dh y 1 Dh a 10 céntimos de euro. Compruebe el cambio oficial del Banco de Marruecos, disponible en todos los mostradores de cambio de hoteles y bancos.

Existe una regla muy clara: la moneda marroquí no puede exportarse ni importarse. Los turistas pueden llevar consigo tantas divisas extranjeras como quieran (en efectivo o en cheques de viaje).

Debe cambiar los dirhams que le hayan sobrado por una moneda fuerte en el aeropuerto; para ello necesita la tarjeta de embarque y que la cantidad total de divisas que figura en los comprobantes de cambio sea más del doble de la que desea cambiar. Deberá aceptar un índice de cambio poco favorable y la moneda que el cajero disponga en ese momento.

Festivales

Todas las fiestas religiosas en Marruecos están marcadas por una festividad. El otro ingrediente básico de toda fiesta es el *moussem*, festividad local (o peregrinación) celebrada en honor del santo u hombre santo. Por el campo puede encontrarse de vez en cuando con alguno de éstos, una explosión de color y alborozo en medio de la rutinaria vida de subsistencia. Hombres y mujeres solteras ataviados con trajes típicos, un patio cubierto de alfombras y frenéticas bandas de música.

Sin embargo, hay varios *moussems* que se celebran a mayor escala, a los que merece la pena asistir. En ocasiones hay exhibiciones de danza y equitación (*fantasia*). Así mismo, se dan festivales folclóricos y de la cosecha. La mayor parte de estos festivales son itinerantes y debe comprobarse la fecha exacta antes de salir de viaje o una vez esté en Marruecos.

Tafraoute: festival del florecimiento de la almendra; febrero.
El Kelâa des Mgouna (provincia de Ouarzazate): festival de la rosa; mayo.
Goulimine: *moussem*; junio/julio.
Marrakech: festival de folclore nacional; de principios a mediados de junio.
Seftrou: (provincia de Fez): cosecha de la cereza; junio.
Asilah: festival internacional de música, que incluye música clásica, tradicional y popular; dura un mes a partir de la última semana de julio.
Setti Fatma (provincia de Marrakech): *moussem*; agosto.
Imilchil (Gran Atlas): *moussem* del matrimonio de la tribu aït haddidou, una especie de promesa colectiva; septiembre.
Moulay Idriss (provincia de Meknés): es el *moussem* más importante del país, en el que se conmemora al fundador de la primera dinastía árabe de Marruecos, Idris I; se celebra durante todo el mes de septiembre.
Fez: *moussem* del Muley Idris II, el hijo del fundador; septiembre.
Agadir: festival folclórico y de arte; octubre/noviembre.
Erfoud: festival del dátil; octubre.

En la quincena anterior y posterior al Mouloud, el aniversario del Profeta, se celebran procesiones y *moussems* en **Meknés**, **Salé** (cerca de Rabat) y **Asni** (provincia de Marrakech).

Cajeros automáticos

La mayor parte de los aeropuertos disponen de cajeros automáticos, cuyo uso se ha extendido también a casi todas las grandes ciudades. Sin embargo, no dependa únicamente de los cajeros para obtener dinero en efectivo, ya que a menudo están fuera de servicio o se estropean cuando se están utilizando, y todavía son poco frecuentes fuera de los grandes centros urbanos. Los cajeros del banco Wafabank son los más fiables.

Cheques de viaje

Los cheques de viaje en libras esterlinas, euros o dólares estadounidenses es la forma más segura de llevar dinero encima, aunque no todos los bancos los aceptan y los que lo hacen, cargan una comisión, cada vez mayor, por cheque. Es aconsejable, sobre todo si llega a Marruecos cuando los bancos han cerrado, llevar dinero en efectivo, ya que no todas las oficinas de cambio aceptan cheques o tarjetas de crédito.

Tarjetas de crédito

La mayor parte de los hoteles de tres y más estrellas, así como los restaurantes más caros y muchas empresas de alquiler de vehículos, aceptan tarjetas de crédito.

Transferencias bancarias

La manera más rápida de transferir dinero desde el extranjero es mediante Western Union. Tiene oficinas en las principales ciudades, pero también opera a través del banco Wafabank y las oficinas de correos. El proceso tarda unas cuatro horas como máximo.

Fiestas oficiales

Existen dos tipos de fiestas: las religiosas y las seculares. Las primeras están basadas en el calendario musulmán (lunar) y las últimas en el occidental (gregoriano).

Las festividades religiosas son las que se dan a continuación. Consulte las fechas exactas en las oficinas de turismo ya que el calendario musulmán se adelanta cada año

11 días respecto al calendario occidental (12 en los años bisiestos).

Festividades musulmanas

La mayor parte de los comercios y negocios respetan estas fiestas.
Aid es Seghir (indica el final del ramadán);
Aid el-Kebir (fiesta del sacrificio de una oveja de Abraham en lugar de Isaac);
Año Nuevo musulmán;
Mouloud (día del nacimiento del Profeta).

Festividades estatales

Año Nuevo - 1 de enero;
Declaración de la Independencia - 11 de enero;
Fiesta del Trono - 3 de marzo;
Día del Trabajo - 1 de mayo;
Fiesta Nacional - 23 de mayo;
Día de la Juventud - 9 de julio;
Lealtad a Oued Edtahab - 14 de agosto;
La Marcha Verde - 6 de noviembre;
Día de la Independencia - 18 de noviembre.

Cómo llegar

EN AVIÓN

La compañía nacional, Royal Air Maroc (RAM) tiene como centro el aeropuerto de Casablanca. Hay vuelos directos desde Madrid a Casablanca. Desde Casablanca hay conexiones con la mayoría de las ciudades más importantes del país y ahora incluso con Essaouira, aunque a menudo el servicio es irregular.

Con las aerolíneas españolas Iberia también puede volar a Marruecos desde España. Para más información, llame al teléfono de Infoiberia 91 329 57 67 o visite la www.iberia.es.

Hay muy pocos vuelos chárter baratos para ir a Marruecos, por ello los vuelos programados están siempre reservados y son muy caros, en especial durante la temporada alta (julio y agosto, Pascua y Navidades). Si desea viajar a Tánger y tiene problemas a la hora de encontrar un billete a un precio razonable, considere la opción de volar a Gibraltar o a Málaga (desde donde puede tomar el autobús hasta el transbordador en Algeciras), sólo a dos horas en barco de Tánger. Los transbordadores salen durante todo el día y un billete sin asiento cuesta unos 200 dirhams ida y vuelta (*véase «Cómo llegar en barco»*).

Oficinas de Royal Air Maroc

España: Calle Princesa, 7, 28008. Madrid. Tel.: 547 79 05/547 79 06/ 547 79 07; ram-mad@maptei.es
Estados Unidos: 666 Fifth Avenue AT 53rd Street. New York, NY 10103, USA. Tel.: 9743850; ram@kingdomofmorocco.com
En países latinoamericanos, diríjase a la agencia de viajes más cercana. Para ver las oficinas de Royal Air Maroc en Marruecos, consulte la página 333.

EN BARCO

El punto más lógico de entrada en barco es desde **Algeciras**, al sur de España, cruzando el estrecho de Gibraltar hasta **Tánger** (unas 2 horas) o hasta **Ceuta** (unos 90 minutos). Tánger cuenta con un buen servicio de conexión con los transportes públicos en Marruecos. Estos cortos trayectos son mejores para los que viajan en automóvil, ya que hay transbordadores durante todo el día. Si es posible, evite los desplazamientos en julio y agosto, cuando los trabajadores emigrantes colapsan los puertos. El control de pasaportes se realiza a bordo. Debe tener su pasaporte sellado antes de desembarcar.

También existen servicios de hidrodeslizadores desde **Algeciras**, **Gibraltar** y **Tarifa** (la ciudad española más meridional) hasta Tánger. Los hidrodeslizadores no prestan servicio si hay marejada y son menos frecuentes que los transbordadores. Los transbordadores para transportar automóviles también zarpan de Almería y Málaga hasta el puerto español libre de impuestos de Melilla (6,5 horas y 7, respectivamente). Por último, la empresa Compagnie Marocaine de Navigation también ofrece el servicio de transportar automóviles desde Sète, en el sur de Francia, hasta Tánger o por las islas Baleares hasta Nador; el crucero hasta Tánger invierte 38 horas, así que los malos marineros harían mejor en evitarlo.

EN TREN

Los trenes parten de Barcelona (hay que hacer transbordo en Bobadilla, Madrid) y Madrid, y conectan en Algeciras con el transbordador hasta Tánger, Rabat y Casablanca. Los menores de 26 años pueden conseguir descuento con el carné joven o aprovecharse de las tarifas para estudiantes.

POR CARRETERA

Puede conducir desde cualquier punto de España hasta Algeciras para tomar el transbordador. Por lo general viajar hasta Marruecos en automóvil resulta caro (tenga en cuenta el peaje de las autopistas de España, así como la gasolina y el precio del transbordador).

Para viajar por España necesita tener el automóvil asegurado.

Pocas aseguradoras están dispuestas a ofrecer cobertura en Marruecos. Lo más aconsejable es contratar un seguro en cuanto llegue; diríjase a Assurances aux Frontières en el puerto de Tánger. Debe llevar consigo la documentación del vehículo.

El autobús hasta **Algeciras** es la manera menos cómoda de viajar (48 horas desde Londres).

Operadores turísticos

La Oficina Nacional de Turismo de Marruecos tiene a su disposición una lista muy completa. Aquí tiene una selección de operadores turísticos españoles que le ofrecen innovadoras propuestas:

Años luz
San Bernardo 97-99, Madrid, 28015. Tel.: 91 445 11 45; fax: 91 593 91 81; aluz_mad@jet.es
Ronda de Sant Pere 26 Bajos. Barcelona, 08010. Tel.: 93 310 18 28;

fax: 93 310 14 24;
aluz_bcn@jet.es
Berastegi 4 Bajo Izq. Bilbao 48001.
Tel.: 94 424 22 15; fax: 94 423 55 93;
aluz_bio@jet.es

BIDON 5 - Expediciones y Viajes
Juan de Dios, 5 - 1º Izda.
Madrid 28015.
Tels.: 91 547 61 17/91 547 60 75/
91 547 32 03; fax: 91 542 38 48;
travel@bidon5.es

Malay Viajes
Easo 18. San Sebastián 20006.
Tel.: 943 43 03 18;

Nuba Expediciones
María de Molina, 46. Madrid 28006.
Tel.: 91 745 47 47.

Planeta Azul
Gaztambide, 26. Local 27.
Madrid 28015. Tel.: 91 549 91 44;
viajes.mad@planetaazul.net
Balmes 123, pral. 2 B.
Barcelona 08006. Tel.: 93 454 42 17;
viajes.bnc@planetaazul.net

Transcontinental
San Miguel 49, Zaragoza 50001.
Tel.: 976 23 75 26.

Notas

HOMOSEXUALIDAD

Marruecos ya no ofrece la misma libertad ni la actitud relajada hacia los homosexuales que en el pasado. Tánger en particular se ha «limpiado» de manera oficial. Lo que la ley marroquí describe como un «acto antinatural» entre dos personas del mismo sexo puede ser castigado con pena de prisión (de seis meses a tres años) y con multas. A pesar de ello y de los tabúes regionales, hay homosexuales que todavía ofrecen sus servicios, y en algunas ciudades (Marrakech, por ejemplo) la presencia de jóvenes prostitutos es cada vez más evidente. En general, Marrakech está asociada con los homosexuales franceses y Tánger atrae más a la comunidad homosexual británica.

Estudiantes

Existen pocos descuentos oficiales para los estudiantes en Marruecos. La mayor ventaja de ser estudiante es el billete de ferrocarril de Interrail. La Royal Air Maroc también ofrece tarifas especiales a estudiantes, que pueden reservarse con antelación en las oficinas de la RAM (pero no en el aeropuerto) con el carné de estudiante.

VIAJEROS DISCAPACITADOS

No existe ningún registro de las instalaciones para discapacitados en Marruecos. Pocos hoteles están acondicionados para las personas que han de moverse en sillas de ruedas, en especial aquellos que son palacios o edificios rehabilitados. Desplazarse por la ciudad también puede ser complicado.

VIAJAR CON NIÑOS

Los marroquíes adoran a los niños y serán bien recibidos donde quiera que vayan. Sin embargo, pocas ciudades ofrecen espectáculos dirigidos a los más pequeños. Agadir y Rabat tienen zoos y algunos parques de atracciones privados.

Seguramente, los grandes hoteles de Agadir ofrecen alguna actividad orientada a los niños, pero los lugares como Marrakech, con circos y ferias todas las noches en el Jemaa el-Fna, carruajes tirados por caballos, coloridos zocos y piscinas en los grandes hoteles, no dan lugar al aburrimiento. Comer y cenar fuera puede ser problemático, aparte de en los grandes hoteles, en especial si los niños tienen unos gustos limitados. Sin embargo, una dieta diaria de tortilla, pollo y patatas fritas es nutritiva si va acompañada de fruta, batidos y yogur. Encontrará también potitos de alimentación infantil.

Si compra leche para sus hijos, hiérvala primero (el hotel estará dispuesto a hacerlo por usted).

Podrá comprar pañales normales y toallitas en la mayor parte de los comercios y también en muchas farmacias (pero no todas). Los pañales más sofisticados son más difíciles de conseguir, así que se recomienda que los lleve con usted.

Consejos prácticos

Urgencias

SEGURIDAD CIUDADANA

La delincuencia contra los turistas no es habitual, pero tampoco están libres de ella. Según una encuesta publicada por la revista *Which?,* el 4,3 % de los turistas que visitaban Marruecos habían sido víctimas de un robo. Cualquier guía le aconsejará que durante la visita a los zocos de Fez y Marrakech, abarrotados de gente, se sujete el bolso con firmeza. Lo que suele ser más intimidatorio, de manera más evidente en las ciudades imperiales, es el acoso de los *faux-guides* (falsos guías), que intentan por todos los medios que contrate sus servicios. La mejor manera de tratar con ellos si no quiere que le ayuden es negarse con firmeza pero con amabilidad. Sobre todo, no se altere, sólo dará lugar a más abusos. (*Véase también «Guías» en el apartado de «Orientación».*)

Teléfonos en caso de urgencia

Policía: 19.
Servicios de bomberos y ambulancia: 15.

Precauciones básicas

Evite llevar joyas o demasiado dinero por la calle: utilice las cajas fuertes de los hoteles. Si está de paso, lleve una bolsa de seguridad para el dinero colgada del cuello o de la cintura en lugar de una mochila; si lleva un bolso, póngaselo en bandolera.

Si le asaltan, no intente luchar, es mejor perder algo de dinero que arriesgarse a resultar herido. Si conduce, no deje bolsas a la vista, ponga siempre el seguro y retire sus pertenencias del vehículo durante la noche. Pero es mejor que haga lo que los marroquíes y contrate los servicios de un vigilante (5 dirhams por estacionamientos breves y hasta 50 dirhams por toda la noche).

Consignas

Por muy poco dinero puede dejar su equipaje en la estación o en las oficinas de la Compagnie Transport Marocain (CTM). Estará seguro.

Pérdida de equipaje

Si le han robado el equipaje, debe hacer una denuncia en la comisaría de policía. No se deje disuadir por el personal del hotel; las compañías aseguradoras se la pedirán antes de interponer una demanda por robo. Si los representantes de la agencia de viajes están cerca, le podrán ayudar y debe informarles de lo ocurrido. Si su equipaje no llega al aeropuerto, es responsabilidad de la compañía aérea. Pida el formulario de «Irregularidad del equipaje» para rellenarlo. La mayor parte de los seguros de viajes prevén una cantidad suficiente para ropa y otras necesidades.

SERVICIOS MÉDICOS

Existen clínicas privadas en las principales ciudades, así como hospitales estatales. En los consulados, así como en las agencias de viajes o en los hoteles, le podrán aconsejar profesionales que hablen español. Asegúrese de viajar a Marruecos con una póliza de seguros completa, que también cubra los gastos de una posible repatriación. Todos los gastos se le cobrarán en el momento, excepto en casos de necesidad o urgencia. Pida y guarde todas las facturas.

Las farmacias en las ciudades venden prácticamente todo tipo de medicamentos (pero no tampones ni compresas, que deberá comprar en comercios normales en la ciudad). Los medicamentos son caros, por lo que es aconsejable que lleve consigo aspirinas, repelente de insectos y calmantes para los dolores estomacales. Hay una farmacia de guardia en las principales ciudades, que a menudo se anuncia en el ayuntamiento (*municipalité*).

Pesos y medidas

En todo Marruecos se utiliza el sistema métrico decimal.

Horarios comerciales

Los horarios comerciales en Marruecos varían, pero los más comunes son:

Bancos: de lunes a viernes. En invierno, de 8:30 a 11:30 h y de 14:30 a 16:00 h. En verano, de 8:30 a 11:30 h y de 15:00 a 17:00 h. Durante el ramadán, de 9:30 a 15:00 h. La mayor parte de las sucursales bancarias tienen una oficina de cambio (con entrada independiente) con unos horarios más amplios incluso durante el fin de semana.

Oficinas: de lunes a viernes. En invierno, de 8:30 a 12:00 h y de 14:30 a 18:00 h. En verano, de 8:30 a 16:30 h. Durante el ramadán de 9:30 a 16:00 h. Las oficinas del gobierno cierran pronto los viernes, y muchos negocios privados abren sus oficinas los sábados por la mañana.

Oficina de correos: de lunes a viernes. En invierno y en verano, de 8:30 a 12:00 h (excepto el sábado) y de 14:30 a 18:00 h. Durante el ramadán, de 9:30 a 15:00 h. Muchas de las oficinas de correos tienen mostradores de venta de sellos abiertos durante la hora de comer y hasta últimas horas de la tarde. Las oficinas de correos más grandes incluyen una sección de cabinas de teléfonos, que también tiene un horario más amplio (algunas de ellas permanecen abiertas toda la noche).

Comercios: de lunes a sábado. En invierno, de 8:30 a 12:00 h y de 14:30 a 18:30 h. En verano, de 8:30 a 16:00 h o de 8:30 a 12:00 h y de 16:00 a 19:00 h, dependiendo del tipo de comercio. Durante el ramadán, de 9:30 (o incluso de 11:00 h) a 16:00 h, aunque algunas abren de 19:00 a 23:00 h.

Algunos comercios cierran los viernes (el día sagrado para los musulmanes) o incluso el sábado, si el propietario es judío. En las partes nuevas de la ciudad, los comercios suelen cerrar en domingo. En cambio, otras tiendas permanecen abiertas durante toda la semana.

Medios de comunicación

REVISTAS Y PERIÓDICOS

Los medios de comunicación marroquíes están atravesando un período de cierta revolución desde que la censura se ha relajado. Algunos de los periódicos en francés son *L'Opinion* (USFP), el progubernamental *Le Matin du Sahara* y *Maroc Soir*. Los periódicos semanales como *Le Journal* y *Gazette du Maroc* practican un periodismo más abierto y más crítico. Los dos diarios económicos principales en francés son *La Vie Économique* y *L'Économiste*. *Femmes Du Maroc* y *Citadine* son dos revistas femeninas que aportan tanto información sobre moda como sobre asuntos sociales y nacionales.

La prensa internacional puede encontrarse en los grandes hoteles y quioscos de la ciudad.

RADIO Y TELEVISIÓN

La televisión marroquí tiene dos canales, que someten a presión a la increíble TVM (el primer canal dirigido por el gobierno) para que sea algo más interesante. La 2M, que en principio era un canal privado que quebró y fue absorbido por el gobierno, ha mantenido su independencia editora y es considerado el mejor canal. La televisión por satélite (y cada vez más la televisión por cable) es común en los hogares de todo el país y en los hoteles.

La RTM posee una emisora de radio que emite programas en inglés, español y beréber, así como en árabe y francés. Se complementa con Median (Radio Mediterranée Internationale), que emite desde Tánger para todo el Magreb.

Correos y telecomunicaciones

En el pasado, ir a una oficina de correos en Marruecos suponía horas e incluso peleas para al final darse cuenta de que había estado todo ese tiempo en la cola equivocada. Hoy en día, tanto Isstallit al Maghrib (la compañía telefónica) como la oficina de correos son mucho más eficaces.

En la actualidad, la oficina de correos cuenta con ordenadores y un servicio especial Post Rapide para los servicios postales urgentes nacionales e internacionales. Los sellos pueden encontrarse en los estancos y en las papelerías.

La venta de una segunda licencia para móviles a Medi Telecom, un consorcio internacional, y los preparativos de privatizar el cuarenta por ciento de la compañía telefónica nacional han reducido en gran parte los costes de las llamadas y han contribuido al clima de eficacia que se respira ahora en Maroc Telecom. Hay muchas más cabinas telefónicas que aceptan tarjetas prepago y es normal que los comercios tengan teléfono y fax. La mayor parte de los intercambios son automáticos y se puede marcar directamente al extranjero. El sistema está recientemente digitalizado en su totalidad. En la actualidad, la red de telefonía móvil da cobertura al sesenta por ciento de la población y se añaden de manera continua nuevas áreas.

Códigos telefónicos

Para llamar a Marruecos desde el extranjero, debe marcar el prefijo internacional, seguido de 212 más el prefijo de zona (que han cambiado recientemente) sin el 0.

02 Zona de Casablanca/Settat
Azzemour, Azilal, Beni Mellal, El-Jadida, Ksiba, Mohammedia, Settat.

03 Zona de Rabat/Tánger
Al Hoceima, Asilah, Bouznika, Chaouen, Kenitra, Larache, Moulay Bousselham, Ouezzane, Rabat-Salé, Skhirate, Souak el Arba, Tánger, Temara, Tetuán.

04 Zona de Marrakech/Agadir
Agadir, Demnate, El Kelaa Mgouna, Essaouira, Guelmine, El Aaiún, Marrakech, Ouarzazate, Oukaimeden, Safi, Sidi Ifni, Tan-Tan, Taroudant, Tinerhir, Tiznit, Zagora.

05 Zona de Fez/Oujda
Erfound, Er Rachidia, Fez, Figuig, Guercif, Ifrane, Khenifra, Meknes, Moulay Idriss, Nador, Oujda, Rissani, Saidia, Sefrou.

06 Móviles.

Internet

Utilizar el correo electrónico en Marruecos es muy barato gracias a la gran cantidad de cibercafés que han aparecido por todo el país. El acceso a Internet cuesta unos 10 dirhams la hora.

Información turística

FUERA DE MARRUECOS

España: Calle Quintana 2, 28008 Madrid. Tel.: 542 74 31; Fax: 547 04 66.
En los países de Latinoamérica, diríjase a la embajada de Marruecos.

EN MARRUECOS

La Oficina Nacional de Turismo (Office Nationale Marocain du Tourisme, ONMT: sede central en Rabat) se complementa con el sindicato municipal Syndicat d'Initiatif. Ambos disponen de mapas, y pueden darle consejo y ofrecerle

Distancias en kilómetros entre ciudades

AGADIR																	
BENI MELLAL	467																
CASABLANCA	511	210															
XAUEN	841	480	330														
EL-JADIDA	417	271	99	429													
ER RACHIDIA	681	375	545	548	606												
ESSAOUIRA	173	370	351	681	252	745											
FEZ	756	289	289	225	388	364	640										
EL AAIÚN	849	1116	1160	1490	1066	1330	822	1396									
MARRAKECH	273	194	238	568	197	510	176	483	922								
MEKNÉS	740	278	229	202	328	346	580	60	1389	467							
OUARZAZATE	375	398	442	772	399	306	380	687	1024	204	652						
OUJDA	1099	632	632	499	731	514	983	343	1748	826	403	820					
RABAT	602	260	91	239	190	482	442	198	1251	321	138	528	541				
TÁNGER	880	538	369	118	468	608	720	303	1529	598	267	811	609	278			
TAZA	876	409	409	345	508	484	760	120	1525	603	180	790	223	318	423		
TETUÁN	892	536	358	61	484	604	736	281	1541	615	258	820	555	294	57	370	
TIZNIT	93	560	604	934	510	774	266	849	556	366	833	468	1192	699	937	969	985
	AGADIR	BENI MELLAL	CASABLANCA	XAUEN	EL-JADIDA	ER RACHIDIA	ESSAOUIRA	FEZ	EL AAIÚN	MARRAKECH	MEKNÉS	OUARZAZATE	OUJDA	RABAT	TÁNGER	TAZA	TETUÁN	TIZNIT

Llamar a casa

La mayor parte de las comunicaciones actuales son automáticas y directas. Marque el 00 si se trata de llamada internacional, espere a oír el tono y marque, entonces, el prefijo del país y el número al que desea telefonear. Algunos de los prefijos son:
Argentina (54)
Bolivia (591)
Chile (56)
Colombia (57)
Ecuador (593)
España (34)
Estados Unidos (1)
México (52)
Paraguay (595)
Perú (51)
Uruguay (598)
Venezuela (58)

guías, pero la ONMT tiene por lo general más personal y más guías disponibles. Muchas de las oficinas permanecen abiertas de lunes a sábado por la mañana, a partir de las 8:00 h.
Agadir: Place Prince Heritier Sidi Mohammed (al final de la calle: en la primera planta de la plaza enfrente de la oficina de correos). Tel.: (04) 84 63 77.
Casablanca: 55 Rue Omar Slaoui. Tel.: (02) 27 11 77.
Fez: Place de la Résistance. Tel.: (05) 62 34 60/62 62 79.
Marrakech: Place Abd el-Moumen Ben Ali, Boulevard Mohammed V. Tel.: (04) 43 62 39.
Meknés: Place Administrative. Tel.: (05) 52 44 26.
Ouarzazate: Avenue Mohammed V. Tel.: (04) 88 24 85.
Oujda: Place du 16 Aout. Tel.: (05) 68 43 29.

Páginas web

Para más información sobre Marruecos, visite las siguientes páginas web:
www.tourism-in-morocco.com
www.maroc.net
www.mincom.gov.ma

Rabat: 22 Avenue al Jazair (Ave. d'Alger). Tel.: (03) 73 05 62.
Tánger: 29 Boulevard Pasteur. Tel.: (03) 94 86 61.
Tetuán: 30 Avenue Mohammed V. Tel.: (03) 96 19 15.

Embajadas y consulados

Argentina: 12 Rue Mekki Bittaouri, Souissi. Tel.: 037 75 51 20/75 41 81; fax: 037 75 54 10.
España: 13 Rue Madnine, Rabat. Tel.: (2127) 70 94 81; fax: (2127) 70 73 87. Consulado: 31, Rue d'Alger. 21000 Casablanca. Tel.: 22 07 52/ 22 59 06/22 18 95/22 71 45; fax: 20 50 49. Consulado: 85, Av. Président Habib Bourghiba, Tánger. Tel.: 93 70 00/ 93 41 90/ 93 56 25/93 51 40; fax: 93 27 70.
Chile: 35 Av. Ahmed Balafrej, Souissi, Rabat. Tel.: (07) 63 60 65/63 60 66.
Colombia: 29, Av. Michlifen, Imm. Moulay Idriss, 2ème ét., App. n° 5, Agdal. Tel.: (07) 67 08 04/ 67 08 05; fax: (07) 67 08 02.
México: 6, Rue Kadi Mohammed Bebri, BP. 1789 Soussi, Rabat. Tel.: 037 63 19 69/63 19 70; fax: 037 76 85 83.
Perú: 16 Rue Ifrane. Tel.: 037 72 32 36/73 32 84; fax: 037 70 28 03.

Alargar el período de estancia

Póngase en contacto con el departamento de policía con bastante antelación si cree que su estancia superará los noventa días. Serán requisitos imprescindibles que demuestre que posee cierta cantidad de dinero en el banco y una propuesta para alargar la visita. Resulta más fácil, al menos en el norte, salir de Marruecos dentro del período de los noventa días y, después, volver a entrar.

Desplazarse

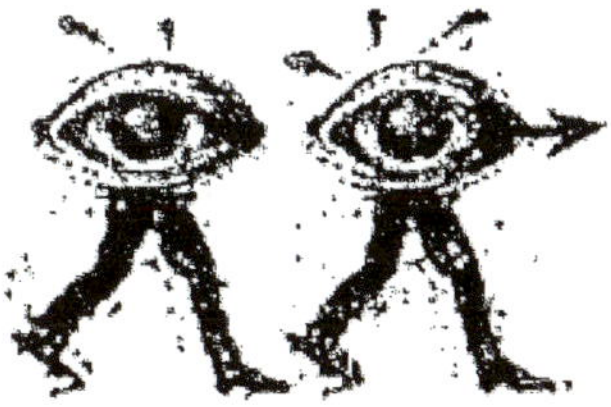

A la llegada

Cuando llegue, se le entregará un formulario oficial que deberá rellenar indicando su profesión, la dirección en Marruecos y la duración de su visita. Siempre que se registre en un hotel, se le pedirá que rellene uno parecido, que se entrega a la policía.

Si desea llevar animales de compañía, necesitará un certificado internacional de salud y de vacunas (de diez días de antigüedad como máximo) y un certificado antirrabia (de seis meses de antigüedad como máximo).

Orientación

Llegar a una ciudad marroquí es a menudo una experiencia desconcertante. Las más grandes están divididas en ciudad nueva y vieja. La ciudad vieja, o medina, es el barrio tradicional, que a menudo está amurallado; se accede a él por grandes puertas. Está repleto de calles estrechas y zocos, que se distribuyen entre las plazas. Generalmente contiene la casbah fortificada, murallas dentro de murallas. En el otro extremo se halla la *nouvelle ville*, ciudad nueva, por lo general planificada y trazada por los franceses, con grandes avenidas articuladas por rotondas. La avenida más amplia recibe por lo común el nombre de Mohammed V, y es aquí o en la plaza principal de la ciudad nueva donde encontrará la oficina de turismo, que es el lugar indicado para contratar a un guía oficial. Las indicaciones en las carreteras son claras y las carreteras largas tienen pocos desvíos. Confíe en los consejos que le den sobre el estado de las carreteras de montaña y del

Guías

La experiencia de llegar a una ciudad desconocida está acompañada de manera inevitable por la oferta de guías turísticos. Seguramente se trate de un muchacho, un estudiante o un timador profesional. Será persistente y, por lo general, no aceptan un no por respuesta. Si considera que necesita un guía, estas relaciones pueden resultar muy fructíferas si establece previamente la tarifa (de 10 a 15 dirhams por hora suele ser la media y, si lo desea, redondee por arriba cuando finalice su servicio). La tarifa de un guía oficial resulta difícil de saber. La oficina de turismo de Fez señala una tarifa algo anticuada y se niega a ofrecer una respuesta exacta en cuanto a la tarifa que debería aplicarse. Por lo general, unos 20 dirhams la hora es una cantidad más que suficiente. Tanto si el guía es oficial como si no lo es, él o, a veces, ella, tratará de atraerle hacia los zocos, donde los guías se llevan una comisión por las compras que usted haga. Si no está interesado en comprar ningún producto, déjelo claro antes de empezar el recorrido y sea consecuente.

desierto en cualquier época del año, pero en particular de las de montaña durante el invierno.

MAPAS

Los mapas fiables editados por compañías europeas son: Hallwag (1:1 000 000); Lascelles (1: 800 000); Michelin n.° 969, Maroc Nord et Centre (1: 1 000 000), y también el Fleximap: Morocco, que está plastificado y es más duradero.

En la Oficina Nacional de Turismo tiene a su disposición planos prácticos y gratuitos de las ciudades y los pueblos. Los mapas topográficos a mayor escala del Atlas son difíciles de conseguir. En Marruecos, pruebe en el comercio del n.º 31 de la Avenue Hassan I, Rabat. En Imlil y Asni encontrará mapas del Parque Nacional Toubqal.

Aeropuerto/ Conexiones con la ciudad

Existe un servicio de taxis entre los aeropuertos internacionales y las ciudades en las que se encuentran. A excepción de Casablanca (que, junto a Rabat, cuenta ahora con una conexión ferroviaria entre el aeropuerto y la ciudad), las distancias son cortas, por lo que, en teoría, las tarifas deberían ser baratas. Las tarifas oficiales están publicadas, pero es extraño encontrarlas en los aeropuertos. La mayor parte de los *grands taxis* que cubren la ruta del aeropuerto no tienen taxímetro y seguramente los conductores intentarán subir los precios. Utilice la guía de precios que se ofrece a continuación a título orientativo. El aeropuerto de Casablanca está a unos 30 kilómetros al sur de la ciudad,

Alquiler de vehículos

Las principales empresas de alquiler de vehículos tienen sucursales en Marruecos, y puede alquilar un automóvil en cualquier aeropuerto. En las ciudades también hay empresas locales que salen mucho más rentables que las principales empresas, como mínimo a mitad de precio. Es útil para alquileres cortos (que son en proporción más caros); pero si va a alquilar un vehículo para toda la estancia, puede resultar más rentable contratar el alquiler de antemano con una **tarifa de vacaciones**, bien sea a través de la agencia de viajes o de manera directa con una de las principales empresas. Las **tarifas de alquiler de vehículos** destinan un 19 por ciento a impuestos estatales; asegúrese de que éste se ha añadido al precio pactado. El alquiler exclusivo durante una semana de un turismo medio puede costarle unos 3 750 dirhams en las empresas pequeñas.

Recuerde que las compañías internacionales seguramente le ofrecen una mejor red de servicios en caso de cualquier problema con el vehículo. Para recorridos duros por carreteras de montañas, es aconsejable alquilar un vehículo de la clase B o de la C; son más seguros en las curvas cerradas. Los Land Rover para recorridos más aventureros pueden alquilarse en las empresas locales y a menudo incluyen el chófer.

Agadir
Europcar: 5 bis, Avenue Mohammed V. Tel.: (04) 84 03 37.
Hertz: Bungalow Marhaba, Avenue Mohammed V. Tel.: (04) 84 09 39.

Casablanca
Avis: 71 Avenue des FAR. Tel.: (02) 31 44 51.
Hertz: 25 Rue Aloraibi Jilali. Tel.: (02) 31 22 23.

Fez
Avis: 50 Boulevard Chefchaouni. Tel.: (05) 62 67 46.
Budget: Avenue Hassan II. Tel.: (05) 62 09 19.
Europcar: 41 Avenue Hassan II. Tel.: (05) 62 65 45.
Hertz: 1 Boulevard Lalla Meryem. Tel.: (05) 62 28 12.

Marrakech
Avis: 137 Avenue Mohammed V. Tel.: (04) 43 37 27.
Europcar: 63 Boulevard Zerktouni. Tel.: (04) 43 12 28.
Hertz: 154 Boulevard Mohammed V. Tel.: (04) 43 46 80

Tánger
Adil: 84 Boulevard Mohammed V. Tel.: (03) 94 22 67.
Avis: 54 Boulevard Pasteur. Tel.: (03) 93 30 31.
Budget: 7 Avenue du Prince Moulay Abdellah. Tel.: (03) 93 79 94.
Europcar: Tel.: (03) 93 82 71.
Hertz: 36 Avenue Mohammed V. Tel.: (03) 93 33 22.

por lo que la tarifa debería ser de unos 140 dirhams. El de **Agadir** está a 22 kilómetros al sur de la ciudad y la tarifa ronda los 80 dirhams; el de **Fez**, a 10 kilómetros al sur de la ciudad, cuesta unos 100 dirhams; el aeropuerto de **Marrakech** está a 6 kilómetros al sudoeste de la ciudad (el taxi cuesta alrededor de 80 dirhams); el de **Tánger** a 15 kilómetros al sudoeste de la ciudad (el taxi cuesta alrededor de 100 dirhams).

Hay **servicio de tren** entre el aeropuerto de Casablanca y Rabat (la salida de los trenes está coordinada con la llegada de vuelos) y también hay **servicio de autobús** entre los aeropuertos de Agadir y Marrakech y las mismas ciudades.

A la vuelta

La moneda marroquí no se puede exportar. Si cuando finalice su estancia quiere cambiar los dirhams a una divisa más fuerte, deberá mostrar el comprobante de compra de la moneda original.

No hay tasas de salida del país.

Vuelos nacionales

Hay vuelos nacionales entre la mayor parte de las ciudades, incluso a las ciudades más meridionales, como El Aaiún y Dakhla. Las ventajas de volar son evidentes: rapidez y rentabilidad; como lo son también los inconvenientes: el coste y la poca frecuencia de vuelos. La mejor razón para tomar un vuelo nacional será completar la mejor parte de un largo recorrido. Por ejemplo, sólo la ida desde Tánger hasta Marrakech cuesta cerca de 685 dirhams (primera clase: 820 dirhams), tres o cuatro veces superior al coste del tren o del autobús. Sin embargo, la duración del viaje es de apenas 2 horas en lugar de 10.

OFICINAS DE ROYAL AIR MAROC

En Marruecos

Agadir: Avenue General Kettani. Tel.: (04) 84 07 93.

Royal Air Maroc en Internet

Para información sobre horas de salida, tarifas y reservas: callcenter@royalairmaroc.co.ma

Casablanca: 44 Avenue de L'Armée Royale. Tel.: (02) 31 11 22.
El Aaiún: Place Dcheira Immeuble Nadir. Tel.: (04) 89 40 71.
Fez: 54 Avenue Hassan II. Tel.: (05) 62 55 16/62 55 17.
Marrakech: 197 Avenue Mohamed V. Tel.: (04) 88 50 80.
Ouarzazate: 1 Boulevard Mohammed V. Tel.: (04) 70 97 66.
Oujda: Hôtel Oujda, Boulevard Mohammed V. Tel.: (05) 68 39 09.
Rabat: 9 Rue Aboufaris Almarini. Tel.: (03) 70 97 00.
Tánger: 1 Place de France. Tel.: (03) 93 55 01/93 55 03.
Tetuán: 5 Avenue Mohamed V. Tel.: (03) 96 12 60/96 16 10.

Transporte urbano

En las ciudades tome los *petits taxis*: pequeños turismos, en teoría equipados con taxímetro, de distintos colores en cada ciudad. Pueden transportar hasta tres personas. Son baratos, pero pregunte antes el precio aproximado, y no hay nada malo en discutir de manera educada, pero sin dejarse avasallar si el precio le ha parecido desorbitado al final de la carrera. En Marrakech (y también en Taroudannt), el medio de transporte alternativo lo constituyen las brillantes calesas tiradas por caballos, de grandes ruedas, potentes bocinas y baldaquinos de cuero. Pueden ser igual de baratas que los taxis (no mucho más caras que el autobús si la comparte con otras dos o tres personas) para tres o cuatro personas, aunque en la actualidad los precios se desorbitan cuando hay muchos turistas. Las tarifas oficiales están colgadas dentro de los vehículos, pero siéntase muy satisfecho si consigue no pagar más del precio recomendado. Los autobuses urbanos suelen ser baratos y útiles (pero siempre van abarrotados).

Transporte local

Puede elegir entre trenes, autobuses y taxis.

TRENES

La red ferroviaria se extiende hasta el sur de Marrakech, y se une con Safi, El-Jadida, Casablanca, Rabat, Tánger, Fez, Meknés y Oujda. Tanto la primera como la segunda clase tienen aire acondicionado. Los viajeros menores de 26 años pueden utilizar billetes de Eurotrain o Interrail en los trenes marroquíes. En cualquier caso, los precios son baratos (por ejemplo, de Tánger a Marrakech cuesta 25 dirhams en primera clase y 18 en segunda). Planee su viaje con antelación (los horarios están a su disposición en las estaciones, en los puntos de información turística y también aparecen publicados en los periódicos). Vale la pena viajar en primera clase en las horas punta y en recorridos muy populares, sobre todo si no sube al tren en la estación de salida. Las estaciones ferroviarias se hallan cerca del centro de la *ville nouvelle*. Asegúrese de apearse en la estación correcta, por ejemplo, en Rabat posiblemente querrá bajar en Rabat Ville y no en Rabat Agdal (una agradable zona residencial de las afueras); de la misma manera que para ir a Meknés bajará en la parada Meknés y no en Meknés amir Abdelkader.

AUTOBUSES

Es el medio de transporte más barato para moverse en Marruecos y el mejor modo de llegar a conocer los entresijos del país. Existe una red nacional, la CTM, que cuenta con buenos autobuses con aire acondicionado; una red entre

Información ferroviaria en Internet

Para información sobre recorridos, horarios y tarifas visite: www.oncf.org.ma

Casablanca, Agadir y el sur llamada SATAS, y una gran cantidad de pequeñas compañías locales que puede que cumplan o no sus horarios. Si va a viajar en autobús vaya con tiempo; muchos de ellos realizan paradas con gran frecuencia.

Los precios de los autobuses son un veinte por ciento más baratos que los de los trenes. Los cómodos autocares exprés Supratours de la ONCF (la compañía ferroviaria) realizan el trayecto de las costas sudoriental y septentrional (donde no llega el ferrocarril). Éstos cuestan un cincuenta por ciento más que los autobuses normales.

La mayor parte de las grandes ciudades han construido en los últimos años una nueva estación de autobuses centralizada, que dispone de centros eficaces de información que le pueden aconsejar sobre los recorridos.

En **Fez**, todos los autobuses salen de la estación en Borj Nord.

En **Meknés**, muchos de los autobuses tienen como punto de llegada y de partida la estación situada fuera de la Bab Khemis, aunque algunos servicios todavía se realizan en la Bab Mansur.

En **Marrakech**, la estación central de autobuses se encuentra al lado de Bab Dukala, en un extremo de la medina. Sin embargo, los autobuses Supratours salen del lado de la estación de trenes y la CTM cuenta con otra estación en Gueliz en el Boulevard Zerktouni, no lejos del cine Collisée.

En **Casablanca**, la estación de autobuses de CTM está junto a Avenue des Far, detrás del Hotel Safir. En Rabat, la principal estación de autobuses está situada de manera poco estratégica a 2 kilómetros del centro urbano, en la Place Zerktouni.

GRANDS TAXIS

Son automóviles grandes, por lo general Mercedes, que pueden llevar hasta seis pasajeros para recorridos entre ciudades y que tienen una tarifa fija. Salen cuando están llenos y es posible alquilar un taxi entero, pero asegúrese antes de la tarifa. El precio puede que resulte tres veces más caro que el autobús, pero cubre el recorrido en la mitad de tiempo o incluso menos. En zonas desérticas o remotas, los Land Rover a menudo sustituyen a los taxis, y las rancheras hacen de autobuses urbanos.

Transporte privado

EN AUTOMÓVIL

Para poder conducir debe tener más de 21 años y contar con un seguro completo que cubra los daños a terceros. El seguro se obtiene de manera automática al alquilar un vehículo. Si viaja con el suyo propio, necesita la tarjeta verde europea y los documentos de registro del vehículo. Si su compañía de seguros no le facilita la tarjeta verde para Marruecos (muy pocas lo hacen), tendrá que comprar una cuando llegue a Marruecos (*véase «Cómo llegar»*). Su permiso de conducir es válido, pero no está de más llevar también un permiso internacional (puede conseguir la traducción al francés o al árabe en organizaciones automovilistas). También necesita un permiso especial para caravanas.

El sistema de ceder el paso a la derecha (*priorité à droite*) todavía funciona. Esto significa que en las rotondas tienen prioridad los vehículos que van a incorporarse sobre los que ya circulan por el interior.

Sin embargo, en los cruces hay señales que indican quién debe ceder el paso. Las carreteras principales están bien asfaltadas, mientras que las secundarias presentan algunos fallos (algunos baches traicioneros), y las carreteras de montaña no son tan malas como se imagina. Se está construyendo poco a poco una autopista de peaje entre Casablanca y Tánger. Actualmente llega hasta Asilah, pero con un tedioso tramo en Rabat por el que se ha de circular a 40 km/h. También hay una nueva autopista entre Rabat y Fez, y algunos tramos nuevos todavía en construcción entre Tetuán y Marrakech. Los peajes no son muy caros, al menos comparados con los europeos.

Preste atención a los demás conductores; en el sistema de obtención del permiso de conducir en Marruecos abunda la corrupción.

Hay gasolineras (súper para los de gasolina y gasoil para diesel) en las ciudades y por la autopista, pero es recomendable llenar el depósito antes de emprender un largo recorrido fuera de las carreteras principales.

Un número cada vez mayor de gasolineras ofrecen gasolina sin plomo (*sans plomb*), en especial Afriquia. La gasolina se abarata hacia el sur, pero aun así cuesta una media de 8 dirhams por litro. Los aparcamientos en las ciudades cuestan unos pocos dirhams, que le cobrará un empleado que, al mismo tiempo, le ofrecerá limpiar el automóvil por algo de dinero.

Dónde alojarse

Hoteles

La mayor parte de los hoteles están clasificados por categorías aprobadas por la Federación de Asociaciones Hoteleras y el Ministerio de Turismo. Las únicas excepciones son los hoteles no clasificados, que gozan de libertad para establecer sus propias tarifas y que por lo general son establecimientos situados en el centro, posiblemente en la medina, sin baño o ducha en la habitación (de vez en cuando los *hammams* o baños públicos suelen ser los baños utilizados). Debe tener en cuenta que en algunos hoteles, aunque cobren una tarifa oficial por las habitaciones con servicios básicos, quizás intenten alojarle en una habitación mejor, alejada de la carretera o con un salón adicional que puede hacer su estancia más agradable pero a la vez más cara. Compruebe la tarifa nada más llegar. Las oficinas de turismo locales investigan casos de irregularidades en el precio.

Por lo general, las prestaciones según la calificación por estrellas son las que aparecen en el cuadro de esta página.

Es preferible hacer la reserva con antelación, sobre todo durante los períodos más solicitados (Pascua, Navidad y verano). En su país encontrará compañías especializadas que pueden ayudarle a trazar un itinerario y a hacer las reservas.

Categorías por estrellas

Los precios que aquí se exponen tienen un carácter orientativo y se refieren al precio de una habitación doble con baño por noche.

Los hoteles de **cinco estrellas** (más de 1 500 dirhams por una doble) son realmente lujosos y en algunas ocasiones las tarifas pueden equipararse a las de los hoteles de lujo europeos. Los mejores hoteles de cinco estrellas de Marruecos, famosos por su reputación y su estilo, son La Mamounia en Marrakech, el Palais Jamai en Fez, El Minzah en Tánger »y el más exclusivo de todos, La Gazelle d'Or en Taroudannt.

Los establecimientos de **cuatro estrellas** suelen ser buenos, aunque menos refinados que los de cinco (a partir de 750 dirhams por una habitación doble). Suelen ofrecer una buena instalación de agua, piscina (en ocasiones climatizada en invierno), seguramente un club nocturno, pero no siempre pista de tenis (muy poco común en los hoteles de cuatro estrellas B). En las regiones más cálidas, los hoteles tienen aire acondicionado; el mayor inconveniente es, en general, que carecen de estilo.

En un hotel de **tres estrellas** (de unos 300 a 600 dirhams por una habitación doble), los clientes pueden disfrutar de un restaurante y un bar decentes, baño en todas las habitaciones y, por lo general, una piscina. Algunas veces no son tan modernos como los hoteles de cuatro estrellas, pero el servicio suele ser muy eficiente.

Los hoteles de **dos estrellas** (sobre unos 250 dirhams por una habitación doble) tienen baño en casi todas las habitaciones, a veces disponen de un pequeño bar y restaurante y, en raras ocasiones, piscina.

Los hoteles de **una estrella** son muy variables. La mayor parte de ellos tienen algunas habitaciones con ducha. De vez en cuando puede encontrar un restaurante o un bar, pero nunca una piscina. La tarifa ronda por encima de los 200 dirhams por una habitación doble.

Los hoteles **no clasificados**, *auberges* y *maison d'hôtes* son los más variados de todas las categorías y le cobrarán lo que quieran. En función de sus prestaciones y de las aspiraciones del propietario, pueden cobrar desde sólo 40 dirhams, aunque lo normal es que cobren entre 80 y 200 dirhams.

AGADIR

Seguramente hay más hoteles y complejos hoteleros en Agadir que en cualquier otra parte de Marruecos, pero en verano suele estar todo ocupado por grupos que realizan viajes organizados. La mayor parte están en el Boulevard Mohammed V, paralela a la playa (aunque no en primera línea de mar). En las calles adyacentes hay pequeños establecimientos.

Hôtel Sahara: ☆☆☆☆
Avenue Mohammed V.
Tel.: (04) 84 06 60; fax: (04) 84 06 48.
El hotel más grande y resplandeciente de los de su categoría. Ofrece todo tipo de servicios, que incluyen aire acondicionado en todas las habitaciones, piscina, sauna, cine y pista de tenis, club nocturno y banda de música residente. Está un poco apartado del mar.

Iberotel Tikida Beach: ☆☆☆☆
Chemins des Dunes.
Tel.: (04) 84 21 20.
Un enorme hotel con playa privada y numerosas actividades y gimnasio. Discoteca muy famosa.

Club La Kasbah Agadir
Boulevard du 20 Aout.
Tel.: (04) 84 01 36.
Enorme complejo de la cadena ACCOR con todos los servicios que pueda desear, incluso un club para niños.

Hôtel Club Salam: ☆☆☆
Boulevard Mohammed V.
Tel.: (04) 84 01 84; fax: (04) 84 08 21.
Hotel con pista de tenis, piscina y discoteca. Muy bien regentado. Organizan muchas actividades de ocio.

Hôtel Miramar: ☆☆
Boulevard Mohammed V.
Tel.: (04) 84 07 70; fax: (04) 84 07 70.
Pequeño hotel muy agradable (sólo 12 habitaciones) con bar y restaurante. Situado al lado del puerto.

Hôtel Petit Suede: ☆☆
Avenue Hassan 11.

Tel.: (04) 84 07 79; fax: 84 00 57.
Cómodo y bastante bueno, pero sólo una tercera parte de las habitaciones tienen ducha.
Hôtel Karam: ☆☆
10 Place de la Foire.
Tel.: (04) 84 42 49.
Hotel con restaurante y piscina. Ducha y baño en la mayoría de las habitaciones.
Hôtel Sindibad: ☆☆
Place Ibrahim Tamri.
Tel.: (04) 82 34 77; fax: (04) 84 24 74.
Servicio eficiente; piscina.
Residence Farah : ☆☆
Rue de la Foire.
Tel.: (04) 84 39 33; fax: (04) 84 33 64.
Servicio opcional de cocina propia.
Hôtel Diaf: ☆
Rue Allal ben Abdellah.
Tel.: (04) 82 58 52.
Modesto, limpio y entrañable. Sólo unas pocas habitaciones tienen ducha.

AL HOCEIMA

Hôtel Quemado: ☆☆☆
Paseo marítimo.
Tel.: (03) 98 33 15; fax: (03) 98 48 87.
Complejo en primera línea de mar; ofrece villas, habitaciones, piscina, pista de tenis y deportes acuáticos.
Mohammed V: ☆☆
Place Massira.
Tel.: (03) 98 22 33; fax: (03) 98 33 14.
Antes era del Estado. Se trata del complejo hotelero más antiguo de la ciudad. Las habitaciones y los apartamentos han sido reformados con muy buen gusto.
Hôtel Karim: ☆☆
27 Avenue Hassan II.
Tel.: (03) 09 21 84.
Modesto, pero con un buen restaurante y bar.
Hôtel Nacional: ☆☆
23 Rue de Tetouan.
Tel.: (03) 98 21 41.
Pequeño pero muy agradable. La mayor parte de las habitaciones tienen baño.
Hôtel Florido: no clasificado
Place du Rif.
Hotel sencillo situado encima de un animado café. El motivo en forma de estrella en el exterior era el emblema de la república del Rif de Abd el-Krim. Bastante limpio (para su precio); habitaciones amplias, algunas con balcón. El ruido puede resultar algo molesto.

ASILAH

Hôtel Al Khalma: ☆☆☆
Route de Tanger km 2.
Tel.: (03) 41 74 28; fax: (03) 41 74 28.
Asilah es cada vez más conocido entre los operadores turísticos y este hotel se ofrece en muchos de ellos. Está fuera de la ciudad, en la carretera de Tánger. Tiene piscina, bar y discoteca, y está cerca de la playa. Puede practicar windsurf y también equitación.
Hôtel Oued el Makhazine: ☆
Avenue du Melilla.
Tel.: (03) 91 70 90.
Cómodo y agradable, con vistas al mar, tiene bar.
Hôtel Marhaba no clasificado
9 Rue Zallakah.
Limpio y céntrico.

ASNI

Grand Hôtel du Toubkal: ☆☆☆
Tel.: 3 mediante operadora.
Base estratégica para explorar el Parque Nacional Toubkal. Bar restaurante y, en verano, piscina; calefacción central (interesante fuera de temporada). Las habitaciones posteriores gozan de buenas vistas.

AZROU

Hôtel Panorama: ☆☆☆
Centro ciudad.
Tel.: (05) 56 20 10; fax: (05) 56 18 04.
Bien gestionado, con restaurante, bar y calefacción central en invierno.
Auberge Amros
Situado a las afueras de la ciudad, en la carretera de Meknés.
Tel.: (05) 56 36 63.
Agradable hostal rural con restaurante de cocina francesa.
Hôtel Azrôu: ☆
Route de Khenifra.
Tel.: (05) 56 21 16.
Pequeño y agradable. Restaurante, bar y calefacción central.
Hôtel des Cèdres: ☆
Place Mohammed V.
Tel.: (05) 56 23 26.
Otro agradable hotel, pequeño, con restaurante y calefacción central.

BENI MELLAL

Hôtel Ouzoud: ☆☆☆☆
Route de Marrakech.
Tel.: (03) 48 37 52; fax: (03) 48 37 52.
Gran hotel moderno, al que suelen dirigirse los grupos que visitan Marrakech. Pista de tenis y piscina.
Hôtel Chems: ☆☆☆☆
Route de Marrakech.
Tel.: (03) 48 36 60.
Hotel moderno y bien situado, con piscina y unos bonitos jardines.
Hôtel Gharnata: ☆☆
Boulevard Mohammed V.
Tel.: (03) 48 34 82.
Hotel moderno y agradable; céntrico.
Hôtel du Vieux Moulin: ☆
Boulevard Mohammed V.
Auberge acogedor, con un buen restaurante.

CASABLANCA

Hay un gran número de lujosos hoteles de cinco estrellas:
Hôtel Royal Mansour
27 Avenue des F. A. R.
Tel.: (02) 31 30 11; fax: (02) 31 48 18.
El primer hotel de la cadena de hoteles Meridien, en expansión en Marruecos; tiene más estilo que el resto de las cadenas internacionales. Su patio en forma de atrio es un lugar agradable donde tomar un café o una copa.
Hôtel Hyatt Regency
Place Mohammed V.
Tel.: (02) 26 12 34.
Aunque no se aloje en él, tome algo en el bar «Casablanca», inspirado en la famosa película.
Holiday Inn Crown Plaza
Avenue Hassan II.
Tel.: (02) 29 49 49.
Sheraton
100 Avenue des F. A. R.
Tel.: (02) 31 78 78.
Hôtel Safir
160 Avenue des F. A. R.
Tel.: (02) 31 12 12.

Guía de precios

Los precios que se ofrecen a continuación son, a título orientativo, para una habitación doble con baño (si tienen) por noche.
Cinco estrellas: más de 1 500 dirhams, aunque puede ser mucho más caro.
Cuatro estrellas: a partir de 750 dirhams.
Tres estrellas: entre 300 y 600 dirhams.
Dos estrellas: unos 250 dirhams.
Una estrella: hasta 200 dirhams.

Conocido por la excelente relación calidad precio y las ofertas especiales.
Hôtel Riad Salam
Boulevard de la Corniche.
Tel.: (02) 39 13 13.
El único hotel de lujo que da a la desoladora playa y estratégicamente situado para acceder al Royal Anfa Golf Club.

Otros hoteles aconsejables son:
Idou Anfa: ☆☆☆☆
85 Boulevard d'Anfa.
Tel.: 02) 20 02 35;
fax: (02) 20 00 29.
Situado cerca del Twin Centre. Buena relación calidad precio. Servicios de lujo y una bonita piscina.
Moussafir: ☆☆☆
Avenue Bahmad. Tel.: (02) 40 19 84.
Como otros miembros de la cadena Moussafir, está a dos pasos de la estación de ferrocarril. Amueblado con sencillez, pero limpio, con buenos baños y un excelente servicio. Buena relación calidad precio. Haga reserva.
Hôtel Plaza: ☆☆
18 Boulevard Haphouet Boigny.
Tel.: (02) 22 12 62.
Hotel bien dirigido, pequeño y con bar restaurante.
Hôtel Rialto: ☆
9 Rue Claude. Tel.: (02) 27 51 22.
Sencillo, pero todas las habitaciones tienen baño o ducha.
Hôtel du Louvre: ☆
36 Rue Nationale.
Tel.: (02) 27 37 47.

EL AAIÚN

Hôtel Parador: ☆☆☆☆☆
Rue Obka ibn Nafaa.
Tel.: (04) 89 45 40.
Castillo de imitación con varios patios y estanques poco profundos (una piscina). Decoración árabe y emparrados verdes.
Hôtel Massira
Tel.: (04) 89 42 25.
Buena alternativa al Hôtel Parador, aunque suele llenarse de grupos de turistas.
Hôtel Nagjir
Tel.: (04) 89 41 68.
Opción más sencilla, pero todas las habitaciones tienen baño o ducha y una nevera.

EL-JADIDA

Royal Golf: ☆☆☆☆
Route de Casablanca km 7.
Tel.: (03) 35 41 41.
Hotel de lujo con todas las prestaciones (tenis, piscina, *hammam*, club nocturno, sala de deportes, varios restaurantes, etc.), ubicado justo al norte de El-Jadida, con vistas al campo de golf adyacente y al océano Atlántico.
Club Salam des Doukkala: ☆☆☆
Avenue de la Ligue Arabe.
Tel.: (03) 34 37 37.
Hotel en la playa; organizan actividades deportivas.
Hôtel le Palais Andalous: ☆☆☆
Boulevard Docteur de Lanouy.
Tel.: (03) 34 37 45.
Palacio reconvertido alrededor de un patio. Gran encanto y precios razonables.
Hôtel de Provence: ☆☆
42 Avenue Fkih Er Rafi.
Tel.: (03) 34 23 47.
Entrañable hotel; pocas habitaciones tienen baño. Tiene bar con licencia para servir bebidas alcohólicas y un buen restaurante.

ERFOUD

Hôtel Salam: ☆☆☆☆
Route de Rissani.
Tel.: (05) 57 64 24.
Un antiguo hotel lujoso, muy digno, con vistas al palmeral. Piscina.
Auberge-Kasbah Derkaouah: ☆☆☆
Tel.: (05) 57 71 40.
Situado a unos 24 kilómetros al sudeste de la ciudad, en la pista de las dunas Merzouga, este complejo de adosados, habitaciones y tiendas es el paraíso de la buena comida, la paz y la armonía. El propietario, que pasó la mayor parte de su vida en el desierto, hace que se convierta en un lugar memorable. Telefonee para hacer una reserva y para preguntar cómo se llega.

ER RACHIDIA

Hôtel Rissani: ☆☆☆☆
Route d'Erfoud.
Tel.: (05) 57 21 86.
Es el hotel más lujoso de la ciudad y el único con una buena piscina en condiciones. En él se hospedan los pasajeros de los autocares turísticos. Buenas vistas sobre el río Ziz.
Hôtel Oasis: ☆☆☆
4 Rue Abou Abdellah.
Tel.: (05) 57 25 19.
Bar y restaurante.
Hôtel Meski: ☆☆
Avenue Moulay Ali Cherif.
Tel.: (05) 57 20 65.
Exterior poco prometedor, que da paso a un entresijo de habitaciones grandes y limpias a la par que austeras. Posee restaurante, pero no bar. También tiene piscina.

ESSAOUIRA

Riad Mogador:: ☆☆☆☆
BP 368.
Tel.: (04) 78 35 55.
Buen hotel, competencia del conocido Hotel des Iles (*véase a continuación*), de estilo parecido.
Hôtel des Iles: ☆☆☆☆
Boulevard Mohammed V.
Tel.: (04) 47 53 29.
Bien gestionado pero algo apagado. Tiene vistas a la playa.
Hôtel Tafoukt: ☆☆☆
98 Boulevard Mohammed V.
Tel.: (04) 47 25 04.
Situado al sur de la ciudad, en

la carretera paralela a la costa. Simpático, con restaurante autorizado para servir bebidas alcohólicas.
Villa Maroc: ☆☆☆
10 Rue Abdellah ben Yassine.
Tel.: (04) 47 31 47.
Agradable y con estilo. Comida marroquí a la carta. Fogatas al aire libre fuera de temporada. Haga la reserva. Los precios son inferiores a los de su categoría.
Hôtel Riad Al Medina: ☆☆☆
9 Rue Attarine.
Tel.: (04) 47 59 07.
Maison d'hôte original y atractiva del siglo XVIII, aunque no tan interesante como el Villa Maroc; los precios han subido mucho.
Hôtel Sahara: ☆☆
Avenue Okba ibn Nafaa.
Tel.: (04) 47 22 92.
Bastante grande y bien regentado.
Auberge Tangaro
A 4 kilómetros de Essaouira, en dirección a Diabet.
Tel.: (04) 78 57 35.
Habitaciones en dos niveles, ubicación romántica, pero no tiene electricidad (basta con unas velas). Media pensión.

FEZ

Hôtel Paials Jamai: ☆☆☆☆☆
Bab Guissa.
Tel.: (05) 63 43 31; fax: (05) 63 50 96.
Precioso palacio del siglo XIX, con maravillosos jardines y vistas de Fez. Abrió de nuevo sus puertas tras varias reformas en 1999. Alójese en él si puede permitírselo. Vale la pena gastar algo de dinero extra en una habitación con vistas a la medina.
Hôtel Merinides: ☆☆☆☆☆
Avenue Borj du Nord.
Tel.: (05) 64 60 40; fax: (05) 64 52 25.
Muy bien restaurado tras el incendio durante las revueltas. Más arriba de la medina, con magníficas vistas.
Jnan Palace: ☆☆☆☆☆
Avenue Ahmed Chaouki
Tel.: (05) 65 39 65.
Hotel nuevo ubicado en un amplio terreno de la *nouvelle ville*. Más adecuado para asistir a un congreso que para ir de vacaciones.
Sheraton: ☆☆☆☆☆
Avenue des F. A. R.
Tel.: (05) 93 09 09.
En lo que se refiere al ambiente, este hotel nuevo no tiene ni punto de comparación con el Palais Jamai, pero ofrece un mejor servicio. Pista de tenis.
Maison Bleue (*maison d'hôte*)
2 Place de L'Istiqal Batha
Tel.: (05) 74 18 43.
Precioso y encantador hotel familiar con tres suites, encima del que podría ser considerado como el mejor restaurante de Fez.
Hôtel Menzeh Zalagh: ☆☆☆
Rue Mohammed Diouri.
Tel.: (05) 62 55 31.
Hotel de tamaño mediano, con buena reputación y vistas a Fez Jdid. Cuando haga la reserva (se recomienda hacerla), especifique que quiere alojarse en el Menzeh Zalagh y no en el más funcional Zalagh 2, en la misma calle. Piscina.
Hôtel de la Paix: ☆☆☆
44 Avenue Hassan II.
Tel.: (05) 62 50 72.
Afamado hotel al final de la calle principal de la ciudad nueva. Algunas habitaciones tienen aire acondicionado.
Moussafir: ☆☆☆
Avenue des Almohades.
Tel.: (05) 65 19 02.
Plaza de la Estación.
Ubicado en la ciudad, es uno de los hoteles de estación con buena relación calidad precio y agradable. Decoración atractiva, jardín y piscina. Una buena opción, sobre todo si viaja en tren. Haga reserva.
Splendid Hotel: ☆☆☆
9 Rue Abdelkrim el Khattabi.
Tel.: (05) 62 21 48.
Hotel con buena relación calidad precio y con aire acondicionado (ideal para el verano de Fez), piscina y bar popular. Habitaciones en buen estado, pero nada especial.
Hôtel Batha: ☆☆☆
Place Batha.
Tel.: (05) 63 64 37.
Excelente ubicación cerca de Bab Boujeloud, la entrada a Fez el-Bali. Algo descuidado para ser un hotel moderno, aunque las habitaciones son bastante cómodas. Piscina a la sombra la mayor parte del día.
Hôtel Amor: ☆☆
31 Rue Arabie Saoudite.
Tel.: (05) 62 27 24.
De los hoteles cerca de la estación, el Amor es el más cómodo. Buena relación calidad precio.

IFRANE

Hôtel Michlifen: ☆☆☆☆☆
Tel.: (05) 56 66 07.
Renovado hace poco y, con mucho, el mejor hotel de la zona. Caro.
Hôtel Perce Neige: ☆☆
Rue des Asphodelles.
Tel.: (05) 56 63 50.
Habitaciones razonables, pero el restaurante del hotel no es muy aconsejable.

IMLIL

La Kasbah du Toubkal
Tel.: 48 56 11.
Centro de estudio y *auberge* que ha sido restaurado por una empresa anglomarroquí. Ofrece habitaciones con baño y una insuperable vista del valle. Ganador del Globo Verde de turismo sostenible en 1998.

IMMOUZER DES IDA OUTANANE

(Provincia de Agadir)
Hôtel des Cascades: ☆☆☆
Tel.: (04) 82 60 16.
Excelente hotel rural, con buenas habitaciones y magníficas vistas.

IMMOUZER DU KANDAR

(Provincia de Fez)
Hôtel des Truites: no clasificado
Tel.: (05) 66 30 02.
Antiguo hotel familiar con un bar restaurante acogedor. Las habitaciones son sencillas, pero llenas de encanto.
Chalet du Lac
Tel.: (05) 66 31 97.
Auberge para cazadores y pescadores, regentado por un francés, cerca de Dayet Aoua. Algo deteriorado, pero era el preferido del rey Hasán II.

Guía de precios

Los precios que se ofrecen a continuación son a título orientativo, para una habitación doble con baño (si tienen) por noche.
Cinco estrellas: más de 1 500 dirhams, aunque puede ser mucho más caro.
Cuatro estrellas: a partir de 750 dirhams.
Tres estrellas: entre 300 y 600 dirhams.
Dos estrellas: unos 250 dirhams.
Una estrella: hasta 200 dirhams.

LARACHE

Hôtel Riad: ☆☆
Rue Mohammed ben Abdellah.
Tel.: (03) 91 26 26.
Antiguo hotel, acogedor y entrañable, con bar.
Hôtel España: ☆☆
2 Avenue Hassan II.
Tel.: (03) 91 31 95.
Gran hotel a buen precio con habitaciones preciosas. Tiene licencia para servir bebidas alcohólicas.

MARRAKECH

Si llega a Marrakech en una época de ajetreo (por ejemplo Pascua) sin una reserva de hotel y tiene dificultad para encontrar algo, busque en las calles adyacentes a la Avenue Mohammed V en Gueliz (la ciudad nueva), donde abundan los hoteles de dos y tres estrellas.
Hôtel La Mamounia: ☆☆☆☆☆
Avenue Bab Jdid.
Tel.: (04) 44 89 81;
fax: (04) 44 49 40.
A Winston Churchill le gustaba alojarse en él. Antiguo palacio cerca de la medina, lujoso y caro, conocido por sus fantásticos jardines.
Palmeraie Golf Palace: ☆☆☆☆☆
Tel.: (04) 30 10 10;
fax (04) 30 50 50.
Nuevo hotel de lujo (ocho restaurantes, cinco piscinas, equitación, gimnasio, etc.), situado junto a un magnífico campo de golf de 18 hoyos diseñado por Robert Trent Jones.
Hôtel Es Sadi: ☆☆☆☆☆
Avenue Quadissia (en la selecta zona de Hivernage al oeste de Kutubiyya).
Tel.: (04) 44 88 11; fax: (04) 44 76 44.
No es tan ostentoso como La Mamounia; es más asequible y popular. Todas las comodidades, incluida una pista de tenis.
Maison Arabe (precios de cinco estrellas)
Cerca de Bab Doukala.
Tel.: (04) 39 12 33.
Antes era un famoso restaurante y ahora, un precioso hotel propiedad del italiano Fabrizio Ruspoli. No hay piscina ni restaurante (sólo sirve desayunos), pero atrae a muchos clientes exigentes.
Hôtel Taflialet: ☆☆☆☆
Route de Casablanca.
Tel.: (04) 44 98 18.
Servicio personal e impecable, un poco alejado de la ciudad; 84 habitaciones.
Hôtel Grand Imilchil: ☆☆☆
Avenue Echohuada.
Tel.: (04) 44 76 53.
Buena relación calidad precio; piscina. Situado en la zona del Hivernage, cerca de la medina. No tiene bar.
Hôtel Le Marrackech: ☆☆☆
Place de la Liberté.
Tel.: (04) 43 43 51.
Gran hotel, bien ubicado en un extremo de la medina, cerca de Bab Larissa. Precios razonables; amplia oferta de servicios.
Hôtel Moussafir: ☆☆☆
Avenue Hassan II.
Tel.: (04) 43 59 29.
Servicio eficiente; habitaciones decoradas en azul y blanco; buena instalación de agua.
Hôtel Nassim: ☆☆☆
115 Avenue Mohammed V.
Tel.: (04) 44 64 01.
Hotel moderno en el centro de la ciudad, en el corazón de Gueliz, con un bar acogedor y una piscina muy pequeña.
Hôtel Sherherzade: ☆☆
Derb Riad Zitoune Kedim.
El hotel pequeño más conocido de la medina, situado alrededor de dos *riads* tradicionales con buenas azoteas. Agradable. Los propietarios son una pareja germanomarroquí.
Hôtel Islane: ☆☆
Tel.: (04) 44 00 83.
Limpio y agradable. Bien ubicado cerca de Kutubiyya. Antes de aceptar la habitación, compruebe que no sea demasiado ruidosa.
Hôtel de Foucald: ☆
Avenue El Mouahidine.
Tel.: (04) 44 54 99.
El hotel ha perdido una estrella y ya no tiene licencia para servir bebidas alcohólicas, pero permite a los clientes que lleven su propia bebida. Los baños han mejorado mucho. Sigue siendo el preferido entre los montañeros y aventureros, en parte debido a Thami, su eficiente recepcionista.
Hôtel Ali: no clasificado
Rue Moulay Ismail.
Tel.: (04) 44 49 79.
Es el preferido de los mochileros y aventureros que viajan a las montañas. Barato y alegre, con un buen restaurante y un bufé en la terraza de verano.
Hôtel Essaouira: no clasificado
3 Sidi Bouloukate (medina).
Tel.: (04) 44 38 05.
Alojamiento sencillo y atractivo. Muy limpio y agradable.
Hôtel Le Gallia
30 Rue de la Recette.
Tel.: (04) 44 59 13.
Otra buena opción para presupuestos reducidos. Preciosas habitaciones decoradas con azulejos; patio central frondoso.
Riad Mia Remmal Metzger
Kaat Benahid Derb Bounouar, 12.
Tel.: (04) 42 78 51.
Encantador *riad* al estilo *Bed & Breakfast*, propiedad de un artista. Es una buena opción para quienes deseen cambiar los servicios del hotel por la inmersión cultural en la vida de la medina.

MDIQ

Hôtel Golden Beach: ☆☆☆
Route de Ceuta.
Tel.: (03) 97 50 77.
Uno de tantos hoteles que llenan la costa entre Ceuta y Tetuán.
Holiday Club Mdiq
Route de Ceuta.
Tel.: (03) 66 31 39.

Establecimiento para viajes organizados justo en la playa. Las habitaciones son sencillas pero aceptables. Posibilidad de practicar deportes como windsurf, equitación, tenis y esquí acuático.

MEKNÉS

Hôtel Transatlantique: ☆☆☆☆
Rue El Merinyine.
Tel.: (05) 52 50 50.
Hotel de lujo con personalidad y una larga historia; ofrece buen servicio.
Hôtel Rif: ☆☆☆☆
Rue Zankat Accra.
Tel.: 52 25 91.
Mucho menos refinado que el Transatlantique, pero agradable y popular, con muchas prestaciones.
Hôtel Volubilis: ☆☆☆
45 Avenue des F. A. R.
Tel.: (05) 52 50 82.
Hotel no muy grande, con bar y club nocturno. Está prohibido tomar alcohol en las habitaciones.
Hôtel Akouas: ☆☆☆
Rue Emir Abdelkader.
Tel.: (05) 51 59 67.
Habitaciones modernas, cómodas y razonables; servicio amable. Hay un famoso club nocturno en la planta baja.

MIRLEFT

Hôtel de la Plage
Tel.: (04) 71 90 56.
Pequeño hotel italiano situado en la playa. Establecimiento acogedor.

OUALIDIA

Auberge de la Lagoune
Tel.: (03) 34 64 77.
Auberge agradable.

OUARZAZATE

Hôtel Berbére Palace: ☆☆☆☆☆
Quartier Mansour Eddahbi.
Tel (04) 88 29 67.
Gran hotel Meridien con los servicios y las comodidades propios de los hoteles de cinco estrellas. Tiene *hammam*, bar y tiendas. Famoso entre el personal del mundo cinematográfico y de la moda.
Hôtel Riad Salam: ☆☆☆
Avenue Mohammed V.
Tel.: (04) 88 20 06.
Tamaño medio, con pista de tenis y una gran piscina rodeada de hermosos jardines. Ubicación agradable.
Hôtel La Gazelle: ☆☆
Avenue Mohammed V.
Tel.: (04) 88 21 51.
Bien situado y popular; tiene bar y restaurante. Habitaciones modestas pero cómodas, dispuestas alrededor de un patio central. Piscina y aparcamiento. A un paseo del centro. No tiene aire acondicionado.

OUIRGANE

Résidence de la Roseraie: ☆☆☆☆
Tel.: (04) 43 91 28;
fax: 43 91 30.
Perdido en las montañas, con un jardín de rosales, piscina, buenas vistas; bungalós y apartamentos; 9 habitaciones, 16 suites.
Hôtel Le Sanglier Qui Fume: ☆☆
Tel.: (04) 48 57 07.
Tiene nuevos propietarios desde 1997; *auberge* con personalidad que ofrece restaurante, bar y piscina.

OUJDA

Hôtel Lutetia: ☆
44 Boulevard Hassan Loukili.
Tel.: (06) 68 33 65.
Bien dirigido y bastante cómodo, pero no tiene restaurante.
Hôtel Royal: ☆
13 Boulevard Mohammed Zerktouni.
Tel.: (06) 68 22 84.
Casi todas las habitaciones tienen baño y ducha. Limpio y confortable.

OUKAIMEDEN

CAF Refuge
Tel.: (04) 31 90 36.
Regentado por Jean y Michelle, ofrece alojamiento en habitaciones con varias literas, con descuentos para asociaciones afiliadas. Restaurante popular y bar muy barato. Abarrotado durante la época de esquí, base recomendada para realizar excursiones al Atlas en otras épocas del año.
Hôtel Angour (o Chez Juju)
Tel.: (04) 31 90 06.
Alternativa pequeña pero cómoda; bar y restaurante.

OURIKA

Hôtel Ourika: ☆☆☆☆
BP 870. Tel.: (04) 31 91 55.
El hotel más lujoso en este conocido valle del Atlas, al sur de Marrakech. Tiene restaurante, bar, piscina y buenas vistas.

RABAT

La Tour Hassan Meridien: ☆☆☆☆☆
Avenue Abderrahmen Annegai.
Tel.: (07) 72 14 01.
Desde que lo adquirió el Meridien y lo renovó por completo, este hotel vuelve a ser uno de los mejores lugares donde alojarse en el centro de la ciudad.
Hôtel Safir: ☆☆☆☆
Place Sidi Makhlouf.
Tel.: (07) 73 47 47.
Gran hotel muy lujoso, situado entre la medina y la torre de Hasán, con vistas al río. Numerosas prestaciones.
Hôtel Chellah: ☆☆☆☆
2 Rue d'Ifni.
Tel.: (07) 70 02 09.
Situado en un lugar tranquilo cerca del Museo Arqueológico. Agradable y cómodo.
Hôtel Balima: ☆☆☆
Avenue Mohammed V.
Tel.: (07) 70 77 55.
Hotel al viejo estilo, emplazado en un lugar agradable, cerca de la estación de ferrocarril. Está en buenas condiciones y tiene un restaurante y un club nocturno. Aunque otros hoteles más grandes y modernos lo hayan superado en categoría, todavía mantiene una cafetería en el exterior que constituye un punto de encuentro en verano.

SIDI HARAZEM

Hôtel Sidi Harazem: ☆☆☆☆
Tel.: (05) 69 00 57.
Hotel de aspecto desagradable, con vistas a los riachuelos; bastante cómodo, pero es más aconsejable elegir un buen hotel en Fez.

TAFRAOUTE

Hôtel aux Amandiers: ☆☆☆☆
Tel.: (04) 80 00 08.
Hotel al estilo de una casbah, en tonos ocre, situado en una colina, sobre la plaza del pueblo. Piscina, bar y restaurante. Habitaciones con cuarto de baño, pero no le irían mal unas reformas.

TÁNGER

Hôtel el Minzah: ☆☆☆☆☆
85 Rue de la Liberté.
Tel.: (03) 93 58 85.
Hotel elegante y tranquilo, con decoración morisca. Puede escoger una habitación con vistas al jardín o al estrecho. Excelentes bar y restaurante.
Hôtel Rif: ☆☆☆☆
153 Avenue des F. A. R.
Tel.: (03) 94 17 31.
Hotel moderno pero con personalidad, que todavía frecuentan los escritores de Tánger. Jardín y piscina agradables. Muy céntrico.
Hôtel Solazur: ☆☆☆☆
Avenue des F. A. R.
Tel.: (03) 94 01 64.
Para sorpresa de todos, fue en este hotel donde el millonario Malcolm Forbes alojó a los invitados en la fiesta de su 70 cumpleaños. Ni siquiera los arreglos para la ocasión pudieron transformar lo que es en realidad: un establecimiento para grupos de viajes organizados. Ofrece numerosos servicios y vistas de la playa.
Tanjah Flandria: ☆☆☆☆
6 Boulevard Mohammed V.
Tel.: (03) 93 30 00.

Guía de precios

Los precios que se ofrecen a continuación son a título orientativo, para una habitación doble con baño (si tienen) por noche.
Cinco estrellas: más de 1 500 dirhams, aunque puede ser mucho más caro.
Cuatro estrellas: a partir de 750 dirhams.
Tres estrellas: entre 300 y 600 dirhams.
Dos estrellas: unos 250 dirhams.
Una estrella: hasta 200 dirhams.

Afamado hotel en el centro de la ciudad con piscina.
Hôtel Rembrandt: ☆☆☆
Avenue Mohammed V.
Tel.: (03) 93 78 70.
Hotel de estilo clásico, reformado recientemente.
Hôtel Chellah: ☆☆☆
Rue Alal ben Abdellah.
Tel.: (03) 94 33 88.
Grande y con piscina.
Hôtel Djemina: ☆☆
8 Rue Antaki.
Tel.: (03) 94 22 44.
Pequeño y cómodo, con bar y restaurante. Recientemente reformado.
Hôtel Continental: ☆
36 Rue Dar el Baroud.
Tel.: (03) 93 10 24.
Hotel de estilo colonial situado detrás del puerto, en un extremo de la medina. Lo que le falta en cuanto a comodidades lo compensa con un ambiente incomparable. Terraza atractiva.
Hôtel Miramar
168 Avenue des F. A. R.
Tel.: (03) 94 17 15.
Hotel modesto con restaurante y bar.
Hôtel el Muniria: no clasificado
Rue Magellan.
Tel.: (03) 93 53 37.
Agradable hotel regentado por un inglés, con reminiscencias literarias. Bar de moda que a veces está muy lleno y otras, vacío. Algunas habitaciones tienen ducha. Si desea el servicio de desayuno, pídalo por la noche.

TAN TAN

Hôtel Royal
Tel.: (04) 87 71 86.
Piscina, restaurante y bar; es la opción más cómoda, pero es posible que esté lleno de militares.
Hôtel Étoile du Sahara: ☆
17 Rue el Fida.
Tel.: (04) 87 70 85.
Aceptable, con restaurante. Algunas habitaciones tienen ducha.

TAROUDANNT

Gazelle d'Or: ☆☆☆☆☆
A tres kilómetros de la ciudad.
Tel.: (04) 85 20 39.
Un sueño para los sibaritas; piscina, restaurante bajo una carpa y apartamentos junto al Gran Atlas. Atrae a los ricos y famosos. Sólo treinta habitaciones.
Hôtel Palais Salam: ☆☆☆☆
Tel.: (04) 85 23 12.
Un palacio construido dentro de las murallas de la ciudad, con exuberantes palmeras. Servicio atento, comida mediocre; 75 habitaciones y 38 suites.
Hôtel Saadiens: ☆☆
Borj Annassim.
Tel.: (04) 85 25 89.
Hotel prácticamente nuevo, sin licencia para bebidas alcohólicas, situado junto a una pastelería y una piscina. Buena relación calidad precio y muy limpio, pero con poco ambiente.

TETUÁN

Hôtel Safir: ☆☆☆☆
Avenue Kennedy.
Tel.: (03) 97 02 54.
Gran hotel ubicado en la carretera de Ceuta (Sebta). Pista de tenis y club nocturno.
Paris Hotel: ☆☆
Rue Chakib Arsalane.
Tel.: (03) 96 67 50.
Bien situado, pero no merece dos estrellas. Si no le gusta la habitación que le enseñan, pida otra.

VOLUBILIS

The Volubilis Inn: ☆☆☆☆
Tel.: (5) 54 44 05.
Hotel moderno y cómodo, ubicado en un precioso paisaje rural cerca de Moulay Idriss. Piscina y terraza con vistas a las ruinas.

XAUEN

Parador: ☆☆☆☆
Outa el Hamam
Tel.: (03) 98 63 24.
Parador al viejo estilo español con piscina (sólo en verano), restaurante, bar y bonitas vistas.
Hôtel Asma: ☆☆☆
Place Sidi Abelhamid.
Tel.: (03) 98 60 02.
Hotel al estilo de los años setenta, pero con casi todos los servicios y una vistas magníficas.
Hôtel Magou: ☆☆
23 Rue Moulay Idriss.
Tel.: (03) 98 62 57.
Pequeño y agradable, con restaurante.
Hôtel Madrid: ☆☆
Avenue Hassan II.
Tel.: (03) 98 74 96.
Hotel con personalidad propia y entrañable, con decoración marroquí.
Hostal Gernika
49 Rue Onssar.
Tel.: (03) 98 74 34.
Dirigido por una mujer española amante del arte. Impecable.

ZAGORA

La Fibule du Draa: ☆☆☆☆
Route de M'hamid.
Tel.: (04) 84 73 18.
Hotel muy popular; jardín, piscina y bar agradables. Las habitaciones son bastante pequeñas. Buenas vistas y numerosas prestaciones.
Hôtel Kasbah Asmaa
Route de M'hamid.
Tel.: (04) 84 75 99.
Conocido hotel, con un servicio entusiasta y buena comida. Alojamiento acogedor.

Dónde comer

Dónde comer

La **cocina marroquí** puede encontrarse en la mayor parte de los hoteles de cuatro y cinco estrellas y en restaurantes decorados al estilo tradicional. En ciudades como Fez y Marrakech hay varios restaurantes en la medina que están especializados en comida marroquí que combinan cena y espectáculo. Por lo general, están reservados a los turistas, ya que en las ocasiones en que los marroquíes comen fuera, prefieren restaurantes italianos y franceses.

El diseño de un comedor marroquí es similar en todas partes. Las banquetas pegadas a la pared y las mesas bajas son la regla general tanto en las casas particulares como en los restaurantes. La comida típica marroquí se come con dos dedos y el pulgar de la mano derecha, pero nadie le obligará a hacerlo en hoteles y restaurantes. Cuando se sirve el té o el café, significa que la comida está a punto de terminar: deberá abandonar el lugar después de tres o cuatro tazas. Puede que sea mejor reservar este tipo de comidas con antelación (incluso en el hotel) y a veces es posible que deba formar parte de un grupo para poder pedir un determinado plato. Si busca un buen restaurante, fíese de la palabra de otros turistas más que de las recomendaciones de los guías, puesto que reciben comisiones de los restaurantes.

Los hoteles de tres, cuatro y cinco estrellas y algunos de los restaurantes de la ciudad sirven también **cocina europea**. En Agadir en especial, pero también en otros lugares, está aumentando el número de restaurantes de estilo italiano, que sirven pizzas

Mini glosario

Principales platos marroquíes.
Brochettes: trozos de carne en *kebab*, de cordero o hígado.
Cous-cous: un gran cuenco de granos de sémola al vapor con verduras y carne, normalmente pollo o capón. Se suele comer con las manos. Es más un plato casero que de restaurante, al menos para los marroquíes.
Djej: pollo; el plato estrella con pollo es el *djej mqualli*, pollo con mermelada de limón y olivas.
Harira: sopa espesa, picante y a veces cremosa elaborada con cordero y legumbres. Se suele ofrecer como entrante, aunque también puede ser un plato principal.
Hout: pescado; por lo general aparece con el nombre francés: *loup de mer* (perca), *rouget* (salmonete), *merlan* (pescadilla), *thon* (atún).
Kefta: bolas de carne con aroma de cilantro y comino. A veces se sirve con huevos fritos.
Khobz: pan para rebañar la *harira* y el *tajine*; el pan redondo tradicional. Bastante seco, con una textura granulada. Las sobras se usan para elaborar dulces.
M'choui: cordero entero, asado en espetón o al horno. El *m'choui* se suele preparar en ocasiones especiales, por ejemplo en las festividades, en los restaurantes más «tradicionales».
Merguez: salchichas de cordero o ternera picantes; a menudo se sirven con *harissa*, un condimento muy picante.
Pastilla: carne de pichón muy picante dentro de una masa hojaldrada y espolvoreada con azúcar o canela. También se encuentra la versión dulce.
Tajine: estofado de carne o pescado, elaborado con frutas o frutos secos, cocinado a fuego lento sobre un fuego de carbón con aceite de oliva, verduras, frutas y especias. Uno de los platos más vistosos (por el plato con tapa cónica en que se sirve).

Guía de precios

Los restaurantes están clasificados según el precio por persona.
$$$$: más de 400 dirhams.
$$$: entre 250 y 400 dirhams.
$$: entre 100 y 250 dirhams.
$: menos de 100 dirhams.

y espaguetis. Las cafeterías de las afueras o de la medina siempre son una opción más barata; elija la que esté más limpia y concurrida.

AGADIR

Agadir es considerado un lugar cosmopolita y esto se refleja en sus restaurantes: lamentablemente, hay demasiados locales de pasta, pizzas y hamburguesas, arracimados en el Boulevard du 20 Août. El restaurante del Al Madina Palace y el Marrakesh Restaurant del Agadir Beach Club Hotel son los más selectos, con cocinas marroquí e internacional acompañadas de un espectáculo. La especialidad de Agadir son los platos de pescado.

Si desea una cena informal y no muy cara, siéntese en uno de los puestos improvisados dentro del puerto. Un plato de gambas, sardinas y calamares fritos cuesta unos 35 dirhams. Los sirven desde última hora de la mañana hasta última hora de la tarde. Durante el fin de semana, cabe la posibilidad de desplazarse hasta Aouir, al norte de Agadir, donde los restaurantes en las azoteas están especializados en *tajines* muy sabrosos.

Hôtel Miramar
Tel.: (04) 84 07 70.
El restaurante se encuentra dentro del hotel y tiene vistas al puerto al final de la playa; está bien considerado. Cocina francesa de buena calidad, especializada en *flambés*. Licencia para servir bebidas alcohólicas. $$

Restaurant du Port
Port d'Agadir.
Tel.: (04) 84 37 08.
Muy buen pescado. Sirven bebidas alcohólicas. $$

Joharat
El mejor restaurante marroquí de la ciudad. Buen espectáculo, con músicos que tocan el laúd. $$

Restaurante japonés Samouri
TRYP Hotel.
Tel.: (04) 84 03 35.
Camareros disfrazados de samuray sirven los platos preparados por el chef. $$

Chahoua
Uno de los establecimientos coreanos dirigido a los pescadores coreanos de la ciudad. Sencillo pero auténtico. $

ASILAH

Pepe's
Justo fuera de la puerta principal de la medina. Uno de los mejores restaurantes de pescado de la población. Sardinas, calamares, pez espada, gambas y lenguado cocinados de manera sencilla y servidos con pan y ensalada. Las mesas en la acera ofrecen una buena vista del paseo al atardecer. Licencia para servir bebidas alcohólicas. $$

Garcia's
Rue Moulay Hassan Bel el Medhi.
Tel.: (09) 41 74 65.
Restaurante de pescado, bien situado en el paseo. Precios parecidos a Pepe's aunque con un poco más de categoría. Licencia para servir bebidas alcohólicas. $$

CASABLANCA

Puede que la ciudad no tenga muchos rincones que merezca la pena visitar, pero cuenta con numerosos y buenos restaurantes.

À Ma Bretagne
Ain Diab (en la Corniche, al sur de la ciudad, no lejos del *koubba* de Sidi Abderrahman).
Tel.: (02) 39 79 79.
Tiene la reputación de ser uno de los mejores restaurantes de Marruecos. Su especialidad es el pescado, ya sean platos sencillos o muy sofisticados. Con vistas al océano. $$$$

Le Cabestan
Boulevard de la Corniche.
Tel.: (02) 39 11 90.
Excelente cocina francesa con muchos platos de pescado. Cerca del faro. $$$$

Al Mounia
95 Rue du Prince Moulay Abdallah, al final del Boulevard de Paris.
Tel.: (02) 22 26 69.
Excelente cocina marroquí. También ofrece espectáculos. $$$

Sijilmassa
Rue de Biarritz.
El carácter marroquí impregna hasta los espectáculos que ofrece. $$-$$$

Restaurant du Port de Pèche
(Por la entrada al puerto).
Tel.: (02) 31 85 61.
Buen pescado. $$

Ostrea
(También en el puerto).
Tel.: (02) 44 13 19.
Buen restaurante de pescado, con precios bastante razonables. $$

Le Chalutier
Centre 2000.
Tel.: (02) 20 34 55.
Buena cocina francesa e internacional. $$

ESSAOUIRA

Dar Loubon
Rue de Rif.
Tel.: (04) 47 62 96.
Menú imaginativo, que ofrece platos marroquíes con influencias internacionales. Encantador ambiente bohemio. $$$-$$$$

Taros
Place Moulay Hassan.
Tel.: (04) 47 64 07.
Regentado por un bretón, es un bar restaurante muy conocido con ambiente de discoteca. Cuenta con una magnífica terraza con vistas al mar y a la plaza. $$-$$$

Chez Sam's
Dentro del puerto. Buen marisco en un ambiente animado. $$

Châlet de la Plage
Tel.: (04) 47 21 58.
Grandes raciones de comida francesa (pescado sobre todo) a un precio razonable. Se puede beber y tomar tapas en el bar. $$

FEZ

Fassia, Hotel Palais Jamai
Tel.: (05) 63 43 31.
El hotel más bonito de Fez, situado en un antiguo palacio, tiene un excelente restaurante marroquí que ofrece también cocina francesa. $$$-$$$$

L'Anmbra
47 Route d'Immouzer.
Tel.: (05) 64 16 87.
Tiene una excelente reputación y es conocido por sus especialidades marroquíes, en particular la *pastilla*. Importante reservar mesa. $$$

La Maison Bleue
2 Place de L'Istiqal Batha.
Tel.: (05) 74 18 43.
Restaurante de gran categoría situado en una casa particular de ambiente íntimo y elegante. Comida excelente y fantástica actuación de un dúo *gnaou* y un músico tocando el laúd. Es necesario reservar mesa. $$$

Dar Saada
21 Zoco Attarine (cerca de la madrasa Attarine).
Tel.: (05) 63 33 43.
Restaurante tradicional al estilo *dar*. Se suele llenar de grupos de turistas, en especial a la hora de comer. Comida bastante buena. $$$

Palais de Fez
(Enfrente de la Gran Mezquita de Kairouyine) 16 Rue Boutouil-Kairouyine.
Tel.: (05) 63 47 07.
Otros restaurante al estilo *dar*, que ofrece unos precios parecidos a los de Dar Saada. $$$

Firdaous
Bab el Guissa (cerca de Palais Jamai).
Tel.: (05) 63 43 43.
Espectáculo y buena comida a un precio razonable. $$$

Young Tse
Avenue Salaoui.
Tel.: (05) 62 36 81.
Conocido restaurante que ofrece comida china.

Vittorio's
31 Rue Jabir.
Excelente pizzería italiana decorada al estilo toscano y bien ubicada, justo al final de Mohammed V en la ciudad nueva.

Comer como los marroquíes

En contraste con la gran cantidad de restaurantes caros que hay en Marrakech, encontrará un sinnúmero de pequeños restaurantes locales que sirven platos excelentes de todo tipo a muy buen precio detrás del Hôtel Ali, en la medina, y a la derecha del cruce de la carretera de Casablanca al final de Mohammed V, en el Gueliz. Las normas de higiene pueden inquietar a los turistas pero la vibrante energía de estos locales inspira confianza.

MARRAKECH

Marrakech cuenta con la mejor oferta de restaurantes en Marruecos, lo que refleja la presencia de una adinerada comunidad expatriada y el poder de atracción que la ciudad ejerce sobre un gran número de turistas con poder adquisitivo alto.

Yacout
79 Sidi Ahmed Soussi.
Tel.: (04) 64 19 03.
Ocupa el lugar más alto en la escala de precios de los restaurantes de la ciudad (atrae a personalidades internacionales). Platos típicos marroquíes, cocinados y presentados de manera soberbia. Gran ambiente y decoración exquisita. Imprescindible reservar mesa.

Kasbah La Rotunda
39 Derb Lamnabha.
Tel.: (04) 38 15 63.
Restaurante en forma de teatro, de propietarios italianos, ubicado en un antiguo *riad*. Tanto la comida como la decoración son muy extravagantes. $$$$

Tobsil
22 Derb Abdellah Ben Hessaien Bab Ksour.
Tel.: (04) 44 45 35.
Ubicado en un precioso *riad* restaurado con mucho gusto por el propietario francés. Ofrece excelente comida servida con gracia. Se recomienda reservar mesa. $$$-$$$$

La Palais Gharnatta
56 Derb el Arfa, Riad Zitoun Jdid.
Tel.: (04) 44 06 14.
Cocina marroquí de gran calidad en un *riad* tradicional. Negocio familiar. Ofrece lo mejor de los restaurantes de gran categoría. Necesario reservar mesa. $$$

Rotisserie de la Paix
68 Rue de la Yougoslavie, Gueliz.
Tel.: (04) 43 31 18.
Restaurante francés chapado a la antigua, con un precioso jardín y pequeñas habitaciones en la parte trasera con chimenea para las cenas en invierno. Ofrece buenas parrilladas. $$

La Jacaranda
32 Boulevard Mohammed Zerktouni.
Tel.: (04) 44 72 15.
Buenos platos franceses junto a unos pocos marroquíes. Con estilo. $$$

Bagatelle
101 Rue Yougoslavie.
Tel.: (04) 43 02 74.
Restaurante francés con un jardín cubierto de viñas para las cenas veraniegas.

Le Pavilion
Bab Doukala, 47 Derb Zaouia.
Tel.: (04) 39 12 40.
Restaurante muy bien decorado que ofrece cocina francesa de gran calidad en un marco oriental. Necesario reservar. Cerrado el martes. $$$

Kim Son
Rue Ibn Toumert.
Tel.: (04) 43 01 59.
Buena elección de cocina vietnamita. $$

Le Cantanzaro
Rue Tarik ibn Ziad.
Tel.: (04) 43 37 31.
Pizzería italiana muy buena y popular. $$

Puerto Banus
Rue Ibn Hanbal.
Tel.: (04) 44 65 34.
El único restaurante español en Marrakech. Íntimo y atractivo, con una buena oferta. $$

MEKNÉS

Le Dauphin
5 Avenue Mohammed V.
Tel.: (05) 52 34 23.

Comida francesa y marroquí refinada. $$$$

Hotel Transatlantique
Rue El Merinyine.
Tel.: (05) 52 00 02.
Este hotel de lujo, con mucha solera, ofrece la mejor comida marroquí al viejo estilo. $$$-$$$$

Riad
79 Ksar Chaacha-Dar Kakbira.
Tel.: (05) 53 05 42.
Restaurante encantador en un jardín con excelente comida marroquí. $$$

Hacienda
A unos 3 kilómetros de Meknés en la carretera de Fez.
Tel.: (05) 52 10 91.
Un buen restaurante francomarroquí, con bar, danzas y cenas al aire libre. $$

OUARZAZATE

Chez Dimitri
22 Boulevard Mohammed V.
Tel.: (04) 88 26 53.
Dimitri recuerda a la Legión Extranjera francesa: gran bar chapado a la antigua, con mesas y sillas de madera, y objetos militares. La persona que le dio nombre murió en 1991 y ahora lo lleva su hijo. Para cenar puede elegir el menú o pedir a la carta. Entre las ofertas hay guisos caseros de conejo o cordero. Precios razonables y buen servicio. $-$$

Hotel La Gazelle
Avenue Mohammed V.
Tel.: (04) 88 21 51.
En el extremo occidental de la ciudad. Una buena alternativa a Chez Dimitri. $

OUIRGANE

La Roseraie
Tel.: (04) 43 91 30.
Hotel de lujo, rodeado por montañas. Buen restaurante de cocina marroquí e internacional. Abierto a los no clientes. $$$

Au Sanglier qui Fume
Tel.: (04) 48 57 07.
Albergue de carretera con cocina francesa casera. Durante el verano, la comida se sirve en el jardín. $$.

Guía de precios

Los restaurantes están clasificados según el precio por persona.
$$$$: más de 400 dirhams.
$$$: entre 250 y 400 dirhams.
$$: entre 100 y 250 dirhams.
$: menos de 100 dirhams.

OURIKA

L'Auberge de Ramuntcho
Aghbalou.
Tel.: (04) 48 45 21.
Un poco más sofisticado que las simples cafeterías o asadores. $

RABAT

Dinarjat
6 Rue Belgnaoui (Medina).
Tel.: (07) 70 42 39.
Excelente comida marroquí en una preciosa casa antigua. La música andaluza añade encanto a un ambiente refinado. $$$

L'Oasis
Rue el Osqofiah (junto a Place Pietry, el mercado de flores).
Tel.: (07) 72 05 57.
Buen restaurante marroquí. $$

Le Mont Doré
L'Ocean (cerca de la medina).
Otro restaurante marroquí, no muy caro, con buena comida.

La Pagode
Detrás de la estación de ferrocarril.
11 Rue Baghdad.
Tel.: (07) 76 33 83.
Buena comida vietnamita y china en un emplazamiento atractivo.

La Mamma
6 Rue Tanta. Detrás del Hotel Balima (junto al Boulevard Mohammed V).
Tel.: (07) 70 73 29.
Muy popular entre los nativos y los turistas. Increíbles pizzas y comida italiana e internacional.

TÁNGER

En Tánger, quizás debido a su pasado internacional, hay muchos restaurantes, además de buenos bares de tapas y bocadillos.

El Korsan
85 Rue de la Liberté.
Tel.: (09) 98 58 85.
Buena cocina marroquí en un suntuoso lugar. Pruebe el marisco. $$$

Restaurant Hammadi
(al final de la Rue Italie).
Aceptable comida marroquí en un ambiente *kitsch*. Frecuentado básicamente por turistas, pero es una buena opción. $$

Rubis Grill
3 Ibn Rochd.
Tel.: (09) 93 14 43.
Popular entre los extranjeros residentes en la ciudad; sirve parrilladas y cocina internacional. $$

Guitta's
110 Rue Sidi-Bouabid.
Tel.: (09) 93 73 33.
Buena cocina francesa; local que se remonta a la época internacional de Tánger. $$

Pagode
Rue El Boussouri.
Tel.: (09) 93 80 86.
Excelente y afamado restaurante chino situado en el centro de la ciudad. Ambiente atractivo. $$

San Remo-Chez Toni
Rue Murillo.
Tel.: (09) 93 84 51.
Afamado restaurante italiano con mucha tradición. $$

Osso Bucco
Rue Moulay Abdellah.
Buenos platos marroquíes e internacionales a precio razonable, servidos en un atractivo entorno. $$

La Grenouille
Junto al Boulevard Pasteur (a la vuelta de la esquina del Hotel Rembrandt).
La Grenouille ha tenido una trayectoria accidentada en los últimos años y ha estado cerrado una larga temporada. Ahora ha vuelto a abrir y sirve buena cocina francesa y no muy cara. $-$$

Atracciones

Excursiones

Pueden realizarse innumerables recorridos y excursiones por todo Marruecos; la parte principal de este libro, *Lugares*, le será de ayuda a la hora de planear un buen itinerario. Además, a continuación encontrará una imprescindible lista de excursiones y rutas desde las ciudades más visitadas.

Desde Agadir

Los pueblos de las montañas y el paisaje alrededor de **Tafraoute** (150 km) al sudeste; el antiguo puerto portugués de **Essaouira** (180 km) al norte.

Desde Marrakech

Las carreteras de los puertos de montaña del Gran Atlas: **Tizi n-Test** (al sur) y **Tizi n-Tichka** (al sudeste); el pico más elevado de Marruecos, **Jebel Toubqal**, hacia el sur, visible a varios kilómetros de distancia y al que puede ascenderse desde Imlil; los **valles del sur** con oasis y casbahs, al este y al sur de Marrakech, a los que se llega por Ouarzazate, a 204 kilómetros de Marrakech, en especial el valle del **Draa**, del **Dades** y el **cañón Todra**: también puede adentrarse más al este en el Sahara hasta **Tafilete** para observar el maravilloso amanecer tras las dunas. Por Beni-Mellal (200 kilómetros al noreste) llegará al embalse de **Bin el-Ouidane** y a las cascadas de **Ouzoud**.

Desde Meknés o Fez

Los bosques de cedros alrededor de **Azrou** e **Ifrane** (80 kilómetros al sur de Fez); el **macizo Kandar** (30 kilómetros al sur de Fez); la ciudad sagrada de **Moulay Idriss** y las ruinas romanas de **Volubilis** (30 kilómetros al norte de Meknés); el final de las montañas del Atlas Medio hasta **Taza**, y, más al este, el final del Rif en las montañas de **Beni-Snassen**.

Desde Rabat

Vaya hacia el interior. Los puntos de interés más cercanos en la costa son las ciudades de **Salé**, la otra mitad de Rabat, **Casablanca** (90 kilómetros) y **El-Jadida** (187 kilómetros).

Desde Tánger

La gran ciudad mercado de **Tetuán** y las preciosas casas blancas de **Xauen** y **Ouezzane** se encuentran a los pies del Rif. **Asilah** es un buen lugar al que dirigirse por la costa occidental. Puede incluso pensar en pasar el día en **Gibraltar**.

Otras opciones

Practicar el excursionismo y la equitación por el desierto puede organizarse con relativa facilidad. Las agencias de viajes organizan «safaris» en Land Rover por las profundidades del desierto, que siguen rutas preestablecidas; esta opción es más interesante que realizar incursiones espontáneas, sobre todo teniendo en cuenta que es difícil hacerse con un mapa fiable. El excursionismo por el Gran Atlas ofrece buenos servicios con mulas, guías y refugios en la montaña, que mantiene el Club Alpino Francés (CAF). La primera base se encuentra en Imlil, a dos horas de Marrakech (puede tomar un autobús hasta Asni y luego comprar un billete para recorrer en camión o en taxi los 17 kilómetros restantes). De nuevo, los operadores turísticos especializados ponen a su disposición expertos y cierta seguridad en sus aventuras. Pero no existen motivos para obviar una salida por su cuenta, y más si es verano y está en buena forma. El Parque Nacional de Toubqal tiene buena reputación (puede conseguir los mapas de IGN en Imlil o en Rabat) y el terreno no es difícil (exceptuando la dificultad de caminar sobre el pedregal). En cualquier caso, se necesita muy poco equipo especializado.

Vida nocturna

Vida nocturna

Los centros de actividad nocturna se hallan en Tánger, Casablanca, las afueras de estas dos poblaciones (Ain Diab y Mohammedia) y Agadir (que, de hecho, no está muy animado). Pero, sin duda alguna, el lugar con el mejor ambiente nocturno y de estilo más genuinamente marroquí es Marrakech, donde la fiesta en el Jemaa el-Fna (músicos, magos y animadores) se alarga hasta altas horas de la madrugada.

Tánger todavía alardea de ser la ciudad que más horas alarga la fiesta. Al igual que los clubs y las discotecas que podrá encontrar en los hoteles, el agradable Morocco Palace (11 Avenue Prince Moulay Abdellah) ofrece espectáculos de danza del vientre hasta la madrugada. Algunos bares de la playa también abren por la noche.

BARES

La incorporación de los **bares** a la vida nocturna de Marruecos se produjo a finales del siglo XX, y no siempre ha sido algo positivo. Da la sensación de que representan el enfrentamiento entre el Marruecos islámico, con su tradicional norma de total abstinencia, y el Marruecos moderno, con un planteamiento más occidental, liberal y urbano. Pueden ser lugares ruidosos e intimidadores o secretos y poco cómodos. Los **bares de los hoteles** son diferentes y pueden resultar muy cerrados. El mejor ambiente de bares se encuentra en Tánger y Marrakech.

CLUBS NOCTURNOS Y DISCOTECAS

Los **clubs nocturnos** (donde por lo general se ofrece la danza del vientre) y las **discotecas** en centros turísticos y ciudades están dirigidos a los turistas, a la parte de la población más occidentalizada y a los turistas del golfo Pérsico dispuestos a soltarse la melena. La mayor parte de ellos se encuentran en los hoteles.

CASINOS

Hay **casinos** en Marrakech (en el distrito Hivernage de la ciudad nueva) y en el centro turístico de la zona de Mohammedia, al norte de Casablanca.

FOLCLORE Y *FANTASIA*

En los restaurantes emplazados en la medina o en las principales carreteras fuera de la ciudad, la actividad de ocio más popular está formada por una típica comida marroquí y una exhibición de folclore: música tradicional y danzas, o (al aire libre) una *fantasia* ecuestre. Aunque estas tardes siempre tengan un ligero sabor a viaje organizado, pueden resultar muy genuinas y espectaculares, sobre todo por las *fantasias*. Por supuesto, también puede ser la ocasión para encontrarse con auténticos festivales (por ejemplo, durante el viaje), donde todo es mucho más espontáneo.

Las tardes en cualquier ciudad suelen ser vibrantes, ya que todo el mundo sale a la calle descansado después de la siesta. A últimas horas de la tarde se respira un ambiente fascinante, sobre todo en Marrakech, donde el conocido Jemaa el-Fna se llena de todo tipo de gente; bailarines, encantadores de serpientes, comerciantes, mendigos y turistas. Tenga a mano muchas monedas mientras ve las diferentes actuaciones, ya que se espera que todo el mundo contribuya, sobre todo los turistas y más aún los fotógrafos.

De compras

En Marruecos el regateo es algo habitual; vender se ha convertido en una sinuosa forma de arte, el bullicio que rodea la actividad comercial puede alargarse e incluso llegar a ser pesado. Pero todavía hay algo peor: intentar no comprar nada es aún más extenuante.

La táctica amable pero persistente de los vendedores junto al té con menta que ofrecen a los turistas constituyen el gran ritual de los zocos, para el cual necesitará una gran dosis de paciencia.

Cómo regatear: La única regla para regatear por algo que realmente le interese es saber el precio que está dispuesto a pagar y empezar muy por debajo (por ejemplo, la tercera parte). Las tácticas y estrategias de ambas partes (risas incrédulas, caminar hacia la puerta), y las ofertas, que poco a poco se irán acercando, harán que el comprador acabe pagando un poco más de lo que había pensado; parte del arte del vendedor consiste en decidir cuánto más.

Precios fijos: La primera prioridad es establecer un precio fijo de mercado para los artículos que se ofrecen. Esto es posible en los centros de artesanía manual estatales (Centre o Maison de l'Artisanat) en las grandes ciudades. La calidad de los artículos está garantizada por el gobierno, pero los precios son más elevados que los que podría pagar si regateara. Sin embargo, el ambiente sin ajetreos ni presión hace que mucha gente prefiera comprar en ellos.

Dónde comprar

A continuación le presentamos una lista de los mejores lugares donde comprar.

CASABLANCA

Art de fez
6 Rue General Laperine.

FEZ

Au Petit Bazaar de Bon Accueil
35 Talaa Seghira,
Fez el Bali.
Boutique Majid
Abdelmajid Rais el Fenni,
66 Rue des Chrétiens.

MARRAKECH

Bazaar du Sud
117 Souk des Tapis.
Chez Alaoui
zoco Shouari.
Chez le Brodeuses Arab
12 Rue Rahba Lakdima.
Coopartim
Ensemble Artisinal,
Avenue Mohammed V.
Fondouk el Fatmi
Bab Ftouh.
Fondouk el Quarzazi
Bab Ftouh.
La Lampe d'Aladdin
99 y 70 bis Rue Semmarine.
Maison d'Arts
17 Rue de Yougoslavie.
Mamounia Arts
47 Rue Dar el Bacha,
Bab Doukkala.
Moroccan Arts
67 Sabeb Moulay Hadj,
El Ksour.
L'Oiseau Bleu
3 Rue Tank Ibn Ziad.
L'Orientaliste
15 Rue de la Liberté.
Antigüedades y artesanía.

RABAT

Gallerie Cheremetieff
16 bis Rue Annaba.

TÁNGER

Adolfo de Velasco
28 Boulevard Mohammed V.
Antigüedades y artesanía.

Bazaar Sebou
18 Rue Sebou.
Boutique Majid
66 Rue des Chrétiens.

Procedimientos de exportación

Tenga en cuenta a la hora de comprar que hay productos que no podrá llevar con usted. La mayoría de comerciantes le ofrecerán facilidades de exportación (por ejemplo, para alfombras grandes) y, aunque no existan formalidades en las aduanas, el envío de los artículos puede llevar meses. Apenas podrá reclamar si paga por adelantado a un comerciante del zoco que al final no le entrega el artículo. Sin embargo, pagar con tarjeta de crédito es cada vez más fácil y las redes de las compañías de crédito a menudo ofrecen ayuda. Asesórese y pida siempre una factura detallada.

Reclamaciones

Puede hacer sus reclamaciones a la policía local. En teoría, todos los hoteles clasificados tienen libro de reclamaciones (aunque, por lo general, hacen referencia al alojamiento). Una copia de la hoja de reclamaciones se envía a la Oficina de Turismo de Rabat. El Syndicat d'Initiatif o las oficinas de la ONMT le ayudarán a tramitarla.

Qué comprar

La artesanía tradicional de Marruecos sigue siendo una de las mejores compras. El artículo más destacado de la artesanía tradicional son las **alfombras**, coloreadas con tintes vegetales. Los diseños (aparte de los modelos de inspiración turca de las alfombras de Rabat) son tradicionales de las tribus beréberes. Se supone que el uso de colores y los diferentes modelos de ilustración permiten a los más expertos conocer no tan sólo la zona, sino también la tribu e incluso la familia que las ha elaborado. Las alfombras de más calidad cuestan miles de dirhams (compare los precios con las tiendas de su país). Las más asequibles y fáciles de transportar son las alfombras, las mantas o los *kilim* beréberes. Encontrará muchos diseños beréberes en los pequeños zocos en el campo alrededor de Marrakech.

Encontrará **productos de cuero** en casi cualquier lugar, desde bolsos y cinturones poco trabajados hasta ornamentados pufs con incrustaciones, pasando por las típicas babuchas acabadas en punta. Algunos de los artículos presentan un acabado similar al estilo italiano de los bolsos de viaje. En cualquier caso, los precios deben corresponderse con la calidad del producto, así que compruebe la piel y la calidad antes de comprarlo. Las cajas estampadas y la encuadernación de libros siempre se exponen, pero se han convertido en las víctimas de los imitadores, que con sus brillantes herramientas han hecho que parezcan simples objetos vulgares.

Los artículos de **joyería** se encuentran en cualquier lugar, aunque uno de los mejores sitios para comprar es Tiznit, con su famoso zoco de los plateros. La plata mate es un material básico, las piezas más habituales son los brazaletes, pesados pero con preciosos diseños, los anillos de delicadas filigranas y los collares con incrustaciones de piedras semipreciosas (o, en ocasiones, de plástico, para los más despistados). Algo más fuera de lo normal, en ocasiones de anticuario, son las dagas decoradas, las vainas o las cajas del Corán, cubiertas con una intrincada decoración en plata. Sea la pieza que fuere, échele un vistazo a los cierres, que suelen ser el punto débil. Preste atención también a los objetos bañados en plata que los marroquíes denominan *b'shi-b'shi*, que significa basura.

La **marquetería** es otra de las formas tradicionales de artesanía: muebles de madera, artículos de decoración, juegos de ajedrez, pequeñas cajas de madera elaboradas en cedro, tuya y roble. Muchos artículos de madera tienen una capa de nácar. Por lo general, la calidad del acabado no es muy buena: fíjese en las bisagras y en las juntas. Los talleres de los trabajadores de la madera en Essaouira son el lugar ideal para comprar (y para ver la elaboración).

Hay una gran variedad de piezas de **cerámica** en los principales mercados y ciudades: desde los cacharros básicos de barro cocido de los hogares hasta los diseños más llamativos (pensados en su mayor parte para turistas).

Entre las **exquisiteces** que se pueden adquirir, aparte de las especias, se encuentra el aceite de argán, que se produce en el sudoeste. Se vende solo o mezclado con almendra molida (una especie de mantequilla de cacahuete marroquí llamada *amalou*). Sin embargo, debido a su gran valor, es difícil garantizar que el aceite que se está comprando sea puro y no esté mezclado con aceite de oliva o incluso aceite común para cocinar.

Una de las maneras de asegurarse de que el aceite que compra es cien por cien puro es adquirirlo en una de las cooperativas de mujeres que lo producen y lo venden. Las mejor organizadas son las del Projet Conservation et Development de Arganeraie (tel.: 04 33 29 72), que venden el aceite a los supermercados con la marca Cooperative Tissaliwine en Europa y Marruecos, y cuentan con el certificado de producto orgánico expedido por la Unión Europea.

Deportes

Como participante

GOLF

El torneo de golf más importante es el trofeo Hassan II, que se celebra en noviembre en el Dar es-Salam de Rabat. El abierto de Marruecos tiene lugar en enero. Todos los campos dan clases de golf y *caddies*.
Agadir: Royal Golf d'Agadir, 9 hoyos. Construido en 1955.
Tel.: (04) 24 12 78.
Golf les Dunes, 27 hoyos. Construido en 1992. Entre los campos están los de: Tamarisk (9), par 36; Eucalyptus (9), par 36; Oued (9), par 36.
Tel.: (04) 83 46 90.
Ben Slimane (cerca de Casablanca): Royal Golf de Bani Slimane, 9 hoyos. Construido en 1992.
Tel.: (03) 32 87 93.
Casablanca: Royal Golf d'Anfa, 9 hoyos. Construido en 1945.
Tel.: (02) 36 53 55.
Royal Golf Mohammedia.
Tel.: (03) 32 46 56.
El-Jadida: Royal Golf d'El Jadida, 18 hoyos. Construido en 1993.
Tel.: (03) 35 22 51.
Meknés: Royal Golf de Meknes, 9 hoyos. Construido en 1943.
Tel.: (05) 53 07 53.
Marrakech: Royal Golf de Marrakech, 18 hoyos, par 72. Construido en 1923.
Tel.: (04) 44 43 41.
Palmerie Golf, 18 hoyos. Construido en 1993.
Tel (04) 30 10 10.
Amelkis: 18 hoyos. Construido en 1995.
Mohammedia: Royal Golf de Mohammedia, 18 hoyos, par 72. Construido en 1925.
Ouarzazate: Royal Golf de Ouarzazate, 18 hoyos. Construido en 1993.
Tel.: (04) 88 26 53.

Información sobre golf

Para más información sobre campos y servicios, póngase en contacto con la federación de golf marroquí:
The Royal Moroccan Golf Federation, Royal Dar-Es-Salaam Golf Club, Rabat
Tel.: (03) 75 59 60;
fax: (03) 75 10 26.

Rabat: Royal Dar-Es-Salam, 45 hoyos. Construido en 1971. Entre los campos están: Red (18), par 73; Blue (18), par 72; Green (9), par 32.
Tel.: (03) 75 58 64.
Tánger: Royal Golf de Tanger, 18 hoyos, par 70. Construido en 1914.
Tel.: (03) 94 44 84.
Tetuán: Royal Golf Cabo Negro, 18 hoyos. Restaurado.
Tel.: (03) 97 83 03.

CAZA

A partir del primer domingo de octubre, los domingos y días festivos hasta enero o principios de primavera, se levanta la veda en los cotos de aves y jabalíes. La particular abundancia de fauna en la Reserva Natural Arbaoua, como en otros lugares del país, ha llevado al gobierno a permitir la caza con una licencia especial. Entre las piezas se encuentran: codornices; coallas, pichones y tórtolas; y perdices, patos, conejos y liebres. La caza de jabalíes se extiende hasta mediados de febrero, los jueves, domingos y días festivos, pero sólo se puede cazar con batidores.

Las **licencias** están muy controladas y cazar sin licencia constituye una infracción. En teoría puede importar de manera temporal sus propias armas, pero es aconsejable que deje en manos de un experto el papeleo para conseguirle una licencia de caza. La agencia especializada en Marruecos es Sochatour, que coopera con el Ministerio de Agricultura y la Administration des Eaux et Forêts. Sochatour, 72 Boulevard Zerktouni, Casablanca. Tel.: (02) 27 75 13.

PESCA

La pesca de trucha en Marruecos es muy popular, hasta tal punto que los ríos y los lagos de fácil acceso han sido superpoblados. La pesca con mosca es una experiencia inolvidable: pescar en remotos riachuelos y charcas o lanzar la caña en un lago poblado de peces en el Atlas Medio y el Gran Atlas (donde los permisos son caros y se pesa la pesca antes de marchar).

Pesca de río: Los lagos y embalses del Atlas Medio son el lugar preferido para la pesca de río, alrededor de Azrou, Ifrane e Immouzer du Khandar en particular, y en la reserva de Ben el-Ouidane. Entre las especies se encuentran algunos de los lucios más grandes del mundo, lubinas y percas.

Se necesitan permisos para la pesca de truchas y en agua dulce, que se pueden conseguir en las ciudades (a través de los hoteles o las oficinas de turismo).

Pesca en el mar: es también muy abundante y no se necesita ningún permiso. Hay una gran variedad de peces: desde lubinas de Dakhla y El Aaiún en el sur, hasta los atunes que visitan el norte de Casablanca en verano, pasando por el pez espada de Tánger o las langostas y los bogavantes de Rabat y Agadir. La sardina, la caballa y la brama también son abundantes. Las costas mediterránea y atlántica son las más fructíferas. No es difícil organizar una jornada de pesca en alta mar con un barco; con un permiso especial se puede pescar con arpón y escafandra.

EXCURSIONISMO

Algunos operadores turísticos de deportes de aventura ofrecen paquetes de viaje para practicar excursionismo en las montañas del Atlas y el Antiatlas, guiados por porteadores y expertos. Sin embargo, también es posible organizar su propia excursión *in situ*, en particular en el Parque Nacional de Toubqal, al sur de Marrakech. A menos que sea un experimentado excursionista de montaña, contrate a un guía local, una mula de carga y siga las indicaciones de los itinerarios marcados. El precio de estos servicios, que incluyen el alojamiento y algunas veces las comidas, es fijo, aunque a veces se pueden negociar cuando no hay mucho trabajo.

Unos buenos lugares para empezar, donde el excursionismo se ha convertido en una importante industria local, son Imlil (a pocos kilómetros de Asni), Oukaimeden y Tabant. En la montaña puede encontrar alojamiento sencillo en los refugios o en casas particulares.

RAFTING

En primavera, cuando la nieve se funde, y a finales de otoño, cuando llueve, los ríos del Gran Atlas y el Atlas Medio fluyen con ímpetu. Se puede hacer buen *rafting* en los ríos Dades y Ourika, en el Gran Atlas, y también en el Oum er Rbia, del Atlas Medio, mucho más solicitado. Muchos operadores turísticos de deportes de aventura incluyen el *rafting* entre sus ofertas, junto a excursiones en bicicleta de montaña. Si le interesa unirse a un grupo organizado de *rafting*, póngase en contacto con las oficinas que se relacionan a continuación:

Dynamic Tours, 34 Boulevard Zerktouni, piso 11º, Casablanca.
Tel.: (02) 22 99 35.
Sport travel, 8 bis Rue Abou Bakr, Seddaq, Marrakech.
Tel.: (04) 43 61 58.
Ribat Tours, 3 Avenue Moulay Youssef, Rabat.
Tel.: (03) 76 03 05.
Tizi Randonne, 42 Avenue de l'Istiqlal, Kenitra.
Tel.: (03) 37 40 09.

Para recibir información general, póngase en contacto con la Federation Royale Marocaine de Canoe-kayak, Centre National des Sports, BP 332, Avenue Ibnou Sina, Rabat. Tel.: (03) 75 44 24.

ESQUÍ

La peculiaridad del clima del Gran Atlas permite que el Departamento de Turismo alardee de que Marrakech es el lugar en que se puede ir a esquiar por la mañana y tomar el sol por la tarde. La estación de esquí de Oukaimeden (2 650 metros), a una hora en coche al sur de Marrakech, suele tener nieve desde diciembre hasta abril, aunque no siempre es así. Se puede alquilar el equipo de esquí en la misma estación. A otra de las estaciones, la de Mischliffen, se accede a través de un bosque de cedros desde Azrou o Ifrane. La auténtica atracción es el paisaje.

Como espectador

OBSERVACIÓN DE AVES

Las aves migratorias que han logrado librarse de los disparos de los cazadores son extraordinarias y preciosas. Una de las dos principales rutas europeas de aves migratorias en África pasa por Marruecos. En los pantanos de los estuarios fluviales y en las lagunas costeras se pueden ver cigüeñas, ibis y flamencos. Las águilas y los halcones vuelan alto, en círculo, en cielos semidesérticos. Algunas agencias turísticas incluyen la observación de aves entre sus ofertas y cuentan con expertos que saben dónde y cuándo ir. Mediados de agosto es una de las mejores épocas para observar aves.

Algunas buenas zonas para esta actividad son: **Oualidia**, donde las lagunas y las charcas saladas atraen a los flamencos, las cigoñuelas, las avocetas y las golondrinas de pico alargado de Audoin; las islas de **Essaouira**, donde se cría una colonia de halcones de Eleonora; el **Oued Massa** para las negretas, los vencejos y las águilas pescadoras; el **valle del Sous** para los colirrojos de Moussier, gálagos, grandes alcaudones grises, halcones Lanner y azores; el **Antiatlas** para las águilas ratones de largas patas, las aves corredoras de color pastel y los trigueros negros; **Jebel Sarho** para los gorriones del desierto, los pinzones

Turismo en las montañas

Para aquellos que pretendan hacer excursionismo por las montañas del Atlas, la oficina de turismo marroquí publica cada año una guía gratuita sobre casi todas las zonas de montaña. Incluye listas de precios de guías, mulas y alojamiento; recoge también refugios de montaña, conocidos como *gîtes*, y guías oficiales, e informa de los precios del desplazamiento en camioneta hasta ciertos puntos de la montaña. Para conseguir este pequeño pero esencial libro, escriba a GTAM, Departement du Tourisme, Avenue Fal Ould Oumeir, Agdal, Rabat; se ha publicado en francés y también en inglés.

Los mapas topográficos pueden ser más difíciles de encontrar. Los publica el Departement Cartographic de Rabat, pero ofrece posibilidades limitadas de compra y los comercios especializados fuera de Marruecos sólo reciben unos pocos ejemplares.

También hay numerosas agencias marroquíes especializadas en organizar excursiones de grupo a la montaña o al desierto. Trabajan en colaboración con las agencias extranjeras, pero también prestan servicios a los grupos privados que acuden a ellos directamente. Los guías de montaña autónomos se han subido al tren de Internet y ahora tienen sus propias páginas web.

El abanico de actividades ha aumentado de manera considerable en los últimos años y en la actualidad es posible hacer *rafting*, excursiones en bicicleta de montaña y motocross, así como las actividades tradicionales: excursionismo o montar a caballo o en camello. El libro publicado por el gobierno marroquí también incluye una lista de agencias especializadas en montañismo.

Información en Marrakech

Al no existir ninguna oficina estatal de guías de montaña en Marrakech, los hoteles Ali y Foucauld son el punto de encuentro de los guías y los excursionistas; allí puede informarse sobre si puede unirse a una caminata o participar en cualquier otra actividad al aire libre.

reales, los cuervos de cuello marrón, los trigueros y las alondras.

Para la observación de aves es importante tener en cuenta una serie de factores: el momento de mayor actividad de las aves suele ser tras el amanecer y al atardecer; es recomendable vestir ropas que no sean llamativas y no hacer demasiado ruido; no se puede acercar a los nidos de las aves ni tampoco molestarlas; si el lugar para observar aves es una propiedad privada, hay que pedir permiso; y, finalmente, es indispensable utilizar unos buenos prismáticos.

Otros deportes

La mayor parte de los centros turísticos ofrecen la posibilidad de practicar el tenis y (en la costa) los deportes acuáticos. Sin embargo, una de las actividades más extendidas es la equitación; montar en mula por el escarpado terreno montañoso o galopar a caballo por las extensas playas de arena.

Idioma

Árabe marroquí

El árabe es la primera lengua oficial del reino, aunque la mayoría habla dialectos del beréber, en particular en el Gran Atlas. El árabe marroquí no se parece a las demás formas del árabe, por lo que un diccionario de bolsillo no es una buena inversión (aunque entendería a los hablantes de árabe). La manera más rápida de comunicarse para muchos occidentales es el francés, la segunda lengua oficial, muy utilizada en señalizaciones, menús y comercios. Un marroquí medio aventaja al turista medio en el conocimiento de idiomas; en muchos hoteles, mercados y lugares turísticos entienden inglés, alemán y español.

Es útil saber algunas palabras en árabe por pura amabilidad y para establecer relaciones cordiales. A continuación le ofrecemos algunas palabras de gran utilidad; la tilde indica la sílaba acentuada.

GENERAL

En una coversación

Hola/*Márhaba, ahlan*
(respuesta)/*Marhba, ahlan*
Buenas/*As-salám aláykum* (la paz sea contigo)
(respuesta)/*Waláykum as-salám* (y en ti)
Bienvenido/*Áhlan wasáhlan*
(respuesta)/*Áhlan wasáhlan*
Buenos días/*Sabáh al-kháyr*
(respuesta)/*Sabáh al-kháyr*
Buenas tardes/*Masá al-kháyr*
(respuesta)/*Masá al-kháyr*
Buenas noches/*Tisbáh al-kháyr* (que se levante bien)
(respuesta)/*Tisbáh al-kháyr*
Adiós/*Máa Saláma*
¿Cómo estás?/*Káyf hálak?* (a un hombre)/*Káyf hálik?* (a una mujer)
Bien/*Al-hámdu li-llá*
Por favor/*Min fádlak* (a un hombre)/*Min fádlik* (a una mujer)
Después de usted/*Tafáddal* (a un hombre)/*Tafáddali* (a una mujer)/ *Afáddalu* (a más de una persona)
Disculpe/*Samáhli*
Perdón/*Áfwan* o *mutaásif* (a un hombre)/*Áfwan* o *mutaásifa* (a una mujer)
(Muchas) gracias/*Shúkran (jazilan)*
Gracias, le estoy muy agradecido/*M'tshakkrine*
Gracias a Dios/*Al-hámdu li-llá*
Si Dios quiere/*Inshá allá*
Sí/*Náam* o *áiwa*
No/*La*
¡Felicidades!/*Mabrúck!*
(respuesta)/*Alláh yubárak fik*
¿Cómo se llama?/*Sh'nnu ismak?* (a un hombre)/*Sh'nnu ismik?* (a una mujer)
Me llamo.../*Ismi...*
¿De dónde es?/*Min wáyn inta?* (para un hombre)/*Min wáyn inti?* (para una mujer)
Soy español, a/*Ana spaniouli, ya*
Soy mexicano, a/*Ana mexicani, ya*
Soy argentino, a/*Ana argentini, ya*
Soy latinoamericano, a/ *Ana gherbeamericani, ya*
¿Habla español/inglés?/*Tkellem spaniouliya/inglisia?*
Yo hablo español/*Kan tkellem spanioliya*
Yo hablo inglés/*Kan tkellem inglesa*
Yo hablo francés/*Kan tkellem fransijwi*
No hablo árabe/*Ma kan tkellemichi Arbia*
No entiendo/*Ma báfham*

Pronunciación

Pronunciación

ay	ei
aw	au
kh	j
gh	r gutural (francesa)
dh	d interdental

Consonantes dobles

Intente pronunciarlas dos veces. El apóstrofe indica una oclusión glótica, una interrupción forzada de la pronunciación.

Días de la semana

A menudo se utilizan para identificar ciudades y pueblos que reciben el nombre del día en el que se celebra el zoco (*souk*). Así, *Souk-Tnine* es la ciudad que tiene el zoco el lunes. En muchas indicaciones de la carretera, se menciona el día, mientras que las guías o los mapas lo omiten. Los días de la semana se numeran empezando por el uno, el domingo, menos el viernes que no tiene número por ser el día sagrado musulmán.

El had/**primer día: domingo**
Et tnine/**segundo día: lunes**
Et tleta/**tercer día: martes**
El arba/**cuarto día: miércoles**
El khemis/**quinto día: jueves**
Ej djeema/**día de la mezquita o de encuentro: viernes**
Es sebt/**el sexto día: sábado**

¿Qué significa?/*Shka te ani?*
Repítalo una vez más/*Sh'hal*
¿Tiene...?/*Ándkum...?*
¿Hay algo de...?/*Kayn...?*
No hay nada de.../*Ma kaynsh...*
No importa/*Ma'alésh*
Está prohibido/*Mamnú'a*
¿Está permitido...?/*Masmúh...?*
¿Qué es esto?/*Sh'nnu hádha?*
Quiero/*Baghi*
No quiero/*Ma Baghish*
Espere/*Istánna* (a un hombre)/ *Istánni* (a una mujer)
Dése prisa/*Yalla/bi súra'a*
Más despacio/*Shwâyya*
Acabado/*Baraka*
¡Váyase!/*Imshi!*
¿Qué hora es?/*Adáysh as-sáa?/ Kam as-sáa?*
¿Cuánto tiempo?, ¿Cuántas horas?/*Sha'al?*

General

embajada/*sifára*
oficina de correos/*máktab al-baríd*
sellos/*tawábi'a*
banco/*bank*
hotel/*otél/fúnduq*
museo/*máthaf*
entrada/*tadakir*
ruinas/*athár*
pasaporte/*jiwáz as-sáfar*
bien/*m'zyan*
mal/*mashi m'zyan*
abierto/*maftúh*
cerrado/*múghlk*
hoy/*al-yáum*
esta noche/*Al barah ghadda*
mañana/*búkra*

Comer y cenar fuera

restaurante/*máta'am*
comida/*ákl*
pescado/sámak/*hout*
carne/*láhma*
leche/*halíb*
pan/*khúbz*
ensalada/*saláta*
delicioso/*záki*
café/*káhwa*
té/*shái*
taza/*kass*
con azúcar/*bi súkkar*
sin azúcar/*bla súkkar*
vino/*sh'rab*
cerveza/*bíra*
agua mineral/*mái ma'adaniya*
vaso/*kass*
botella/*karaa*
soy vegetariano/*Ána nabbáti*
soy vegetariana/*Ána nabbátiya*
la cuenta/*al-hisáb*

Desplazarse

¿Dónde?/*Wáyn... ?*
el centro de la ciudad/*wást al bálad*
calle/*shária*
calle Amir Mohammed/*Shária al-amir Mohammed*
coche/*sayára*
taxi/*táxi*
taxi compartido/*servís*
autobús/*tobis*
avión/*tayára*
aeropuerto/*matár*
estación/*mahátta*
hacia/*íla*
desde/*min*
derecha/*yamín*
izquierda/*shimál*
recto/*dúghri*
detrás/*wára*
cerca/*karíb*
lejos/*ba'id*
gasolina, súper/*benzín, benzín khas*

Números

cero	*sifir*
uno	*wáhad*
dos	*itnín*
tres	*taláta*
cuatro	*árba'a*
cinco	*khámsa*
seis	*sítta*
siete	*sába'a*
ocho	*tamánia*
nueve	*tísa'a*
diez	*áshara*
once	*hidáshar*
doce	*itnáshar*

De compras

mercado/*súq*
tienda/*dukkán*
dinero/*fulús*
barato/*rakhís*
(muy) caro/*ghâli (jídan)*
factura/*fatúra, wásl*
¿Cuánto cuesta?/*Adáysh?/Bi-kam?*
¿Qué desea?/*Sh'nou khsek?*
Querría esto/*Baghi hádha*
Esto no me gusta/*Ma baghish hádha*
¿Puedo ver esto?/*Mumkin ashúf hádha?*
Deme/*A'atíni*
¿Cuántos?/*Kam?*

Buscar alojamiento

una habitación libre/*ghúrfa fádia*
una habitación individual/*ghúrfa munfárida*
una habitación doble/*ghúrfa muzdáwija*
agua caliente/*mái skhoon*
cuarto de baño/*hammám, tuwalét*
ducha/*dúsh*
toalla/*foota*
¿Cuánto cuesta una noche?/*Sha'al al bit allayla?*

Urgencias

necesito ayuda/*Bídi musáada*
médico/*doct/Bídi musáada*
hospital/*mustáshfa*
farmacia/*saidalíya*
estoy enfermo/*Ána marídh*
estoy enferma/*Ána marídha*
diarrea/*ishál*
operación/*amalíya*
policía/*shúrta*
abogado/*muhámmi*
quiero ver/*Ba'ghi anshoof*

GLOSARIO

agadir/**granero fortificado**
agdal/**jardín**
Aid el Kebir/**festividad en que se celebra el sacrificio del cordero de Abraham**

Aid es Seghir/**festividad que se celebra el primer día en que se ve la Luna tras el ramadán**
El Andalus/**la España musulmana**
aït/**comunidad**
bab/**puerta**
baraka/**bendición (baraca), a menudo considerada mágica**
bled el-makhzen/**tierras del gobierno**
bled es siba/**tierras de disidentes**
caid/**gobernador del distrito**
djemma/**reunión, pero también mezquita**
djinn/**espíritu**
Fassi/**habitante de Fez**
fondouk/**casa de huéspedes con establos**
gnouai/**tribu africana del sur**
Hadith/**tradiciones escritas del Islam**
Hadj/**peregrinación a La Meca**
hammam/**baños de vapor**
horm/**santuario**
imam/**imán**
jebel/**montaña**
koubba/**edificio blanco con cúpula que contiene la tumba de un santo**
ksar (ksour)/**edificio o comunidad de *pisé* o adobe fortificado (plural)**
l'tam/**velo**
Maghreb/**nombre colectivo para Marruecos, Argelia y Tunicia**
makhzen/**gobierno**
marabout/**santo**
marrakshi/**habitante de Marrakech**
mechouar/**plaza, zona de reunión**
medrass (medersa)/**madrasa, colegio islámico y residencias de estudiantes (plural)**
medina/**ciudad vieja**
mellah/**barrio judío**
mihrab/**hornacina que indica la dirección a La Meca en las mezquitas**
minaret/**minarete**
moriscos/**moriscos, refugiados musulmanes de la España del siglo XV**
moujehaddin/**soldados islámicos de la Guerra Santa**
Moulay/**indica descendencia del Profeta**
Mouloud/**aniversario del Profeta**
moussem/**festival religioso**
msalla/**zona de oración**
muezzin/**almuédano**
oued/**río**
pisé/**adobe**
quibla/**dirección de La Meca en una mezquita**
Shia/**rama del Islam que reconoce a Alí como el sucesor de Mahoma**
shouaf/**persona que adivina el futuro**
shereef/**gobernante descendiente del Profeta**
stucco/**estucado, obra elaborada con yeso**
sufi/**místico religioso**
sunni/**musulmán ortodoxo**
tizi/**puerto de montaña**
tabia/**barro que se utiliza en la arquitectura de *pisé***
zaouia/**fraternidad religiosa (zaguía)**
zellige/**mosaico elaborado con azulejos**

Francés

GENERAL

¿Cuánto cuesta?/*C'est combien?*
¿Cómo se llama?/*Comment vous appelez-vous?*
Me llamo.../*Je m'appelle...*
¿Habla español?/*Parlez-vous espagnol?*
¿Habla inglés?/*Parlez-vous anglais?*
Soy español, a/*Je suis espagnol, e*
Soy mexicano, a/*Je suis mexicain, e*
Soy argentino, a/*Je suis argentin, e*
No entiendo/*Je ne comprends pas*
Por favor, hable más despacio/*Parlez plus lentement, s'il vous plaît*
¿Puede ayudarme?/*Pouvez-vous m'aider?*
Estoy buscando.../*Je cherche*
¿Dónde está...?/*Où est...?*
Lo siento.../*Excusez-moi/pardon*
No sé/*Je ne sais pas*
No se preocupe/*Pas de problème*
¡Que tenga un buen día!/*Bonne journée!*
Ya está/*C'est ça*
Aquí está/*Voici*
Allí está/*Voilà*
Vamos/*On y va/Allons-y*
Hasta mañana/*À demain*
Hasta luego/*À bientôt*
Muéstreme la palabra en el libro/*Montrez-moi le mot dans le livre*
Sí/*Oui*
No/*Non*
Por favor/*S'il vous plaît*
(Muchas) Gracias/*Merci (beaucoup)*
De nada/*De rien*
Disculpe/*Excusez-moi*
Hola/*Bonjour*
De acuerdo/*D'accord*
Adiós/*Au revoir*
Buenas tardes/*Bonsoir*
aquí/*ici*
allí/*là*
hoy/aujourd'hui
ayer/*hier*
mañana/*demain*
ahora/*maintenant*
más tarde/*plus tard*
esta mañana/*ce matin*
esta tarde/*cet après-midi*
esta noche/*ce soir*

A LA LLEGADA

Quiero bajar en.../*Je voudrais descendre à...*
¿Qué calle es ésta?/*À quelle rue sommes-nous?*
¿Qué línea tomo para...?/*Quelle ligne dois-je prendre pour...?*
¿A qué distancia está...?/*À quelle distance se trouve...?*
Valide su billete/*Compostez votre billet*
aeropuerto/*l'aéroport*
estación de ferrocarril/*la gare*
estación de autobuses/*la gare routière*
estación de metro/*la station de Métro*
autobús/*l'autobus, le car*
parada del autobús/*l'arrêt*
andén/*le quai*
billete/*le billet*
billete de ida y vuelta/*aller-retour*
autostop/*l'autostop*
baños/*les toilettes*
Ésta es la dirección del hotel/*C'est l'adresse de l'hôtel*
Quisiera una habitación (individual/doble).../*Je voudrais une chambre (pour une/deux personnes)...*
Quisiera una habitación con ducha/*Je voudrais une chambre avec douche*
Quisiera una habitación con cuarto de baño/*Je voudrais une chambre avec salle de bain*
Quisiera una habitación con vistas/*Je voudrais une chambre avec vue*
¿El desayuno está incluido en el precio?/*Le prix comprend-il le petit déjeuner?*

¿Puedo ver la habitación?/*Je peux voir la chambre?*
lavabo/*le lavabo*
cama/*le lit*
llave/*la clef*
ascensor/*l'ascenseur*
aire acondicionado/*climatisé*

EN LA CARRETERA

¿Dónde está la rueda de recambio?/*Où est la roue de secours?*
¿Dónde está el garaje más cercano?/*Où est le garage le plus proche?*
Nuestro coche se ha averiado/*Notre voiture est en panne*
La carretera para ir a.../*La route pour aller à...*
izquierda/*gauche*
derecha/*droite*
todo recto/*tout droit*
lejos/*loin*
cerca/*près d'ici*
enfrente/*en face*
al lado/*à côté de*
aparcamiento/*parking*
allí/*là-bas*
al final/*au bout*
a pie/*à pied*
en coche/*en voiture*
plano de la ciudad/*le plan*
mapa de carretera/*la carte*
calle/*la rue*
plaza/*la place*
ceder el paso/*céder le passage*
callejón sin salida/*impasse*
prohibido aparcar/*stationnement interdit*
autopista/*l'autoroute*
peaje/*le péage*
límite de velocidad/*la limitation de vitesse*
gasolina/*l'essence*
sin plomo/*sans plomb*
gasoil/*le gasoil*
agua/aceite/*l'eau/l'huile*
pinchazo/*un pneu de crevé*
bombilla/*l'ampoule*
limpiaparabrisas/*les essuies-glace*

DE COMPRAS

¿Dónde está el banco (la oficina de correos) más cercano?/*Où est la banque/poste?*
Quisiera comprar/*Je voudrais acheter*
¿Cuánto cuesta?/*C'est combien?*
¿Aceptan tarjetas de crédito?/*Est-ce que vous acceptez les cartes de crédit?*
Sólo estoy mirando/*Je regarde seulement*
¿Tienen...?/*Avez-vous ... ?*
Me lo quedo/*Je le prends*
Me quedo éste/ése/*Je prends celui-ci/celui-là*
¿Qué talla es?/*C'est de quelle taille?*
¿Algo más?/*Avec ça?*
talla/*la taille* (ropa), *la pointure* (zapatos)
barato/*bon marché*
caro/*cher*
suficiente/*assez*
demasiado/*trop*
un trozo/*un morceau de*
cada/*la pièce* (por ejemplo*: ananas, 15 Dh la pièce*)
la cuenta/*la note*
farmacia/*la pharmacie*
panadería/*la boulangerie*
librería/*la librairie*
ultramarinos/*l'alimentation/l'épicerie*
estanco/*tabac*
mercado/*le marché*
supermercado/*le supermarché*

VISITAS

ciudad/*la ville*
ciudad vieja/*la vieille ville*
catedral/*la cathédrale*
hotel/*l'hôtel*
hospital/*l'hôpital*
escaleras/*l'escalier*
torre/*la tour (La Tour Hassan)*
recorrido/*le tour*
museo/*le musée*
exposición/*l'exposition*
agencia turística/*l'agence de tourisme*
gratuito/*gratuit*
abierto/*ouvert*
cerrado/*fermé*
todos los días/*tous les jours*
todo el año/*toute l'année*
todo el día/*toute la journée*
piscina/*la piscine*
reservar/*réserver*

COMER FUERA

desayuno/*le petit déjeuner*
almuerzo/*le déjeuner*
cena/*le dîner*
comida/*le repas*
entrante/*l'entrée/les hors d'oeuvre*
plato principal/*le plat principal*
por encargo/*sur commande*
bebida incluida/*boisson comprises*
carta de vinos/*la carte des vins*
la cuenta/*l'addition*
tenedor/*la fourchette*
cuchillo/*le couteau*
cuchara/*la cuillère*
plato/*l'assiette*
vaso/*le verre*
servilleta/*la serviette*
cenicero/*le cendrier*

Lecturas adicionales

Historia

López García, B.,
Procesos electorales en Marruecos (1960-1977).
Madrid, Centro de Investigaciones Sociológicas, 1979.

Vilar, J. B.,
Mapas, planos y fortificaciones hispánicos de Marruecos (siglos XVI-XX).
Madrid, AECI, 1992.

VV. AA.,
Marruecos: entre la tradición y el modernismo.
Universidad de Granada, 1990.

Ficción

Arabi, El Hassan,
Cuentos del Marruecos español.
Madrid, Clan, 1998.

Bowles, Paul; Mrabet, Mohammed,
Amor por un puñado de pelos.
Barcelona, Anagrama, 1982.

Bowles, Paul,
El cielo protector.
Madrid, Alfaguara, 1998.

Bowles, Paul,
La casa de la araña.
Madrid, Debate, 1990.

Hughes, R.,
En el regazo del Atlas: cuentos de Marruecos.
Madrid, Alfaguara, 1987.

Ibn Azzuz Haquim, M.,
Cuentos populares marroquíes.
Madrid, Instituto de Estudios Africanos, 1954.

Mrabet, Mohammed,
Mira y corre: mi autobiografía contada a Paul Bowles.
Barcelona, Anagrama, 1991.

Sánchez Caro, F. J.,
Crónica sentimental de Marruecos 1985.
Ávila, Gráficas C. Martin, 1986.

Literatura de viaje

Ali Bey,
Viajes por Marruecos.
Madrid, Editora Nacional, 1985.

Balasch i Blanch, E.,
Rumbo a Marruecos.
Barcelona, Laertes, 1987.

Loti, Pierre,
Viaje a Marruecos.
Barcelona, Abraxas, 1999.

General

Guardione, Y.,
Tierra del Sol poniente: Marruecos, gentes, tradiciones y creencias.
Madrid, Alianza, 1996.

López Sarasúa, C.,
A vuelo de pájaro sobre Marruecos.
Madrid, Atlas-Iber, 1998.

Derecho matrimonial islámico y matrimonios musulmanes en Marruecos.
Madrid, Instituto de Estudios Africanos, 1950.

Mujeres

Aixala Cabré, Y.,
Mujeres en Marruecos: un análisis desde el parentesco y el género.
Barcelona, Bellaterra, 2000.

Mernisi, F.,
Las sultanas olvidadas.
Barcelona, Muchnik Editores, 1996.

Mernisi, F.,
Marruecos a través de sus mujeres.
Madrid, Ediciones del Oriente y del Mediterráneo, 1990.

Arte

Hamichi Alaoui, N.,
El Marruecos andalusí: el descubrimiento de un arte de vivir.
Madrid, Electa, 2000.

Minó, R.,
Fortalezas de barro en el sur de Marruecos.
Madrid, Compañía literaria, 1996.

VV. AA.
La música hispano-musulmana en Marruecos.
Madrid, Instituto de Estudios Africanos, 1950.

PROCEDENCIA DE LAS FOTOGRAFÍAS

AFP/Corbis 49
AKG London 18, 26
Mary Andrews/Ffotograff 69
Apa Publications 276
Archivo Iconographico/ S.A. Corbis 29
Associated Press 39, 40I, 47
David Beatty 6/7, 8/9, 10/11, 12/13, 14, 56, 58, 59, 60, 67, 83, 98/99, 100/101, 142/143, 147, 198, 200, 231, 247, 279, 288, 289, 293, 294, 295, 302/303, 309, 313
Bettmann/Corbis 73
Columbia Pictures 301
J. D. Dallet 259
Ethel Davies 2Ab., 88, 89, 95, 166/167, 168, 275, 312
José Navarro/Ffotograff 277
Wolfgang Fritz 45, 113, 124/125, 128, 131P, 150/151, 156, 162, 165, 197, 208, 210, 211, 233P, 256, 262, 263, 268/269, 271, 297I, 310, 311, 319
Veronica Garbutt 2/3, 80
Tony Halliday 78, 247P, 248, 253I/D, 256P, 273P, 278P, 280P, 291, 292, 295P, 299P
Dobert Harding 5Ab., 93, 106
Blaine Harrington 1, 4Ab. I, 57, 61, 62, 81, 172, 184, 185, 187, 188, 189I/D, 189P, 199, 200P, 202, 238/239, 242, 243, 244P, 250, 258
Steinar Haugberg 92, 182/183, 201, 203
Holiday Which? 286/287, 320
Hulton-Deutsch Collection/Corbis 116
Hulton Getty 31, 41, 42
Alan Keohane 63, 66, 68, 87, 94, 96, 108/109, 110, 111, 114, 115, 115P, 117, 119, 120P, 121, 131, 132, 133, 137, 138, 139, 152, 157, 159, 160, 164P, 176, 180, 194P, 226/227, 229, 232, 233, 234, 235, 236, 237, 246, 249, 251P, 252, 264, 267, 280, 304, 305, 306, 307, 307P, 314, 315, 316, 317, 317P, 318
Alain Le Garsmeur 21, 25, 30, 32D, 33, 36I/D, 38, 40D, 71, 72, 74, 119P
Louvre Museum 16/17
Magnum 70
Mary Evans Picture Library 23, 35
Middle East Pictures 20, 22, 54/55, 76/77, 102/103, 130, 136, 216, 299
Kim Naylor 82, 120, 134D, 190, 191, 196
Christine Osborne/MEP 4/5, 79, 84, 118, 144, 148, 173, 190P, 192, 194, 209, 265, 266, 282
Polly Phillimore 212, 215
Jorg Reuther 127, 135
Rex Features 43, 50, 51
Jens Schuman 164, 174/175, 219, 245, 251, 281, 284, 297D
Spectrum Colour Library 97
Topham Picturepoint 19, 34, 37, 44, 46, 48, 75
Bill Wassman 126, 134I, 149, 158, 161, 206/207, 221, 222, 228, 260/261, 270, 274, 283, 285
Phil Wood/Apa 85, 86, 113P, 122, 122P, 123, 133P, 134P, 136P, 137P, 138P, 139P, 140, 140P, 141, 145, 146, 146P, 147P, 153, 155, 155P, 156P, 157P, 161P, 163, 169, 170P, 171, 171P, 172P, 173P, 177, 178, 178P, 179, 180P, 181, 193, 195, 197P, 199P, 201P, 213, 213P, 214, 217, 217P, 218P, 219P, 220, 220P, 223, 231P, 234P, 244, 253P, 254, 255, 255P, 264P, 272P, 276P, 278, 291P, 296, 296P, 298, 300, 300P, 308, 310P, 312P, 313P, 315P

Mapas y planos
Stephen Ramsay

MARRUECOS
GUIAS OCEANO

Editor de cartografía **Zoë Goodwin**
Producción **Linton Donaldson**
Asesores de diseño **Carlotta Junger, Graham Mitchener**
Investigación fotográfica **Hilary Genin, Monica Allende**

Dobles páginas

Páginas 64/65: *Fila superior (I-D)*, Middle East Pictures, Alan Keohane, Mary Andrews. *Fila central*, Alan Keohane, Ethel Davies. *Fila inferior*, Ingrid Morato, Alan Keohane, Alan Keohane, Alan Keohane.
Páginas 90/91: *Todas las fotografías*, Alan Keohane.
Páginas 204/205: *Fila superior (I-D)*, Blaine Harrington, José Navarro/Ffotograff, Patricia Aithie/Ffotograff, Patricia Aithie/ Ffotograff. *Fila central*, Alan Keohane, Blaine Harrington. *Fila inferior*, Blaine Harrington, Phil Wood, Christine Osborne, Alan Keohane.
Páginas 224/225: *Fila superior (I-D)*, Middle East Pictures, Alan Keohane, Alan Keohane, Alan Keohane. *Fila central*, Christine Osborne, Blaine Harrington. *Fila inferior*, Phil Wood, Christine Osborne, Alan Keohane.

Índice

Los números en *cursiva* se remiten a las ilustraciones.

A

B

NOTAS DE VIAJE